"十五"国家重点图书出版规划项目

基础心理学书系

彭聃龄　主编

心理学研究方法

实验设计和数据分析

舒　华　张亚旭　著

人民教育出版社

·北京·

图书在版编目（CIP）数据

心理学研究方法：实验设计和数据分析/舒华，张亚旭著. —北京：人民教育出版社，2008（2024.12重印）
（基础心理学书系）
ISBN 978-7-107-21060-0

Ⅰ. 心… Ⅱ. ①舒… ②张… Ⅲ. 心理学研究方法 Ⅳ. B841

中国版本图书馆CIP数据核字（2008）第102408号

基础心理学书系 心理学研究方法 实验设计和数据分析

出版发行 人民教育出版社
（北京市海淀区中关村南大街17号院1号楼 邮编：100081）
网 址 http://www.pep.com.cn
经 销 全国新华书店
印 刷 人民教育出版社印刷厂有限公司
版 次 2008年8月第1版
印 次 2024年12月第16次印刷
开 本 787毫米×1 092毫米 1/16
印 张 30.25
字 数 450千字
印 数 53 001~56 000册
定 价 42.80元

总序

（一）

人民教育出版社在“九五”期间出版了一套《应用心理学书系》，荣获国家图书奖，在社会上产生了很大反响，对心理学的教学和研究影响深远。应人民教育出版社的邀请，这次由我主编这套《基础心理学书系》。本书系已被国家新闻出版总署列为“十五”国家重点图书出版规划项目。

其实，在心理学的众多研究领域中，基础心理学和应用心理学只是一个大概的划分。基础心理学更多关注学科和学理发展的需要，而应用心理学则更多关注实践部门的要求。从这个意义上，我们把研究基本心理过程的学科定义为心理学的基础学科，如普通心理学、实验心理学、发展心理学、生理心理学、知觉心理学、记忆心理学、思维心理学、语言心理学、情绪和动机心理学、智力和人格心理学等，而把关注心理学在某个实践部门应用的学科称为心理学的应用学科，如教育心理学、咨询心理学、工业心理学、心理测量学、广告心理学等。当然，基础心理学也关心成果的应用价值或潜在的应用价值，它的某些研究成果将转化为有重大应用价值的成果，并为应用研究提供理论基础；而应用心理学中也存在一系列基本理论问题，解决这些问题对心理学学科的发展，包括基础理论的发展也有重要的意义。

如何对《基础心理学书系》进行定位，是我们从工作一开始就非常关心的一个重要问题。我们给自己提出了一个比较高的目标，它包含了下面一些要求。

1. 书系应该是一套反映当代基础心理学研究成果的专著，同时也应该是一套高水平的高校心理学教材，即专著型教材。它适用于心理学系高年级本科生、研究生及心理学基础研究人员阅读，对从事心理学应用研究的广大心理学工作者及相关学科的研究工作者，也有重要的参考价值。

2. 书系的内容应该力求准确反映当代基础心理学的最新研究成果，具有科学性、系统性、前沿性，能展示心理学的发展方向。书中引用的成果应有可靠的文献根据，对重要成果要具体介绍其研究资料及结论。在总结学术成果的同时，也应介绍研究方法的最新进展。

3. 近二十年来，中国的基础心理学研究取得了重要进展，在视觉的基本理论、汉字识别与句子理解、个体的心理发展，特别是儿童的认知发展、心理的神经生物学基础等方面，积累了较多的研究成果。书系应该系统总结这些成果，使之具有中国特色。

4. 在保证科学性的前提下，要用生动、活泼、通顺的文字来从事书系的“创作”，行文力求深入浅出，具有较好的可读性。

（二）

科学心理学已经走过了一百多年的发展道路。1879 年，德国著名心理学家冯特（W. Wundt，1832—1920）在德国莱比锡大学创建了第一个心理学实验室，开始对心理现象进行系统的实验室研究。在心理学史上，人们把这个实验室的建立看成是心理学脱离哲学的怀抱，走上独立发展道路的标志。

科学心理学有长远的过去，但只有比较短暂的历史。它比数学、物理学、化学和生物学发展成为真正科学的时间要短得多。这与心理现象的异常复杂有密切关系。在心理学成为真正科学的发展历史上，曾经有过，而且今后还会受到许多非科学东西的干扰。只有能够经受实践检验的心理学知识才能成为科学心理学的组成部分。

一百多年来科学心理学取得了巨大的进展，下面我尝试列举其中的一些重要的成就。

1. 视觉的基础研究取得了突破性进展。

2. 用多重记忆系统代替单一记忆系统。记忆的研究每十年都有一个重要的变化。

3. 用实验方法研究了高级心理机能，如表象、思维、语言、情绪等。

4. 在计算机上模拟了人的复杂行为，包括知觉、表象、问题解决、词汇识别和句子理解等。

5. 对无意识现象的重视，意识和注意问题成为心理学中最具挑战性的问题。

6. 对心理的微观结构和过程进行了研究。

7. 对儿童发展潜力的重新估计和对早期经验的重视。

8. 元认知的研究，包括元记忆的研究、元语言能力的研究等。

9. 探讨了智力和人格的复杂结构，使智力和人格成为可以测量的心理品质。

10. 认知神经科学和情感神经科学的发展，为探讨脑的秘密，揭示脑与心理的关系开辟了很好的前景。

11. 不断完善心理学的研究方法，为客观地研究心理现象提供了可能性。

12. 心理学不仅是一门学科，而且成为一种职业。

13. 将心理学的基础研究成果运用于实际生活；心理学知识深入到社会生活的各个方面，对改善人类的生活质量产生了越来越大的影响。

我们不敢奢望在一套书系中能把如此丰富的研究成果和财富总结概括出来，但我们希望能在自己所研究的领域内做一些总结概括的工作，从某些侧面反映出心理科学的发展和成就。在这个意义上，书系中的每一本著作都应该是该领域的一部专著，它应该能够系统地反映该领域的基础知识和前沿研究成果，应该为该领域的研究工作者提供一部很好的参考文献。

心理学的发展是和人才的培养分不开的。近十年来，中国心理学迎来了发展的最好时期。根据中国心理学会的最新统计，现在全国已有各类心理学系和专业一百五十多个，每年招收的本科生人数达到六千人左右，研究生人数也接近两千人。人才培养呼吁教材建设。我们编写的这套书系同时也是一套教材，希望这套书系能为进一步培养我国的心理学人才，促进中国心理学长期、持续的发展产生积极的作用。

在一套书系中要同时实现上述两个目标，的确是一件很困难的事情。我清楚地意识到完成这项任务的难度。也许是这个原因，我们的书系经过了近八年的时间，才开始与读者见面。

这套书系由以下著作组成，它们分别是：

- 实验心理学
- 心理学研究方法
- 认知神经科学基础
- 知觉心理学
- 注意心理学
- 记忆心理学
- 思维心理学
- 语言心理学
- 动机与情绪心理学
- 人格心理学
- 儿童发展心理学
- 成人发展心理学

（三）

在书系开始面世的时候，我首先要感谢参与这套书系撰写的所有作者。作者中既有长期从事基础心理学研究和教学经验丰富的我国老一代心理学家，也有近年来活跃在基础心理学科研和教学第一线的青年心理学家。几年来他们在研究工作和教学任务非常繁忙、课题压力很大的情况下，克服了种种困难，默默耕耘，辛勤工作。其中我特别要提到中国科学院心理研究所的许淑莲教授，她参加撰写《成人发展心理学》之初，就患心脏病住进了医院。但她坚持工作，书中的许多章节都是她在病榻上，通过口述后再整理成文的。我还要提到中国科学院心理研究所的魏景汉教授，他负责《认知神经科学基础》的撰写。为了保证书系的前沿性，他尽量收集各种新的研究成果和研究方法，在身体有病的情况下，仍对书中的每个数学符号进行仔细的订正。没有这些专家长期持续的努力，完成这套书系是难以想象的。

我还要感谢人民教育出版社副总编辑吕达博士一直关心、支持这套书系的出版，感谢人民教育出版社总编室主任魏运华博士、文化教育分社社长刘立德同志以及本套书系的责任编辑曾红梅同志和有关工作人员，正是他们为我们提供了这样一个平台，让我们在这个平台上展现我们的学识和才智，做一件有利于学科发展和人才培养的大事。

彭聃龄

2004年11月9日于北京

目 录

自序

心理学是一门实验科学，实验设计和数据分析是获得可靠的实验结果的重要保障。因此，将实验设计和数据分析作为核心内容的研究方法课，历来是国内外心理学专业本科生、研究生的重要基础课。随着近年来多元统计和计算机统计软件的发展，对实验设计和统计思想的理解和相应技术的掌握变得更加重要。

本书大体可分为两大部分：前面的章节（第一至八章，由张亚旭撰写）比较详细地介绍了心理学实验研究的基本知识、各种基本的实验设计，以及如何使用 SPSS 软件进行相应的数据分析；后面的章节（第九至十五章，其中第九至十四章由舒华撰写，第十五章由韩在柱撰写）比较详细地阐述了与实验设计相结合的统计分析的基本原理，以及一些更为复杂的实验设计和统计分析方法。

开展心理学研究、进行实验设计不仅涉及技巧问题，而且还要求研究者对心理学的科学研究所涉及的基本概念有一个比较深刻的理解。为此，在第一至四章，我们详细介绍了心理学实验研究中的一些最重要的概念。其中，第一章介绍了心理学研究中科学思维的特征、心理学研究的途径，以及比较在心理学实验研究中的重要性；第二章介绍了心理学研究中的变量及变量间关系，包括变量的分类、自变量的操纵、因变量的观察，以及额外变量的控制；第三章介绍了心理学实验研究的基本规则、基本程序和伦理道德等；第四章介绍了实验设计的基本目标、分类和一些基本术语。

在第五至七章，我们不仅比较详细地介绍了单因素与多因素被试间、被试内与混合设计的原理，而且讨论了各种类型实验设计适用的场合、面临的主要问题及其解决方法。此外，我们还通过大量实验举例，对各种类型实验设计以及利用 SPSS 软件进行方差分析的步骤与结果输出作了详细介绍。这对于许多初学者来说应该非常有益。关于全方差分析的原理，读者可以阅读《心理与教育研究中的多因素实验设计》一书（舒华，1994），该书通过手工计算对这些原理作了非常详细的阐述。

提高实验的敏感度是实验设计的重要目标之一。许多心理现象是非常细微、不容易观察到的。为了获得可靠的实验结果，研究者首先需要考虑如何使用实验设计来解决实验的精度问题，其中控制无关变异是一个最重要的环节。第五至七章介绍了如何通过实验设计中额外变量或无关变量的控制来减少无关变异，以及如何通过被试内设计和混合设计来分离被试个体差异所带来的变异，进而提高实验精度。第八章和第十二章还介绍了一些通过更复杂的实验设计和统计分析控制无关变异的方法。其中，第八章介绍了项目间和项目内设计，以及相应的数据分析方法。项目内设计的目的是为了避免不同条件之间由于使用不同的实验材料而带来的额外变异。第十二章介绍了嵌套实验设计、协方差分析及相应的实验设计，这两种实验设计都适合一些更复杂的情形。在一些研究中，当确实难以通过实验设计来分离无关变异时，研究者需要更多地依赖统计工具。嵌套实验设计是为了分离通常在实验设计中无法分离出的团体变异，以及其他无关因素所带来的误差变异。协方差分析则是通过对实验结果的调整，分离实验中未被控制的协变量所带来的误差变异。第十二章详细介绍了协变量的选择、协方差分析的原理、协方差的手工计算和 SPSS 软件的使用。

目前，使用 SPSS 软件进行数据分析在心理学研究中非常普遍，然而，很多人并未重视数据处理原理的学习，尽管这方面的学习对数据分析非常重要。为了使读者更加深入地理解数据分析的原理及其与实验设计的关系，我们在第九章详细介绍了方差分析的基本原理，包括科学假说和统计假说、实验处理效应的估计、变异的思想、F检验的原理等。我们希望这些内容有助于读者了解我们是如何从数据中得出“差异显著”的结论的，以及方差分析需要注意的前提。在实验设计模型及其假设部分，我们介绍了通过实验设计固定效应模型与随机效应模型从样本推论总体的原理。

在很多情况下，全方差分析并不能回答研究者关心的假说，此时，多重比较提供了进一步检验研究者感兴趣的理论问题的途径。第十章和第十一章介绍了数据分析中常用的多重比较方法。其中，第十章介绍了多重比较带来的累积误差与保持I型错误恒定的原理，以及有计划的事先对比、正交对比的原理和数据分析方法；第十一章介绍了各种事后比较的方法，它们的校正误差的程度、适用情况以及数据分析方法。

第十三章和第十四章进一步介绍了数据的整理、转换、不等组被试数据的处理、统计检验力问题，以及方差分析与多重回归模型的关系等。第十五章介绍了个案研究的原理和方法，以及相应的数据分析方法。

本书主要针对心理学和相关专业的高年级本科生、研究生和科研人员，目的是使读者能够结合自己的研究，通过理论学习，深刻理解实验设计和方差分析原理，掌握方差分析的一些基本计算原理，解决实验设计和数据处理中的一些常见问题，并能够使用SPSS软件处理实验数据。

本书的许多内容在国外的教材中比较常见，但在国内还没有系统地介绍过。我在美国伊利诺伊大学学习期间选修了多门实验设计和统计课程，理论的学习给我留下了非常深刻的印象，我也看到国内心理学界在实验设计和数据处理方面与国际水平之间有差距。我和张亚旭副教授多年来从事语言认知研究。由于语言认知研究的复杂性，需要控制的变量繁多，因此，我们一直非常关注实验设计和统计方面的研究进展。此外，在我们自己的研究中，也尝试使用过各种实验设计和数据分析的技巧。精细的实验设计和统计方法的使用，使我们在自己的研究中受益匪浅。本书中的内容是我们多年来理论学习和实验研究经验的结晶。韩在柱副教授近年来一直从事脑损伤病人的个案研究，积累了较为丰富的个案研究经验。我的研究生武宁宁博士、刘友谊博士、李虹博士，以及阎鸣、陈浪等同学参与了本书的编写工作，研究生张玉平、杨洁、张亚静等同学参与了书稿的校正工作。感谢《基础心理学书系》主编彭聃龄教授和人民教育出版社有关同志，他们为本书的编写和编辑出版付出了辛劳。

我们把这本书献给广大心理学和相关领域的读者，希望有更多的读者能从中受益。

舒　华

2008年6月

第一章
心理学研究中的科学思维

科学思维是从事科学研究的基本前提。与其他学科一样，心理学的科学研究也离不开科学思维。本章中我们首先讨论心理学研究中科学思维的特征，然后介绍心理学研究通常采用的途径与实验设计的含义，最后详细分析比较在心理学研究中的重要性，以及进行比较时研究者应该注意的一些问题。

第一节　心理学研究中科学思维的特征

心理学研究的目的，总的来说，是为了增长我们关于人类的知识，具体来说则包括对人类行为的描述、理解、预测和控制。其中，对行为的控制是指为了改善人们的生活而实施的干预。以儿童说谎这种行为为例，研究者可以：(1) 描述儿童说谎行为的各种不同表现形式、说谎的频率（偶尔还是经常）——描述行为；(2) 揭示儿童说谎的原因（如自卑、为了逃避批评或惩罚、为了获得某种利益）——理解行为；(3) 对在什么样的家庭或学校环境下儿童可能出现说谎行为进行预测——预测行为；(4) 对儿童说谎行为进行干预（干预的对象有时还包括家长或学校教师）——控制行为。

上述四个目的中的任何一个，实际上都离不开科学思维。一般来说，科学思维具有以下几个特征（Goodwin，1995）。

一、决定论

所谓决定论（determinism）是指，任何事件都有其原因。对心理学研究而言，决定论意味着所有人类行为背后都有其原因。例如，儿童说谎这种行为的背后，就有着来自儿童自身、家庭和学校环境等方面的原因。这样，人类行为就有其规律性，可以预测。

二、可揭示性

可揭示性（discoverability）是指，使用科学的方法能够揭示事件的原因。对于心理学研究来说，这意味着人类行为的规律性可以通过科学的方法揭示出来。找到行为的原因之后，心理学家可以预测人类行为。例如，心理学家可以使用某些方法揭示出儿童说谎行为的原因，在此基础上对儿童说谎行为进行预测，这种预测回答了什么样的条件下儿童更可能出现说谎行为。

需要指出的是，在对人类行为进行预测时，大多数心理学家实际上是站在统计决定论（statistical determinism）的立场上。统计决定论也称概率决定论（probabilistic determinism），是指尽管不能百分之百，但可以超过机遇水平地对事件进行预测。天气预报就属于这种性质。

三、客观性

客观性（objectivity）是指，研究结果不受研究者影响，或者说不依赖于研究者。与客观性密不可分的是可重复性（repeatability），其含义是，别人可以在相同的实验条件下重复研究结果。

有时，不可重复可以成为研究报告被学术期刊拒绝的一个理由。

四、数据驱动

数据驱动（data driven）是指，研究者希望自己的研究结论能够有客观数据的支持，而这些数据是采用系统的程序所收集的。

实际上，作为科学思维的特征之一，数据驱动在日常生活中有时也能发挥巨大作用。例如，一位体育界名人曾经状告某媒体损害其名誉，但最终以败诉告终。据称，这是十多年来因体育新闻引发的官司中，媒体的首次胜诉。那么，媒体胜诉的秘诀在哪里呢？据说，该媒体采取抽样调查方法，获取了一份经过公证的证据，用以证明该体育界名人的社会评价并没有因为媒体的报道而降低。这份证据被法院采信是媒体胜诉的关键。

五、经验主义的问题

经验主义（empiricism）是指通过直接观察或经验获得知识的过程，它区别于基于逻辑推理而非直接经验的理性思考（即思辨）。经验主义提出的问题能够通过各种系统的观察和经验来回答，而系统的观察和经验正是科学方法论的特征。经验主义的问题是精确的，足以让研究者作出特定的预期。对于任何一项研究来说，第一步都应该是问题的提出（见第三章第三节）。

第二节　心理学研究与实验设计

一、心理学研究的两种途径

科学研究的目的是揭示所研究对象的本质及其规律。概括地说，任何科学研究都包含两个基本过程，一是提出问题，二是采用规范的、科学的研究方法回答所提出的问题。心理学研究的目的在于揭示心理活动的本质及规律。为达到这一目的，心理学研究通常采用以下两种研究途径。

（一）描述性研究

描述性研究（descriptive study）是指在自然状态下收集数据，对现象进行系统描述，以揭示可能不被人们注意的某种模式和联系。描述性研究不仅包括标准化的自然观察、问卷调查或访谈，还包括相关研究（correlational research）、非干预性的个案研究（case study）以及定性研究（qualitative study）等。其中，相关研究对不同的事件或现象［通常称变量（variables），详见第二章］之间的关系感兴趣，它试图描述一个变量如何随另一个变量的变化而变化。例如，研究者可以通过收集儿童抑郁水平以及儿童与父母共处时间长短的数据，并计算二者之间的相关，来研究儿童抑郁水平和儿童与父母共处时间长短之间的关系。我们将在第二章详细介绍相关研究。

描述性研究的共同特点是，只对某种现象进行客观记录和描述，而并不改变其现状。例如，研究者可以通过观察、记录、追踪儿童在不同发展时期的口语，来研究儿童早期包括词汇和句法在内的口语的发展。

（二）实验研究

实验研究（experimental study）对变量之间的因果关系感兴趣。这种方法的特点是，系统操纵或改变一个变量，观察这种操纵或改变对另一个变量所造成的影响，在此基础上揭示变量之间的因果关系。例如，如果希望了解噪声强度对记忆成绩的影响，研究者可以系统操纵或改变噪声强度，并且测量不同噪声强度下人们的记忆成绩。在这项研究中，噪声强度是一个变量，而记忆成绩是另外一个变量。

在心理学研究中，实验研究是应用最广泛、所获成果最切实可靠的一种途径。心理学实验研究的目的在于通过科学地回答所提出的问题，来认识心理活动的本质及规律。为了达到这一目的，尽管不同领域的心理学实验研究所关心的具体问题以及所采用的具体研究方法有所区别，但都具有以下特点。

(1) 实验结果可重复。可重复是指，一个实验研究所获得的结果在同等条件下可以被重复。在心理学研究中，可重复通常是指，当使用虽然是新的但性质完全相同的实验对象（通常称被试）或实验材料重新进行实验时，所获得的实验结果或实验发现与先前的相同。

当先前所获得的实验结果不能被重复时，可能的原因有两个。一个是以前的实验结果只是一种偶然现象，而非必然现象，因此只是一种假象。另一个原因是，在重复进行的实验中，研究者并没有采用与先前实验所用方法完全相同的方法，这使得先前进行的实验和后来重复进行的实验在某个或某些方面存在差别，从而导致研究者观察到与先前实验不同的结果。有时，这种差别表面看起来可能是微不足道的，甚至有经验的研究者有时也难免会忽视。

(2) 使用操作定义。美国物理学家布里奇曼（Bridgman，1927）主张，一个概念应该由测定它所用的程序来下定义，这种定义称做操作定义（operating definition）。布里奇曼的主张受到心理学家的欢迎。在心理学中，经常有一些模糊不清的变量，如“创造力高低”“抑郁水平”“害羞程度”等。如果一个研究涉及这样的变量，那么，对于研究者来说，一个首要的任务是给它们下一个具体的、明确的定义。

在心理学研究中，对一个变量根据测定它的程序所下的具体的、明确的定义，称为操作定义。例如，埃姆德等人（Emde，et al.，1992；也见Goodwin，1995）曾经根据不同的测定程序，为婴儿害羞下了三个不同的操作定义：一是行为抑制（behavioral inhibition）——当陌生人进入游戏室时，婴儿表现出一种躲避反应，避开陌生人而躲到妈妈身边的婴儿将在行为抑制测量上获得高分；二是害羞观察——观察婴儿对主试家访的反应，以及婴儿在进入实验室时的行为；三是父母调查——父母完成一个包含害羞量表的调查。在此基础上，他们测量了200对14个月的同卵和异卵双生子（一起抚养）的害羞分数，并计算了每对双生子的害羞分数之间的相关，结果如表1-1所示。

表1-1　害羞分数的相关

害羞测量	皮尔逊相关	
	同卵双生子	异卵双生子
行为抑制	0.57	0.26
害羞观察	0.70	0.45
父母调查	0.38	0.03

结果显示，与异卵双生子相比，同卵双生子的对内相关要高，不论是从行为抑制来测量还是从害羞观察或父母调查来测量，都是如此。这些结果说明，害羞有遗传的成分。

对变量下操作定义的必要性体现在三个方面：第一，一些变量只有下了操作定义（因而含义变得具体、明确）之后，才能进行实验；第二，知道所用的操作定义，别人才可能重复验证研究结果；第三，研究者可以对变量再定义，即从另一个角度重新下操作定义，看研究结果是否改变。例如，埃姆德等人从三个不同角度对婴儿害羞进行定义，均发现与同卵双生子相比，异卵双生子的对内相关更低。

（3）对不感兴趣的变量有意识地加以控制。在心理学实验研究中，无论是研究者感兴趣的变量（如噪声强度）还是研究者不感兴趣的变量（如要求人们记忆的材料的难度），都可能影响某个特定的变量（如记忆成绩）。因此，为了观察感兴趣的变量所产生的影响，研究者需要对不感兴趣的变量有意识地加以控制。例如，在考察噪声强度究竟如何影响人们的记忆成绩的研究中，如果研究者并不关心材料的难度对记忆成绩的影响，那么，研究者可以设法使材料难度在需要进行比较的不同的噪声条件之间保持恒定。

控制的必要性在于能够让研究者在不同的变量之间建立确切的因果关系。没有控制，研究者就不可能分离出导致某一实验结果的真正的原因。事实上，无论是对不感兴趣的变量有意识地加以控制还是使用操作定义，都是保证实验结果可以重复的重要前提。我们将在第二章详细讨论如何对不感兴趣的变量有意识地加以控制。

二、实验设计

上面我们讨论了心理学实验研究所具备的一些特点。与这些特点密不可分的一个概念是实验设计（experimental design）。所谓实验设计是指实验具体的计划方案以及相应的统计分析方法。一个完整的实验设计需要确定以下几方面内容：（1）与研究假说有关的统计假说；（2）感兴趣的以及虽然不感兴趣但需加以控制的变量；（3）被试抽样所来自的总体以及所需的数量；（4）将不同的实验处理分派给被试的具体方法；（5）观察或测量的变量；（6）使用的统计分析方法等。

我们将在第二至四章介绍与实验设计有关的一些基本问题，在第五至八章以及第十二章详细讨论各种不同类型的实验设计。

第三节　心理学研究中的比较

没有比较就没有鉴别，就没有认识和决策。不仅现实生活中（如购买商品或选择度假地点）如此，科学研究中也是如此。例如，如果不对老年痴呆症患者和正常老年人的记忆进行比较，就无从知道老年性痴呆会给人们的记忆带来怎样的影响。如果没有对集中注意（通常人们只完成单一的一项任务，如判断视觉呈现的汉字的声调是否为三声）和分散注意（通常同时完成两项任务，如在判断汉字声调的同时，还要于最后一次判断结束时，说出所听到的、与汉字同步呈现的数字中偶数数字的个数）两个条件下，人们完成任务的成绩进行比较，就无法认识注意在人们完成任务中所扮演的角色。

在心理学研究中，一些基本概念与比较有着十分密切的关系，这些概念分别是实验组（experimental group）与控制组（control group）、实验条件（experimental condition）与控制条件（control condition）以及混淆因素（confounding factors）与控制变量（controlled variables）。下面我们首先考察这些概念的含义，然后再讨论在心理学研究中，进行比较时需要注意的一些问题。

一、实验组与控制组

在医学外科学的发展史中，曾经记载着这样一段历史：在15～16世纪，在假设所有的枪炮创伤都能被火药感染的前提下，人们相信用烧红的烙铁烫或用煮沸的油冲浇能治疗创伤。因此，油在当时是军医手中必备的。在切除伤员的断肢之后，军医用煮沸的油冲浇伤口以治疗创伤。平民医生沿用这种做法来治疗病人的外伤。然而，一个偶然的实验导致人们终于放弃了这种治疗方法。

16世纪，在一次战役期间，一个名叫安布鲁瓦兹·帕雷（Ambroise Paré）的法国军医因为伤员太多而用光了油。结果自然形成了两组伤员，其中一组接受过沸油冲浇处理，而另一组则没有接受这种处理，直接使用药膏和绷带进行包扎。与预期相反，帕雷发现，没有使用沸油处理的那组伤员的康复过程更为顺利。他于1545年报告了这一偶然的发现，推动了治疗创伤方法的改革。

为了检验一个处理是否有效，研究者有时需要对两个类似的组进行比较，需要注意的是，这两组之间只能有唯一的差别，即一组施加特定的处理，而另一组并不施加该处理。在其他任何方面，两组之间都是匹配的。在这种研究设计中，施加处理的那一组称做实验组，而未施加处理的那一组称做控制组。

在帕雷的偶然的实验中，接受沸油冲浇处理的那一组相当于实验组，而未接受这种处理的那一组相当于控制组。实验组和控制组是实验设计中一对最基本的概念。

二、实验条件与控制条件

所谓实验条件是指施加处理的那个条件，而控制条件则是指未施加处理的那个条件。在实验组和控制组两组设计中，实验组和控制组被试分别在实验条件和控制条件下进行实验。例如，在帕雷的偶然的实验中，接受沸油冲浇处理和未接受这种处理的两组伤员可分别视做在实验条件和控制条件下进行实验。

此外，同样是为了检验一个处理是否有效，研究者有时并不是在实验组和控制组两组之间进行比较，而是仅仅使用一组被试（即使用同一批被试）在两个类似的条件之间作比较。这时，同样需要注意的是，这两个条件之间也只能有唯一的差别，即一个条件下被试接受特定的处理，而另一个条件下被试并不接受这样的处理，在其他任何方面，两个条件之间都是匹配的。

例如，斯特鲁普效应（Stroop，1935）反映了同一个刺激两个不同维度的信息相互冲突时，一个维度的信息对另一个维度的信息的干扰。在考察斯特鲁普干扰效应的实验中，可以包括两种条件。一种条件下，实验材料为以某种颜色印刷而意义表示另一种颜色的汉字，如以红色印刷的汉字“蓝”（被试的任务是命名汉字的印刷颜色）。另一种条件下，实验材料为以某种颜色印刷而意义与颜色无关的汉字，如以红色印刷的汉字“突”。两个条件分别称做实验条件和控制条件，二者之间唯一的差别是，前者包含意义和印刷颜色之间的冲突，而后者并不包含这样的冲突。

三、混淆因素与控制变量

实验研究要求，除了在是否施加处理方面有差别之外，实验条件和控制条件之间在其他各方面都必须匹配。如果实验条件和控制条件之间在实验处理以外的其他方面也存在差别的话，处理的效应就受到了混淆。例如，帕雷的偶然的实验中发现没有使用沸油处理的伤员比接受沸油冲浇处理的伤员康复过程更顺利，然而，如果前一组伤员恰好在创伤严重程度上低于后一组伤员，则接受沸油冲浇的处理效应就受到了混淆。

所谓混淆因素是指引起实验条件和控制条件之间差别的、研究者并不打算观察其效应的因素。混淆因素也称额外变量（extraneous variables）、干扰变量（distracting variables）或无关变量（irrelevant variables）。例如，在帕雷的偶然的实验中，切除类型、失血多少、伤员的年龄、卫生条件和护理质量等因素，都可能成为混淆因素。

控制混淆因素的影响是实验设计的一项重要任务。在实验设计中，研究者会根据前人的研究经验或理论分析，使用一定办法控制那些可能混淆处理效应的因素，如可以通过匹配使得这些因素在实验条件和控制条件之间保持一致。因此，在实验研究中被研究者意识到并使用一定办法加以控制的那些混淆因素也可以称做控制变量。

四、进行比较时需要注意的问题

（一）比较要有目的性

在科学研究中，比较的根本目的是为了回答研究者感兴趣的问题。恰当的比较应该有明确的目的和清晰的逻辑。例如，在专栏 1-1 介绍的荷兰生理学家东德斯（F. C. Donders）的减法反应时实验中，以及专栏 1-2 介绍的语言的 PET 扫描（positron emission tomography，正电子发射断层摄影术，简称 PET 扫描）研究中，所包含的比较应该说目的都是相当明确的。

专栏 1-1　东德斯的减法反应时实验

19 世纪 60 年代中期，荷兰生理学家东德斯曾经尝试通过把认知活动分析成几个阶段来描述心理过程。他对测定心理过程所花的时间（timing the mind）特别感兴趣，并使用相减技术，即减法法（subtractive method），来测定人们在面对不同的任务时所经历的不同的心理过程所花的时间。1868 年，东德斯使用反应时任务完成了一个实验，首次尝试分析和测量一个简单任务所包含的过程。他使用了以下三个任务。

（1）简单反应时任务（simple reaction time task）：呈现的刺激只有一个，要求被试所作的反应也只有一个，并且二者总是固定不变的。例如，被试坐在一个面板前面，面板上有一个灯泡和一个反应按钮，要求被试在灯亮（即刺激出现）时按按钮。

（2）辨别反应时任务（discrimination reaction time task）：呈现的刺激不止一个，但要求被试只对其中一个刺激的呈现作出固定的反应，而对其他刺激的呈现不作反应。例如，被试坐在一个面板前面，面板上有五个灯泡和一个反应按钮，要求被试在目标灯泡变亮时按按钮，在其他四个灯泡变亮时不按按钮。

（3）选择反应时任务（choice reaction time task）：呈现的刺激不止一个，对于每一个刺激都要求被试作出不同的反应。例如，被试坐在一个面板前面，面板上有五个灯泡，每个灯泡都有自己的反应按钮，要求被试在灯泡变亮时按相应的按钮。

东德斯假设了每个任务所包含的过程：简单反应时任务需要知觉和运动过程，即从感觉到运动反应的神经系统传导；辨别反应时任务除了需要知觉和运动过程之外，还需要辨别过程（指辨别刺激）；选择反应时任务除了需要上述所有过程之外，还需要选择过程。

像东德斯所期望的那样，实验结果显示，简单任务所需的时间最短，辨别任务次之，选择任务所需的时间最长。

使用减法技术，东德斯计算了每个阶段所花的时间。具体计算方法如下：

（1）知觉和运动过程所花的时间＝完成简单任务所需的时间；

（2）辨别时间＝完成辨别任务所需的时间－完成简单任务所需的时间；

（3）选择时间＝完成选择任务所需的时间－完成辨别任务所需的时间。

专栏 1-2　语言的 PET 扫描研究

语言的 PET 扫描研究目的是为了揭示人完成语言任务时大脑的活动。这类研究所采用的实验逻辑是，向被试呈现一系列越来越复杂的语言任务，然后，从复杂任务所产生的血流模式中减去相邻的简单任务所产生的血流模式，在此基础上识别与每个语言成分相联系的大脑活动（Posner & Raichle，1994）。

例如，在一项 PET 研究中，在最简单任务（一级水平）期间，被试只是看符号“+”。在二级水平的视觉任务期间，被试被动地看一个词，如“HAMMER”（锤子）。在二级水平的听觉任务期间，被试被动地听一个词。在三级水平任务期间，被试必须说出所看到或所听到的词。最后，在四级水平任务期间，被试必须为所看到或所听到的词提供一个动词，该动词描述了所看到或所听到的词的功能。例如，如果看到或听到的词是“HAMMER”，那么，被试可以产生动词“POUND”（重击、敲打）。通过血流模式相减的方法，研究者发现：(1) 当人们被动地看词时，大脑最活跃的区域是枕皮质（二级水平的视觉任务减一级水平任务）；(2) 当人们被动地听词时，最活跃的区域是颞皮质（二级水平的听觉任务减一级水平任务）；(3) 说出词这种任务激活了顶皮质的运动区（三级水平任务减二级水平任务）；(4) 意义产生（想出一个有关的动词）任务激活了额皮质和颞皮质的后部（四级水平任务减三级水平任务）。

（二）比较要有创造性

在心理学研究中，在什么样的条件之间进行比较，实际上体现了研究者的创造性。例如，塔嫩豪斯等人（Tanenhaus，et al.，1995）通过比较人们对两种视觉语境中一些物体的不同的期待性眼动（anticipatory eye movements），证明视觉语境能够在听觉语言加工的最早阶段影响听觉语言理解（见专栏 1-3）。格林和威洛比（Gehring & Willoughby，2002）通过比较人们在赌博游戏中赢钱和输钱时大脑的电活动，发现大脑前扣带回（anterior cingulate cortex，简称 ACC）的电活动对输钱敏感（见专栏 1-4）。

专栏 1-3 视觉语境与听觉语言理解

塔嫩豪斯等人（Tanenhaus，et al.，1995）曾经创造性地研究了非语言学的视觉语境信息如何影响人们对听觉语言的理解。他们让被试坐在一张桌子前，桌子上有各种物体。当被试将各种指令付诸行动时，他们监视被试的眼动情况。

实验向被试提供了两种视觉语境，分别称做有一个所指物的语境（one-referent context）和有两个所指物的语境（two-referent context）。例如，当听到有关苹果的指令时，有一个所指物的语境条件下，被试面前的视觉语境中有一个放在毛巾上的苹果、一条上面什么也没有的毛巾、一支铅笔和一个盒子。而在相应的两个所指物的语境条件下，被试面前的视觉语境中有一个放在毛巾上的苹果、一个放在餐巾纸上的苹果、一条上面什么也没有的毛巾和一个盒子。

在面对这些物体的同时，被试听到的指令是"put the apple on the towel in the box"。事实上，这句指令在句法上存在暂时歧义。"put the apple on the towel..."，即可以暂时理解成"把苹果放到毛巾上"，也可以暂时理解成"把毛巾上的苹果放到……"。

被试的眼动数据显示，在一个所指物语境条件下，当听到"towel"之后不久，人们55%的时候会看错误的物体，即那条上面什么也没有的毛巾，说明人们按照"把苹果放到毛巾上"来理解所听到的指令。然而，在两个所指物语境条件下，当听到"towel"之后，人们仅有不到20%的时候会看错误的物体，即那条上面什么也没有的毛巾，相反，被试更可能是看那个放在毛巾上的苹果，并在听到"box"之后不久，较为迅速地看那个盒子。这说明，在面对两个苹果这种视觉语境中，人们按照"把毛巾上的苹果放到……"来理解所听到的指令"put the apple on the towel..."。

显然，人们所处的视觉语境影响人们所作的句法加工。塔嫩豪斯等人还用实验数据证明，这种影响发生在语言加工的最早阶段，因而他们的研究对宣称最初的句法加工不受其他认知系统影响的模块理论（modular theories）提出了挑战。

专栏 1-4　大脑前扣带回对赌博游戏中的输赢敏感

美国密歇根大学的格林和威洛比（Gehring & Willoughby, 2002）曾经研究过人们从事赌博游戏时大脑的电活动。他们设计了如下的赌博任务：向被试呈现两个正方形，每个正方形中包含一个数字（或者是 5，或者是 25，随机决定），要求被试通过按相应的按钮选择其中一个正方形，以赌输赢。1 秒之后，每个正方形变红或变绿（随机决定）。如果被试所选的正方形变绿，那么，所选的数字（如 25）所显示的数量（单位为美分，如 25 美分）将加到一组试验结束时被试所得到的金钱的总数里。如果所选的刺激变红，那么，相应的数量将从总数里扣除。更为巧妙的是，当被试所选的正方形变红或变绿时，被试没选的那个正方形同时变红或变绿。这样，被试不仅知道输赢，还知道如果选择了另一个正方形，结局如何。他们对以下四种情形特别感兴趣。

（1）如果选择了另一个正方形，自己赢得要少。因此，已经作出的选择不仅让自己赢钱，而且是一个正确的选择。

（2）如果选择了另一个正方形，自己会赢得更多。因此，已经作出的选择虽然让自己赢钱，但实际上是一个错误的选择。

（3）如果选择了另一个正方形，自己会输得更多。因此，已经作出的选择虽然让自己输钱，但实际上是一个正确的选择。

（4）如果选择了另一个正方形，自己输得要少。因此，已经作出的选择不仅让自己输钱，而且是一个错误的选择。

比较（1）和（2），或者比较（3）和（4），就可以回答：同正确反应相比，错误反应是否会引起大脑的某种特定的电生理反应（称事件相关脑电位，event-related potentials，简称 ERPs）？而比较（1）和（3），或者比较（2）和（4），就可以回答：同赢钱相比，输钱是否会引起大脑的某种特定的电生理反应？

实验结果发现，（1）和（2），或者（3）和（4）之间并无显著差异，而（1）和（3），或者（2）和（4）之间，大脑前扣带回所记录到的 ERPs 的波幅有显著差异。说明当人们从事赌博游戏时，前扣带回的电活动对输钱敏感（因此这种脑活动可能代表了对输赢结果的立即的情绪反应），而这种敏感性并不简单地反映错误觉察。这些发现丰富了有关前扣带回所扮演角色的理论，可能有助于洞察情绪如何能改变人们的决策（Miller，2002）。

（三）比较要有可比性

要比较的对象之间一定要有可比性，这是进行比较的一个基本要求。在前面讨论过的实验组与控制组以及实验条件与控制条件这两对概念中，我们特别强调了两组或两个条件之间差别的唯一性。下面，让我们重新考察一下东德斯的减法反应时实验。我们首先看一下其中的辨别反应时任务。

在辨别反应时任务中所出现的刺激有多个，被试只对某个特定的刺激的呈现进行反应，而对其他刺激的呈现不作反应。例如，只有目标灯泡变亮时被试才按按钮，而其他四个灯泡变亮时被试不按按钮。东德斯假设，辨别反应时任务需要知觉和运动过程以及刺激辨别过程。实际上，除了东德斯所提到的那些过程之外，辨别反应时任务还包含反应选择过程。例如，当非目标灯泡变亮时，被试不仅需要完成刺激辨别过程，还需要完成反应选择过程，这种选择过程发生在按按钮和不按按钮（不反应或“保持沉默”实际上也是一种反应）之间（见表 1-2）。正确的选择结果是不作反应，即不按按钮。类似地，当目标灯泡变亮时，被试也不仅需要完成刺激辨别过程，还需要完成反应选择（按按钮或不按按钮）过程。当然，正确的选择结果是作反应，即按按钮。

表 1-2　减法反应时实验任务分析

	知觉（刺激）和运动（反应）联系
简单反应时任务	刺激出现——按按钮
辨别反应时任务	目标刺激出现——按按钮
	非目标刺激出现——不按按钮
选择反应时任务	刺激 1 出现——按按钮 1
	刺激 2 出现——按按钮 2
	……

在简单反应时任务中，由于刺激和反应只有一个，被试所建立的知觉和运动联系也只有一个，即刺激出现——按按钮。因此，在这种任务中，当刺激出现时，被试并不需要完成按按钮或不按按钮这样的选择过程。

此外，选择反应时任务中所包含的反应选择过程，是指在按不同的按钮之间，而不是在按按钮和不按按钮之间作出选择，因而在含义上不同于辨别反应时任务中的反应选择过程。

根据上面的分析，东德斯对每个阶段所花时间的计算（见专栏 1-1）可能站不住脚。造成这一问题的本质原因是，要比较的两个对象之间的差别并不唯一。

通过设计和使用各种实验任务来回答所关心的问题，是心理学研究者最常用的方法。对实验任务性质的深入分析和洞察，是保证所进行的比较具有可比性的基本前提。

下一章中，我们着重讨论的各种额外变量的控制方法，其根本目的也正是为了保证所进行的比较具有可比性。

本章主要观点

· 心理学研究的目的是为了增长我们关于人类的知识，包括对人类行为的描述、理解、预测和控制。

· 在心理学研究中，科学思维具有五个基本特征，即决定论、可揭示性、客观性、数据驱动和经验主义的问题。

· 心理学研究通常采用描述性研究和实验研究两种基本途径。其中，描述性研究是指在自然状态下收集数据，对现象进行系统描述，以揭示可能不被人们注意的某种模式和联系。它包括标准化的自然观察、问卷调查或访谈、相关研究、非干预性的个案研究以及定性研究等。这类研究的共同特点是，只对某种现象进行客观记录和描述，而并不改变其现状。相比之下，实验研究对变量之间的因果关系感兴趣，其特点是，系统操纵或改变一个变量，观察这种操纵或改变对另一个变量所造成的影响，在此基础上揭示变量之间的因果关系。

· 心理学实验研究有三个特点，即实验结果可以重复、使用操作定义以及对不感兴趣的变量加以控制。所谓操作定义是指对一个变量根据测定它的程序所下的具体的、明确的定义。

· 实验设计是指实验具体的计划方案以及相应的统计分析方法。

· 为了检验一个处理是否有效，研究者有时需要对两个类似的组进行比较，施加处理的那一组称做实验组，而未施加处理的那一组称做控制组。

· 实验条件是指施加处理的那个条件，而控制条件则是指未施加处理的那个条件。

· 混淆因素也称额外变量、干扰变量或无关变量，是指引起实验条件和控制条件之间差别的、研究者并不打算观察其效应的因素。控制混淆因素的影响是实验设计的一项重要任务。

· 在心理学研究中，恰当的比较应该有明确的目的和清晰的逻辑。在什么样的条件之间进行比较则体现了研究者的创造性。此外，要比较的对象之间一定要有可比性，这是进行比较的一个基本要求。

思考题

1. 心理学研究中的科学思维具有哪些特征？
2. 实验研究有哪些特点？
3. 什么是操作定义？对变量下操作定义的必要性体现在哪些方面？
4. 举例说明实验组与控制组、实验条件与控制条件的含义。
5. 举例说明混淆因素与控制变量的含义。
6. 在心理学研究中，进行比较时需要注意哪些问题？

第二章
心理学研究中的变量及变量间关系

所谓变量是指研究者感兴趣的、可以潜在地发生变化的事件和现象。对什么样的变量感兴趣，很大程度上反映着科学家的创造性。例如，在遗传学领域，苏等人（Su，et al.，2003）创造性地以被长城隔离的植物亚居群为变量进行研究。结果表明，长城具有阻碍基因交流的作用（见专栏 2-1）。

专栏 2-1　长城具有阻碍基因交流的作用

据北京大学新闻网（http://pkunews. pku. edu. cn/）报道，苏等人（Su，et al.，2003）对居庸关长城六种植物居群的遗传多样性及其遗传结构进行了研究。结果发现，被长城隔离的植物亚居群间具有极显著的遗传分化（$p<0.001$）。

该研究结果发表在 *Heredity* 杂志上之后，*Nature* 杂志中 *Nature Science Update* 专栏科学评论家海伦·皮尔彻（Helen Pilcher）女士对该文通信作者北京大学顾红雅教授进行了电话采访，并对论文进行了介绍和评述（http://www. nature. com/nsu/030414/030414-3. html），题为“GREAT WALL BLOCKS GENE FLOW：Chinese landmark has driven plants apart”，文中还引用了美国科学院院士、中国科学院外籍院士彼得·雷文（Peter Raven）教授的评论：“（长城两侧植物的差异）表明植物居群内的分化发生得非常之快；我们可以推测，这些（长城两侧植物的）差异是有适应意义的。”

一定的地理、地质及历史事件或多或少地会影响到其周围环境中所生长的生物的遗传行为、遗传分化及其遗传结构。群体遗传学为研究生物的群体遗传结构及变异提供了一项有力的工具。长城自修建至今经历了约两千年的历史时间，它作为一道人为的物理屏障，为分析一定历史时间内近距离被隔离生境的植物居群遗传结构，提供了一个较好的研究模型。

研究对象代表了生长在长城的乔木、灌木、草本等生活史特性及虫媒、风媒等传媒方式的野生植物群体，旨在检测被长城隔离的植物亚居群之间的遗传变异，并探讨长城对不同生活史特性及传媒方式的植物居群遗传分化的影响。研究结果表明，被长城隔离的植物亚居群间具有极显著的遗传分化。研究者推断长城两侧亚居群间的分化主要来自两个方面：(1) 高山两侧本来就存在微地理环境的差异，长城的修建增加了这种差异，使得长城两侧的同种植物经受了不同的选择压力；(2) 长城作为一道物理屏障，在上千年的历史时间内，削弱基因流，致使亚居群之间发生遗传变异。前者有积极的进化意义，而后者则通过限制基因流而使植物发生变异。该研究首次对中国长城这一宏伟的人工建筑所产生的生态影响进行了探讨，对评估大型的人类工程对其周围动植物的遗传多样性的影响具有重要的参考价值。

对心理学研究和建构心理学理论来说，研究者对什么样的变量感兴趣，事实上也反映出研究者的创造性。而选择好的自变量的前提，是正确理解心理学研究中变量的分类以及各种变量的含义和性质。这也有助于研究者避免在实验设计和推论结论等方面犯错误。为此，本章首先讨论变量的分类以及各种变量的含义。然后，我们重点讨论如何操纵自变量和观察因变量，特别是如何控制额外变量。最后，我们考察心理学研究中的变量间关系，以及与此相关的两种不同类型的心理学研究。

第一节　变量的分类

根据变量的不同性质、不同的来源以及在研究中所扮演的不同角色，可以对心理学研究中的变量进行如下分类。

一、定性的变量与定量的变量

根据变量的不同性质，心理学研究中的变量可分为以下两类。

定性的变量（qualitative variables）：指导语类型，教法类型，药物类型，心理疗法类型，性别，用已婚、未婚等简单的分类所反映的婚姻状况，性格类型，用赞成、反对、弃权等简单的分类所反映的人的态度等。

定量的变量（quantitative variables）：以动物为被试的实验中动物被剥夺食物的时间，药物剂量，人的智商（IQ），用婚龄所反映的婚姻状况，用十一点量表所反映的人的态度（两端分别代表非常赞成和非常反对，中间代表弃权，其他各点代表不同程度的赞成或反对，见图 2-1），视觉搜索任务中干扰刺激的数目，问题解决任务中作为激励的金钱的数目，听觉刺激的强度，视觉或听觉刺激的持续时间，相继呈现的两个刺激之间的时间间隔，被试在某项任务上的错误率等。

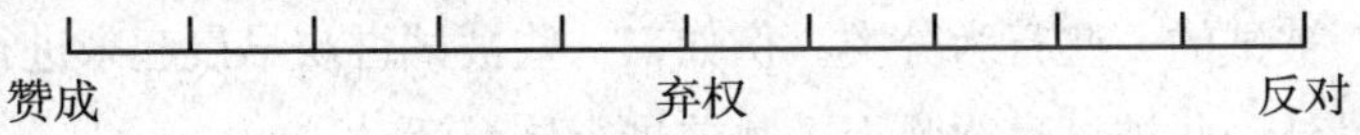

图 2-1　态度的十一点量表

在认知心理学领域，研究者经常观察的一个定量的变量是反应时（reaction time，简称 RT），也称反应潜伏期（response latency），通常是指从刺激开始呈现到被试反应动作开始之间的时间间隔，单位为毫秒（ms）。

与定性的变量相比，定量的变量对事件或现象的变化揭示得更为精细。例如，与用赞成、反对、弃权等简单的分类所反映的人的态度相比，用十一点量表所反映的人的态度更为精细。当然，并非所有的变量都适合作为定量的变量来研究。

二、任务变量、环境变量与被试变量

根据变量的不同的来源，心理学研究中的变量可分为以下三类。

一是任务变量（task variables），也称刺激变量（stimulus variables）。这类变量来源于实验任务的某些方面的变化，如动物实验中迷津的难度、视觉搜索任务中干扰刺激的数目、视觉或听觉刺激的持续时间、相继呈现的两个刺激之间的间隔时间等。

二是环境变量（environmental variables）。这类变量来源于环境的某些方面的变化，如温度、湿度、照度、噪声、空间大小、房间内部的安排和布置等。通常，研究者对这类变量并不感兴趣。不过，环境心理学工作者是一个例外。在该领域中，环境变量是心理学家所关心的变量。

三是被试变量（subject variables），来源于被试的特性，也称分类变量、机体变量或个体差异变量。这类变量可进一步分成以下三个亚类。

（1）被试固有的、或多或少带有永久性的特征，如性别、年龄、民族、年级、文化程度、婚姻状况、社会经济状况、家庭背景、父母的职业状况、父母的教养方式、儿童与父母共处时间、智力、推理能力、性格、气质、成就动机、态度、工作满意度、学习成绩、识字量、阅读速度、反应时、脑损伤部位（神经心理学领域）等。

（2）暂时的被试变量，指被试的一些短暂的经历或体验（如遭受洪水灾害、吸毒）。

（3）被试的一些行为分类。例如，一些被试喜欢早晨起来进行体育活动，而另外一些被试喜欢晚上入睡前进行体育活动。

三、自变量、因变量与控制变量

根据变量在研究中所扮演的不同角色来分，心理学研究中的变量可分为以下三类。

（一）自变量

自变量（independent variables）是指在实验中由研究者所操纵的、对被试的反应可能产生影响并且研究者希望观察其效应的变量，其作用是用来区分或定义不同的实验条件，或者不同类型的被试。例如，指导语类型、药物类型、药物剂量、光的强度、两个刺激之间的时间间隔和暗适应时间等任务或刺激变量，都可以用来定义不同的实验条件。而性别、年龄、受教育程度和人格类型等被试变量，可以用来定义不同类型的被试。在后面这种情形中，分类也是一种操纵，这种操纵是通过选择被试来实现的。

在自变量这一术语的英文名称中，independent 一词的意思是“独立的”“不受约束的”。问题是，独立于什么？不受什么约束？应该说，这种变量独立于被试的行为，不受被试的行为约束。例如，如果自变量是两个刺激之间的时间间隔，那么，我们可以选择两种（如 50 毫秒和 100 毫秒）或三种（如 50 毫秒、100 毫秒和 200 毫秒）时间间隔，作为时间间隔这个自变量的两个或三个水平（levels），在此基础上观察各种时间间隔条件下被试的行为。显然，时间间隔长短独立于被试的行为，不受被试的行为约束。

在具体研究中，研究者可以根据自己的研究兴趣，对自变量下不同的操作定义。以成就动机为例，假设研究者希望研究成就动机与记忆实验中记忆成绩之间的关系，那么，可以首先使用成就动机量表，对若干名被试的成就动机进行测量。然后，在测量的基础上，通过选择被试，确定成就动机高低不同的两组被试。这里，研究者是通过分类来操纵被试的成就动机。此外，研究者也可以通过指导语来操纵被试的成就动机。例如，在进行记忆实验之前，告诉一部分被试，记忆成绩越高，得到的金钱奖励越多，因此这部分被试的成就动机相对较高，而对另外一部分被试并不给予这种指导语，因此这部分被试的成就动机相对较低。

（二）因变量

因变量（dependent variables）是实验中由操纵自变量而引起的被试的某种特定反应，是研究者所观察的变量，因此也称反应测量（response measures）或反应变量（response variables），如反应时、错误率或阅读速度等行为指标，以及事件相关电位的波幅、潜伏期和头皮分布等电生理指标等。

在心理学研究中，由于所有的因变量均代表对被试某种或某些特性的测量，所以，应该说，所有的因变量都是被试变量。

（三）控制变量

从在研究中所扮演的角色来看，控制变量属于被研究者有意识加以控制，不让其发挥作用的变量。其定义我们在第一章中已介绍过，此处不再重复。

第二节　自变量的操纵与因变量的观察

一、自变量的操纵

（一）自变量变化范围的确定

1. 富翁与女人：一个故事

一个偶然的机会，一个富翁喜欢上一个女人。女人长得很美，但有丈夫和孩子。富翁打算劝女人离婚，然后嫁给他。在作这个决定之前，富翁想考验一下女人是重情还是重钱。于是，他对女人说："给你 1 万美金，跟我吧。"女人非常果断地说"不"。富翁于是又说："我给你 5 万美金，如果你跟我。"女人稍微迟疑了一下，但还是说"不"。富翁猜女人可能还是嫌钱少，于是再次提高数额，说："给你 10 万美金，跟我走吧。"但女人还是不答应，她说："我爱我的丈夫和孩子，我怎么能为了 10 万美金抛弃他们呢?"富翁暗暗高兴，觉得自己没有看错人，女人真的是一个重情而不是重钱的人。不过，为了慎重起见，富翁决定再试探一下，说："给你 50 万美金，跟我走吧。"女人这次想了一会儿，说："好吧，你等我一下，我去收拾行李。"

在上面的故事中，金钱的数额和女人的反应可分别看做自变量和因变量。如果自变量的变化范围限定在 1 万～10 万美金，富翁可能会对女人作出错误的判断。

2. 动机强度与耶基斯—多德森定律

耶基斯和多德森（Yerkes & Dodson，1908）发现，各种活动都存在一个最佳的动机水平，动机不足或过分强烈，都会使工作效率下降。动机强度与工作效率之间并非线性关系，而是一种倒 U 字形曲线关系，如图 2-2 所示。这意味着并非动机强度越高，工作效率也越高，或动机强度越低，工作效率也越低。这就是著名的耶基斯—多德森定律（见彭聃龄，2001）。

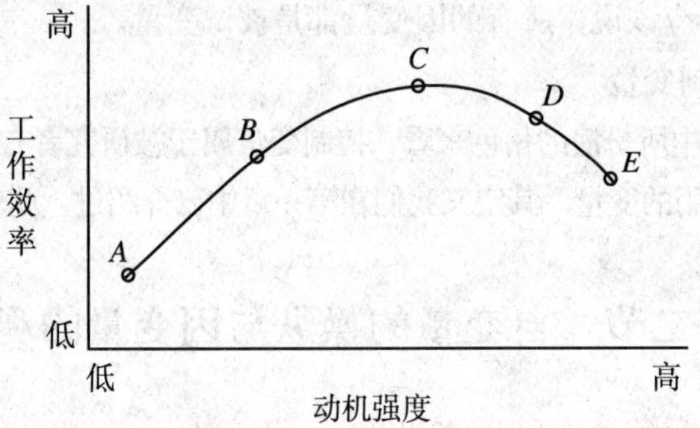

图 2-2　动机强度与工作效率

在上面的研究中，确定合适的动机强度的变化范围，是研究者得出正确结论的基本前提。如果所确定的动机强度的变化范围为从 *A* 至 *C*，那么，研究者会得出工作效率随动机强度的提高而提高的结论；如果动机强度的变化范围为从 *C* 至 *E*，那么，研究者会得出工作效率随动机强度的提高而下降的结论。

3. 空间提示与目标之间的间隔时间与返回抑制

波斯纳和科恩（Posner & Cohen，1984）曾经进行过这样的实验。

首先，在屏幕左、中、右三个位置各出现一个注视框。要求被试在整个实验过程中一直注视中间的注视框。随后，某一侧（如右侧）的注视框突然变亮（提示），接着又恢复到最初的状态。然后，目标（如“*”）或者出现在曾经变亮的注视框中（称有效提示），或者出现在曾经变亮的注视框对侧的注视框中（称无效提示）。实验要求被试完成觉察任务，即一旦发现“*”，就作按键反应。结果发现，从注视框开始变亮到目标开始出现之间的时间间隔（cue target onset asynchrony，简称CTOA）很重要。当CTOA较短（如50毫秒）时，同无效提示相比，有效提示条件下的目标觉察要快（反射性的定向使得注意被指向那一位置）。然而，当CTOA较长（超过300毫秒）时，同无效提示相比，有效提示条件下的目标觉察不仅没有变快，反而变慢。长CTOA条件下所观察到的这种现象，称做返回抑制（inhibition of return，简称IOR）（Posner & Cohen，1984；Maylor，1985）。

为什么视觉系统需要这种返回抑制机制？研究者认为，这种抑制能够保证高效的视觉搜索（Klein，1988）。具体地说，一旦注意已经指向某一位置，那一位置即被加上标签，结果无须返回去再次搜索那一位置。没有这样的记录，搜索过程将处于一遍又一遍地重复访问同样位置的危险之中。

上述实验说明，CTOA的变化范围制约研究者的实验发现。如果变化范围为0～200毫秒，研究者只能观察到有效提示所产生的促进效应；如果变化范围为300～500毫秒，研究者只能观察到有效提示所产生的抑制效应，即返回抑制；如果变化范围为0～500毫秒，研究者才能在不同的时间间隔条件下分别观察到促进效应和抑制效应。

问题是，如何做才能保证所确定的自变量的变化范围更为恰当呢？首先，可以通过查阅相关文献，获得必要的知识。例如，通过查阅文献，我们了解到，视锥细胞的暗适应大约需要五分钟，而视杆细胞的暗适应大约需要三十分钟。因此，如果我们想研究两种细胞的暗适应过程，那么，两种细胞暗适应时间的变化范围可分别确定为0～10分钟和0～40分钟。其次，为了确定合适的自变量的变化范围，有时有必要进行一些预备实验。

（二）检查点和间距的确定

自变量的变化范围一经确定，下一步的任务就是确定检查点和间距。

检查点是指自变量的不同的取值（通常称不同的水平）。检查点通常为2～5个（如图2-2中从A至E共五个检查点），具体数目应视研究者所关心的问题而定。间距大小也需慎重考虑，太小可能观察不到操纵自变量所引起的因变量的变化，太大则可能遗漏某些重要变化。为了确定合适的检查点和间距，查阅相关文献和进行一些预备实验都是必要的。

二、因变量的观察

为了观察操纵自变量所引起的被试在行为或神经活动上的变化，我们需要选择恰当的行为或神经活动进行测量。这样的行为或神经活动称做因变量。其定义我们已在第一节中进行过介绍。这里，我们讨论一下什么是良好因变量。一般认为，良好因变量需要具备五个特点。下面以反应时（从刺激开始呈现到反应动作开始之间的时间间隔）为例分别加以说明。

（1）容易观察。反应时可通过计算机自动测量和记录，因此容易观察。

（2）容易数量化。反应时单位为毫秒，可相当精确地进行记录。例如，一种叫做DMDX的实验软件（Forster & Forster，2003）所记录的反应时精度为毫秒级。

（3）经济可行。反应时可通过计算机自动测量和记录，也比较经济。

（4）效度高。效度（validity）是指所使用的测量能够达到测量目的的程度。在认知心理学领域，研究者希望利用不同条件下被试的反应时的差异，揭示不同条件下某种心理过程的差异。例如，一种条件包含辨别过程，而另一种条件并不包含这一过程，那么，同后一种条件相比，前一种条件下被试的反应时应该更长。作为一种常用的因变量，应该说，反应时具有相当高的效度。勒克等人（Luck，et al.，2000）将事件相关电位这种电生理指标称做21世纪的反应时，这也从另一个角度说明了这一点。

（5）信度高。信度（reliability）是指测量的稳定性或可靠性的程度。或者说，信度是指用同一个测验对同一组被试进行多次测量时结果的一致性。高信度的测量较少受到随机因素或事件的影响，能够稳定地反映人的心理特征或过程。应该说，在认知心理学领域，反应时测量具有信度高这一特点。

与因变量的观察相关的另一个问题是实验任务的选择和设计。研究者既可以使用已有的实验任务，也可以设计和发展新的实验任务。不论采用哪一种途径，研究者都应该仔细分析实验任务的性质。基南等人（Keenan，et al.，2001）使用迫选再认任务，发现大脑右半球是自我面孔觉察的优势半球。2001年1月18日，世界著名科技期刊 *Nature* 报道了这一发现（见专栏 2-2）。

专栏 2-2　自我面孔识别与右半球

基南等人（Keenan，et al.，2001）曾研究过五名癫痫病人。在给病人颈动脉内注射异戊巴比妥（一种镇静催眠药）的和田试验（Wada test）期间，他们向病人呈现由著名人物面孔和病人自己的面孔所合成的面孔图片，并要求病人记住图片。待病人从麻醉状态中恢复过来之后，他们向病人同时呈现病人自己的面孔和著名人物的面孔，要求病人选出先前呈现过的面孔。实际上，麻醉期间，无论是自己的面孔还是著名人物的面孔，病人都未见过。结果发现，左半球麻醉之后，五名病人选出的都是自己的面孔。然而，右半球麻醉之后，五名病人中有四名病人选出的均是著名人物的面孔。这说明右半球是自我面孔觉察的优势半球。

第三节　额外变量的控制

在因果关系研究中，如果因变量倾向于随自变量水平的变化而变化，那么，研究者通常会得出结论——自变量的改变影响因变量。然而，因变量的变化有时可能部分甚至完全是由额外变量的变化所引起的。以图片命名任务为例，命名作业的反应时（因变量）倾向于随着图片视觉复杂度（自变量）的增加而延长，但是，这并不必然意味着视觉复杂度的改变影响命名作业的速度。例如，反应时的变化也可能部分或完全是由图片所代表的物体的熟悉度（额外变量）的变化所造成的——我们倾向于对所熟悉的刺激反应得更快，熟悉度越低，反应时越长。如果研究者对熟悉度未加控制，那么，反应时的变化究竟是由视觉复杂度的变化引起的还是由熟悉度的变化引起的，抑或是二者的混合作用，研究者无从知道。造成这种情形的本质原因是，自变量（视觉复杂度）与额外变量（熟悉度）之间存在混淆。这也是为什么额外变量也称做混淆变量的原因。因此，额外变量的控制是研究者得出正确结论的前提。

额外变量可以分为两类。一类是随机的额外变量，是指偶然地起作用的额外变量。通常无法绝对避免随机的额外变量的影响，但可减到最低限度。随机的额外变量所造成的误差称做随机误差，是指不能加以控制，也很难明确解释的变化，是一种实验误差。通常的解决办法是增加被试数目和试验次数。另一类是系统的额外变量，是指经常地、稳定地起作用的额外变量。这种额外变量如果不加控制，就会造成系统误差（也称常误，constant error，简称 CE）。通常所说的额外变量的控制，指的是系统的额外变量的控制。本节介绍七种常用的控制方法。

一、排除法

视觉和听觉实验经常采用排除法控制额外变量。例如，视觉实验通常在计算机屏幕上呈现视觉刺激（如图片）。为了避免照明灯在计算机屏幕上形成影像造成系统干扰，实验室一般使用反射灯进行照明。为了避免环境噪声所造成的系统干扰，听觉实验一般要在隔音室里进行。

此外，实验时，主试的自觉或不自觉的行为（如面部表情）作为一种正或负反馈，可能影响被试的行为。为了避免主试对被试的影响，主试与被试通常分处不同的房间，由计算机自动呈现刺激和记录实验数据。这实际上也是采用排除法来控制额外变量。

在心理学研究中，为避免主观因素对数据的影响，研究结束之前，被试并不被告知研究的真正目的（当然，研究结束之后，应该将研究的真正目的告诉被试）。这种做法也称做单盲（single blind）。除此之外，严格的做法还要求研究结束之前，就连主试也不知道研究的真正目的，例如，一个研究者可以请同事或学生（这些人并不知道研究的真正目的）充当主试。上述做法称做双盲（double blind），实际上也是采用排除法来控制额外变量。

排除法的缺点是容易造成研究结论缺乏生态学效度（ecological validity）。所谓生态学效度是指，研究所获得的结果也应该适用于现实世界中自然发生的行为。例如，一项记忆实验要求被试记忆成对的无关词语，这些词以一定的时间间隔呈现在空荡荡的实验室房间的空白屏幕上(排除背景对记忆成绩的可能的影响)。实验的结果可能会告诉我们一些关于记忆操作方式的知识。然而，这个记忆任务的生态学效度很有限，因为真实的生活情境与这种严格控制条件的、脱离背景的记忆有很大差别。

二、对立法

所谓对立是指额外变量和自变量的效果对立。例如，在研究视觉复杂度如何影响图片命名反应时的实验中，研究者设计了三种复杂度水平。假设该研究者除了没有对熟悉度进行控制之外，对其他一些可能的额外变量，如图片名称频率（即词频，通常用大规模语料中每百万词中特定词出现的次数来估计)，均进行了控制。表 2-1 显示了每种水平的实验所包含的 20 幅图片的平均的视觉复杂度（数值——五点量表上的分数——越大，复杂度越高)，以及相应的熟悉度（数值越大，熟悉度越高）和反应时的平均数。表中数据显示，视觉复杂度是 A3＞A2＞A1，反应时是 A3＞A2＞A1，即视觉复杂度越高，反应时越长。然而，由于熟悉度没有得到控制，所以，延长的反应时未必一定是视觉复杂度（自变量）的增加造成的，它也可能是熟悉度（额外变量）的降低引起的。如果这种怀疑成立的话，那么，三种条件之间熟悉度的变化模式应该是：A3＜A2＜A1。然而，实际的情形是，熟悉度：A3＞A2＞A1。这说明上述怀疑并不成立。因此，A3 条件下反应时最长，只能是视觉复杂度的贡献，而不可能是熟悉度的作用。上述推论实际上使用的就是对立法的逻辑。例如，A3 条件下，视觉复杂度（最高）的作用方向是使反应时延长，而熟悉度（最高）的作用方向是使反应时缩短，二者的效果是对立的。

表 2-1　视觉复杂度、熟悉度与反应时

	条件		
	A1	A2	A3
视觉复杂度	2.38	2.92	3.49
熟悉度	3.01	3.67	4.35
反应时/ms	693	721	755

像上面的例子所说明的那样，对立法经常被研究者用来反驳有关研究可能存在混淆的一些怀疑。当然，对立法有其局限性。由于额外变量与自变量作用方向相反，所以，使用这种方法控制额外变量时，可能会导致研究者低估自变量的效果。以表 2-1 中的数据为例，A3 条件下的熟悉度最高，这可能会缩短反应时。尽管同另两个条件相比，A3 条件下的反应时最长，但是，如果让熟悉度不起作用，那么，A3 条件下的反应时可能会更长。因此，当对自变量作用的绝对量感兴趣时，研究者不能使用这种方法。

三、恒定法

在上面有关视觉复杂度如何影响图片命名反应时的研究中，图片熟悉度是一个系统的额外变量。为了避免造成系统误差，研究者可以在三种视觉复杂度条件之间，让图片熟悉度保持不变——恒定（如 4.0 左右）。这样，实验所观察到的图片命名反应时的任何变化，都只能归因于视觉复杂度的变化。这种控制额外变量的方法称做恒定法。

在心理学研究中，恒定法具有广泛用途。例如，为考察年轻人和老年人在记忆能力上的差异，进而研究老化（aging）对记忆造成的影响，研究者通常需要在年轻组和老年组两组被试之间，至少保持以下方面的恒定。

（1）实验场所。两组被试在相同的场所进行实验，以避免实验场所不同造成系统误差。

（2）实验时间。实验时间恒定是否意味着两组被试在相同的时间进行实验呢？回答是否定的。实验时间的真正意义上的恒定，应该是保证年轻组和老年组两组被试都在各自最适宜的时间（即个体生理节奏唤醒的高峰，年轻人一般为晚上，老年人一般为早晨）进行实验，或者都在各自不适宜的时间进行实验（如 May & Hasher，1998；May，Hasher & Stoltzfus，1993）。

（3）主试。主试恒定意味着两组被试的实验由相同的主试实施，以避免主试无形之中成为额外变量。

（4）性别、受教育程度等被试变量。为了保证两组被试在性别、受教育程度等方面恒定，研究者可以选择男性、受教育年限为 11 年的被试。这样，年轻组和老年组两组被试之间在记忆成绩上的任何差异，都只能是年龄的贡献，而不可能用其他被试变量（如性别或受教育程度）来解释。

恒定法有其局限性。由于额外变量恒定于某一水平，所以，研究结论无法推广到额外变量的其他水平。例如，在上面的记忆老化研究中，所有的被试均为男性。这样，研究结论如果推广到女性，就不会令人信服。此外，操纵的自变量和保持恒定的额外变量之间可能产生交互作用。仍然以上面提到的记忆老化研究为例，如果两个年龄组被试的实验均选择在被试最适宜的时间进行，因而实验时间恒定于最适宜的时间这一水平，那么，该研究所得到的结论——假设这个结论是，年轻人和老年人的记忆成绩没有差异，就不能推广到实验时间的另一个水平——不适宜的时间。换句话说，如果实验选择在被试不适宜的时间进行，那么，实验的结论有可能改变——同年轻人相比，老年人的记忆成绩要差。

四、随机化法

在心理学研究中，对被试进行分组和安排试验（trail）顺序是两个重要环节。这些环节如果处理不当，就可能引入额外变量。在这两个环节中，研究者可采用随机化法控制与被试和试验顺序相关的额外变量。下面分别加以介绍。

（一）对被试进行分组——随机分派

我们看一个记忆实验。为研究空间位置联想能否改善 60～65 岁老年人的记忆成绩，研究者决定向被试呈现 32 个代表物体名称的词，如“香皂”“飞机”“栅栏”。每个词呈现 4 秒，要求被试尽可能多地记住这些词。所有词呈现完之后，要求被试立即回忆呈现过的词。研究者设计了三种条件：第一种条件，指导语鼓励被试尽力联想每个词所代表的物体在现实生活中所处的典型的空间位置（位置联想记忆）；第二种条件，指导语鼓励被试尽力产生联想，但并不告诉被试具体作何种联想；第三种条件，指导语只是简单地告诉被试记住这些词。

为了比较这三种条件，研究者应该选择三组被试，分别接受上述三种条件中的一种。问题是，如何确定这三组被试？理论上，研究者应该随机选取被试（这意味着对全体60～65岁老年人进行编号，然后从中随机抽取），这既能保证所选取的样本能够代表相应的总体（研究者所感兴趣的个体的全集），也能保证创设出三个相等的、可比的组。然而，从可行性考虑，随机选取是做不到的。事实上，在心理学研究中，被试通常不是随机选取的，而是自愿者——他们自愿参加某项研究。

假设有30名老年人自愿报名参加实验，那么，能否按照报名顺序先后将被试安排到三个不同的组？回答是否定的，因为这种做法不能保证三组被试相等或可比。正确的做法是随机分派（random assignment），这意味着每名被试有均等的机会进入任意一个特定的组。此外，对任意一个特定的被试而言，他进入三个不同组的机会也是均等的。表2-2是对被试进行随机分派的一个可能的结果以及假设的实验结果。其中，从s01至s30是随机分派之后的被试编号，有标记“*”的被试（一共九名）自我报告最近一年内记忆力明显减退。可以看到，随机分派使得三组中各有三名这样的被试。

表2-2　三种指导语条件下老年人的记忆成绩

A1（位置联想记忆）		A2（自由联想记忆）		A3（机械记忆）	
s01	25	s11	19	s21	13
s02	24	s12	20	s22	18
s03	21	s13	18	s23	15
s04	24	s14	19	s24	17
s05	23	s15	20	s25	17
s06	24	s16	22	s26	15
s07	23	s17	18	s27	14
s08*	18	s18*	14	s28*	12
s09*	17	s19*	13	s29*	10
s10*	16	s20*	16	s30*	13
M	22	*M*	18	*M*	14
SD	3.31	*SD*	2.81	*SD*	2.50

那么，随机分派具体如何操作呢？一种方法称做区组随机化（block randomization），它包含四个步骤。

第一步，确定被试人数。在上面的位置联想记忆实验中，一共三个条件，每个条件 10 名被试，总计 30 名被试。

第二步，用 1、2、3 来代表三个条件。

第三步，在随机数表（见表 2-3）中，寻找数字 1、2 和 3。

表 2-3　随机数表

2	2	1	7	6	8	6	5	8	4	6	8	9	5
1	9	3	6	1	7	5	9	4	6	1	3	7	9
1	6	7	7	2	3	0	2	7	7	0	9	6	1
7	8	0	3	7	6	7	1	6	1	2	0	4	4
0	3	2	8	1	2	2	6	0	8	7	3	3	7

例如，可以从表 2-3 中第一行开始找，首先找到 2，然后找到 1。这样就可以确定第一个区组，即 2—1—3。接着找，先后找到 1 和 3，这样，就可以确定第二个区组，即 1—3—2。再接着找，先后找到 1 和 3，这样，就可以确定第三个区组，即 1—3—2。以此类推，直到确定 10 个区组。

2—1—3

1—3—2

1—3—2

1—2—3

3—2—1

……

总共需要确定 10 个区组

第四步，根据第三步的结果安排被试进行实验。例如，第一位到达实验室的被试进入第二组（即接受条件 A2），第二位被试进入第一组（即接受条件 A1），第三位被试进入第三组（即接受条件 A3），第四位被试进入第一组（即接受条件 A1），第五位被试进入第三组（即接受条件 A3）。以此类推，直到 30 名被试全部被安排到三个组中（见表 2-4）。

表 2-4　被试的随机分派

第一个区组	~~2~~	~~1~~	~~3~~
第二个区组	~~1~~	~~3~~	2
第三个区组	1	3	2
……		……	
第十个区组	2	3	1

更简捷的方法是使用 Excel 软件来完成随机分派过程，具体步骤如下。

首先，对 30 名被试进行编号（s01 至 s30），每个被试的编号占一个单元格（如 s01 所占单元格为 A1，见下图）。

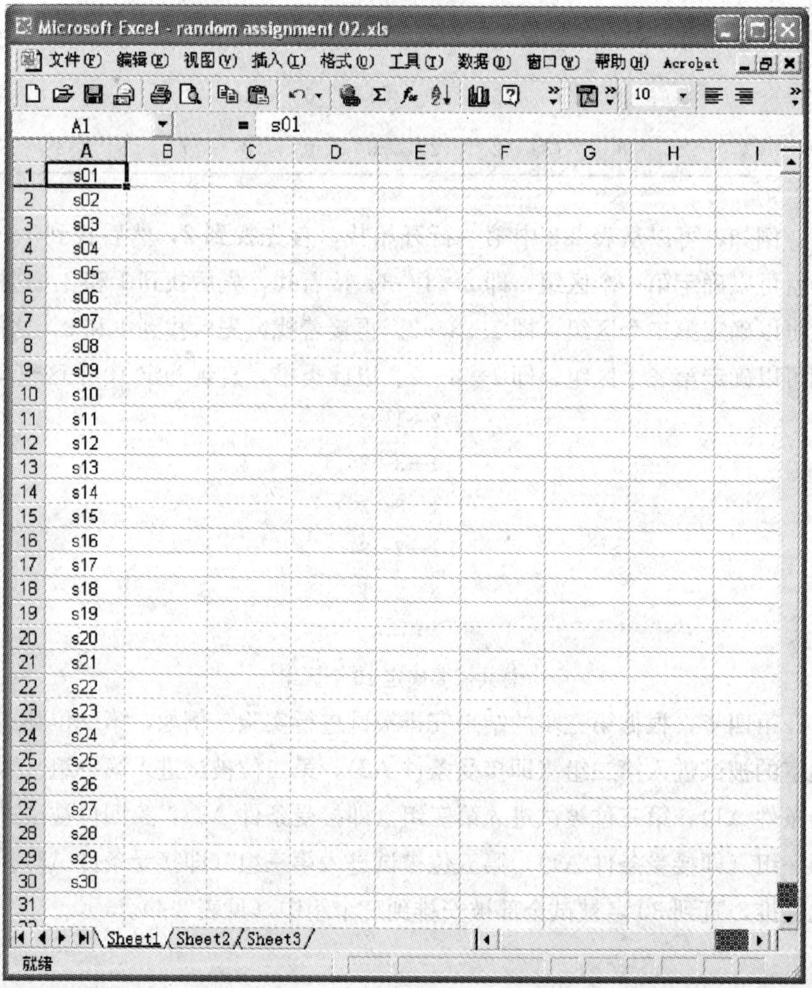

然后，在这些编号右侧的 30 个单元格中写入能够生成随机数的函数 RAND（写成“＝rand()”，见下图）。

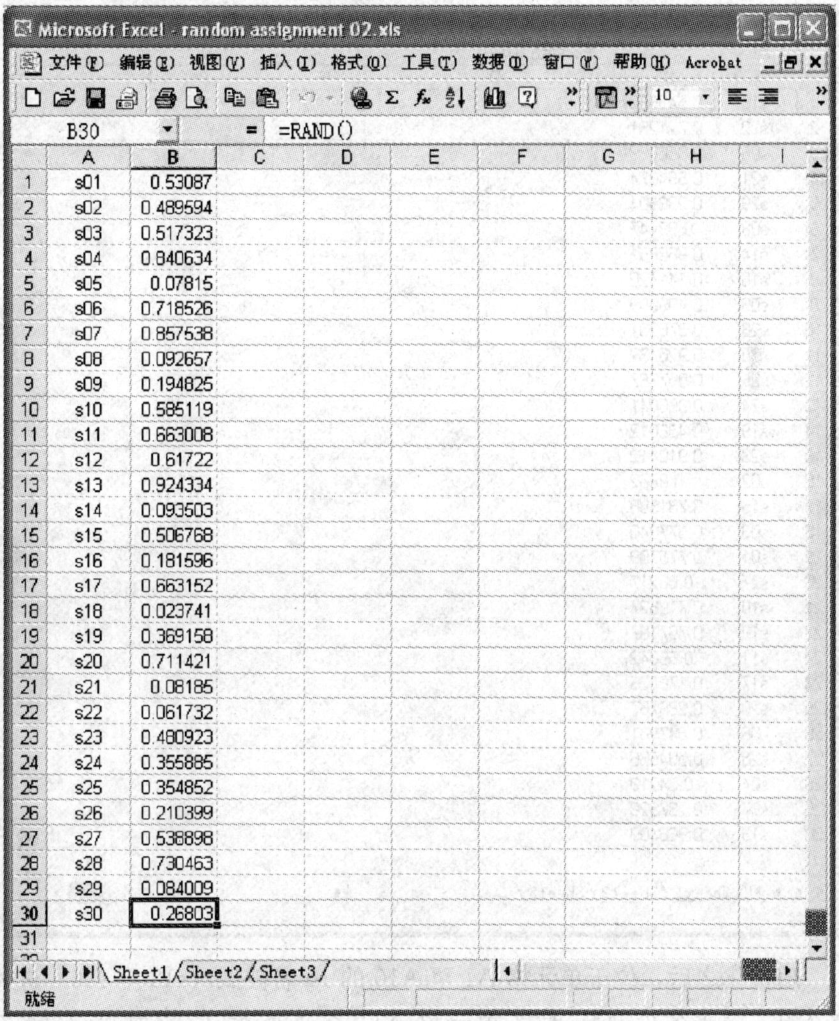

最后，选中 A 列和 B 列，并按 B 列排序，这样，从 s01 到 s30 的顺序就被随机化了（见下页图）。

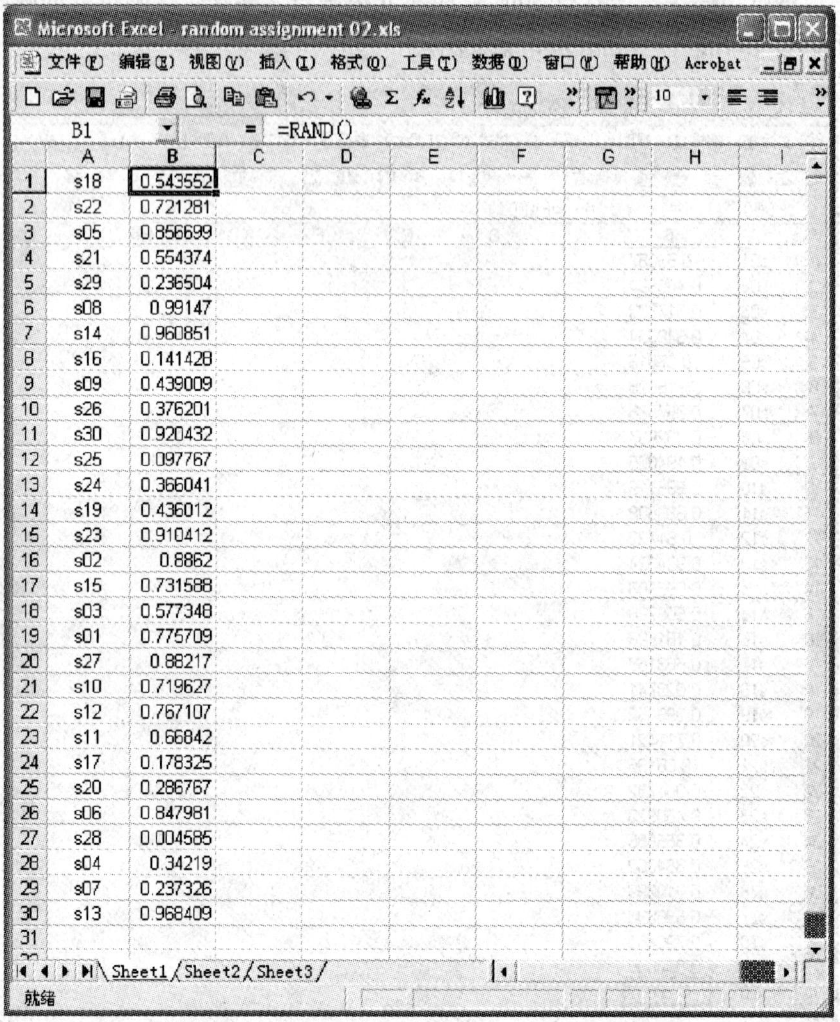

Microsoft Excel - random assignment 02.xls

文件(F) 编辑(E) 视图(V) 插入(I) 格式(O) 工具(T) 数据(D) 窗口(W) 帮助(H) Acrobat

B1 = =RAND()

	A	B
1	s18	0.543552
2	s22	0.721281
3	s05	0.856699
4	s21	0.554374
5	s29	0.236504
6	s08	0.99147
7	s14	0.960851
8	s16	0.141428
9	s09	0.439009
10	s26	0.376201
11	s30	0.920432
12	s25	0.097767
13	s24	0.366041
14	s19	0.436012
15	s23	0.910412
16	s02	0.8862
17	s15	0.731588
18	s03	0.577348
19	s01	0.775709
20	s27	0.88217
21	s10	0.719627
22	s12	0.767107
23	s11	0.66842
24	s17	0.178325
25	s20	0.286767
26	s06	0.847981
27	s28	0.004585
28	s04	0.34219
29	s07	0.237326
30	s13	0.968409
31		

Sheet1 / Sheet2 / Sheet3

就绪

随机化之后，位于单元格 A1 至 A10 的 10 名被试（s18 至 s26）进入第一组，接受条件 A1；位于单元格 A11 至 A20 的 10 名被试（s30 至 s27）进入第二组，接受条件 A2；位于单元格 A21 至 A30 的 10 名被试（s10 至 s13）进入第三组，接受条件 A3。这样，30 名被试就被随机地分派到了三个组中。

应该说，被试数目越多，随机分派创设出相等组的机会也越大。当被试数目较少时，使用随机分派对被试进行分组，实际上比较冒险——难以保证所创设出的组真的相等。

（二）安排试验顺序

为了考察人们对具体词（如“台灯”“香蕉”）和抽象词（如“真理”“正义”）进行命名（尽可能快和准确地读出呈现在计算机屏幕上的词）的反应时是否有差异，研究者请10名被试参加实验，每个被试均命名36个具体词和36个抽象词。问题是，如何安排这72次试验的顺序。能否先呈现具体词，再呈现抽象词？假设前36次试验所呈现的词均为具体词，后36次试验所呈现的词均为抽象词，而实验结果发现，同抽象词相比，被试对具体词命名得更快，那么，有两种可能的解释：一种解释是，两类词之间反应时上的差异是由两类词的不同特性（具体、抽象）导致的；另一种解释是，疲劳或厌倦使得被试对后36个词（抽象词）反应得更慢。尽管研究者可能更喜欢前一种解释，但由于试验顺序的不恰当的安排，使得研究者无法排除后一种可能性。这样，研究者也就无法得出确切的、令人信服的结论。

正确的做法是采用随机化法来安排这72次试验的顺序。例如，研究者可以首先将具体词和抽象词分别编号为c01至c36和a01至a36，然后使用前面介绍过的Excel软件中的RAND函数，将72次试验的顺序随机化。

五、匹配法

（一）匹配法与被试分组

我们在前面说过，当需要对被试进行分组时，研究者可采用随机分派的方法。不过，当被试数目较少时，使用随机分派很难保证创设出真正相等的组。这时，为了把被试分成几个相等的组，研究者可采用匹配法。

假设一个关于问题解决的研究需要三组中学奥林匹克竞赛选手参加。15名选手自愿参加实验。研究者需要把15名被试分成三组。因为被试数目较少，不宜采用随机分派的方法，于是，研究者决定对三组被试的智商进行匹配，以达到创设三个相等组的目的。具体步骤如下。

第一步，获得每个被试的智商分数：

表 2-5 被试的智商分数

s1	122	s6	124	s11	125
s2	130	s7	141	s12	128
s3	146	s8	132	s13	135
s4	135	s9	140	s14	148
s5	120	s10	129	s15	121

第二步，对智商分数按升序排列：

表 2-6 被试按智商分数排序

s5	120	s12	128	s13	135
s15	121	s10	129	s9	140
s1	122	s2	130	s7	141
s6	124	s8	132	s3	146
s11	125	s4	135	s14	148

第三步，创建五个区组，每个区组由三个邻近的智商分数组成：

表 2-7 被试按智商分数区组化

s5	120	s15	121	s1	122
s6	124	s11	125	s12	128
s10	129	s2	130	s8	132
s4	135	s13	135	s9	140
s7	141	s3	146	s14	148

第四步，区组内进行随机：

表 2-8 区组内被试随机分派

s5	120	s1	122	s15	121
s6	124	s11	125	s12	128
s8	132	s10	129	s2	130
s13	135	s4	135	s9	140
s7	141	s14	148	s3	146
M_1	130	M_2	132	M_3	133

表 2-8 中三组被试智商的平均数非常接近（当然，三个平均数之间是否有显著差异需进行统计检验），说明使用匹配法可以达到创设相等组的目的。

使用匹配法控制额外变量有两个前提条件：（1）匹配变量（matching variable）与因变量相关；（2）匹配变量可测。在上面的研究中，智商为匹配变量，它既与问题解决的质量相关，也可以使用智力测验进行测量。

匹配法有其局限性。首先，研究者对究竟需要匹配哪些变量有时可能缺乏准确的认识。其次，如果需要匹配的变量过多，那么，难免会存在操作上的困难，使得匹配法缺乏可行性。此外，为了获得被试在匹配变量上的分数，有时需要在正式实验之前对被试进行前测，这意味着被试需要至少进行两次测试。例如，一个关于阅读的研究需要四组小学生被试，研究者需要对四组小学生的识字量进行匹配。这样，研究者需要对这些小学生进行两次测试，即识字量测试和构成正式实验的阅读测试。问题是，一些被试在完成前测之后不愿意再参加后来的正式实验。这一因素的存在也在一定程度上降低了匹配法的可行性。

（二）匹配法与实验材料的分组和选择

上面介绍了匹配法在被试分组中的应用。实际上，匹配法还可用于实验材料的分组和选择。

1. 实验材料的分组

有时，研究者需要把若干个实验材料分成几组，使得不同组的材料之间具有可比性。两种方法可以达到这一目的。一个是将实验材料随机分派到各个组中，其步骤与前面介绍过的被试的随机分派完全相同，此处不再重述。另一种方法是匹配法。例如，研究者可以使用匹配法，将词频作为匹配变量，按照我们在匹配法与被试分组中所介绍过的匹配法的使用步骤，将 60 个名词分成三组可比的词（具体过程与上面将 15 名中学奥林匹克竞赛选手分成三组的过程完全相同）。

2. 实验材料的选择

有时，研究者对不同特性的刺激在心理层次上的差别感兴趣。在这类研究中，研究者需要保证不同特性的刺激之间，除了所感兴趣的方面有差别之外，在其他方面没有差别。例如，为了比较人们命名具体词（如“台灯”）和命名抽象词（如“正义”）之间的反应时差异，研究者需要保证具体词和抽象词之间差别的唯一性，即二者之间除了在具体—抽象（称具体性）这一维度上有差别之外，其他方面（如词频）没有差别。为此，研究者需要在具体词和抽象词之间匹配词频。具体步骤如下：首先，获得具体词和抽象词的词频数据；然后，按照词频高低分别对具体词和抽象词进行排序；最后，选择词频接近的具体词和抽象词。为了保证两类词之间在词频上确实没有差别，研究者应该计算两类词词频的平均数，并进行统计检验。

（三）共轭控制法

共轭控制法是一种特殊的匹配法。与上面所介绍的在实验开始之前所实施的匹配程序不同，共轭控制法是在实验进行的过程中进行匹配。

例如，为了研究经常经历后悔与胃溃疡之间的关系，研究者决定以猴子为被试，进行动物实验。一种研究方案是，采用随机分派程序，将猴子分成两组——实验组和控制组。其中，实验组猴子每隔 20 秒遭受一次电击，不过，如果猴子每隔 20 秒压一下杠杆，就可避免电击。这实际上造成一种可控情境——如果努力，就可以避免电击。这样，一旦遭到电击时，猴子就会后悔自己没有及时按压杠杆以避免电击。更为关键的是，当实验组的猴子遭受电击时，控制组的猴子也同时遭受同样强度的电击。因此，控制组猴子的命运实际上掌握在实验组猴子的手里。这种安排称做共轭控制，它能够保证实验组和控制组两组猴子之间的差别是唯一的。换句话说，两组猴子在电击时间、次数和强度上完全相同。不同的只是，实验组经常经历后悔，而控制组没有这样的经历。

六、兼作组法

假设一个研究者对具体词和抽象词之间命名反应时的差异感兴趣。一种研究方案是，使用随机分派程序或匹配法（匹配变量为命名反应速度），将 20 名被试（自愿者）分成两组（每组 10 名被试），其中一组被试命名 36 个具体词，另一组被试命名 36 个抽象词。表 2-9 是假设的实验结果。

表 2-9 具体性效应（两组被试）

	具体词		抽象词
s1	559	s11	579
s2	598	s12	597
s3	536	s13	610
s4	497	s14	507
s5	508	s15	542
s6	543	s16	610
s7	502	s17	588
s8	578	s18	549
s9	591	s19	601
s10	532	s20	560
M	544	*M*	574
SD	36	*SD*	34

表中数据显示，具体词和抽象词的平均命名反应时分别为 544 毫秒和 574 毫秒，二者之间相差 30 毫秒。问题是，如何解释这 30 毫秒的差异？应该说，有四种可能的解释。(1) 偶然性。这种解释是否成立，可通过统计检验来回答——差异显著的结果说明差异并非偶然。(2) 词的类型（具体或抽象）的作用——同抽象词相比，人们对具体词命名得更快。毫无疑问，研究者喜欢这种解释。(3) 一些来自实验材料的混淆（如词频、笔画数）。这种可能性可通过在具体词和抽象词之间匹配词频和笔画数来避免。(4) 两组被试在反应快慢上的个体差异。这种可能的解释，理论上可通过采用随机分派程序或匹配法对被试进行分组来避免。但无论是随机分派还是匹配法，都有其局限性。当被试数目较少时，使用随机分派难以保证创设出相等的、可比的两组。匹配法则存在可行性上的一些局限。

下面我们看第二种研究方案。与第一种方案在两组被试之间比较具体词和抽象词的做法不同，在第二种方案中，具体词和抽象词之间的比较在被试内部进行，即只使用一组被试，每个被试接受全部的实验条件（故称兼作组法）。例如，研究者请 10 名被试参加实验，每个被试既命名 36 个具体词，也命名 36 个抽象词。表 2-10 是假设的实验结果。

表 2-10　具体性效应（一组被试）

	具体词	抽象词
s1	559	579
s2	598	597
s3	536	610
s4	497	507
s5	508	542
s6	543	610
s7	502	588
s8	578	549
s9	591	601
s10	532	560
M	544	574
SD	36	34

在表 2-10 中，具体词和抽象词之间的差异仍为 30 毫秒。在第一种研究方案中，30 毫秒的差异有四种可能的解释。然而，使用第二种研究方案所观察到的 30 毫秒差异，只有三种可能的解释，即偶然性、词的类型以及来自实验材料的混淆。由于具体词和抽象词的数据来自同一组被试，所以，两类词之间的 30 毫秒差异不可能用被试的个体差异来解释。这样，个体差异对不同条件之间差别的影响得到最完美的控制——消失。这也正是兼作组法具有的最主要的优点。同采用随机分派程序或匹配法对被试进行分组的研究方案相比，兼作组法的另一个优点是所需的被试数目减少（比较表 2-9 和 2-10）。

因此，在考察不同条件之间的差别时，原则上，如果可以采用兼作组法，就尽量不要采用随机分派程序或匹配法在被试之间进行比较。当然，对被试变量（如性别、年龄）感兴趣的研究，只能在被试之间，如男性与女性被试之间、年轻人与老年人之间进行比较。

采用兼作组法时，由于同一个被试需接受全部条件，而每个条件至少包含一次试验，所以，不同条件的试验顺序如何安排，是研究者面临的一个主要问题。例如，在具体—抽象词研究中，错误的做法是被试先进行某一个条件的试验，然后再进行另一个条件的试验，如先命名 36 个具体词，再命名 36 个抽象词。这种做法之所以错误，是因为它可能会导致遗留效应（carry-over effects）。所谓遗留效应是指，被试先完成的试验对后完成的试验所产生的或正或负的影响。例如，被试在先完成的试验中积累了一些经验，这些经验被用到后完成的试验中，从而导致后完成的试验成绩提高，即出现练习效应。在具体—抽象词研究中，如果被试先命名 36 个具体词，再命名 36 个抽象词，那么，练习效应可能会使得研究者看不到具体词和抽象词之间在命名反应时上的差异，因此错误地认为人们命名具体词和命名抽象词两种行为之间没有差异。

与练习效应效果相反的是疲劳效应。它也是一种遗留效应，会导致后完成的试验成绩下降。在具体—抽象词研究中，如果被试先命名 36 个具体词，再命名 36 个抽象词，那么，疲劳效应会使得被试对抽象词的命名变慢。因此，即便实验结果发现，同具体词相比，被试对抽象词命名得更慢，研究者也不可能得出任何令人信服的、确切的结论。这是因为，疲劳效应混淆了词的具体—抽象属性所产生的效应。

任何心理学实验都会存在练习和疲劳，但是，恰当安排试验顺序会避免出现练习效应或疲劳效应。例如，在具体—抽象词研究中，正确的做法是，36 个具体词和 36 个抽象词的试验顺序随机化（具体的操作程序，我们已经在前面“随机化法”中作了介绍）。这种安排能够保证练习和疲劳对具体词和抽象词产生同样的影响，因此，具体词和抽象词之间所出现的任何差异，都不能用练习和疲劳来解释，而只能解释为词的类型（具体词、抽象词）的作用。在这种意义上，采用随机化法安排试验顺序，可以在条件（如具体词、抽象词）之间达到抵消平衡额外变量（如练习、疲劳）的目的。

除了随机化法之外，其他一些方法也可以达到在条件之间抵消平衡额外变量的目的。这些方法统称为抵消平衡法。下面我们分成两种情形加以介绍。

七、抵消平衡法

（一）每个条件只测一次

为考察运动员对五种饮料 A、B、C、D、E 的喜好情况，研究者决定采用兼作组法进行实验。这意味着每名被试需要品尝全部五种饮料。假设每个条件只测一次，即每种饮料被试只品尝一次。那么，如何安排这五次试验的顺序？可否让全部被试都采用相同的顺序，如 BCEAD？请读者自己考虑，这种做法有什么问题。

实际上，有多种可供选择的正确的安排方法（Goodwin，1995）。

1. 完全抵消平衡

这种方法意味着每种可能的序列都被使用 n（$n\geqslant1$）次。如果一个实验包含 X 个条件，那么，可能的序列一共有 $X!$ 个。在上面的饮料喜好研究中，一共有 5 个条件，因此可能的序列一共有 120（5！=120）个。

使用完全抵消平衡法（complete counterbalancing）安排试验顺序时，所需的被试数目为 $n(X!)$。例如，在饮料喜好研究中，如果每种可能的序列都被使用一次，则需 120 名运动员参加实验。如果每种可能的序列都被使用两次，则需 240 名运动员参加实验。

2. 部分抵消平衡

当每个条件只测一次时，三种方法可以实现部分抵消平衡（partial counterbalancing）。

（1）试验顺序 N 次随机化。N 为被试数。例如，在饮料喜好研究中，31 名运动员自愿参加实验，每个运动员的 5 次品尝试验均按随机顺序进行。这意味着对序列 A 至 E 随机化 31 次，实质上相当于从全部 120 种可能的序列中随机采样 31 次，从而达到部分抵消平衡的目的。同完全抵消平衡相比，这种方法对被试数目没有严格要求。因此，对于寻找被试有一定困难的研究（如对特殊群体感兴趣的研究）来说，试验顺序 N 次随机化是一种很好的安排试验顺序的方法。

（2）反向抵消平衡（reverse counterbalancing），又称 ABBA 法。在饮料喜好研究中，研究者可使用这种方法安排试验顺序。具体操作步骤如下：首先，将序列 A 至 E 随机化，产生一个随机序列，如 BCEAD；然后，将该序列反转，形成一个反向的序列，即 DAECB；最后，利用随机

需的被试数目应该为 nX，其中，n 为每行分派的被试数目，X 为条件的数目。如果条件数目为奇数，所需的被试数目则应该为 $2nX$。例如，饮料喜好研究包含 5 个条件，所需的被试数目应该是 10（而不是 5）的整数倍。

（二）每个条件不只测一次

在很多研究中，为避免偶然性，每个条件往往测多次。例如，在饮料喜好研究中，同每种饮料只品尝一次相比，每种饮料品尝多次（如两次）更为恰当。这种情况下，安排试验顺序的方法也有多种（Goodwin, 1995）。

1. 反向抵消平衡

我们在前面介绍过这种方法。使用这种方法时，每个条件只测一次与不只测一次之间，唯一的一个区别是，前一种情形中，两种反向的序列为不同的被试所接受，因此需要随机分派被试接受不同的序列，而后一种情形中，同一个被试接受全部两种反向的序列，因此不涉及随机分派被试这样的步骤。

在饮料喜好研究中，如果每种饮料品尝两次，那么，使用反向抵消平衡，试验顺序可以是 BCEADDAECB。

需要说明的是，当每个条件不只测一次时，如果每个条件的试验次数较多（如 20 次），那么，不宜采用反向抵消平衡的方法安排试验顺序，因为这种安排方法可能使得被试能够基于前面的试验预期下一次试验。这种情况下，研究者可以采用下面两种方法。

2. 区组随机化

我们在介绍被试随机分派的操作程序时，提到过区组随机化的概念。实际上，在很多研究中，每个条件需要测试多次。例如，在饮料喜好研究中，假设每名被试需要品尝全部五种饮料，而每种饮料需要品尝多次（如两次）以获得更加稳定的数据。这种情况下，可以用区组随机化安排试验顺序。此时，每个条件施测一次为一个区组。区组随机化有两个基本原则：(1) 在下一个区组重复出现之前，每个条件只出现一次；(2) 每个区组内，不同条件的试验顺序随机化。

在饮料喜好研究中，如果每种饮料品尝两次，那么，使用区组随机化，试验顺序应该是CDAEBEDBCA。每种条件的试验次数也应该是随机化的次数。

使用区组随机化程序安排试验顺序，可以排除被试成功预期的可能性。

3. 假随机

所谓假随机（pseudorandom）是指，首先按照随机化程序安排若干次试验的顺序，然后再对该顺序进行局部的、人为的调整，从而得到一个更为恰当的试验顺序。很多时候，这种调整是必要的。

以有无生命判断实验为例，假设整个实验包含80个汉语双字词，其中代表有生命物体的词（如“大象”）和代表无生命物体的词（如“台灯”）各半，被试的任务是通过按键判断每个词所代表的物体是否有生命。例如，如果有生命则用右手食指按反应盒右键，如果无生命则用左手食指按反应盒左键。

假设随机化之后产生的序列为“……冰箱、大象、蚂蚁、毛虫、骆驼、蝴蝶、手表……”，那么，研究者需要对该序列进行局部的、人为的调整。其理由是，连续五次试验所呈现的词均代表有生命物体，这意味着在被试反应正确的情况下，连续五次都是肯定反应，这样，被试很可能习惯性地预期下一个词也代表有生命的物体，而事实上下一个词（即“手表”）代表无生命的物体，因此会减慢被试的反应。此外，连续五次均为肯定反应，也可能导致被试期望下一个词代表无生命物体，因而加快被试的反应。

我们再看一个汉字命名实验，该实验的目的是考察同规则字（声旁与整字语音相同，如“帽”）相比，被试对不规则字（声旁与整字语音不同，如“猜”）的命名反应时是否更长。假设整个实验包含72个汉字，两种字各半，随机化之后产生的序列为“……洛、铜、抬、睁、粮、绣、猜、语……”。这个序列也存在试验顺序上的问题——连续五次试验中，被试所命名的汉字（“铜、抬、睁、粮、绣”）均为规则字，这会导致被试或者习惯性地预期接着出现的汉字是规则字，或者期望接着出现的汉字是不规则字。无论哪一种情形，都会导致所测量到的反应时数据不能反映被试对汉字的真实的加工过程。

（三）顺序效应与抵消平衡法的局限

假设一个关于问题解决的研究旨在考察问题的性质对问题解决所需时间的影响。研究包含两个问题，即非顿悟问题 A 和顿悟问题 B，二者之间的区别是，对于后者来说，问题的解决办法会突然闯入人脑，而前者不具备这一特点。例如，著名的“九点问题”就是一个典型的顿悟问题。该问题要求人们用四条相连的直线把图 2-3 中的九个点连起来，并且在画这四条线时，笔不要提起来。

图 2-3　九点问题

研究者采用兼作组法，并采用反向抵消平衡法安排试验顺序。因此，一半被试先解决问题 A，再解决问题 B，另一半被试则先解决问题 B，再解决问题 A。

假设整个实验持续时间较长，那么，很可能随着时间的推移，被试厌倦的程度逐渐增高（这种变化很可能是线性的），导致后解决的问题受到厌倦因素的影响，因而成功解决所花的时间延长。假设在序列 AB 中，厌倦使问题 B 的解决时间增加 5 分钟。由于厌倦程度的变化是线性的，所以，在序列 BA 中，厌倦使问题 A 的解决时间也增加 5 分钟。反向抵消平衡能够保证厌倦对问题 A 和 B 产生同样的影响（见表 2-11）。

表 2-11　问题性质与厌倦对问题 A 和问题 B 的影响

	成功解决所需时间		
	问题性质	厌倦	总计
问题 A	20	0	20
然后，问题 B	30	+5	35
问题 B	30	0	30
然后，问题 A	20	+5	25

在表 2-11 中，成功解决问题 A 所花的平均的总的时间为 22.5[(20+25)/2] 分钟，成功解决问题 B 所花的平均的总的时间为 32.5[(35+30)/2] 分钟，二者相差 10 分钟，完全反映问题性质上的差异——同解决非顿悟问题相比，解决顿悟问题需要多花 10 分钟的时间。

然而，存在这样一种可能性：先解决非顿悟问题A对后解决顿悟问题B产生了很大的负迁移（一种不利的影响），表现为解决问题B所用的时间增加了20分钟，但是，先解决顿悟问题B对后解决非顿悟问题A并不产生什么影响（见表2-12）。这种现象称做不对称迁移（asymmetric transfer）(Poulton，1982；Goodwin，1995)，也称顺序效应（order effects）。所谓顺序效应是指，一些特定的序列可能会产生某种效应，这些效应不同于使用其他序列时所产生的效应。很明显，这时，抵消平衡程序已经不能保证额外变量（即迁移）对问题A和问题B产生同样的影响。

表2-12　问题性质、厌倦与迁移对问题A和问题B的影响

	成功解决所需时间			
	问题性质	厌倦	迁移	总计
问题A	20	0	/	20
然后，问题B	30	+5	+20	55
问题B	30	0	/	30
然后，问题A	20	+5	0	25

在表2-12中，虽然厌倦对问题A和问题B产生同样的影响，但迁移对问题A和问题B产生了不同的影响。成功解决问题A所花的平均的总的时间为22.5[(20+25)/2]分钟，成功解决问题B所花的平均的总的时间为42.5[(55+30)/2]分钟，二者相差20分钟。这一差异已经不能完全用问题的顿悟与非顿悟性质来解释。

抵消平衡法要求假设序列效应（sequence effects）是线性的。一般来说，假设练习和疲劳等遗留效应是线性的是合理的，因此，各种抵消平衡程序可用来控制遗留效应。然而，对另一种序列效应——顺序效应，抵消平衡法无能为力。实际上，如果研究者怀疑存在不对称迁移或顺序效应，那么，研究者应该放弃兼作组法，改为不同的实验条件由不同的被试来接受，即采用被试间设计。第五章对这种设计作了专门介绍。

上面我们详细介绍了心理学研究中常用的七种额外变量的控制方法。从性质上看，这些方法都是通过恰当地计划和安排实验，达到控制额外变量的目的，因此均可看成是一种实验控制（experimental control）。事实

上，如果把实验控制看成是目的，那么，各种可供选择的实验设计均可看成是必要的手段。这一点，通过阅读本书有关各种实验设计的系统介绍，相信读者能有一个深刻的认识和体会。

除了各种实验控制手段之外，额外变量的控制还应包括统计控制，即利用各种统计学手段达到对额外变量的控制。例如，协方差分析（analysis of covariance）以及我们将在下节介绍的偏相关都是通过统计学方法，把影响结果的因素的效果分析出来，从而达到对额外变量的控制。

第四节　心理学研究中的变量间关系

一、变量间的关系与两类研究

科学研究的一个重要特点是从变量间关系的角度看世界。对于一个研究者来说，无论是想知道某一个变量（如情绪反应、记忆成绩、反应时、完成任务所花时间）发生变化的条件还是想知道某一个变量（如血糖浓度、记忆材料的呈现时间、词的具体或抽象特性、问题解决中问题的性质）有什么作用，都必然要谈到其他变量的作用。这说明变量间关系具有必然性。

科学研究的第一步也正是把所关心的问题重新表述，让隐含的变量浮出水面，从而把一个原始的不够清晰的问题，转化为清楚的变量间关系。

在谈及变量间关系时，至少涉及两个变量。对于心理学研究来说，这两个变量的类型有两种情形，相应地存在两种不同性质的研究。

（1）两个变量中，一个为研究者所操纵的自变量，如图片视觉复杂度或年龄，另一个为因变量，如图片命名反应时。在这种情形中，研究者操纵自变量，观察这一操纵所引起的因变量的变化。这类研究称做实验研究，因为可以揭示因果关系，所以也称因果关系研究。

（2）两个变量均为被试变量，如儿童与父母共处的时间和儿童抑郁水平，且不包含任何操纵的成分。在这种情形中，研究者通过测量同一个个体的两个方面的特性，然后计算两方面特性之间的相关，来观察自然发生的两个变量之间的关系。这类研究称做相关研究，由于不包含操纵的成分，因而就揭示因果关系的目的而言，存在一定的局限性。

相关研究和实验研究除了具有上述的性质上的区别之外，关心或所感兴趣的问题也不同。相关研究关心个体差异（比如一些儿童比另一些儿童抑郁水平高），而实验研究一般对个体差异不感兴趣。为了证明某些刺激因素（如图片视觉复杂度高低）在某种可测量的程度上，以某种可预期的方式影响每个个体的行为（如图片命名），实验研究总是对个体差异进行控制或使其最小化。因此，如果说相关研究力图寻找不同个体之间互相区别的方式，那么，实验研究则力图寻找适用于每个人的普遍规律。用统计学的术语来说，相关研究只研究机体间的方差（variance）——表示变异（variation）的统计量之一，更常用的术语是均方（mean square），实验研究只研究处理间的方差。

二、相关研究在揭示因果关系时的局限及其解决办法

（一）因果关系是否存在与偏相关分析

相关研究存在的一个局限是难于确定研究所涉及的两个被试变量之间是否有因果关系。例如，一个相关研究发现父母智力与儿童智力之间存在显著的正相关。问题是，这种正相关本身并不能提供证据证明遗传是造成儿童智力水平差异的原因，因为环境可能是其中的一个很重要的变量。一种可能的解释是，智力水平高的父母倾向于能够为儿童提供有益于儿童智力发展的环境，而这种环境是导致儿童智力水平高的真正原因。在相关研究中，类似环境这样的变量称做第三变量。第三变量的存在使得两个被试变量之间的关系变得复杂，尤其当第三变量与两个被试变量之间都存在较高的相关时，只计算我们感兴趣的两列变量之间的相关，并不能确定它们之间真实的关系。因此，一个解决办法是将第三变量转化为控制变量。

偏相关（partial correlation）分析实际上是一种尝试从统计上控制第三变量的方法，可用来估计第三变量的效果。其逻辑是，在移出或控制第三变量的前提下，测量研究者所感兴趣的两个变量之间的关系。下面我们结合一组假设的数据，以 SPSS11.0 为例，说明如何使用 SPSS 进行偏相关分析。

假设现在有来自 30 名被试的 30 组智商、阅读速度（词数/分）和阅

读理解成绩（阅读测验分数，满分为 40 分）的数据，如图 2-4 所示。

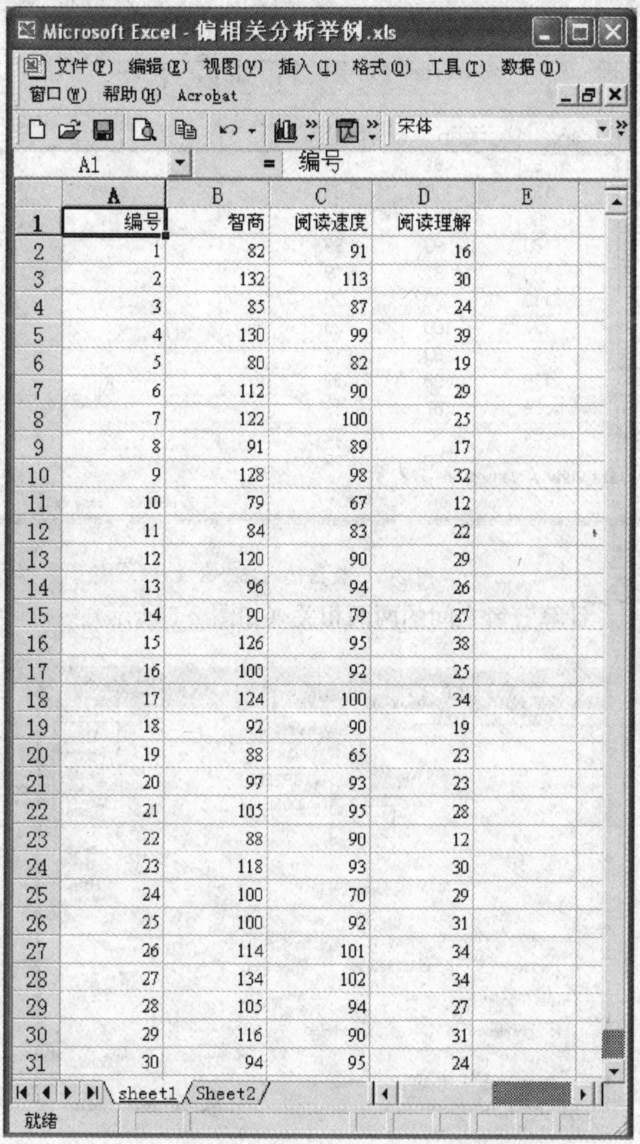

	A	B	C	D
1	编号	智商	阅读速度	阅读理解
2	1	82	91	16
3	2	132	113	30
4	3	85	87	24
5	4	130	99	39
6	5	80	82	19
7	6	112	90	29
8	7	122	100	25
9	8	91	89	17
10	9	128	98	32
11	10	79	67	12
12	11	84	83	22
13	12	120	90	29
14	13	96	94	26
15	14	90	79	27
16	15	126	95	38
17	16	100	92	25
18	17	124	100	34
19	18	92	90	19
20	19	88	65	23
21	20	97	93	23
22	21	105	95	28
23	22	88	90	12
24	23	118	93	30
25	24	100	70	29
26	25	100	92	31
27	26	114	101	34
28	27	134	102	34
29	28	105	94	27
30	29	116	90	31
31	30	94	95	24

图 2-4　30 组智商、阅读速度和阅读理解成绩数据

第一步，将数据读入 SPSS。我们建议将数据用 Excel 软件整理好之后，存成 .xls 或 .dbf 格式的数据文件，再用 SPSS 打开该文件。在图 2-5 中，IQ、SPEED、COMPRE 分别代表智商、阅读速度和阅读理解成绩。

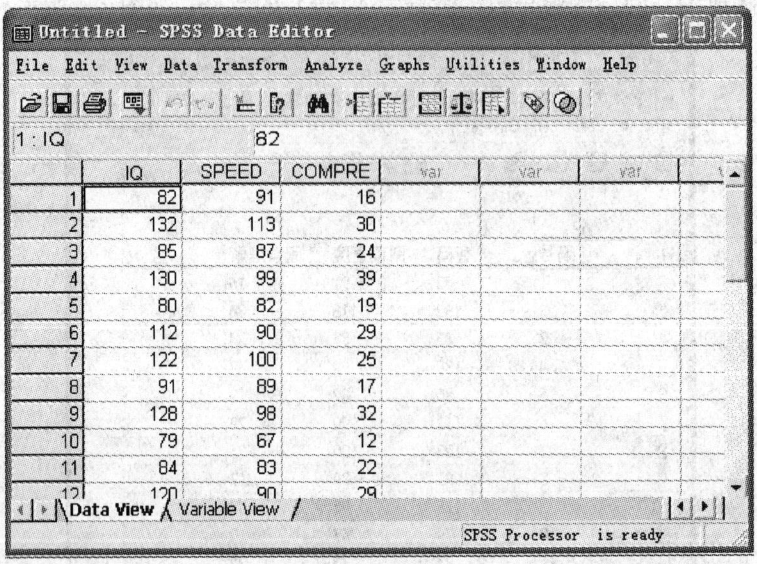

图 2-5 数据读入 SPSS

第二步，计算三者之间的两两相关（如图 2-6 所示）。

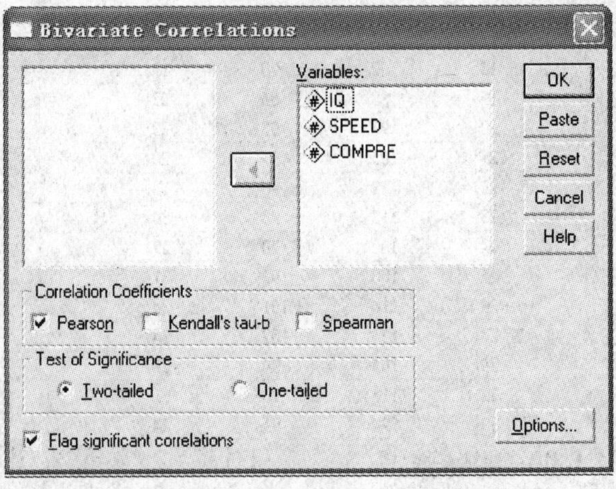

图 2-6 计算三者之间的两两相关

得到阅读速度与阅读理解之间的相关为 0.49，$p<0.01$；阅读速度与智商之间的相关为 0.69，$p<0.01$；阅读理解与智商之间的相关为 0.83，$p<0.01$（如图 2-7 所示）。

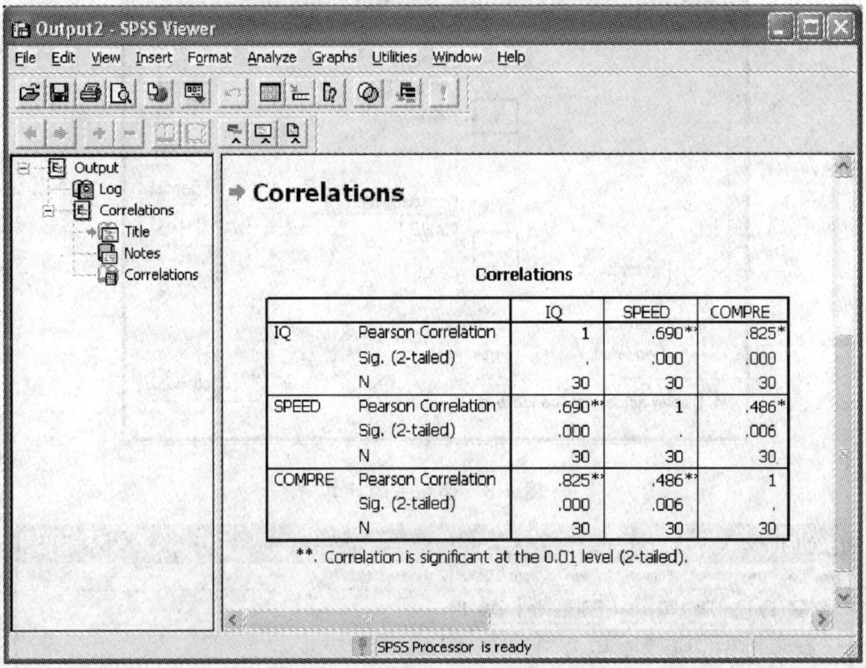

Correlations

		IQ	SPEED	COMPRE
IQ	Pearson Correlation	1	.690**	.825**
	Sig. (2-tailed)	.	.000	.000
	N	30	30	30
SPEED	Pearson Correlation	.690**	1	.486**
	Sig. (2-tailed)	.000	.	.006
	N	30	30	30
COMPRE	Pearson Correlation	.825**	.486**	1
	Sig. (2-tailed)	.000	.006	.
	N	30	30	30

**. Correlation is significant at the 0.01 level (2-tailed).

图 2-7 SPSS 产生的输出

第三步，在控制智商的情况下，计算阅读速度与阅读理解之间的偏相关。具体操作方法如下。

激活 Analyze 菜单，选 Correlate 中的 Partial... 命令项，弹出 Partial Correlations 对话框。在对话框左侧的变量列表中，选变量 SPEED 和 COMPRE，点击▶钮使之进入 Variables 框。再选要控制的变量 IQ，点击▶钮使之进入 Controlling for 框中。Test of Significance 框中选双侧检验。最后，点击 OK 钮，开始偏相关的计算（如图 2-8 所示）。

分析结果表明，在控制智商的前提下，阅读速度与阅读理解成绩之间的相关为-0.20，$p=0.293$。而不加控制时，二者之间的相关为 0.49，$p<0.01$。这说明智商的确是重要的第三变量，对阅读速度与阅读理解之间的 0.49 的相关有显著的贡献（如图 2-9 所示）。

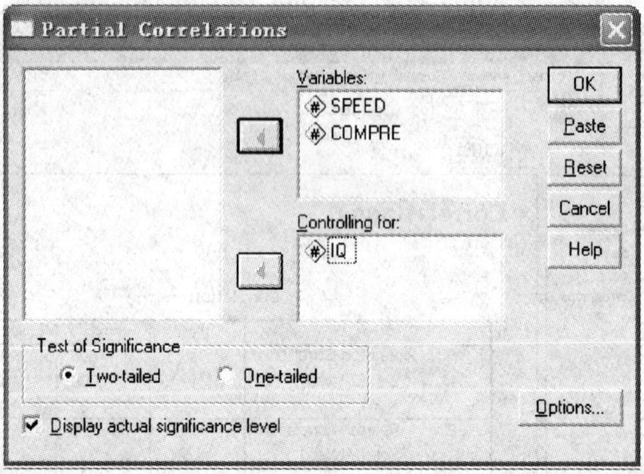

图 2-8　偏相关的计算

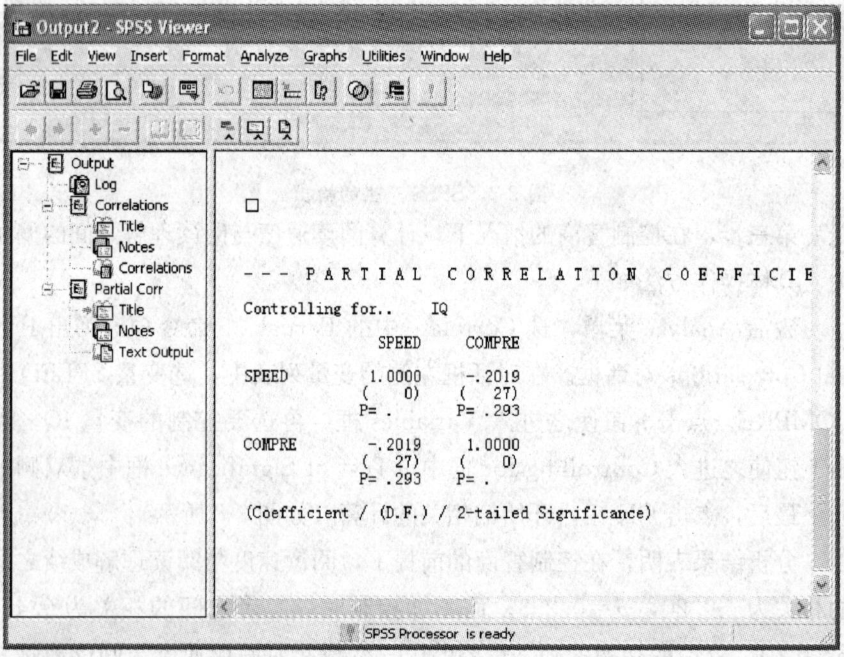

图 2-9　SPSS 产生的输出

（二）因果关系方向与跨时间间隔小组相关

相关研究的另一个局限是，如果两个被试变量之间有因果关系，那么，因果关系的方向到底如何，难于确定。在相关研究中，有时候，研究者很难知道谁用来分组，谁用来充当因变量。例如，儿童与父母共处的时间和儿童抑郁水平之间存在负相关——共处时间越短，儿童抑郁水平越高。假设二者之间有因果关系，但究竟谁为因谁为果，并不清楚。有两种可能的解释：(1) 之所以一些儿童抑郁水平高，是因为父母和他们在一起的时间短（这样，共处时间是因，抑郁水平是果）；(2) 之所以一些儿童的父母和他们在一起的时间短，是因为他们抑郁水平高（这样，抑郁水平是因，共处时间是果）。这两种方向相反的解释都是合理的。

使用一种叫做跨时间间隔小组相关（cross-lagged panel correlation）的程序，能够增强研究者作出因果关系推论的信心。我们以埃龙等人（Eron，et al.，1972）的研究（也见 Goodwin，1995）为例，说明这种程序的使用方法和推理逻辑。

1960 年，埃龙等人测量了 875 名来自纽约乡村的三年级小学生对暴力电视的偏爱（TVVL3）以及攻击性（AGG3），并计算了二者之间的相关，为 0.21。10 年之后，他们继续研究了其中 427 名学生，测量同样的变量，并计算出如图 2-10 所示的六个相关系数。

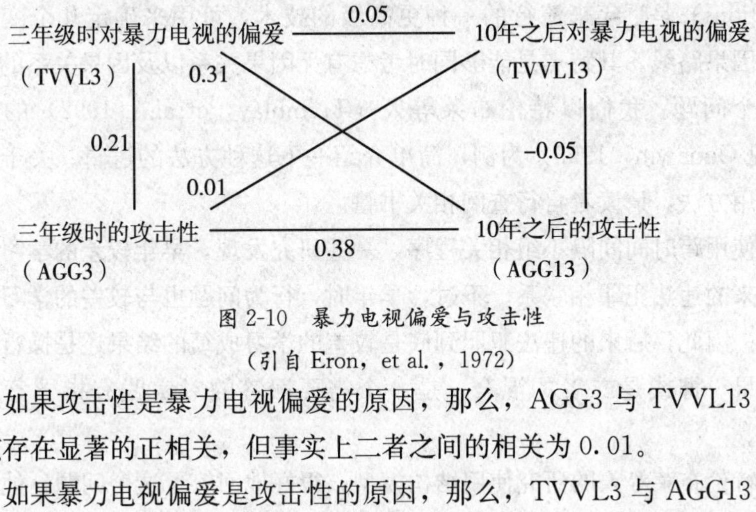

图 2-10　暴力电视偏爱与攻击性

（引自 Eron，et al.，1972）

如果攻击性是暴力电视偏爱的原因，那么，AGG3 与 TVVL13 之间应该存在显著的正相关，但事实上二者之间的相关为 0.01。

如果暴力电视偏爱是攻击性的原因，那么，TVVL3 与 AGG13 之间应该存在显著的正相关。的确，二者之间的相关为 0.31。然而，这一相关本身并不能肯定地说明二者之间具有直接的关系，因此三年级时对暴力电视的偏爱是导致 10 年之后攻击行为的原因。这是因为，AGG3 可能是其中的第三变量。换句话说，TVVL3 与 AGG13 之间的相关可以有下面两种可能的解释：(1) 三年级时喜欢暴力电视的学生也具有攻击性（相关为 0.21），而三年级时具有攻击性的学生 10 年之后也具有攻击性（相关为 0.38）；(2) 三年级时的攻击性（AGG3），既导致了三年级时对暴力电视的偏爱（TVVL3），也导致了 10 年之后的攻击性（AGG13）。

因此，埃龙等人还进行了偏相关分析。他们发现，在控制了诸多控制变量（如同伴评定的攻击性、父母的职业状况、父亲或母亲的攻击性等三年级时的变量，以及父亲的职业状况、被试的个人期望等 10 年之后的变量）的影响之后，TVVL3 与 AGG13 之间的偏相关在数值上接近 0.31（范围为 0.25～0.31）——没有任何控制时二者之间的相关。这说明，TVVL3 与 AGG13 之间的相关不能用第三变量来解释。

在上述来自跨时间间隔小组相关和偏相关两方面证据的基础上，埃龙等人推论，三年级时对暴力电视的偏爱（TVVL3）导致了 10 年之后的攻击行为（AGG13）。

（三）结构模型与线性结构方程

结构模型（structural modeling）与线性结构方程（linear structural equations）是近年来流行的一种更高级的技术，可用来确定几个变量之间的因果路线。其特点是能够同时考虑有无因果关系以及因果关系的方向等两个问题。我们以特伦布莱等人（Tremblay, et al., 1992）的研究（也见 Goodwin, 1995）为例，简单介绍一下这种方法的逻辑。关于具体的使用方法，请读者自行查阅相关书籍。

使用跨时间间隔小组相关程序，一些研究发现，早年较差的学习成绩与后来的违法犯罪相联系。不过，早年时，行为问题也与较差的学习成绩相关。因此，后来的违法犯罪到底是较差的学习成绩的结果还是操行问题的结果，抑或是二者的混合，是一个需要回答的对实践有指导意义的问题。

特伦布莱等人的研究使用结构模型，很好地回答了这个问题。他们测量了一年级（T1）时的学习成绩（SA）和扰乱行为（DIS）、四年级（T2）时的学习成绩以及八年级（T3）时的违法行为（DEL）这四个变量。然后，他们利用线性结构方程，对图 2-11 中的三个模型进行了检验。

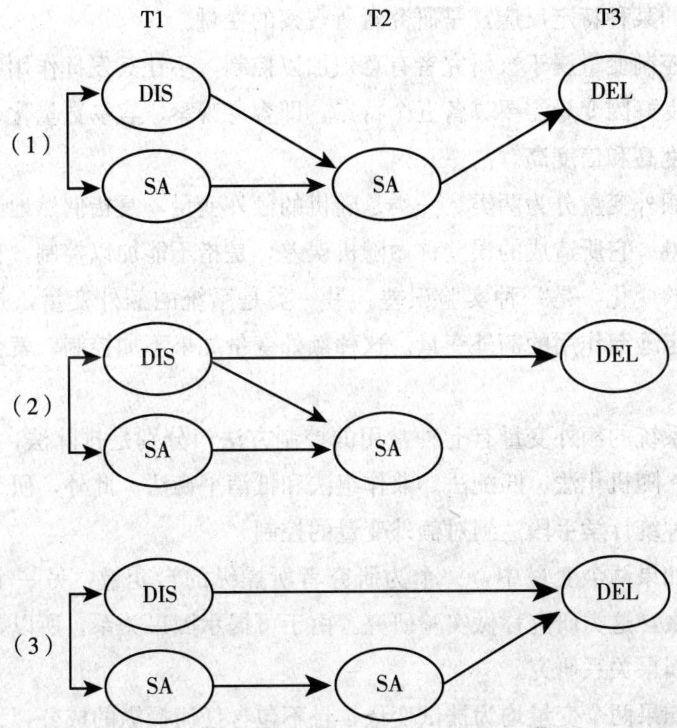

图 2-11　较差的学习成绩、扰乱行为与违法行为的关系

（引自 Tremblay，et al.，1992）

特伦布莱等人的数据支持第二个模型——早期的扰乱行为，而不是较差的学习成绩，导致了后来的违法行为。

本章主要观点

· 心理学研究中的变量，根据所具有的不同性质，可分为定性的变量和定量的变量；根据不同的来源，可分为任务变量、环境变量和被试变量；根据在研究中所扮演的不同角色，可分为自变量、因变量和控制变量。

· 自变量是指在实验中由研究者所操纵的、对被试的反应可能产生影响并且研究者希望观察其效应的变量。其作用是用来区分或定义不同的实验条件，或者不同类型的被试。

· 因变量也称反应测量或反应变量，是指实验中由操纵自变量而引起的被试的某种特定反应，是研究者所观察的变量。

• 控制变量属于被研究者有意识加以控制，不让其发挥作用的变量。

• 良好因变量需要具备五个特点，即容易观察、容易数量化、经济可行、效度高和信度高。

• 额外变量分为两类。一类是随机的额外变量，是指偶然地起作用的额外变量。它所造成的误差称做随机误差，是指不能加以控制，也很难明确解释的变化，是一种实验误差。另一类是系统的额外变量，是指经常地、稳定地起作用的额外变量。这种额外变量如果不加控制，就会造成系统误差。

• 系统的额外变量有七种常用的控制方法，分别是排除法、对立法、恒定法、随机化法、匹配法、兼作组法和抵消平衡法。此外，研究者还可利用各种统计学手段达到对额外变量的控制。

• 如果两个变量中，一个为研究者所操纵的自变量，另一个为因变量，那么，这类研究称做实验研究。由于可揭示因果关系，所以，这类研究也称因果关系研究。

• 如果两个变量均为被试变量，且不包含任何操纵的成分，那么，这类研究称做相关研究。由于相关研究不包含操纵的成分，因而就揭示因果关系的目的而言，存在一定的局限性。

• 偏相关分析是一种尝试从统计上控制第三变量的方法，可用来估计第三变量的效果。使用跨时间间隔小组相关，研究者能够增强作出因果关系推论的信心。结构模型与线性结构方程则可用来确定几个变量之间的因果路线，其特点是能够同时考虑有无因果关系以及因果关系的方向。

思考题

1. 心理学研究中变量如何分类？
2. 操纵自变量时应注意哪些问题？
3. 良好的因变量需具备哪些特点？
4. 额外变量可分为哪两大类？
5. 额外变量的控制方法有哪些？
6. 心理学研究的哪些环节可以使用随机化法？

7. 匹配法使用的前提条件是什么？它有哪些局限性？

8. 使用兼作组法时，研究者需要着重解决什么问题？

9. 抵消平衡法有哪些具体的方法？

10. 下面这段文字摘自《北京青年报》2000 年 11 月 28 日第 14 版，请仔细阅读，然后谈一谈你对这段文字的看法。

美国心脏病专家表示，每天爽朗地大笑可以令心脏病消失。美国马里兰大学医疗中心在美国心脏协会的年会上发表报告指出，富有幽默感的人不易患上心脏病。人们应每天抽出一段时间来大笑一场，例如观看充满欢笑的录像，以保障心脏健康。科学家研究了两组人，一组是 150 名患有心脏病或接受过心脏分流手术的人，另一组 150 人身体健康。研究人员让他们看一些有趣的东西，结果发现，和同龄有心脏病的人相比，没患心脏病的人较容易发笑，欢笑率高出四成。有心脏病者较少在听到笑话后解颐，也较容易愤怒和抱有敌意。他们由此推断，那些人没有患心脏病，跟他们常欢笑有关。

11. 实验研究和相关研究有何区别？

12. 如果研究发现，儿童与父母共处的时间长短和儿童抑郁水平高低之间存在相关，那么，能否基于这样的发现推论抑郁水平高低受儿童与父母共处时间长短的影响？

13. 相关研究在揭示因果关系时有哪些局限？解决的办法有哪些？

第三章
心理学实验研究的规则、效度、基本程序与伦理道德

在心理学研究过程中，研究者必须遵守一些基本的规则。研究者还要考虑所采用的实验方法在多大程度上能够达到实验的目的。此外，研究应该按照一些基本程序来进行，研究者要遵守研究的伦理道德。本章中我们分别讨论这四个方面的问题。

第一节　心理学实验研究的规则

心理学实验研究应该遵守以下五个规则（Levine & Parkinson，1994）。

一、多重条件规则

这一规则的含义是，任何实验都必须包括不止一个条件，其中至少有一个条件用来作控制条件。

例如，为了研究某种镇痛药物 A 是否能够减轻癌症患者的疼痛水平，某研究者采用了两组设计：将 24 名癌症患者随机分派到实验组和控制组中，其中，实验组患者接受药物 A，控制组患者并不接受药物 A，也不接受任何其他处理（如表 3-1 所示）。40 天之后，测量两组患者的疼痛水平。

表 3-1　两组设计

实验组	控制组
药物 A	—

假设实验结果发现，同控制组患者相比，实验组患者的疼痛水平更低。问题是，研究者并不能在这种结果的基础上，得出药物 A 能够减轻

癌症患者疼痛水平的结论。这是因为，同控制组患者相比，实验组患者的疼痛水平更低，既可能是药物 A 本身的作用，也可能是患者因意识到自己正在服用镇痛药物而产生的心理暗示所起的作用，抑或是二者的混合作用。这样，实验结果存在混淆——心理暗示与药物 A 本身的效果相混淆。造成这种混淆的本质原因是，接受药物 A 的实验组与不接受任何处理的控制组之间的差别并不唯一，两组除了在是否接受药物 A 方面有差别之外，在是否有心理暗示方面也有差别。

解决上述混淆的办法是，再增加一个控制组，即表 3-2 中的控制组 1。这组被试虽然并不接受药物 A，但接受安慰剂（placebo）——一种代替真正药物的、没有有效药物成分的制剂。最重要的一点是，被试并不知道自己服用的不是真正的药物。这样的控制组称做安慰剂控制组（placebo control group）。

表 3-2　三组设计

实验组	控制组 1	控制组 2
药物 A	安慰剂	—

在上面的三组设计中，实验组与控制组 1 之间只是在是否接受药物 A 方面有差别，而在是否有心理暗示方面则没有任何差别，这样，通过比较两组患者的疼痛水平，就可以考察药物 A 是否能够减轻癌症患者的疼痛水平。控制组 1 与控制组 2 只是在是否接受安慰剂方面有差别，比较这两组患者的疼痛水平，可以考察安慰剂是否能够减轻癌症患者的疼痛水平，即安慰剂效应（placebo effect）。

再来看另一个研究，为了回答海马（hippocampus，一种脑组织）与大鼠空间记忆之间的关系，研究者可以进行损伤研究。假设某研究者采用了两组设计，其中，实验组大鼠海马受到损毁，而控制组大鼠没有这样的损毁（如表 3-3 所示）。

表 3-3　两组设计

实验组	控制组
脑损伤	—

假设实验结果发现，同控制组大鼠相比，实验组大鼠空间记忆成绩要差。问题是，研究者并不能在这种结果的基础上，得出结论认为，海马损毁本身破坏大鼠的空间记忆能力。这是因为，存在这样一种可能性，即损毁海马的过程所引起的不舒适和负性情绪，而不是海马损毁本身，导致了实验组大鼠较差的记忆成绩。因此，在两组设计中，海马损毁本身与这一过程所引起的不舒适和负性情绪，二者的效果相混淆。解决这种混淆的办法是，采用三组设计，即再增加一个控制组（见表 3-4）。这组大鼠虽然并没有真正的海马损毁，但经历类似的手术过程。这样的控制组称做虚假脑损伤组。

表 3-4　三组设计

实验组	控制组 1	控制组 2
脑损伤	虚假脑损伤	—

通过比较实验组和控制组 1，可以考察海马损毁本身对大鼠空间记忆成绩的影响。此外，比较两个控制组，则可以考察手术过程所引起的不舒适和负性情绪是否影响大鼠的空间记忆成绩。

二、避免混淆因素规则

（一）含义

这一规则的含义是，不同条件之间，应该只是在研究者感兴趣的因素上才有差别。例如，在上面讨论过的有关药物 A 是否能够减轻癌症患者疼痛水平，以及有关海马损毁是否影响大鼠空间记忆成绩的研究中，实验组与控制组 1 只是在研究者感兴趣的因素（分别为是否接受药物 A 和是否损毁海马）上才有差别。然而，实验组与控制组 2 则不然，它们不只在研究者感兴趣的因素上有差别，在其他方面也有差别（分别为是否有心理暗示和是否包含不舒适和负性情绪）。如果出现后面这种情况，我们就说实验结果存在混淆——研究者感兴趣的因素与额外变量相混淆。这种混淆的直接危害是，研究者不能得出清楚的结论。

专栏 3-1 以神经心理学领域中一个著名的发现——范畴特异性损伤为

例，说明了避免混淆因素规则在心理学研究中的重要地位。

专栏 3-1　范畴特异性损伤现象

沃林顿和沙利斯（Warrington & Shallice，1984）在四名曾患单纯疱疹性脑炎的病人身上发现，同无生命物体（如汽车）相比，病人在产生和理解有生命物体（如大象）的名称时，表现出更大的困难。例如，病人 JBR 虽然只能识别或命名 48 个有生命物体中的 2 个，但能正确地描述和命名 48 个无生命物体中的 45 个。这种现象称做范畴特异性的语义损伤（category-specific semantic impairments）。

问题是，脑损伤病人身上所表现出的上述惊人现象，是否可以用其他一些混淆因素来解释？换句话说，有无生命两种条件之间，除了有无生命这一范畴上的差别之外，其他方面是否也有差别？一些研究者提出，名称频率、熟悉度、视觉复杂度和可联想性等能够解释范畴特异性损伤现象。这意味着脑损伤病人在有生命物体上严重受损，可能是因为这些物体的名称频率或熟悉度低，也可能是因为这些物体视觉复杂度高或可联想性差。如果对这些因素不加控制，那么，实验结果就不可避免地存在混淆。

值得注意的是，近期的一些研究使用在名称频率、熟悉度、视觉复杂度和可联想性等方面严格匹配的刺激，仍然发现范畴特异性损伤现象，说明这种现象至少不能完全用混淆因素来解释（张亚旭、周晓林、闵保全、贾建平，2003）。

（二）主试效应——心理学实验室中的皮格马利翁效应

在心理学研究中，当主试对被试有某种期望时，就会于无形之中对被试的行为产生微妙的影响，这种影响称做主试效应（experimenter effect），其危害是造成实验结果存在混淆。

专栏 3-2 中所介绍的罗森塔尔效应（Rosenthal effect），反映了教师对学生的期望所带来的学生在智商分数上的惊人变化。

专栏 3-2　罗森塔尔效应——教室中的皮格马利翁

皮格马利翁（Pygmalion）是希腊神话中塞浦路斯的国王，同时还是一位有名的雕塑家。他倾注自己全部的心血和感情，用象牙精心雕刻了一位美丽动人的少女。他真心地爱上了这个雕像。每天，他都给它穿上金、紫色相间的长袍。他拥抱它、亲吻它，祈祷自己能有一位和它一样举止优雅、美丽动人的妻子。一天，他径直来到雕像旁。就在他凝视雕像时，雕像开始有了变化。它的脸颊开始呈现出微弱的血色，它的眼睛释放出光芒，它的唇轻轻开启，现出甜蜜的微笑。他雕刻的少女雕像，竟然有了生命。

受到这个神话的启发，罗伯特·罗森塔尔和勒诺·雅各布森（Rosenthal & Jacobson，1968）在一所公立小学进行了一项著名的实验。

学年开始时，他们对学生进行了一项智力测验，并且告诉教师，这项测验不仅能测定智商，还能鉴别出在这一学年里进步快、超出平均水平的学生，不管他们当前是不是“好”学生。

在下一学年开始之前，教师拿到这些学生的名单。尽管这些名字实际上是研究者从班级学生名册中随机挑选出来的，但教师并不知道这一点。因此，这些儿童和班里其他儿童之间的任何差别，只是存在于教师的心目中。

学年结束时，再进行智力测验。结果发现，那些出现在名单中的学生，智商分数平均增长 12 分以上，而其他学生只增长 8 分。低年级中，这种差异甚至更大：出现在名单中的一年级和二年级学生，几乎有半数智商分数增长 20 分或 20 分以上。

这些学生的进步，很明显是教师对他们寄予更高期望的结果。这种期望使得教师在这些学生身上花了更多的时间，对他们更有热情。罗森塔尔等人把这种效应称做教室中的皮格马利翁效应。后来，人们将罗森塔尔等人的上述实验发现称做罗森塔尔效应。

如果说罗森塔尔效应可以视做教室中的皮格马利翁效应，那么，主试效应则可以看成是心理学实验室中的皮格马利翁效应。

（三）被试效应与霍桑效应

专栏 3-3 介绍了另一种效应——霍桑效应（Hawthorne effect）。它实际上是一种被试效应，反映了被试对自身的某种期待对实验结果所造成的影响。

专栏 3-3　霍桑效应

1927～1932 年，位于美国芝加哥的西部电气公司霍桑工厂进行了一系列有关工作条件与生产力之间关系的研究。研究者发现，工人的生产力随着照明强度的增强而提高。然而，当照明强度逐渐减弱时，工人的生产力仍然在提高。研究者很快意识到，工人生产力的提高并不是因为照明强度的变化，而是因为工人知道自己正在受到研究者的关注，自己正在被研究。

后来，人们把被试的行为改变不是因为实验处理，而是因为被试意识到自己正在被研究的现象，称做霍桑效应。

按照避免混淆因素规则，在心理学研究中，无论是罗森塔尔效应还是霍桑效应，都是研究者应当尽量避免的（可以采用双盲实验法，见第二章第三节）。

（四）如何避免研究中的混淆因素

关于混淆的发生，安德伍德和肖内西（Underwood & Shaughnessy, 1975）有过这样一段描述："混淆最可能发生于相同种类的变量之间。当研究者操纵一个任务变量时，如果混淆存在的话，那么，这个任务变量最可能与另外一个任务变量相混淆。同理，一个被试变量最可能与另外一个被试变量相混淆。"例如，在范畴特异性损伤（见专栏 3-1）研究中，有无生命这一任务变量最可能与名称频率、熟悉度、视觉复杂度等任务变量相混淆。而性别这一被试变量最可能和其他被试变量（如受教育程度）相混淆。

避免混淆因素规则是一条最难遵循的规则。甚至比较有经验的研究者，偶尔也会违反这条规则。在心理学学术期刊的投稿中，一些稿件之所以被拒绝，也正是因为研究结果存在严重混淆。在这种意义上，审稿人有时起到一种帮助作者识别混淆因素，从而改进研究工作的作用。不过，有时，审稿人也未能发现文章研究结果存在混淆。这样，即便是已经公开发表的学术论文，其研究结果仍然可能存在混淆，只不过人们暂时尚未认识到而已。在心理学文献中，有一部分研究工作，实际上正是在解决前人研究中所存在的混淆的基础上开展的。

为了避免研究中存在混淆因素，一个行之有效的方法是，在研究具体实施之前的计划阶段，列出所能想到的、研究的各个环节中可能存在的、全部的混淆因素，并确定相应的控制方法（有关各种常用的额外变量的控制方法，见第二章第三节）。另外，研究者也可以利用参加实验室讨论会等机会，广泛征求他人的意见。最后，对于一个经验并非十分丰富的研究者来说，大量阅读相关领域文献（特别是方法部分的细节内容），充分借鉴别人的研究经验，也是十分必要的。

三、随机化规则

这一规则有三方面的含义：(1) 研究者必须从自己感兴趣的总体中随机选取被试；(2) 研究者必须把被试随机分派到各个条件中；(3) 各个条件的试验必须或者同时进行或者按随机顺序进行。

关于这三方面的含义，我们在第二章第三节介绍额外变量的控制方法时已经讨论过，此处不再重述。

在必要和可行的前提下，研究者应该遵守随机化规则。例如，在兼作组法中，每个被试接受全部条件，因而并不涉及随机分派被试的问题。

四、统计检验规则

这一规则的含义是，统计检验能够帮助研究者确定，不同条件之间是否真的产生了不同的数据。换句话说，研究者所观察到的差异，是否仅仅反映一种偶然而不是必然。

差异显著的统计检验结果，意味着不同条件之间的确产生了不同的数据，这样，所观察到的差异并非由偶然因素引起。

五、使用全部数据规则

这一规则有两方面的含义。

（一）使用全部被试的数据

使用全部被试的数据是指，一般情况下，在对数据进行统计分析时，研究者应使用来自所有被试的数据，而不宜随便剔除某个或某些被试的数据。特别需要指出的是，研究者不能因为某个被试的数据不符合自己的预期或看起来“不合理”而剔除该被试的数据。当然，在以下几个特殊情况下，研究者可以剔除个别被试的数据：(1) 实验设备故障导致个别被试的数据不能参与统计分析；(2) 被试没有理解指导语，或者没有按指导语的要求去做；(3) 主试给了被试错误的指导语。

此外，在以反应时为因变量的研究中，通常研究者只分析正确反应的反应时数据。如果个别被试在整个实验中的错误率较高，比如 25%甚至更高，那么，由于错误反应的数据占全部数据的比例较高，进而导致正确反应的数据可能未能准确反映该被试的一般的、稳定的情况，因此，该被试的数据一般不参与统计分析。不过，如果有多名被试错误率较高，那么，这些被试的数据则不宜剔除。

（二）使用被试的全部数据

使用被试的全部数据是指，一般情况下，在对数据进行统计分析时，研究者应该使用来自全部试验的数据，而不要随便剔除某一次或某几次试验的数据。

不过，正像我们在上面已经指出的那样，在以反应时为因变量的研究中，错误反应的反应时数据通常不参与统计分析。

此外，极端数据通常需要剔除或调整（替换）。在下面的 Excel 工作表中，B1 至 B20 为某被试在某个条件下 20 次试验的原始的反应时数据。可以看到，多数反应时数据落在 600～800 毫秒，但个别反应时数据特别短（B6，401 毫秒），或特别长（B14，1 503 毫秒；B17，1 149 毫秒）。这些数据是否参与统计分析？换句话说，这些数据可否视做极端数据？研究者可采用 $M \pm nS$ 原则来判断，其中，M 为某被试某个条件下若干次试验数据的平均数，S 为相应的标准差，n 通常是 2、2.5 或 3。超过 $M+nS$ 的或低于 $M-nS$ 的数据一般定义为极端数据。这些数据可剔除或用 $M \pm nS$ 替换。例如，$n=2.5$ 时，$M+2.5S=1\ 324$，$M-2.5S=221$，那么，大于 1 324 的反应时数据可剔除或用 1 324 替换。类似地，低于 221 的反应时数据可剔除或用 221 替换。

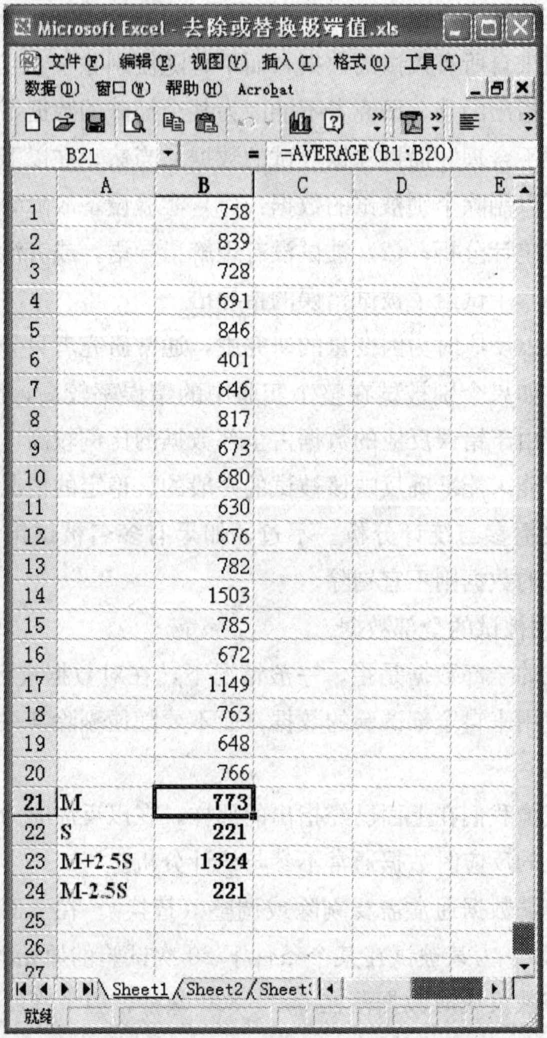

	A	B
1		758
2		839
3		728
4		691
5		846
6		401
7		646
8		817
9		673
10		680
11		630
12		676
13		782
14		1503
15		785
16		672
17		1149
18		763
19		648
20		766
21	M	773
22	S	221
23	M+2.5S	1324
24	M-2.5S	221
25		
26		
27		

一般来说，采用上述方法剔除或替换的数据，最多只能占全部数据的3%～5%。而且，写文章时，研究者应该具体报告剔除或替换的数据占全部数据的百分比。

第二节　心理学实验研究的效度

实验效度（experimental validity）是指实验方法能达到实验目的的程

度，包括以下四种类型（Goodwin，1995）。

一、构想效度

所谓构想效度（construct validity）是指研究中所包含的自变量和因变量定义的恰当性。例如，为了考察一个脑损伤病人对近期（最近 3 年内）和远期（20 年以前）发生的历史事件的记忆是否表现出不同程度的损伤，研究者可分别选择近期和远期所发生的著名历史事件作为记忆测验材料。如果研究者所选择的历史事件属于文艺方面的，而该病人对文艺从来都不感兴趣，以至于无论是近期记忆还是远期记忆，成绩都较差，即出现地板效应（floor effect），那么，应该说，研究者所选择的历史事件并非最好的选择，或者说，研究者对自变量（近远期历史事件）定义得并不恰当。毫无疑问，这样的研究构想效度低。

在构想效度的定义中，自变量和因变量定义的恰当性，更准确地应该说成是自变量和因变量操作定义的恰当性。有关操作定义的含义与必要性，我们在第一章已经介绍过。

为了使一个研究具有较高的构想效度，研究者应该通过大量阅读和深入分析相关文献，加强自己在相关领域的理论素养。此外，研究者应尽可能采用多种方法和指标，从不同角度对自己感兴趣的变量进行定义。

二、内部效度

内部效度（internal validity）是指实验中的自变量与因变量之间因果关系的明确程度。它反映的是一个实验在方法学上的合乎逻辑的程度，以及不受混淆因素影响的程度。

应该看到，任何未加控制的额外变量都能降低研究的内部效度。本章第一节所讨论的避免混淆因素规则，以及第二章第三节所讨论的各种额外变量的控制方法，目的都是为了提高一个研究的内部效度。

下面，我们看一下一组和两组前后测研究（pretest-posttest studies）中所存在的内部效度问题。

一组前后测研究的一般形式如下：

O1　T　O2

其中，O1 和 O2 分别代表第一次和第二次观察，即前测和后测。T 代表处理。

问题是，如果同前测相比，后测时分数发生变化，那么，能否一定说明处理有效果，因而所观察到的变化是处理导致的？假设被试前测（于新学期开始时进行的一次测验）时的语文成绩平均为 70 分，在参与了一项旨在提高语文成绩的训练计划（处理）之后，后测（于期末进行的一次测验）时的语文成绩平均为 90 分：

O1（70）　　T　　O2（90）

那么，语文成绩从 70 分到 90 分的变化（假设 70 分与 90 分在统计上差异显著），至少有七种可能的解释。

（1）单纯训练。语文成绩的提高是学生参与语文训练计划的结果。

（2）历史，指两次测验之间所发生的历史事件。例如，学校决定本学期重点抓学生的语文成绩。这样学校的政策及其所带来的异常高涨的语文学习气氛，导致了后来学生语文成绩的提高。

（3）自然成熟，包括观察力、记忆力、想象力等方面的自然成熟。类似这样的自然成熟导致了后测时学生语文成绩的提高。

（4）回归（regression），也称向平均数回归（regression to the mean），是指第一次测量时的极端值在第二次测量时向平均数靠近的倾向。设想一下，我们碰巧挑选了一个远离平均数的极端分数，如果我们再随机地挑选一个分数，我们最可能会挑选一个什么样的分数？完全相同的极端分数？甚至更为极端的一个分数？还是与第一个分数相比，更为靠近平均数的一个分数？毫无疑问，最后的这种可能性最大。在前后测研究中，研究者通常会选择在某一特性上具有极端分数的被试参与研究，以便成功地观察被试接受实验处理之后分数上的变化。在有关语文训练计划的研究中，语文成绩从 70 分到 90 分的提高，一种可能性是向平均数回归的结果。

（5）测验维度意识。参加前测使得被试对某些方面特别敏感，因而后来特别留心这些方面。这会使得被试在后测时做得更好。

（6）工具使用。语文成绩从 70 分到 90 分的提高，可能归因于与前测相比，后测难度降低，也可能归因于后测时评分标准相对宽松。

（7）前测与处理的交互作用，即参加前测使得被试对某些方面特别敏感，因而被试后来在接受处理时特别留心这些方面，使得后测时分数提高。这种交互作用反映了测验维度意识与训练计划的联合作用。如果语文成绩从 70 分到 90 分的变化完全归因于这种交互作用，那么则意味着，无论是测验维度意识还是训练计划，都不能单独解释前测与后测之间分数上的差异。

应该说，研究者更喜欢第一种解释。问题是，在一组前后测研究中，研究者不能排除后面六种可能的解释，而后面这六种可能的解释都会对前后测研究的内部效度构成威胁。因此，如何排除后面这六种可能的解释，是前后测研究面临的首要问题。

在一组前后测研究中，只有实验组，没有控制组。实际上，可以增设一个控制组，就可使一组前后测研究演变为如下形式的两组前后测研究：

实验组：O1　T　O2

控制组：O1　　O2

我们仍以语文训练计划研究为例，假设出现如下结果模式：

实验组：O1（70）　T　O2（90）

控制组：O3（70）　　O4（70）

那么，研究者可以排除（2）至（6）共五种可能的解释，因为并不接受任何处理的控制组中，前后两次测验（即 O3 与 O4）在分数上没有差异。然而，研究者无法分辨可能性（1）和可能性（7），因为实验组和控制组不仅在有无处理上有差异，而且在是否包含处理与前测的交互作用方面也有差异，这样，实验组语文成绩从 70 分到 90 分的提高，既可能是训练计划独立起作用的结果，也可能是训练计划与前测交互作用的结果。

倘若出现如下结果模式：

实验组：O1（70）　T　O2（90）

控制组：O3（70）　　O4（80）

那么，研究者将得不出任何确切的结论。换句话说，我们在前面所提到的七种可能性都是存在的。同控制组相比，实验组前后测分数之间的差异更大（增加 20 分），但是，研究者无法解释所增加的 20 分，究竟是归因于单纯训练计划本身的作用还是归因于前测与训练计划之间的交互作用，即难于分辨可能性（1）和可能性（7）。看来，两组前后测研究仍然不能排除那些威胁研究内部效度的、研究者不感兴趣的但逻辑上可能的其他解释。对此，有两种解决办法，一是取消前测，二是使用所罗门四组设计（Solomon four-group design，见第四章第二节）。

三、外部效度

外部效度（external validity）是指研究发现能够普遍推广到样本来自的总体以及其他同类现象中去的程度，即实验结果的普遍代表性和适用性。简单地说，外部效度是指研究发现概括的程度。

在心理学中，一部分研究因为外部效度问题而遭到批评。例如，一些对实验心理学的批评指出，实验心理学家对大学二年级学生和白鼠（实验心理学最常用的被试群体）知道得很多，但对其他群体知道得很少。

外部效度一般涉及三个方面，分别为其他总体、其他环境和其他时间。

（一）其他总体

在心理学研究中，最经常使用的人类被试是在读的大学生。例如，西尔斯（Sears，1986）的调查显示，在社会心理学领域，75%的 1980 年发表的研究，以及 74%的 1985 年发表的研究，被试均为大学生。大学生是一个特殊群体，大学校园也是一个特殊的“社会”。这样，以大学生为被试进行的社会心理学研究所获得的发现，以及在此基础上建构的社会心理学理论，是否具有普遍代表性，难免令人怀疑。

当然，正像西尔斯所指出的那样，另外一些研究领域，比如知觉，相对而言，不太会受大学生这个群体的特性的影响。因此，同样是以大学生为被试的研究，由于所关心的问题的性质不同，研究结果的外部效度可能有高有低，这一点是值得研究者注意的。

在发展心理学领域，科尔伯格（Kohlberg，1964）有关儿童道德发展的六阶段理论已经产生了深远影响。在他的理论中，最高级的阶段是人按照一套基于维持正义和个人权利的普遍原则行动。然而，科尔伯格的理论受到了针对外部效度而提出的批评（如 Gilligan，1982）。例如，吉利根指出，科尔伯格未看到思维模式和道德判断上的性别差异——男性可能更看重个体权利，而女性更看重维护个体间的关系。这样，如果按照科尔伯格的理论，那么，就会作出女性在道德上似乎不如男性发展得那么高级这样一个不符合事实的判断。造成这一问题的一个可能的原因是，在科尔伯格的研究中，被试均为男性（10～16岁）。因此，科尔伯格的研究发现，以及他在这些发现基础上所建构的整个理论，可能只适用于男性，而并不适用于女性。

此外，动物心理学领域的研究，也容易在外部效度问题上受到批评——以动物为被试的研究，所获得的发现以及相应的解释是否也适用于人类这一总体。这是把动物研究发现从动物向人类身上推广。一个反方向的推广是，把人类研究发现从人类向动物身上推广。沿着后面这个方向的研究，产生了非常有趣的发现。这些发现在一定程度上拉近了人与其他动物之间的距离。例如，中国科学院院士、中国科学院生物物理所研究员郭爱克博士与唐世明博士一起，发现果蝇在面临矛盾的视觉线索时有类似高等动物的简单抉择行为，能够“见机行事”。他们有关这种抉择行为神经机制的研究发表在世界著名的《科学》杂志上（Tang & Guo，2001)。最近，中国科学院院士、中国科学院研究生院和生物物理所陈霖教授与同事们在《美国科学院院刊》上报告了一个惊人的发现：蜜蜂虽然只有相当简单的视觉系统，却能够分辨大范围拓扑性质①（Chen，et al.，2003)。

不同的文化能够为生活在其中的个体打下不同的烙印。因此，以某种文化背景中的个体为被试的研究所获得的发现，是否能够推广到另一种文化背景中的个体，是一个有趣的问题。这在方法学上属于外部效度问题，也是跨文化心理学所关心的核心课题。

（二）其他环境

大部分心理学研究，特别是实验心理学和认知心理学两个领域的研

① 拓扑学被形象地称为“橡皮薄膜的几何学”。拓扑性质可以想象成在橡皮薄膜的塑性形变下仍然保持不变的性质。比如有一个洞的一块橡皮薄膜，我们可以任意改变它的形状，只要不把它剪开或者把它的两点粘在一起，这块橡皮薄膜有一个洞的性质不会改变。因此“洞”是一种典型的大范围拓扑性质。而在橡皮薄膜的塑性形变下，我们通常熟悉的距离、朝向、大小等性质会改变，它们都不是拓扑性质而是局部性质（资料来源：中国科学院网站，http://www.cas.ac.cn/html/Dir/2003/10/09/2214.htm)。

究，都是在严格控制条件的实验室中进行的，而实验室这种环境有一定的特殊性和人为性，和现实生活情境有很大的距离。这样，实验室研究所面临的一个问题是，所获得的研究发现多大程度上能够推广到现实生活情境中。

对认知心理学最普遍的一个抱怨是认知心理学的生态学效度。例如，实验室的记忆研究的生态学效度非常有限，因为在现实生活中，很少有像在实验室一样严格控制条件的记忆。

近年来，记忆研究开始强调生态学效度。研究者开始关心人们在实际生活中的记忆问题，如目击者证词的可信度、自传记忆（autobiographical memory，指对与自身相关的事件和问题的记忆）等。然而，这些日常生活记忆任务有一个明显的不足，它们不能像在实验室研究中那样严格进行控制。因此，虽然研究的生态学效度提高了，但研究的内部效度难免会受到威胁。这样，大多数认知心理学家主张，认知心理学既要进行具有生态学效度的研究，又要进行实验室研究。

（三）其他时间

牵扯到社会因素的研究，如社会心理学、人格心理学、发展心理学、司法和犯罪心理学、管理心理学等领域的研究，可能会存在这样的问题，即在一个特定的社会时代历史背景中获得的研究发现，已经不再适用于业已发生变化的新的社会时代历史背景。这种情况下，可以认为，先前研究的外部效度较低，因此研究者有必要进行新的研究。

当然，有关更基本的心理过程（如知觉、注意和记忆）的研究，从普遍到其他时间的意义上来看，一般问题不大，因而具有较高的外部效度。例如，斯特鲁普（Stroop，1935）发现，当词的印刷颜色与词的意义相冲突（如以绿色印刷的“red”），而任务是命名印刷颜色时，同命名实心彩色正方形的墨水颜色相比，被试的反应要慢，这一著名的实验效应称做斯特鲁普效应（Stroop effect）。这个七十多年前的发现，今天仍然适用。

最后，需要说明的是，绝大多数时候，提高研究的外部效度，并不是仅凭单个的一项研究，而是需要凭借一系列拓展性（拓展到其他总体、其他环境、其他时间）甚至是重复验证性的研究工作才能够做到的。

四、统计结论效度

统计结论效度（statistical conclusion validity）是指在多大程度上研究者恰当地运用统计学，并且由统计分析得出合适的结论。影响统计结论效度的因素一般有以下几个（Goodwin，1995）。(1) 研究者进行了错误的统计分析，或者违反了进行特定的统计分析所要求的一些基本假设，例如，F 检验要求总体服从正态分布，χ^2 检验要求数据为计数数据。(2) 研究者选择性地报告分析结果，即只报告那些符合自己预期的结果。(3) 研究者尝试不同类型的统计分析，直到发现“显著”的结果为止。这种试来试去的做法增加了错误拒绝 H_0 的机会，因此犯第一类错误的机会也增加了。(4) 因变量指标不稳定（如以焦虑水平的评定作为因变量指标），误差变异增加，减少了统计显著的机会，研究者容易接受 H_0，因此犯第二类错误的机会也就相应地增加了。

第三节　心理学实验研究的基本程序

一个完整的心理学实验研究包含多个环节，包括最初的课题的选择与问题的提出，方法（由设计、被试、材料、仪器和程序等多个成分所构成）的确定、数据的采集和分析、对数据理论意义的讨论和结论的推论，以及最后文章的撰写和提交发表。本节简要分析上述各个环节的主要任务与需要注意的问题。

一、课题的选择与问题的提出

一项研究到底关心什么问题，这永远是第一位的。课题的选择与问题的提出是研究的第一步，也是最重要的一步。如果选题没有价值，那么，后面的环节处理得再好，也没有任何意义。

像其他学科一样，根据出发点和根本目的的不同，心理学研究可分成基础研究、应用基础研究和应用研究三大类。其中，基础研究以认识心理现象、探索心理活动规律、获得关于心理现象的新知识、丰富和完善心理科学知识体系为目的，而不直接考虑实际应用目标，其成果不要求必须有直接的实际应用价值。例如，有关汉语言语产生过程及其脑机制的研究，属于基础研究。应用基础研究以获取新原理、新技术和新方法为主要目的，其成果要求必须有广泛的应用前景。例如，有关心理健康评价系统的研究，属于应用基础研究。应用研究以某一特定的实际应用为目的，旨在解决特定的实际问题，通常是为了确定基础研究成果或知识的可能的用途，或是为达到某一具体的、预定的实际目的而确定新的原理、方法或途径。例如，有关口吃矫治方法或多动症临床诊断方法的研究，属于应用研究。

（一）课题的来源

1. 实际的需要

（1）我国乃至全人类所面临的急待解决的实际问题。例如，人口老龄化是当前全世界面临的紧迫问题，被喻成“银色浪潮”。统计数据表明，我国是世界上老年人口最多的国家。预计到2040年，我国60岁以上的老年人将达到4亿（全世界60岁以上老年人将达到16亿）。老年人口健康（包括心理健康）问题已迫在眉睫。“银色浪潮”呼唤心理学，心理学家可以针对这种实际需要提出一些研究课题，如记忆老化。这方面的研究多属于应用基础研究。

（2）实际部门所提出的具体问题。实际部门经常会提出一些需要心理学家帮助解决的具体问题。例如，教育部门提出的小学生阅读困难和学习失能（learning disability）问题，卫生部门提出的老年性痴呆早期诊断和失语症病人认知康复问题，交通部门提出的安全驾驶问题，司法部门提出的目击者证词可信度问题等，都可以成为课题的来源。从这个角度所提出的课题多属于应用基础研究和应用研究。

2. 理论的需要

除了针对实际需要提出研究课题之外，研究者还可以针对理论需要提出自己的研究课题。一般有两个角度：一是从暂时还看不到任何实际用途，但具有重要学术价值的基本理论问题中选取；二是从原有理论与新的研究成果之间所暴露出来的矛盾中选取，从这个角度所提出的课题一般属于基础研究。

3. 文献分析

文献分析是提出研究课题的重要途径之一。分析文献时，需要特别注意以下几个方面。

（1）新发现。针对国际上的最新发现提出研究课题，是保证所选课题具有国际前沿性的一种重要途径。

（2）偶然的发现。爱迪生说过，“伟大的发明，往往是偶然的发现”。实际上，很多科学发现带有偶然性。例如，1928年，英国年轻的细菌学家弗莱明一次在研究葡萄球菌的实验中，偶然发现那次培养的细菌有一些菌落没有生长。他没有轻易放过这一现象，而是立即进行分析研究。他很快发现，在这次实验中，培养基被一种霉菌污染了。正是这种霉菌，消灭了培养基中的葡萄球菌。这种霉菌属于青霉菌属，由它所产生的能杀灭细菌的物质称为青霉素。这一偶然的发现，不仅为人类提供了青霉素这一良药，而且首次写下了抗生素这一光辉篇章。在阅读和分析文献时，对文献作者所提及的研究中的偶然发现，应该格外加以注意。这种敏感性对于研究者来说是一笔宝贵的财富。

（3）未经检验的理论。文献中所涉及的理论，有些尚未得到任何实验证据的检验。注意到这样的理论并寻找方法加以检验，也是提出研究课题的一个很好的途径。

（4）文献中互相矛盾的结果。实际上，在很多研究领域中，都积累了一些互相矛盾的结果。研究者应该善于寻找造成结果互相矛盾的可能的原因，在此基础上设计新的实验。

（5）前人研究中的遗漏。一般来说，一项研究所能回答的问题总是有限的，有所遗漏是正常的事情。发现什么问题尚没有解决，也是提出课题的一个基本途径。

（6）前人研究的不足。所说的不足主要是指额外变量控制得不够好或实验设计有欠缺。

除了上面所讨论的三个方面之外，个人生活经验也可以成为选题的一个重要来源。生活是创作的源泉，创作源于生活又高于生活，这里的创作不应该只是文学和艺术创作，还应该包括科学创作。甚至在读小说时，也偶尔能给研究者带来灵感和触动。例如，著名心理学家曾志朗博士有关生态动物对人的记忆的深入研究，就是受到了托尼·希勒曼（Tony Hillerman）描写印第安人的系列作品的触动。另外，与别人的各种形式的学术交流和讨论，都可能成为研究课题的重要来源。对研究者来说，敏感性是一笔宝贵的财富，而敏感性的前提是良好的理论素养。

（二）**问题的提出与研究假设的建立**

一旦选定了一个研究课题，接下来要做的事情就是提出具体、明确的研究问题，并建立研究假设。这样，后面的实验设计、数据分析和讨论才会有的放矢。

二、实验设计的确定

实验设计是为回答问题或检验研究假设服务的。恰当的实验设计是提高研究效度，特别是内部效度的基本保证。

自变量的操纵、因变量的观察（见第二章第二节）和额外变量的控制（见第二章第三节），是实验设计的重要组成部分。

本书将在第五章到第八章对各类常用的实验设计作专门的讨论。

三、被试的选择

一般来说，研究者应该根据所关心的问题的性质、所希望的研究结果的概括程度来选择被试。

四、材料的选择

材料的选择应该以经济实用为原则。

另外，在心理学实验中，除了各个条件所需的关键材料之外，有时，为了平衡被试针对关键材料的特点而可能采取的策略，研究者还需要使用填充材料（fillers or filler items）。

很多时候，研究者需要在预测（pretest）的基础上确定实验材料，预测的目的是保证最终所用的材料的确是研究者想用的材料，即合乎要求的材料。预测时应该注意两个问题：（1）参与预测的被试一般不能再参加正式实验；（2）参与预测的被试与参加正式实验的被试应为同质被试（即被试特性上相同的被试）。

五、仪器的选择和程序的确定

仪器的选择一般也应以经济实用为原则。实验程序涉及很多细节问题，如每个刺激的呈现时间、不同刺激的间隔时间、对被试的反应是否给反馈等。这些细节都应该是充分参考文献中的方法细节，经深思熟虑之后确定的。

六、数据的采集和分析

主试与被试的关系是心理学实验中采集数据时特有的问题。心理学实验的实质是要求被试完成某种实验任务。研究者一般需通过使用指导语（instructions）来向被试交待有关实验过程和实验任务的细节，以便被试有所准备。所使用的指导语应具备以下几个特点。（1）简单明确。应避免使用模棱两可的语言或被试难于理解的专门术语。（2）完整、全面。不仅简要告诉被试实验的主要目的（应该是虚假的目的，真正的研究目的应该在整个实验结束之后告诉被试）、实验的过程和步骤、实验的任务，还应告诉被试需要注意的事项。（3）确认。一定要和被试确认他真正理解了指导语。（4）标准化。为了做到指导语的标准化，研究者可以用计算机屏幕来呈现指导语，或者将指导语打印在一张纸上或录到磁带上然后再播放出来。

实验过程中，主试应该注意观察个别被试的个别特殊反应，并作记录。实验结束之后，主试应注意询问被试的主观感受，并对被试的主观报告进行记录，以备日后分析。

数据分析方法的确定，不仅要考虑所采用的实验设计的类型，而且要考虑进行特定统计分析所要求的基本假设，以提高研究的统计结论效度。

七、对数据理论意义的讨论和结论的推论

从数据到理论是任何一个完整的实验研究所不可缺少的一个基本环节。实验结果和结论是有区别的，前者是指数据本身，而后者则是数据在理论意义上的升华。结果永远不能取代结论。

结论的推论应该依赖实验具体实施之前业已确定的实验逻辑。

八、撰写论文并提交发表

一篇完整的心理学研究论文，一般由以下几部分构成。

（一）摘要

摘要通常为几百个字或词，是对文章所研究的问题、所采用的方法、所获得的结果以及所推论的结论等方面的高度概括，其目的是让读者花几分钟的时间就能概括性地了解文章的主要内容，并决定是否有必要仔细阅读全文。

（二）关键词

关键词通常为五个左右，要求能够准确反映文章的主题。作者提供关键词的目的是便于读者检索文章。

（三）题目

文章题目通常不超过 25 个字或词，要求能够准确反映文章内容。文章题目可以采取多种形式，深思熟虑之后确定的好的文章题目，会给文章增色不少。

（四）前言

前言是一篇文章正文的第一部分，主要介绍研究背景、问题与研究假设。应该说，前言的撰写基本上反映了作者在特定研究领域的理论素养和功底。

前言应该完整、清楚、准确地说明以下几个方面的内容：（1）文章所关心的理论或实际问题；（2）文章为什么关心这个问题，即研究的理论或实际意义；（3）围绕这一问题，当前的研究现状，包括相关的理论和证据；（4）研究假设（对问题的假想的回答）与证明逻辑。

（五）方法

方法包括所使用的被试、实验设计、材料、仪器和实验程序。

为了便于别人重复验证研究结果，在研究报告的方法部分中，作者应该详细交待所有的必要的细节，以便其他研究者确切地知道该实验是怎么做的。

此外，作者不仅应该说明怎么做，还应说明为什么这么做。

（六）结果

对于结果部分，必要时可使用规范、清晰的图表。

（七）讨论

讨论部分反映的是针对所关心的问题、研究假设，阐明实验结果的理论意义，概括文章的结论。

（八）参考文献

不同期刊对参考文献的具体格式有不同的要求。例如，《实验心理学杂志：学习、记忆与认知》（*Journal of Experimental Psychology: Learning，Memory，and Cognition*）杂志所使用的参考文献的部分出版格式如下：

1. 期刊论文

结构为：作者.（出版年）. 论文题目. 期刊名称，卷，页码范围.

例如：

Caramazza，A.，Costa，A.，Miozzo，M.，& Bi，Y.（2001）. The specific-word frequency effect：Implications for the representation of homophones in speech production. *Journal of Experimental Psychology: Learning，Memory，and Cognition*，*27*，1430-1450.

2. 论文集中的论文

结构为：作者.（出版年）. 论文题目. In 论文集编者（Ed./Eds.），论文集名称，（页码范围）. 出版地：出版社.

例如：

Caramazza，A.，Miozzo，M.，Costa，A.，Schiller，N.O.，& Alario，F.-X.（2001）. A cross-linguistic investigation of determiner production. In E. Dupoux（Ed.），*Language，brain，and cognitive development：Essays in honor of Jacques Mehler*（pp. 209-226）. Cambridge，MA：MIT Press.

3. 书籍

结构为：作者.（出版年）. 书籍名称. 出版地：出版社.

例如：

Levelt，W. J. M.（1989）. *Speaking：From intention to articulation.*

Cambridge, MA: MIT Press.

(九)附录

必要时，可以以附录形式给出指导语、部分或全部实验材料及数据处理细节等内容。

文章撰写完之后，最好请别人看一下，再提交学术杂志。另外，在自己手里稍微沉淀一些时间之后再拿出来看一下，必要时适当修改，也是比较好的做法。

第四节　心理学研究中的伦理道德

心理学研究中的伦理道德主要包括两方面的含义：一是在最初计划一项研究时是否进行过充分的伦理上的考虑；二是在研究的各个环节上是否做到了学术诚信。

一、最初计划一项研究时伦理上的考虑

心理学研究的对象（即被试）比较特殊，主要是人，这就决定了心理学研究比较容易涉及伦理上的问题。所谓伦理问题是指，一项心理学研究是否可能给被试带来伤害，被试的权利是否得到了充分的尊重等。为了避免所实施的研究存在伦理上的问题，研究者应该至少做到以下两点。

（一）认真评估一项研究是否可能会给被试带来伤害

在具体实施一项研究之前，对该研究是否可能会给被试带来伤害——包括身体上或心理上的伤害，研究者应该进行充分的考虑和科学的评估。无论是问卷调查、访谈还是实验室实验，研究者都应该如此。

例如，出于伦理上的考虑，一些人可能反对华生和雷纳（Watson & Rayner，1920）的著名的小艾伯特（Albert）研究。为了考察个体在童年早期所发展的多种恐惧，如惧怕黑暗、惧怕蜘蛛或蛇，是否是后天习得的，或者是生活经历的产物，华生和雷纳以一个 11 个月的男孩艾伯特为被试，利用经典条件反射，进行了一项实验。需要说明的是，在这项研究之前，华生已经在实验的基础上发现，婴儿刚出生时，除了大的噪声和缺乏支持外，几乎什么都不怕。

在华生和雷纳的实验中，第一次试验时，主试突然把白鼠从盒子里拿出来，放到艾伯特面前。艾伯特开始用左手碰白鼠，这说明他对白鼠并不存在天生的恐惧。然而，就在艾伯特的手触到白鼠时，主试立即在他头后面击打钢棒。这时，艾伯特猛地跳了起来，向前跌倒，把脸埋在床垫里面，表现出强烈的恐惧反应。

几次试验之后，大的噪声已经不需要了。因为大的噪声与白鼠伴随出现，所以，艾伯特逐渐建立或习得了白鼠与大的噪声之间的联系。这样，他开始惧怕白鼠。因为泛化到类似的刺激，他也害怕兔子、皮外衣、毛线编织物等。

华生和雷纳为自己进行这样的研究提出了一些理由，如艾伯特身体强壮、健康，这样的实验对他不会造成太大的伤害，另外，他在日常生活中也会有类似的经历。尽管如此，人们不免还是担心，这样的实验可能会对艾伯特造成较大的伤害。

一些国家已经建立了很好的机制，以确保心理学研究者在最初的研究计划阶段进行伦理上的充分考虑，即检查自己的研究是否可能会对被试造成伤害。例如，有些国家有专门的委员会，如被试保护委员会（The Committee for the Protection of Human Subjects，简称 CPHS)，来检查一项计划进行的研究是否存在伦理上的问题，或者是否可能会给被试带来明显的或潜在的伤害。

目前，国内有的高校和研究所已经设有这样的专门的委员会。然而，总的来看，国内这方面的机制还不够健全。因此，当务之急是尽快设立这样的委员会并有效地开展工作。在完善的机制建立之前，研究者在最初计划一项研究时，应该自觉地认真评估自己计划中的研究是否可能会对被试造成伤害。如果一项研究可能会对被试造成伤害，那么，研究者应该放弃这样的研究。

（二）认真评估在一项研究中被试的权利是否得到了充分的尊重

研究者应该充分尊重被试的权利，并保证被试知道自己有权决定是否参加某项研究，也知道自己在参加某项研究时具体拥有哪些权利。研究者应当做到以下两点。

1. 保证被试参加一项研究是出于自愿而非迫于某种压力

被试参加问卷调查、访谈或实验室实验等任何形式的心理学研究，都应该是自愿的。换句话说，研究者不能为了招募被试参加自己的研究，而向被试施加某种压力，或者误导甚至欺骗被试。

正像我们在第二章中所提到的那样，在心理学研究中，被试通常不是随机选取的，而是自愿者——他们自愿参加某项研究。这一事实体现了在心理学研究中保证被试是自愿者这一原则。我们在第二章中还提到，这一伦理上的考虑所带来的被试并非随机选取的问题，可以通过被试的随机分派来解决。

此外，被试自愿参加某项研究，应该有一份书面协议，这样也可避免日后发生争议或纠纷。如果被试自己没有能力决定是否参加某项研究，那么，研究者需征得被试的监护人（如儿童的家长、脑损伤或精神障碍患者的家属）的同意。

2. 充分尊重被试的知情权

研究者应该向被试提供充足的信息，让被试在完整和准确的信息的基础上作出是否参加某项研究的决策。这些信息应该包括：研究的性质，研究中被试可能面临的风险、不舒服（包括身体上的和情绪上的）或其他负面效应等。另外，研究者还应该提前告知被试，他们有随时退出研究的权利。

为了保证研究结果真实、不受被试某种反应倾向或策略的影响，在调查或实验具体实施之前，研究者当然不能把研究的真正目的告诉被试。但是，在调查或实验结束时，研究者应该把研究的真正目的告诉被试，同时向被试强调，之所以最初并未将研究的真实目的告诉被试，是为了获得被试的真实反应。研究者还应该向被试保证，他们的反应或表现不反映任何个人的不足，其他被试也有同样的反应或表现，以缓解或消除被试的压力。

如果实验结束时，研究者仍然不把实验的真正目的告诉被试，那么，被试就有可能因为误解研究的真正目的，而产生不必要的紧张和不安的情绪，甚至产生对自己的负面评价，例如，“这项研究可能是考察人们的智力的，我可能不如别人聪明”，“这项研究可能是测验反应快慢的，和别人相比，我可能反应慢”。

此外，研究者还应该给被试留下联系方式，向被试提供知道实验结果的机会。如果关于所参与的研究，被试有任何问题，被试也可以知道自己应该与谁联系。

（三）善待被试

善待被试有两方面的含义：尊重被试，公平地对待每一位被试；尊重被试的隐私权，为被试保密。此外，在保证研究结果可靠的前提下，应尽可能缩短实验或调查持续的时间，以避免给被试带来不必要的疲劳。

二、心理学研究中的学术诚信

在心理学研究中，学术诚信是指在心理学研究的各个环节上恪守诚信原则，杜绝学术欺诈行为。典型的学术欺诈行为包括以下六种。

其一，全部或部分地抄袭别人的学术成果，并声称这些成果是自己的。

其二，在数据上作假，包括杜撰数据或在出版物的数据结果上作假。具体有以下四种主要形式：(1) 根本未收集任何数据，而只是杜撰数据；(2) 修改或删去一些收集到的数据，从而获得更好的结果模式；(3) 一些数据是收集到的，而另一些数据是猜出来或编出来的，从而获得一套完整的数据；(4) 因为研究结果不符合自己的设想而隐瞒整个研究。

数据作假一般可通过三种途径鉴别。一是检查研究结果是否可以重复。重复进行调查或实验，看看是否能得到同样的结果。作假的数据通常不可重复。二是审稿过程。审稿专家在审稿过程中，也可以鉴别一篇论文是否可能存在数据作假问题。三是同事的怀疑和揭发。

研究者应该保存研究的全部的原始数据，这不仅有利于日后自己或其他研究者对数据从新的角度进行分析，还可以保护自己免受数据作假的指控。

其三，在论文送审或项目申请送专家评议期间，通过某种渠道，打探评审专家的姓名，并影响专家的评审意见，从而增加论文或项目申请通过的可能性。

其四，一稿多投，从而让自己显得成果丰富。

其五，在基金项目申请过程中，申请者在申请者及项目组主要成员的简历或前期工作基础等方面故意提供虚假信息，以增加所申请项目获准资助的可能性。

其六，总结和报告成果时，故意提供虚假信息，以获得一个好的鉴定或评价。例如，将尚未被学术期刊接受的、正在审稿的论文描述为已经接受。将论文摘要描述为论文全文。

国内目前已经建立了一些机制，以促进研究者在科学研究中恪守学术诚信原则。例如，国家自然科学基金委员会监督委员会按照《国家自然科学基金委员会监督委员会对科学基金资助工作中不端行为的处理办法》(试行)，定期对投诉和举报进行初核、调查和处理，并对其中部分案例(包括抄袭剽窃他人论文以及在基金申请过程中弄虚作假）隐去名字和单位名称，以简报的形式予以公布，以发挥典型案例的警示教育作用。

最近，为繁荣我国心理学事业和树立良好学风，《心理学报》《心理科学》《心理科学进展》等国内七家心理学学术期刊联合公告如下：“第一，从 2006 年开始，如果一篇文章有多位作者，投稿时必须提交每位作者的亲笔签名，以便使每位作者对文章负责；第二，从 2006 年起，将对一稿多投现象进行严肃处理。一旦发现后，七家刊物将互通信息，并在两年内不再刊发其文章。”

本章主要观点

· 心理学实验研究应该遵守五个规则，即多重条件规则、避免混淆因素规则、随机化规则、统计检验规则和使用全部数据规则。

· 实验效度是指实验方法能达到实验目的的程度，包括构想效度、内部效度、外部效度和统计结论效度四种类型。

· 一个完整的心理学实验研究，包含课题的选择与问题的提出、实验设计的确定、被试的选择、材料的选择、仪器的选择和程序的确定、数据的采集和分析、对数据理论意义的讨论和结论的推论，以及撰写论文并提交发表等多个环节。

· 心理学研究中的伦理道德，主要包括两方面的含义：一是在最初计划一项研究时，是否进行过充分的伦理上的考虑；二是在研究的各个环节上是否做到了学术诚信。

思考题

1. 心理学实验研究应该遵守哪些规则？

2. 举例说明心理学研究中实验效度的类型。

3. 一组前后测研究在内部效度上可能存在哪些问题？如何解决？

4. 一个完整的心理学实验研究包含哪些环节？在各个环节上应注意哪些问题？

5. 心理学研究中的伦理道德有哪些含义？你是如何看待这一问题的？

第四章
实验设计概论

科学研究的根本目的在于揭示科学规律，而变量间的函数关系——自变量和因变量之间的确定的因果关系，可用 $y=f(x)$ 表示——是科学规律的基础，这样的关系允许预测和控制。

人类行为可以从函数关系或因果关系来理解。其中，环境中发生的事件为自变量，这些事件所导致的人们行为的变化为因变量。在心理学研究中，研究者希望知道人们在行为上的特定变化究竟是由哪些特定的事件所引起，研究者也想知道一个特定事件会引起人们行为的什么样的变化。所有这些知识都只能来自实验操纵，也只有通过实验操纵，研究者才能排除所有其他可能的解释。此外，只有精心计划和设计的实验，才能令人信服地回答研究者所关心的问题。

实验设计有广义和狭义之分。广义的实验设计是指对整个研究的各个环节的周密计划，这些环节包括问题的提出、把问题转化为变量间的关系、研究假设的形成、变量的操纵、观察和控制、实验数据的分析以及从数据到结论的推理过程。狭义的实验设计是指实验所包含的各种条件的合乎逻辑的配置或安排，这种安排使得研究者能够将因变量上的变化归于自变量的变化。在心理学研究报告中，方法部分的内容所反映的是狭义的实验设计。与统计分析密不可分的也是狭义的实验设计。

广义的实验设计所涉及的一些问题，我们在第三章介绍心理学研究的基本程序时已经作了讨论。从本章开始，我们将系统介绍狭义的实验设计。

第一节　实验设计的基本目标

实验设计的最终目的是建立变量之间的因果关系，这种目的一般通过系统操纵或改变自变量，同时严格控制各种额外变量，在此基础上观察因变量的变化来实现。心理学研究的主要对象是人的心理或行为，而影响人的心理或行为的因素通常很多，除了自变量之外，还常常包括很多额外变量。对额外变量进行有效的控制，以确保研究者能够用自变量的变化来解释因变量上所观察到的全部变化，这正是实验设计所要达到的目标。具体地说，在心理学研究中，实验设计的基本目标主要有以下三个。

一、科学地回答研究者所提出的问题

像其他学科中的实验研究一样，心理学实验研究的第一步是提出问题。这一步通常是在对有关理论争论以及相应的实验证据，进行系统回顾和深入分析的基础上完成的。问题一经明确，研究的下一个重要步骤就是实验设计。有关这些，我们在第三章已经阐述过。这里，我们想强调的是，一个实验能否令人信服地回答研究者所提出的问题，关键要看实验的证明逻辑是否合理，以及与之相应的实验设计是否恰当。

正像我们在第三章所介绍的那样，实验设计的基本任务包括：(1) 实验设计类型的确定；(2) 对自变量和因变量下操作定义；(3) 变量的操纵和控制；(4) 实验材料的确定和安排；(5) 安排被试进行实验的方法的确定、实验程序的确定等。所有这些任务，最终都是为了回答研究者感兴趣的问题。这些任务中的任何一项完成得不好，都会导致实验设计不能令人信服地回答研究者提出的问题。

二、提高实验的敏感性

像我们在第一章所提到的那样，在心理学研究中，研究者通常是通过比较不同条件之间的差异，来回答自己提出的问题。一般来说，只有足够敏感的方法才能捕捉到不同条件之间的微妙差异。而提高实验方法的敏感性，正是实验设计的基本目标之一。

提高实验敏感性的一个重要途径是，使用恰当的实验设计，以减小误差所引起的变异，在此基础上突出自变量的效果。本书所介绍的各种不同类型的实验设计，包括被试间与被试内设计、混合设计、项目间与项目内设计、嵌套设计以及协方差设计，实际上都是分别针对不同情况，采取了不同的分离误差变异的方法。

三、增加实验所获信息量

所谓增加实验所获信息量，是指在同样数量的数据中获得更多的有价值的信息，进而提高实验研究的效率。增加实验所获信息量的一个有效方法是使用多因素实验设计。这种设计不仅可以同时考察两个或多个实验处理各自的效应，还可以考察几个实验处理之间的交互作用（关于交互作用的含义，请见第三节），因而可以对数据资源进行更有效的利用，使同样数量的数据提供更加丰富的信息。此外，实验设计与统计分析的有机结合，以及恰当的统计分析方法的综合运用，也都能增加实验的信息量。

这里，我们想强调的是，统计分析在实验设计中扮演重要角色。实际上，实验设计与统计分析两方面的知识密不可分。一方面，实验设计建立在统计学原理的基础上，因而它离不开统计分析（离开统计分析的实验设计只能是纸上谈兵）。另一方面，在心理学实验研究中，统计分析也离不开实验设计（离开实验设计的统计分析只能是无的放矢）。因此，在进行实验设计时，研究者必须充分考虑和确定相应的实验数据的处理方法，以便实验中所收集的数据既能适合理论假设和实验设计的需要，也能符合统计分析的要求。可以说，统计分析知识在一定程度上限制了研究者所能使用的实验设计方法。了解并运用多种统计分析方法，可以使研究者使用更为丰富的实验设计方法，取得更为丰富的实验结果，进而更为深入地揭示不同变量之间的因果关系。因此，进行有效的实验设计，除了需要具备有关研究课题的知识与实验设计方面的知识之外，还需要具备相应的统计分析知识。正是基于这一点，本书将实验设计与相应的统计分析方法结合起来加以阐述。

第二节　实验设计的基本术语

一、因素与水平

用来区别被试组或实验条件的维度，称做因素（factor）。因素既可以是刺激（或任务）变量，如噪声强度、药物剂量，也可以是被试变量，如年龄、性别。此外，因素和自变量之间可以画等号。有时，研究者无意于区分被试变量和刺激（或任务）变量，这时，研究者使用“因素”这个词。

因素的特定的值称做水平（level）或处理（treatment）。例如，噪声强度可以有 40 分贝和 60 分贝两个水平；药物剂量可以有 0.2 毫克、0.4 毫克、0.6 毫克和 0.8 毫克四个水平；年龄可以有 20 岁、50 岁和 65 岁三个水平；性别有男性和女性两个水平。

二、水平结合

在包含两个或两个以上因素的研究中，一个因素的某一个水平与其他因素的某一个水平的结合，称做一个水平结合（level combination）或者一个处理结合（treatment combination）。例如，一个研究包含噪声强度（A）、有无竞争（B）和任务难度（C）三个因素。其中，噪声强度分 40 分贝（A1）和 60 分贝（A2）两个水平；有无竞争分无（B1）和有（B2）两个水平；任务难度分高（C1）和低（C2）两个水平。这样，该研究包含 8 种水平结合或处理结合，即 A1B1C1、A1B1C2、A1B2C1、A1B2C2、A2B1C1、A2B1C2、A2B2C1 和 A2B2C2。这样的设计称做 2×2×2 设计。如果任务难度不是分为低和高两个水平，而是分为低、适中和高三个水平，那么，相应的实验设计称做 2×2×3 设计。

水平结合精确地描述了特定的条件或情况。例如，在上面的例子中，A2B2C2 代表的是被试在 60 分贝噪声环境中，并且在有竞争的情况下，完成难度低的任务。

三、主效应与交互作用

主效应（main effect）是指一个因素的独立的效应，即它的不同水平所引起的变异。在只包含一个因素的研究中，只有一个主效应，它反映不同条件或不同被试组之间的差异。在包含多个因素的研究中，则有多个主效应。例如，在上面提到的 2×2×2 设计中，一共有三个主效应。噪声强度的主效应告诉研究者，人们在 40 分贝噪声环境中的任务成绩与 60 分贝噪声环境中的任务成绩是否有显著差异，不管有无竞争，也不管任务难度如何。有无竞争的主效应告诉研究者，有无竞争是否影响人们的任务成绩，不管噪声强度和任务难度如何。最后，任务难度的主效应将告诉研究者，任务难度是否影响人们完成任务的成绩，不管噪声强度如何，也不管有无竞争。

主效应只是把因素的一个水平同该因素的其他水平相比较，而不考虑其他因素。例如，噪声强度的主效应只是把 40 分贝噪声环境中的任务成绩同 60 分贝噪声环境中的任务成绩相比较，而不考虑有无竞争和任务难度等因素。相比之下，交互作用（interaction）反映的是两个或多个因素的联合效应。当一个因素如何起作用受另一个因素影响时，我们称两个因素之间存在交互作用，这种交互作用称做二重交互作用（two-way interaction），一般写做 A×B（A 和 B 为因素的名称）。例如，图 4-1 直观地显示了噪声强度变化是否影响被试的任务成绩，受到有无竞争的影响。无竞争时，噪声强度变化影响任务成绩，同 40 分贝噪声环境相比，60 分贝噪声环境中，被试的任务成绩要差。然而，有竞争时，噪声强度变化并不影响人们的任务成绩。

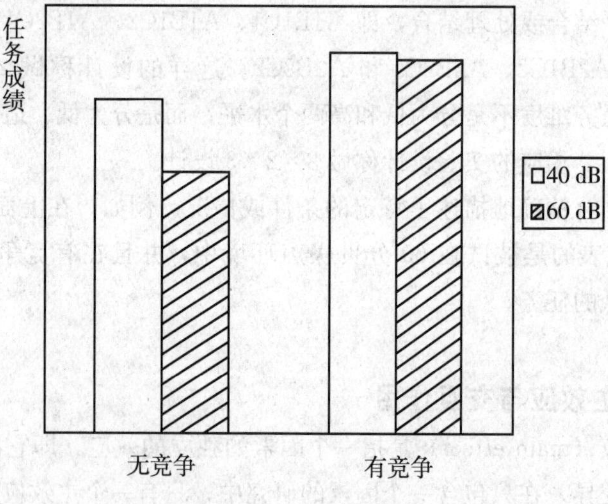

图 4-1　二重交互作用

当一个因素如何起作用受另外两个因素的影响时，我们称三个因素之间存在交互作用，这种交互作用称做三重交互作用（three-way interaction），一般写做 A×B×C（A、B 和 C 为因素的名称）。例如，图 4-2 直观地显示了噪声强度变化是否影响被试的任务成绩，不仅受有无竞争的影响，也受任务难度的影响。当任务难度高时，在有竞争的情况下，噪声强度变化并不影响任务成绩，但是，在无竞争的情况下，噪声强度变化影响任务成绩，同 40 分贝噪声环境相比，60 分贝噪声环境中被试的任务成绩要差。然而，当任务难度低时，不管有无竞争，噪声强度变化均不影响人们的任务成绩。

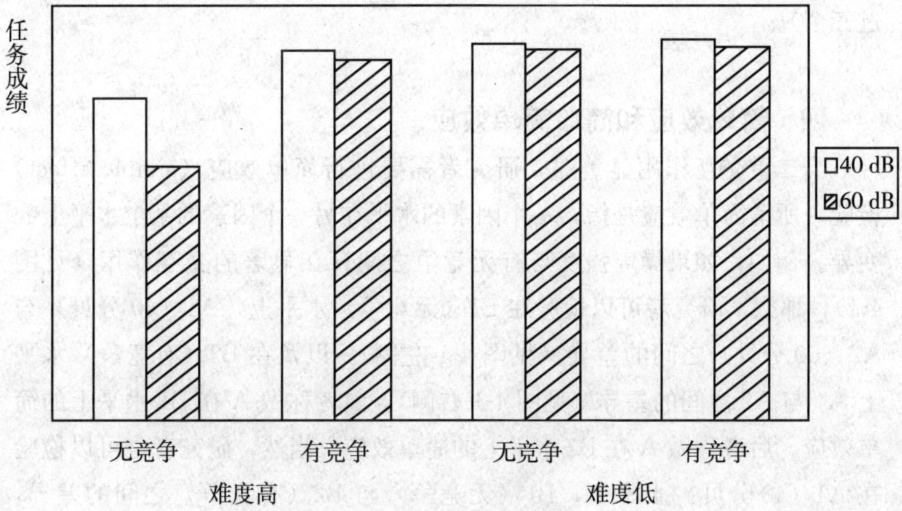

图 4-2　三重交互作用

表 4-1 显示了一个研究所包含的因素的数目与相应的主效应以及交互作用的数目之间的关系。

表 4-1　主效应和交互作用数目与因素数目之间的关系

因素	主效应	二重交互作用	三重交互作用	四重交互作用
1(A)	1(A)	—	—	—
2(A,B)	2(A,B)	1(A×B)	—	—
3(A,B,C)	3(A,B,C)	3(A×B,A×C,B×C)	1(A×B×C)	—
4(A,B,C,D)	4(A,B,C,D)	6(A×B,A×C,A×D,B×C,B×D,C×D)	4(A×B×C,A×B×D,A×C×D,B×C×D)	1(A×B×C×D)

显然，可能的交互作用的数目随着因素数目的增加而急剧增加。此外，研究者很难对较高层次的交互作用（如四重交互作用）的具体情形作出假设。如果这种交互作用显著，研究者也一般很难描述或解释。使用SPSS很容易分析四重甚至五重交互作用，问题是，对这种交互作用的解释会相当困难。因此，一项研究所包含的因素的数目不宜过多（最好不超过三个）。

四、简单效应和简单简单效应

当二重交互作用显著时，研究者需要进行简单效应（simple effect）检验。所谓简单效应是指，一个因素的水平在另一个因素的某个水平上的变异。例如，如果噪声强度与有无竞争之间存在显著的交互作用（见图4-1），那么，研究者可以检验在B1（无竞争）水平上，A1（40分贝）与A2（60分贝）之间的差异（见图4-1左侧），以及在B2（有竞争）水平上A1与A2之间的差异（见图4-1右侧）。前者称做A在B1水平上的简单效应，后者称做A在B2水平上的简单效应。当然，研究者也可以检验在A1（40分贝）水平上，B1（无竞争）与B2（有竞争）之间的差异，以及在A2（60分贝）水平上，B1与B2之间的差异。这两种差异分别称做B在A1水平上的简单效应和B在A2水平上的简单效应。这样，简单效应检验实际上是把其中一个因素固定在某一个特定的水平上，考察另一个因素对因变量的影响。

当三重交互作用显著时，研究者需要进行简单简单效应（simple simple effect）检验。所谓简单简单效应是指，一个因素的水平在另外两个因素的水平结合上的效应。例如，如果噪声强度、有无竞争和任务难度三者之间存在显著的交互作用（见图4-2），那么，研究者可以检验在C1B1（难度高、无竞争）水平结合上，A1（40分贝）与A2（60分贝）之间的差异（见图4-2第一对柱形图），以及在C1B2（难度高、有竞争）、C2B1（难度低、无竞争）和C2B2（难度低、有竞争）等水平结合上，A1与A2之间的差异（分别见图4-2第二至第四对柱形图）。上述四种差异均为简单简单效应，例如，在C1B1水平结合上，A1与A2之间的差异称做A在C1B1水平结合上的简单简单效应。这样，简单简单效应检验实际上是把其中两个因素均固定在各自的某一个特定的水平上，考察第三个因素对因变量的影响。

无论是简单效应还是简单简单效应，都能够让研究者得出关于一个因素所起的作用具体如何受其他因素影响或制约的确切结论。

五、处理效应

处理效应（treatment effect）是指总变异中由自变量所引起的那部分变异。前面所讨论的主效应、交互作用、简单效应和简单简单效应，都属于处理效应。

六、因素设计

在一个实验设计中，如果每个因素的所有水平都与其他因素的所有水平相结合，那么，这样的实验设计称做因素设计（factorial design）。因素设计允许研究者研究两个或更多个因素各自的主效应以及交互作用。

第三节　实验设计的分类

一、单因素设计和多因素设计

按照实验中所包含的因素的数目，实验设计可分为单因素设计和多因素设计两类。

（一）单因素设计

这种设计只包含一个因素，该因素至少有两个水平。单因素设计有多种不同形式，这些形式反映了实验设计的大部分的基本思想和逻辑。在简要介绍单因素设计的一些常见形式之前，我们先介绍一组后测设计（one group post-test design）和一组前后测设计（one group pretest，posttest design）。严格意义上，它们还称不上是实验设计，只能看做实验设计的雏形。了解这种雏形，有助于理解实验设计的基本功能。

1. 实验设计的雏形：一组后测设计和一组前后测设计

（1）一组后测设计。这种设计只包含一种处理，通常是在向一组被试施加某种处理之后，就某一变量（被视做因变量）对他们进行观察或测量。其特征如下：

T　　O

其中，T代表处理，O代表观察或测量。其逻辑是，如果同记忆中的一般情况相比，或者同记忆中的以前相比，施加处理之后，所观察的变量有所变化，那么，说明处理有效果。

然而，由于没有设置控制组，所以，这种设计并不具备考察处理效应的基础，因此也就不可能得出关于处理是否有效的任何令人信服的结论。

例如，为了研究一项心理干预计划能否帮助戒酒，一个研究者决定让一组喜欢饮酒者参加这项干预计划（接受处理，相当于实验组），之后对这组喜欢饮酒者的每日饮酒量进行测量。问题是，即使发现同记忆中的一般的喜欢饮酒者相比，或者同记忆中的以前相比，这组喜欢饮酒者在接受了心理干预之后，每日饮酒量明显要少，研究者也并不知道如果没有接受这种干预，这组喜欢饮酒者每日的饮酒量是否也明显要少。事实上，为了回答心理干预计划是否能够帮助戒酒，研究者应该增设一个控制组（控制组中的喜欢饮酒者并不接受干预计划）。将实验组和控制组比较，才能令人信服地回答心理干预计划究竟能否帮助戒酒。

日常生活中，人们经常不自觉地使用这种实际上站不住脚的逻辑。例如，如果服用了一种感冒药之后，感冒症状有所缓和，人们很容易得出结论：这种感冒药效果不错！

（2）一组前后测设计。这种设计与一组后测设计之间唯一的区别是，增加了前测，即在施加处理之前，就同样的变量对被试进行观察或测量。其特征如下：

O1　　T　　O2

其中，O1代表第一次观察，即前测，O2代表第二次观察，即后测。其逻辑是，如果同前测相比，后测上分数发生变化，那么，说明处理有效果。

然而，正像我们在第三章讨论心理学研究的内部效度时已经分析过的那样，同前测相比，后测上分数的变化未必是施加处理的结果，而可能是一系列混淆因素造成的，包括历史（情境改变）与成熟（个人改变）、回归以及测验与工具使用方面的因素（如测验维度意识）等。

2. 单因素实验设计的一些常见形式

(1) 典型的完全随机设计。这种设计的特点是，所研究的因素为操纵的变量，包含两个或更多个水平，被试被随机分派接受其中一个水平，这样，有几个水平，就相应地有几组被试。由于几组被试之间彼此独立，因此，这种设计也称独立组设计（independent groups design）。最简单的情形只包含实验组（接受处理）和控制组（不接受处理）两组被试，其特征如下：

$$\begin{array}{lll} R| & T & O \\ R| & & O \end{array}$$

其中，R 代表随机分派被试。由于两组被试是采用随机分派程序确定的，所以，两组在性质上属于相等组。这样，两组之间的任何差异都只能归于处理的效果。

(2) 匹配组设计。与典型的完全随机设计相同，在这种设计中，所研究的因素也为操纵的变量，不同的是，在匹配组设计（matched groups design）中，不是简单地随机分派被试接受自变量的不同水平，而是首先在某一变量上匹配被试，然后把某一变量上匹配的几名被试随机分派到不同的条件中（具体步骤见第二章第三节“五、匹配法”）。最简单的情形只包含实验组和控制组两个匹配组，其特征如表 4-2 所示：

表 4-2 匹配组设计的特征

	控制组	实验组
| Ms, s | Rs, s |	O	TO
| Ms, s | Rs, s |	O	TO
…	…	…
| Ms, s | Rs, s |	O	TO
…	…	…
| Ms, s | Rs, s |	O	TO

其中，M 代表匹配，s 代表被试，“Ms，s”代表匹配被试，“Rs，s”代表将被试随机分派到实验组和控制组中。

(3) 不等组设计。当对年龄差异、性别差异等问题感兴趣，因此所感兴趣的因素为被试变量（如年龄、性别）时，研究者无法做到随机分派被试。这时，研究者所采用的设计为不等组设计（nonequivalent groups design）。当然，研究者仍然可以在某个或某些变量上对被试进行匹配。例如，在研究性别差异时，可以在男性和女性被试之间匹配被试的年龄、受教育程度等。不过，这种匹配程序的后面并不跟着随机分派程序。

此外，由于可行性方面的限制，一些对操纵变量感兴趣的研究通常只能使用自然组（natural groups）。例如，教育心理学中有关不同教法（如启发式教学和注入式教学）教学效果的研究，一般只能使用自然班级。这种情况下，不同的被试组不是采用随机分派程序确定的，而是自然形成的，因此，相应的实验设计也属于不等组设计。

与前面两种设计相同，不等组设计的最简单的情形，也是只包含实验组和控制组两个被试组。当所涉及的因素为操纵的变量时，其特征如下：

G1| T O

G2| O

其中，G1 和 G2 分别代表两个并非采用随机分派程序确定的被试组。当所涉及的因素为被试变量时，其特征如下：

G1 | O

G2 | O

上述三种不同形式的单因素设计，我们将在第五章第二节详细介绍。

(4) 前后测完全随机设计。这种设计也称前后测控制组设计，它与典型的完全随机设计之间唯一的区别是，增加了前测。最简单的情形只包括实验组和控制组，其特征如下：

R | O1 T O2

R | O1 O2

其中，因变量为变化分数（O2－O1）。其逻辑是，如果实验组与控制组之间变化分数差异显著，那么，说明处理有效果。这样的逻辑实际上站不住脚，这是因为，两组不仅在有无处理上有差异，而且在是否包含处理与前测的交互作用（其含义见第三章第二节）方面也有差异。因此，两组之间的差异并不唯一。这样，两组之间分数变化上的差异，既可能是单纯处理的效果，也可能是处理与前测交互作用的结果。

（5）所罗门四组设计。这种设计的特点是，包含两个实验组（一组有前测，另一组没有前测）和两个控制组（一组有前测，另一组没有前测）。其特征可表示如下：

R | O1　T　O2（实验组 1）

R | O3　　　O4（控制组 1）

R | 　　T　O5（实验组 2）

R | 　　　　O6（控制组 2）

两个控制组之间的差别是唯一的——同控制组 2 相比，控制组 1 多了一个前测，因此增加了测验维度意识起作用的可能性。这样，仅仅比较两个控制组，就可以检验前测本身是否影响后测的成绩。

然而，两个实验组之间的差别并不唯一。同实验组 2 相比，实验组 1 多了一个前测，这样，如果 O2 与 O5 之间差异显著，那么，这种显著差异既可能是单纯前测本身引起的，也可能是前测与处理交互作用的结果。因此，仅仅比较两个实验组，并不能检验是否前测与处理交互作用导致了后测分数的变化。当然，如果把两个实验组之间的比较同两个控制组之间的比较相结合，那么，就可以分别估计前测本身以及前测与处理交互作用对后测分数变化的贡献。这也正是所罗门四组设计设置四个被试组的原因。

下面，我们结合两个假设的结果模式，看一下所罗门四组设计中结论推论的逻辑。其中，前测和后测的分数代表被试的语文测验成绩，处理为一项旨在提高被试语文成绩的训练计划。

模式 1

R | O1（60）　T　O2（80）（实验组 1）

R | O3（60）　　　O4（80）（控制组 1）

R | 　　　　　T　O5（70）（实验组 2）

R | 　　　　　　　O6（70）（控制组 2）

实验组 1 语文成绩从 60 分到 80 分的变化，至少有八种可能的解释：①单纯训练本身；②历史；③成熟；④回归；⑤前测本身，即测验维度意识；⑥后测难度低；⑦后测评分标准宽；⑧前测与处理交互作用。通过比较两个控制组，可以推论前测本身，即测验维度意识的贡献为 10 分。在此基础上考察控制组 1，则可以推论出历史、成熟或回归等因素的贡献为 10 分（尽管具体是其中哪一种或哪几种因素的贡献，无从知道）。

我们再看另一种可能的模式：

模式 2

R | O1（60）　T　O2（90）（实验组 1）

R | O3（60）　　O4（70）（控制组 1）

R | 　　　　　T　O5（80）（实验组 2）

R | 　　　　　　O6（70）（控制组 2）

在这种模式中，通过比较两个控制组，可以排除用前测本身解释实验结果的可能性。在此基础上比较两个实验组，就可以得出前测与处理交互作用能够提高语文成绩（贡献为 10 分）的结论。另外，考察控制组 1 则可以推论历史、成熟或回归的贡献为 10 分（尽管具体是其中哪一种或哪几种因素的贡献，无从知道）。最后，比较实验组 2 和控制组 2，可以得出单纯训练本身能够提高语文成绩（贡献为 10 分）的结论。

（6）被试内设计。这种设计的特点是，每名被试接受自变量的所有水平，因此与典型的完全随机设计中每名被试只接受自变量的一个水平，形成鲜明对照。我们将在第六章第二节专门讨论单因素实验设计的这种形式。

（二）多因素设计

与单因素设计中只包含一个因素不同，多因素设计中包含两个或更多个因素，每个因素有两个或更多个水平，因而产生多种水平结合。每名被试可以只接受其中一种水平结合，也可以接受全部水平结合。

允许考察不同因素之间的可能的交互作用，是这种设计的一个重要功能。

二、被试间设计、被试内设计和混合设计

按被试接受处理或处理结合的情况，或者说按比较究竟是在被试之间进行还是在被试内部进行，实验设计可分为被试间设计（between-subjects design）、被试内设计（within-subjects design）和混合设计（mixed design）三类。

（一）被试间设计

这种设计的特点是，比较在不同被试之间进行，因此，这种设计又称组间设计（between-groups design）。

当所研究的因素为被试变量（如年龄、性别）时，毫无疑问，比较只能在不同被试之间进行。另外，当所研究的因素为刺激（或任务）变量时，有时，每名被试只能接受一种水平或水平结合，或者说只能参加一个条件的实验。这种情况下，不同条件之间的比较也只能在不同被试之间进行。

前面介绍过的独立组设计（也称完全随机设计）、匹配组设计和不等组设计，均属于被试间设计。

被试间设计中的因素称做被试间因素（between-subjects factors）或被试间变量（between-subjects variables）。例如，年龄、性别等被试变量，以及药物类型、记忆术、心理治疗方法、教学方法等刺激（或任务）变量，都只能作为被试间因素或被试间变量来研究。

第五章将专门讨论被试间设计以及相应的数据处理方法。

（二）被试内设计

这种设计的特点是，每名被试都接受全部水平或水平结合，或者说都参加所有条件的实验。因此，这种设计又称做重复测量设计（repeated-measures design）或组内设计（within-groups design）。

被试内设计中的因素称做被试内因素（within-subjects factors）或被试内变量（within-subjects variables）。例如，我们在第二章提过多次的词的具体性（一般分为具体词和抽象词两个水平），应该作为被试内变量来研究。

第六章将专门讨论被试内设计以及相应的数据处理方法。

（三）混合设计

这种设计的特点是，研究中既有被试间因素（可以是被试变量，也可以是刺激或任务变量），又有被试内因素（只能是刺激或任务变量）。例如，一个 2（年龄：年轻人、老年人）×2（词的具体性：具体、抽象）的设计，就是一个混合设计，其中，年龄为被试间因素（在写文章时，一般无须声明一个被试变量是作为被试间因素来研究的，因为被试变量根本不可能作为被试内变量来研究），词的具体性为被试内因素。

第七章将专门讨论混合设计以及相应的数据处理方法。

三、项目间设计和项目内设计

根据比较究竟是在不同项目（指实验材料）之间还是在相同项目上进行，或者说按照不同条件是在不同项目上实施还是在相同项目上实施，实验设计可分为项目间设计（between-items design）和项目内设计（within-items design）两类。

对于项目间设计来说，比较是在不同项目之间进行的。例如，具体词和抽象词之间的比较，只能在不同的实验材料之间进行。项目间设计中的因素，称做项目间变量（between-items variable）。例如，词的具体性就是一个项目间变量。

然而，对于项目内设计来说，比较则是在相同项目上进行的。例如，同处于视觉空间的不合理位置（如一盏台灯置于床上）相比，当一个物体处于视觉空间的合理位置（如一盏台灯置于书桌上）时，人们对它的记忆是否更容易？为了回答这个问题，研究者可以操纵位置的合理性，将合理和不合理两种条件之间的比较在相同项目（如台灯）上实施。项目内设计中的因素，称做项目内变量（within-items variable）。例如，位置的合理性就是一个项目内变量。

在一个研究中，如果既有项目间变量，又有项目内变量，那么，该研究所采用的设计也属于混合设计。

第八章将专门讨论项目间和项目内设计以及相应的数据处理方法。

本章主要观点

· 在心理学研究中，实验设计有三个基本目标，即科学地回答研究者所提出的问题、提高实验的敏感性和增加实验所获信息量。

· 提高实验敏感性的一个重要途径是，使用恰当的实验设计，以减小误差所引起的变异，在此基础上突出自变量的效果。而增加实验所获信息量的一个有效方法是使用多因素实验设计。此外，实验设计与统计分析的有机结合，以及恰当的统计分析方法的综合运用，也都能增加实验的信息量。

• 有关实验设计，有几个基本术语。其中，用来区别被试组或实验条件的维度，称做因素。因素的特定的值称做水平或处理。在包含两个或两个以上因素的研究中，一个因素的某一个水平与其他因素的某一个水平的结合，称做一个水平结合或者一个处理结合。

• 主效应是指一个因素的独立的效应，即它的不同水平所引起的变异。交互作用则反映的是两个或多个因素的联合的效应。

• 当二重交互作用显著时，研究者需要进行简单效应检验。所谓简单效应是指，一个因素的水平在另一个因素的某个水平上的变异。当三重交互作用显著时，研究者需要进行简单简单效应检验。所谓简单简单效应是指，一个因素的水平在另外两个因素的水平结合上的效应。

• 处理效应是指总变异中由自变量所引起的那部分变异。主效应、交互作用、简单效应和简单简单效应，都属于处理效应。

• 在一个实验设计中，如果每个因素的所有水平都与其他因素的所有水平相结合，那么，这样的实验设计称做因素设计。

• 按照实验中所包含的因素的数目，实验设计可分为单因素设计和多因素设计两类。其中，单因素实验设计包含典型的完全随机设计（也称独立组设计）、匹配组设计、不等组设计、前后测完全随机设计、所罗门四组设计以及被试内设计等多种形式。

• 按被试接受处理或处理结合的情况，或者按比较是在被试之间进行还是在被试内部进行，实验设计可分为被试间设计、被试内设计和混合设计三类。

• 根据比较究竟是在不同项目（指实验材料）之间还是在相同项目上进行，或者按照不同条件是在不同项目上实施还是在相同项目上实施，实验设计可分为项目间设计和项目内设计两类。

思考题

1. 实验设计的基本目标具体有哪些？

2. 实验设计包含哪些基本术语？各自的含义是什么？

3. 举例说明实验设计一般应该如何分类。

第五章
被试间设计

在上一章中，我们简要介绍了与心理学实验设计有关的一些基础知识，包括实验设计的一些基本术语和实验设计的分类。从本章开始，我们将系统介绍和讨论各种基本的实验设计以及相应的数据处理方法。本章中我们讨论被试间设计。

第一节　被试间设计概述

一、被试间设计适用的场合

在一些对刺激或任务变量感兴趣的研究中，被试参加了一个条件的实验，就不能再参加其他条件的实验，因此，不同条件之间的比较只能在不同被试之间进行。例如，在有关药物 A 是否能够改善大鼠记忆的研究中，包含两个条件：一种条件下，大鼠接受药物 A；另一种条件下，大鼠接受安慰剂。显然，不可能让同一批大鼠既接受药物 A，又接受安慰剂。正确的做法是让两组大鼠分别接受药物 A 和安慰剂，这样，比较是在不同的大鼠之间进行的。再比如，为了研究某种记忆术的使用对人类记忆的影响，研究者只能让一组被试接受鼓励使用某种特定记忆术的指导语，而另一组被试并不接受这样的指导语。这样，比较也是在不同被试之间进行的。在专栏 5-1 所介绍的特韦尔斯基和卡尼曼（Tversky & Kahneman，1974）的判断实验中，比较也只能在不同的被试之间进行。

专栏 5-1 特韦尔斯基和卡尼曼的判断实验

特韦尔斯基和卡尼曼（Tversky & Kahneman，1974）曾经要求被试花 5 秒的时间，估计乘法序列的可能的数学乘积。实验包含两种条件。一种条件下，被试所看到的序列为：

1×2×3×4×5×6×7×8=______

另一种条件下，被试所看到的序列为：

8×7×6×5×4×3×2×1=______

结果发现，1～8 的顺序所产生的估计的中数为 512，而 8～1 的顺序所产生的估计的中数为 2 250（真正的答案是 40 320）！

为什么只是顺序上的不同就造成如此天壤之别？这是因为，短短的 5 秒的时间里，被试只能做最初的几个计算。在 1～8 的序列中，5 秒的时间里，被试所做的部分计算的结果可能是 24，然后，被试从 24 开始向上调整。然而，当所呈现的是 8～1 的序列时，被试从 8×7 开始，结果是 56，然后尝试 56×6，其结果感觉起来已经很大了。同样，后面这种条件下，被试也只能进行部分的猜测，然后向上调整。

实验结果显示，当被试从 5 秒的时间里所作出的估计开始，向上调整时，较高的起始值导致了最终的较高的估计。

特韦尔斯基和卡尼曼认为，人们在这种简单的乘法任务上的表现，说明在进行判断时存在一种锚定（anchoring）偏向——当在对某个事件或结果的可能的值作出判断时，人们倾向于从一个最初的起始值开始，向上或向下调整。换句话说，人的判断过分稳固地“锚定”在最初的猜测上。

在他们的实验中，两种条件（序列）之间的比较只能在不同被试之间进行。这是因为，被试估计过其中的一个序列，就不能再估计顺序相反的另一个序列。

此外，心理学中很多研究对被试变量感兴趣。例如，研究者关心某种行为的性别差异或年龄差异。这种情况下，比较只能在不同被试之间进行，如比较雄性与雌性大鼠记忆能力的差异，或者比较年轻人与老年人抑制无关信息能力的差异。

上述两种场合中，研究者所使用的设计均属于被试间设计。在这种设计中，当因素为刺激或任务变量时，每名被试只能接受一种处理或处理结合，或者说只能参加一个条件的实验。正是在这种意义上，被试间设计有时又称做非重复测量设计。

我们在第二章曾经提到过，一些研究中，如果研究者怀疑存在不对称性迁移，那么，研究者应该放弃兼作组法，而改用被试间设计。这是被试间设计所适用的另一个场合。

二、被试间设计面临的主要问题及其解决方法

在被试间设计中，比较在两组或更多组被试之间进行。因此，这种设计所面临的最为突出的问题是如何创设相等的组。

当所研究的因素为刺激或任务变量，并且被试数目较多时，研究者可以通过随机分派被试来创设相等组。与这种创设相等组的方法相应的实验设计，称做独立组设计（independent groups design）。

当被试数目较少，因此随机分派被试比较冒险时，研究者可以通过在某个或某些变量上匹配被试来创设相等组。与这种创设相等组的方法相应的实验设计，称做匹配组设计（matched groups design）。

如果所研究的因素为被试变量，那么，由于不同的被试组是在不同的被试特征（如性别、年龄、性格）作为一种事实已经存在之后形成的，所以，相应的实验设计有时被称做事后或追溯设计（ex post facto design）、自然组设计（natural groups design）或不等组设计（Goodwin，1998）。

在不等组设计中，研究者不可能随机分派被试。不过，匹配被试可以减少组间的不等。

三、被试间设计的优点与弱点

被试间设计的优点是，由于因素的不同水平的实验使用了不同的被试，因此可避免练习和疲劳等遗留效应或顺序效应所引起的混淆（关于这两种效应，请参见第二章第三节）。

被试间设计的弱点有二。(1) 在被试间设计中，由被试的个体差异所

带来的无关变异，并没有从误差变异中分离出去（参见舒华，1994）。这会导致误差变异增大，因此降低实验设计的敏感性。(2) 与第六章将要介绍的被试内设计相比，为了收集同样数量的数据，被试间设计所需的被试数目成倍增加。当研究者所研究的被试为某种特殊群体，如某种亚型的注意缺陷多动障碍（ADHD）儿童，因而很难找到足够多的被试时，被试间设计的这一弱点就会给研究带来可行性上的问题。

根据设计中所包含的因素数目是一个还是多个，被试间设计可分成单因素被试间设计和多因素被试间设计两类。下面的三节内容将分别介绍单因素、两因素和三因素三种不同类型的被试间设计。

第二节　单因素被试间设计

一、单因素两组设计

这种设计的特点是，研究中只包含一个因素，该因素为被试间变量，分两个水平，因而需要两组被试。

像我们在本章开始所介绍的那样，根据所研究的因素类型以及创设相等组的方法的不同，单因素两组设计可以有三种不同的形式，即独立组设计、匹配组设计和不等组设计。下面我们结合大鼠的学习和记忆实验，对这三种设计分别加以介绍。

(一) 独立组设计

特韦尔斯基和卡尼曼（Tversky & Kahneman，1974）的有关判断的实验所采用的设计就是一个独立组设计。我们再看一个实验。为了研究药物 A 是否能够改善大鼠的学习和记忆，研究者决定进行莫里斯水迷宫（见专栏 5-2）实验。

专栏 5-2　莫里斯水迷宫

莫里斯水迷宫是由莫里斯等人（Morris，et al.，1982）设计的，广泛用于学习和记忆的神经生物学研究。它包括一个盛有水的圆形水池、隐藏在水面下的平台以及一套图像自动采集和处理系统。实验动物主要是大鼠。为了隐藏水面下的平台，可在迷宫的水中加入牛奶等使之浑浊。

定位航行试验（place navigation）和空间探索试验（spatial probe）是莫里斯水迷宫实验的经典的组成部分。其中，定位航行试验历时数天，每天将大鼠从四个入水点放入水中若干次，记录大鼠寻找到隐藏在水面下的平台的时间（称逃避潜伏期，escape latency）。空间探索试验是在定位航行试验结束后去除平台，然后任选一个入水点将大鼠放入水池中，记录其在一定时间内的游泳轨迹，考察大鼠对原平台的记忆。空间探索试验可提供多种数据，其中包括大鼠在原平台象限游泳的距离占整个游泳距离的百分比，以及大鼠在原平台象限游泳的时间占整个游泳时间的百分比。

研究者将 24 只大鼠随机分派到实验组和控制组，即采用独立组设计，以考察药物 A 对大鼠学习和记忆的影响。其中，实验组大鼠接受药物 A，控制组大鼠接受安慰剂。

下面以假设的两组大鼠的逃避潜伏期数据为例，介绍独立组设计的数据格式与数据分析方法。

1. 数据格式

利用 Excel 软件中的“＝average ()”命令，计算每只大鼠在若干次定位航行试验中逃避潜伏期（单位为秒）的平均数，并整理成下页图的形式。

其中，变量名 M 代表药物类型（自变量），同一列中的 1 代表安慰剂，2 代表药物 A。另一列中的变量名 L 代表逃避潜伏期（因变量）。

由于实验组和控制组是按照随机分派被试的原则确定的，所以，两组大鼠的潜伏期数据应纵向排在同一列中。行 1 为变量名，行 2 至行 13 为控制组的数据，行 14 至行 25 为实验组的数据，一共 24 只大鼠，所以，总共应有 24 行数据。值得注意的是，同一组内不同被试的实验数据在顺序上可任意排列。

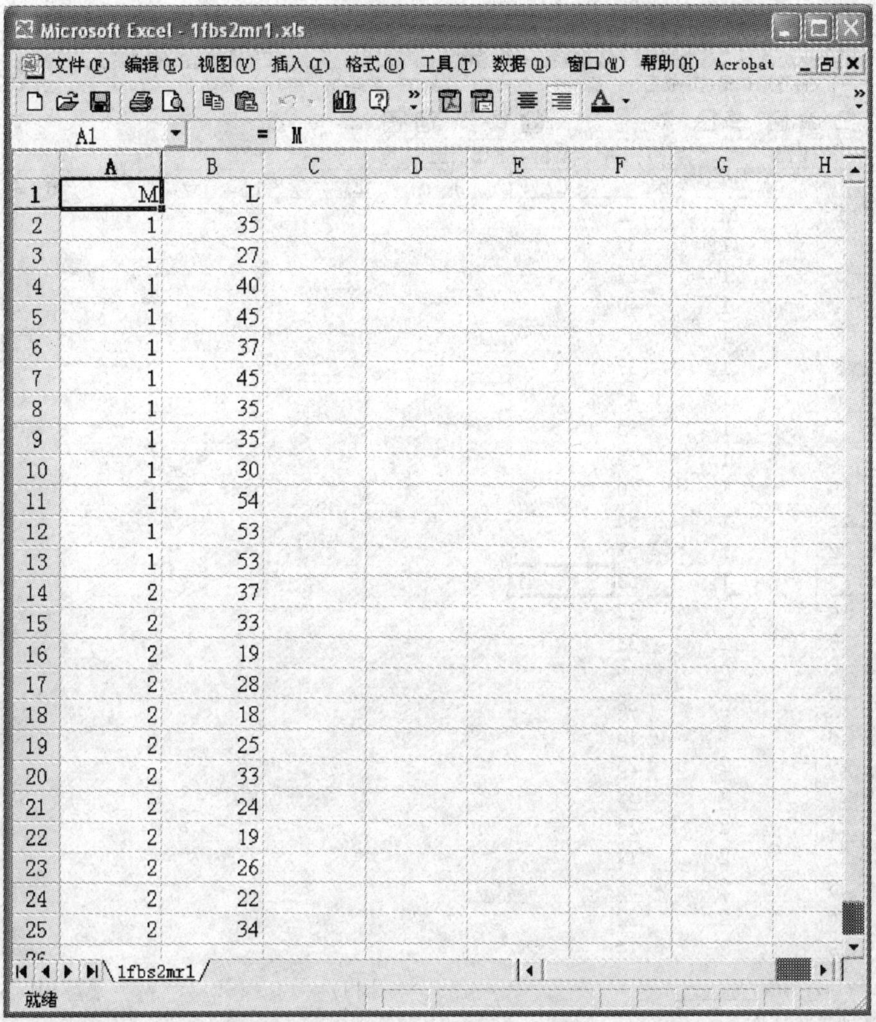

	A	B
1	M	L
2	1	35
3	1	27
4	1	40
5	1	45
6	1	37
7	1	45
8	1	35
9	1	35
10	1	30
11	1	54
12	1	53
13	1	53
14	2	37
15	2	33
16	2	19
17	2	28
18	2	18
19	2	25
20	2	33
21	2	24
22	2	19
23	2	26
24	2	22
25	2	34

将数据存成 .xls 格式的文件，以备进一步使用 SPSS 进行分析。此前，为初步了解结果模式，可以利用 Excel 软件中的 average 命令，分别计算两组大鼠逃避潜伏期的平均数。

在单元格 C13 中，键入“＝average（b2：b13)”，回车之后，单元格 C13 中显示控制组大鼠逃避潜伏期平均数计算的结果——41 秒，相应的编辑栏中则显示“＝AVERAGE（B2：B13)”。复制单元格 C13，然后将其粘贴到单元格 C25（也可以选中单元格 C2 至 C13，然后将鼠标光标置于选中区域的右下角，待光标变为黑色十字状态时，按住鼠标左键向下拖

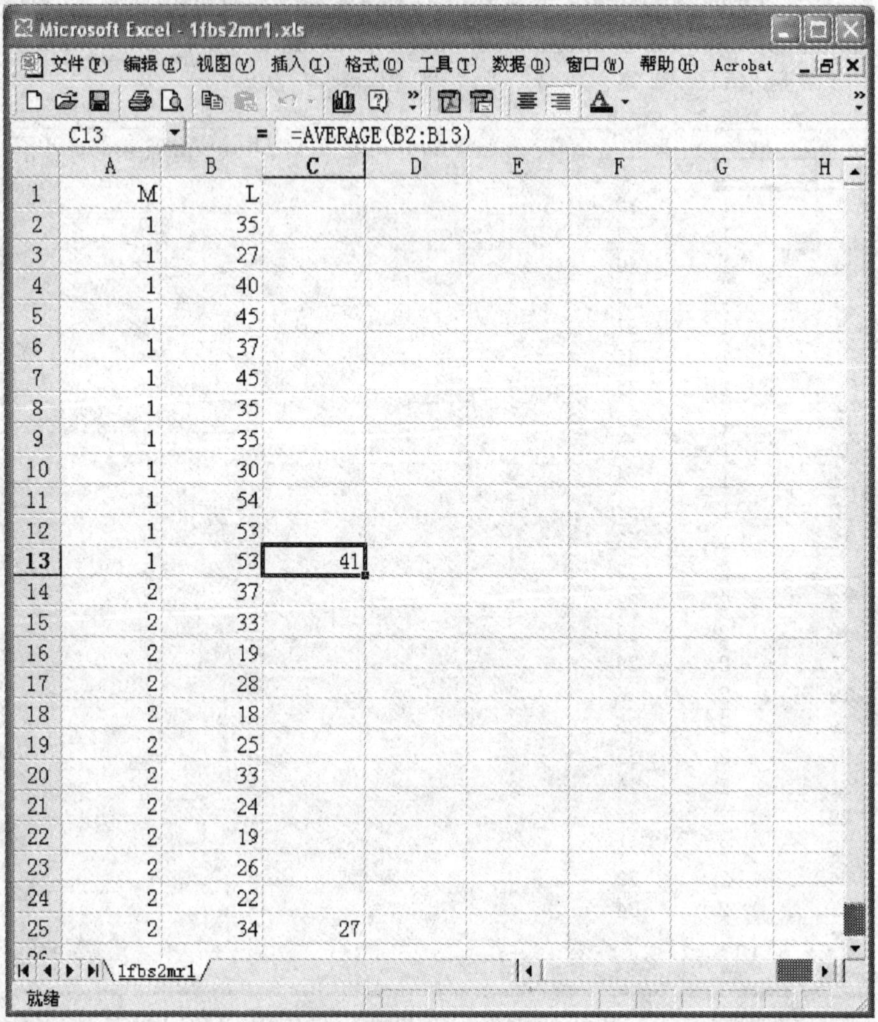

拽至 C25 处。这种方法所实现的复制、粘贴功能仅限于各组样本容量相等的情况），就可获得实验组大鼠逃避潜伏期的平均数——27 秒。

2. 数据分析

对于使用独立组设计所获得的参数数据，为了比较不同组被试实验数据的平均数，研究者应该使用独立样本 t 检验（independent t-test）。这类 t 检验也常称做无关样本 t 检验（unrelated t-test，见 Brace，et al.，2000，p. 73）。具体操作步骤如下。

（1）用 SPSS 打开 .xls 文件，将数据读入 SPSS。

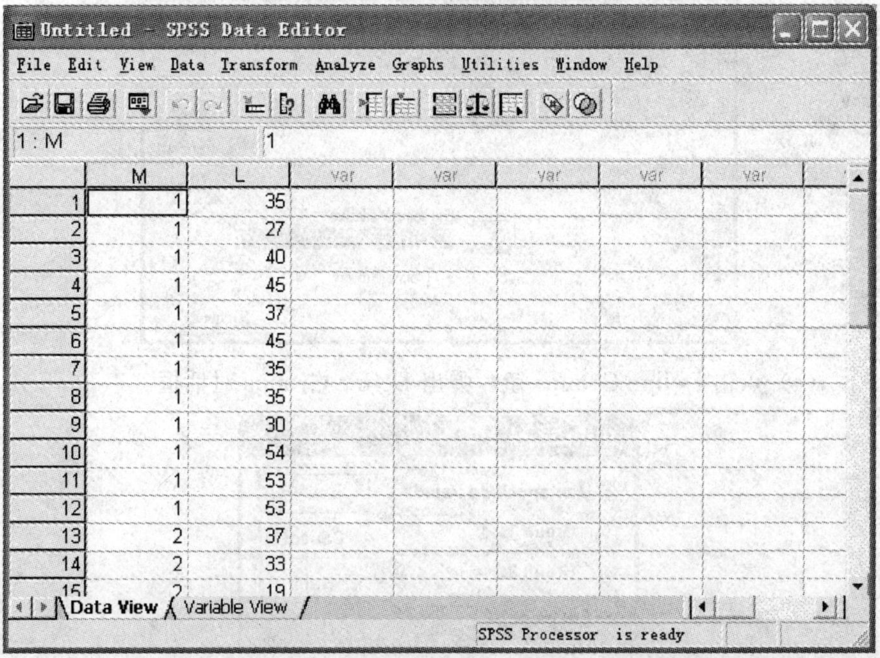

（2）激活 Analyze 菜单，选 Compare Means 中的 Independent-Samples T Test... 命令项，弹出 Independent-Samples T Test 对话框。

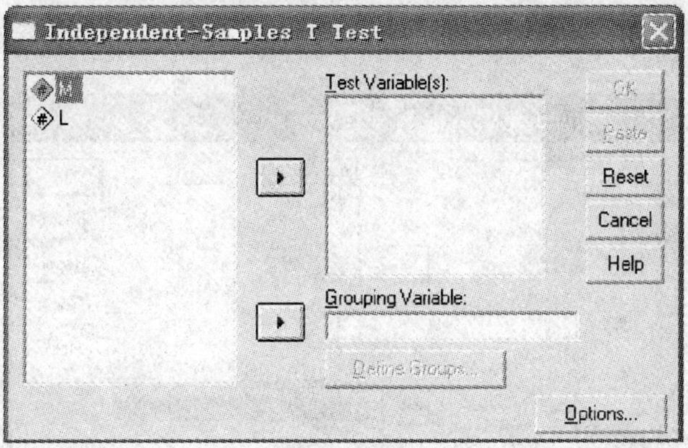

（3）在对话框左侧的变量列表中，选因变量 L 和自变量 M，点击 ▸ 钮使它们分别进入 Test Variable〔s〕和 Grouping Variable 框。

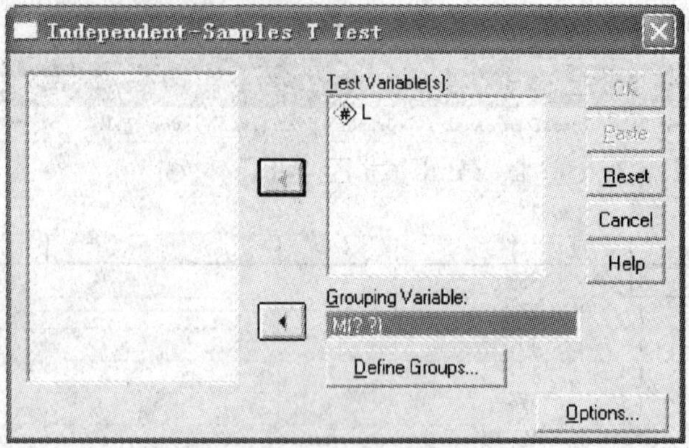

（4）点击 Define Groups 钮，弹出 Define Groups 对话框。

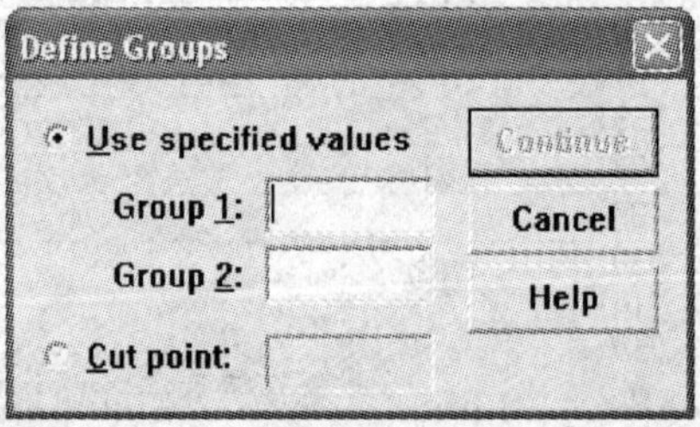

（5）在对话框中的 Group1 和 Group2 框中分别键入 1（代表控制组）和 2（代表实验组）。然后，点击 Continue 钮，回到 Independent-Samples T Test 对话框。

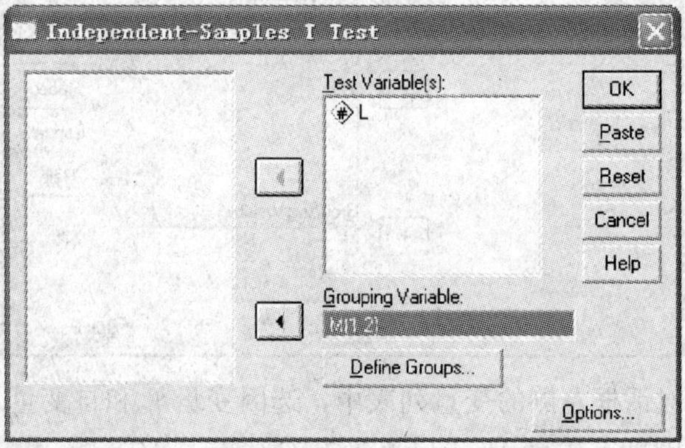

（6）点击 OK 钮，开始进行 t 检验，输出的结果由两部分构成。其中一部分为描述统计结果（见图 5-1）。

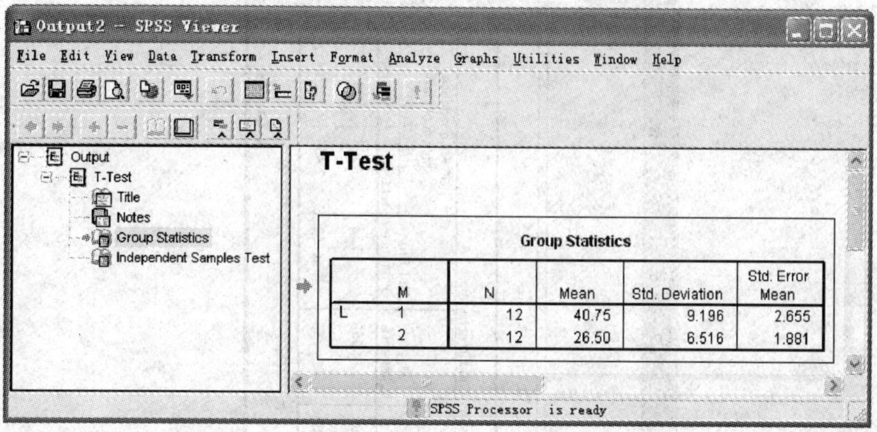

Group Statistics

	M	N	Mean	Std. Deviation	Std. Error Mean
L	1	12	40.75	9.196	2.655
	2	12	26.50	6.516	1.881

图 5-1　描述统计结果

上述结果显示，从模式上看，同控制组大鼠相比，实验组大鼠逃避潜伏期更短（是否具有统计学意义，需要看 t 检验结果）。

另一部分为独立样本 t 检验结果（见图 5-2）。

方差齐（或至少相似）是使用参数统计检验的一个基本要求。然而，SPSS 执行两种版本的独立样本 t 检验，即方差齐时的 t 检验（上一排输出结果）和方差不齐时的 t 检验（下一排输出结果）。写文章时，如果报告的是方差不齐时的 t 检验结果，那么，必须予以说明。

如果在 Levene 方差齐性（equality of variance）检验中，$p>0.05$，那么，说明两样本代表的总体方差相等，或者说，两样本代表的总体方差齐。此时，应该使用上一排的 t 值；如果 Levene 方差齐性检验中，$p\leqslant 0.05$，那么，说明两样本代表的总体方差不等，或者说，两样本代表的总体方差不齐。此时，应该使用下一排的 t 值。

对于上面的 t 检验结果，写文章时可以这样报告：实验组和控制组两组大鼠之间逃避潜伏期差异显著，$t=4.380$，$df=22$，$p<0.000\,5$。同控制组大鼠（41 秒）相比，实验组大鼠的逃避潜伏期（27 秒）更短。

需要说明的是，p 值不可能等于 0。SPSS 四舍五入到小数点后三位，因此，0.000 说明 p 值一定小于 0.000 5，否则输出的结果中会显示为 0.001，而不是 0.000。

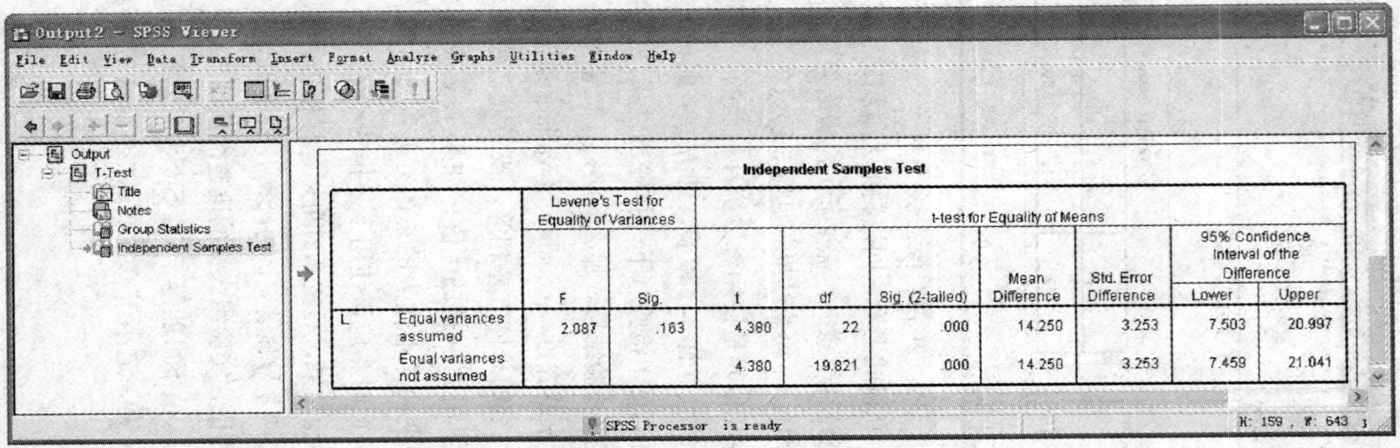

Independent Samples Test

	Levene's Test for Equality of Variances		t-test for Equality of Means					95% Confidence Interval of the Difference	
	F	Sig.	t	df	Sig. (2-tailed)	Mean Difference	Std. Error Difference	Lower	Upper
L Equal variances assumed	2.087	.163	4.380	22	.000	14.250	3.253	7.503	20.997
Equal variances not assumed			4.380	19.821	.000	14.250	3.253	7.459	21.041

图 5-2　独立样本 t 检验结果

（二）匹配组设计

在上面的独立组设计中，研究者通过将 24 只大鼠随机分派到实验组和控制组，来达到创设相等组的目的。另一种创设相等组的方法是匹配法（具体步骤见第二章第三节“五、匹配法”）。例如，可以使用匹配法确定两组在年龄上匹配的大鼠，其中一组接受药物 A（实验组），另一组接受安慰剂（控制组）。这种采用匹配法创设相等组的被试间设计，称做匹配组设计。这种设计中，来自实验组被试的数据与来自控制组被试的数据是相关的（应该是正相关）。例如，如果区组中的一只大鼠为老年大鼠，因而逃避潜伏期较长（前提假设是老化对大鼠的学习和记忆能力有负面影响），那么，同一区组内的另一只大鼠也为老年大鼠，因而逃避潜伏期也较长。这样，匹配组设计无论是在数据格式还是在数据的处理方法上，都与独立组设计不同。

1. 数据格式

利用 Excel 软件中的“＝average()”命令，计算每只大鼠在若干次定位航行试验中的逃避潜伏期（单位为秒）的平均数，并整理成如下形式：

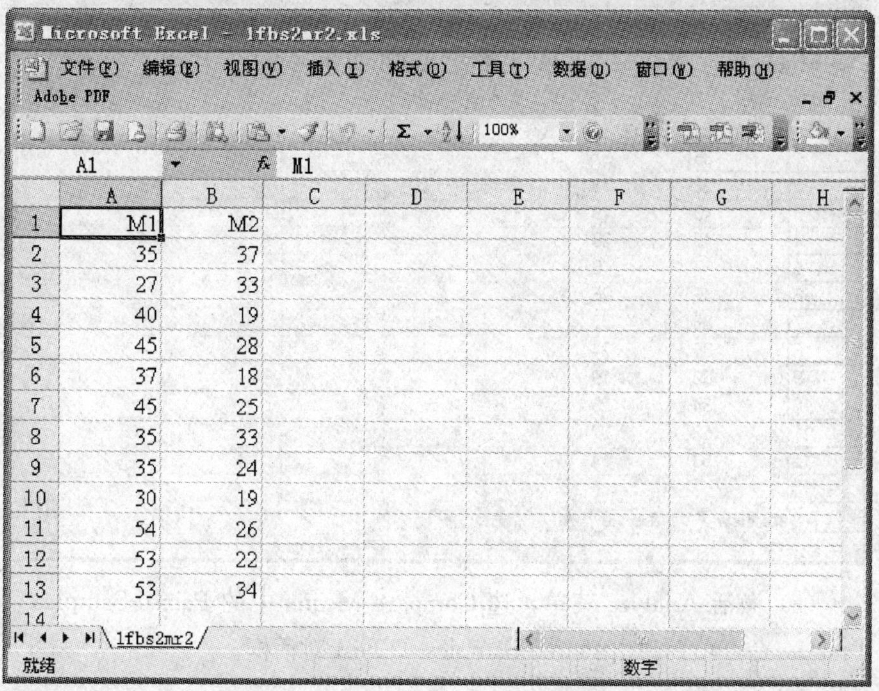

	A	B
1	M1	M2
2	35	37
3	27	33
4	40	19
5	45	28
6	37	18
7	45	25
8	35	33
9	35	24
10	30	19
11	54	26
12	53	22
13	53	34

其中，M1 代表控制组，M2 代表实验组。由于实验组和控制组是使用匹配法确定的，所以，同一个区组内的两只大鼠的潜伏期数据（如 A2 中的 35 与 B2 中的 37，A3 中的 27 与 B3 中的 33 等），应安排在同一行。这样，一旦控制组中 12 只大鼠实验数据的顺序确定下来（可任意确定），实验组中 12 只大鼠的数据也就跟着确定下来，而不可再随意安排！

因为实验组和控制组各有 12 只大鼠，所以，总共应有 12 行或 12 对数据。

将数据存成 .xls 格式的文件，以备进一步分析。

2. 数据分析

对于使用匹配组设计所获得的参数数据，为了比较不同组被试实验数据的平均数，研究者应该使用相关样本 t 检验（correlated t-test）。由于这种检验把成对的数据放在一起来考虑，所以，这种检验也称做成对样本 t 检验（paired t-test）。具体操作步骤如下。

（1）用 SPSS 打开 .xls 文件，将数据读入 SPSS。

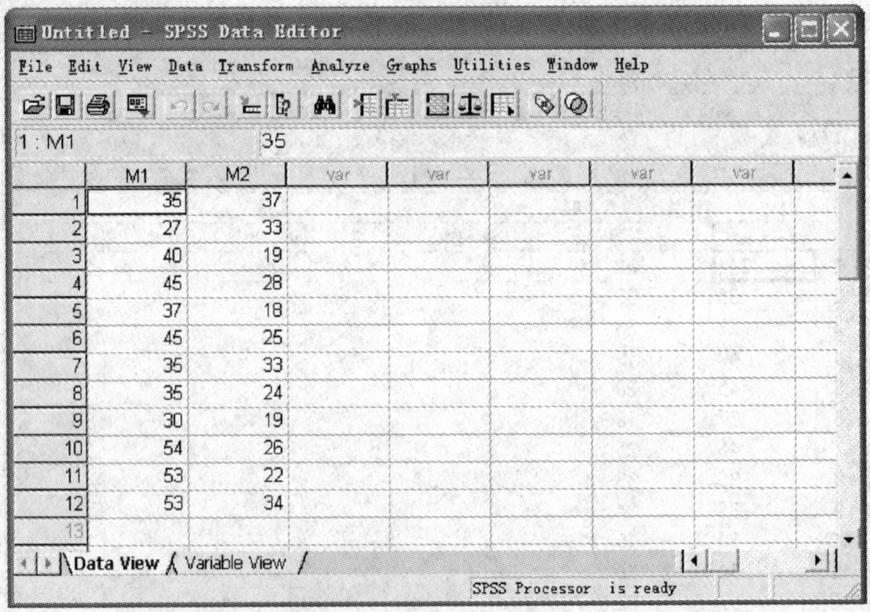

（2）激活 Analyze 菜单，选 Compare Means 中的 Paired-Samples T Test... 命令项，弹出 Paired-Samples T Test 对话框。

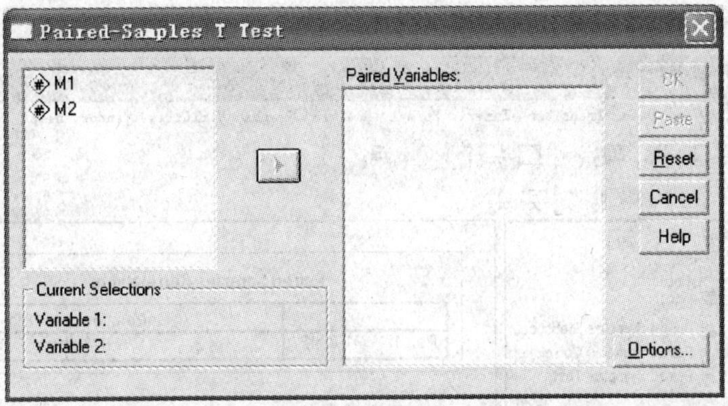

（3）在对话框左侧的变量列表中，选变量 M1 和 M2，点击▸钮使之进入 Paired Variables 框。

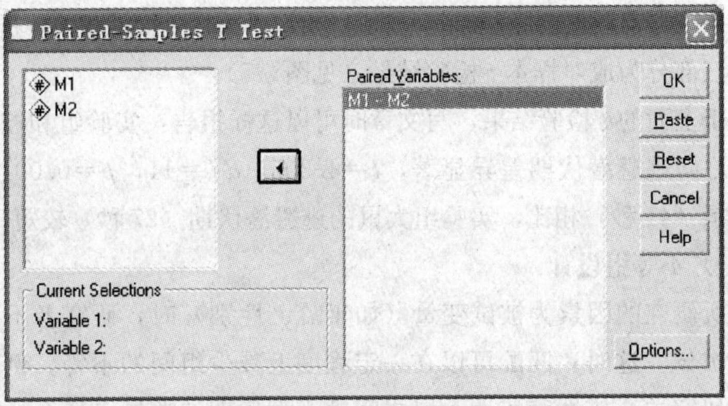

（4）点击 OK 钮，开始进行 t 检验。输出的结果由三部分构成。一部分为描述统计（见图 5-3）。

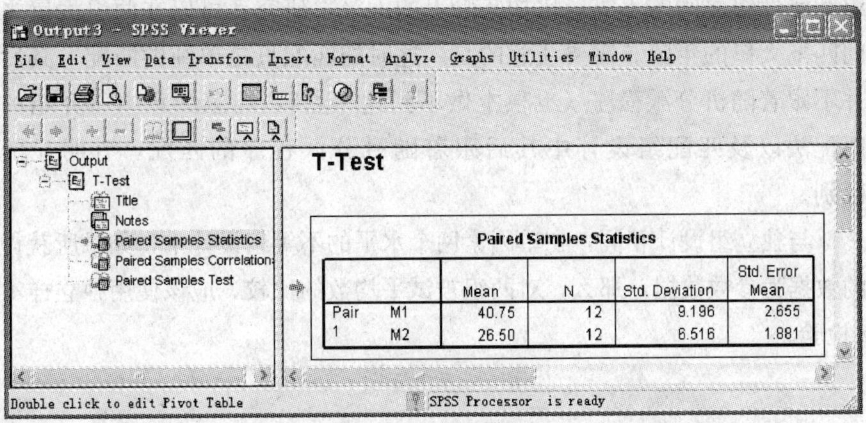

图 5-3　描述统计结果

另一部分为相关分析结果（见图 5-4）。

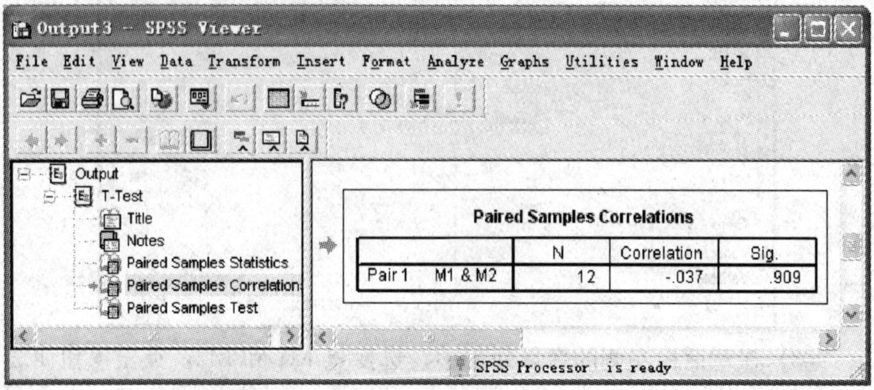

图 5-4　相关分析结果

如果研究者只想进行 t 检验，那么，可以不采用上面的相关分析结果。

第三部分为成对样本 t 检验结果（见图 5-5）。

对于上面的 t 检验结果，写文章时可以这样报告：实验组和控制组两组大鼠之间逃避潜伏期差异显著，$t=4.305$，$df=11$，$p=0.001$。同控制组大鼠（41 秒）相比，实验组大鼠的逃避潜伏期（27 秒）较短。

（三）不等组设计

当所研究的因素为被试变量（如年龄、性别）时，研究者不可能随机分派被试。这时，匹配可以在一定程度上减少组间的不等。例如，假设一个研究关心雄性和雌性大鼠之间逃避潜伏期的差异，那么，研究者不可能将大鼠随机分派到雄性组和雌性组中。不过，为了尽量减少雄性组和雌性组之间的不等，比如年龄上的不等，研究者可以在两组大鼠之间匹配大鼠的年龄。需要注意的是，这时的匹配只是单纯的匹配，其后并不跟着随机分派程序（也根本做不到这一点），与第二章中所介绍的匹配法以及匹配组设计中其后跟着随机分派程序的匹配，有明显的区别。

与独立组设计相同，在单因素两个水平的不等组设计中，如果所获得的数据为参数数据，那么，对两组被试平均数的比较，应该使用独立样本 t 检验。

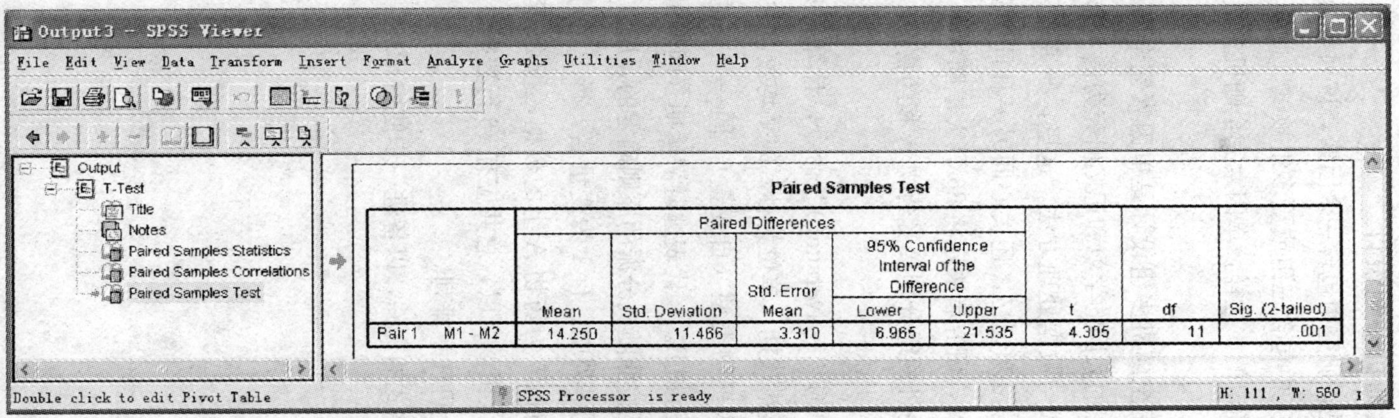

图 5-5　相关样本 t 检验结果

二、单因素完全随机多组设计

这种设计的特点是，研究中包含一个因素，该因素为被试间变量，且水平数≥3，因此，研究中包含三组或更多组被试。此外，不同的被试组是采用随机分派程序确定的。这样，单因素完全随机多组设计在性质上属于独立组设计。

最简单的单因素完全随机多组设计是单因素完全随机三组设计。下面，我们仍以一个假想的大鼠的学习和记忆研究为例，介绍单因素完全随机三组设计的数据格式与数据处理方法。这里，研究者不仅关心药物 A 是否能够改善大鼠的学习和记忆，还关心同另一种同类药物 B 相比，药物 A 的效果如何。为此，研究者决定将 36 只大鼠随机分派到三组中，其中一组接受安慰剂，另外两组分别接受药物 A 和药物 B。

（一）数据格式

利用 Excel 软件中的“＝average()”命令，计算每只大鼠在若干次定位航行试验中的逃避潜伏期（单位为秒）的平均数，并整理成如下页图的形式。其中，M 代表药物类型（自变量），同一列中的 1 代表安慰剂，2 代表药物 A，3 代表药物 B。L 代表逃避潜伏期（因变量）。

由于三个被试组是按照随机分派的原则确定的，所以，三组大鼠的潜伏期数据应纵向排在同一列中。行 1 为变量名，行 2 至行 13 为安慰剂控制组的数据，行 14 至行 25 为药物 A 组的数据，行 26 至行 37 为药物 B 组的数据。一共 36 只大鼠，所以，总共应有 36 行数据。同一组内不同被试的实验数据在顺序上可任意排列。

将数据存成 .xls 格式的文件，以备进一步使用 SPSS 进行分析。

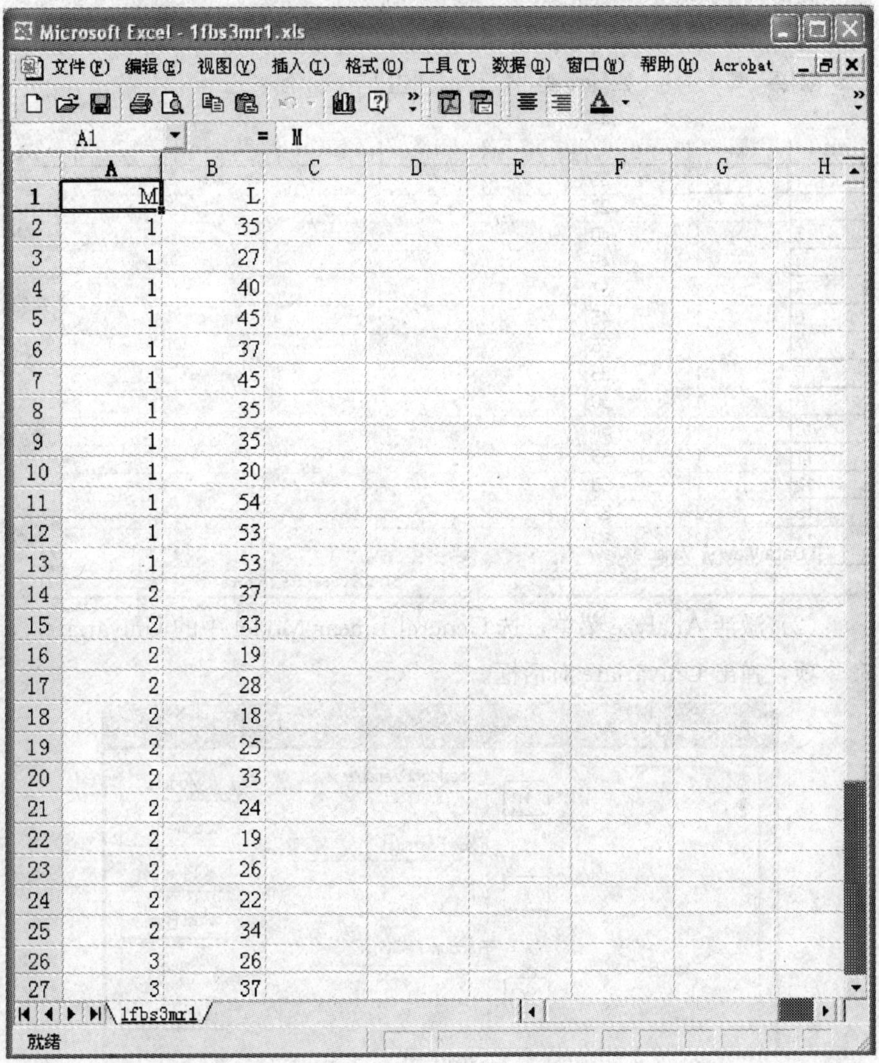

	A	B
1	M	L
2	1	35
3	1	27
4	1	40
5	1	45
6	1	37
7	1	45
8	1	35
9	1	35
10	1	30
11	1	54
12	1	53
13	1	53
14	2	37
15	2	33
16	2	19
17	2	28
18	2	18
19	2	25
20	2	33
21	2	24
22	2	19
23	2	26
24	2	22
25	2	34
26	3	26
27	3	37

（二）数据分析

1. 方差分析

对于使用单因素完全随机多组设计所获得的参数数据，为了比较不同组被试实验数据的平均数，研究者应该使用单因素被试间方差分析（one-way between-subjects ANOVA）。具体操作步骤如下。

（1）用 SPSS 打开 .xls 文件，将数据读入 SPSS。

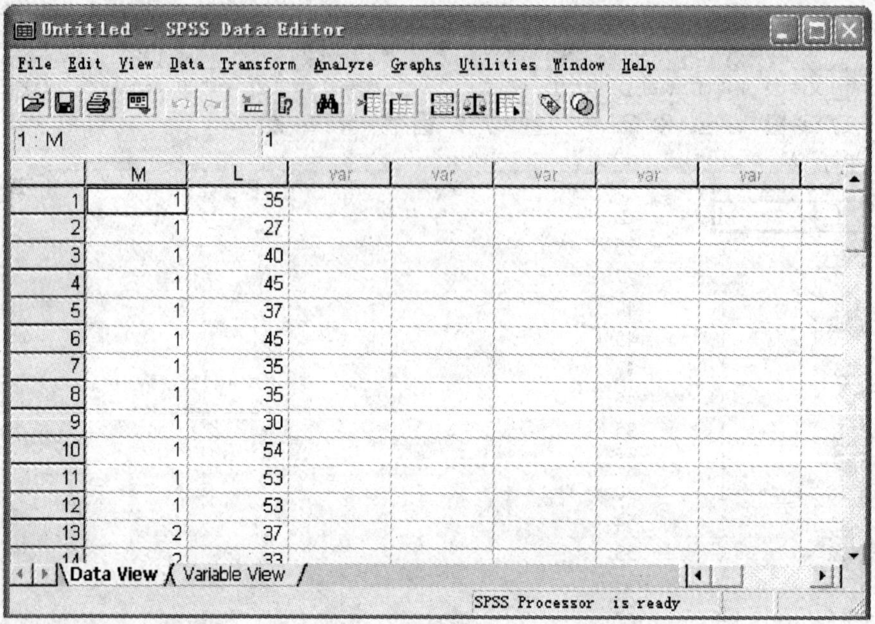

（2）激活 Analyze 菜单，选 General Linear Model 中的 Univariate...命令项，弹出 Univariate 对话框。

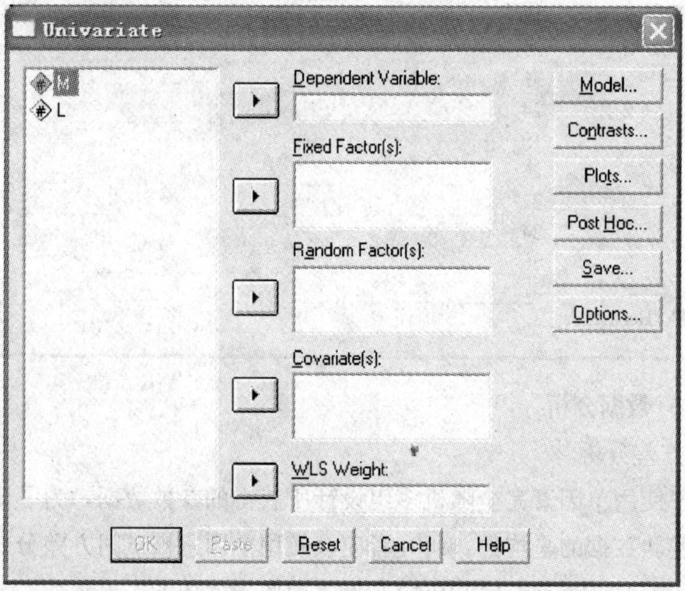

（3）在对话框左侧的变量列表中，选因变量 L，点击 ▸ 钮使之进入 Dependent Variable 框。选自变量 M，点击 ▸ 钮使之进入 Fixed Factor〔s〕框。

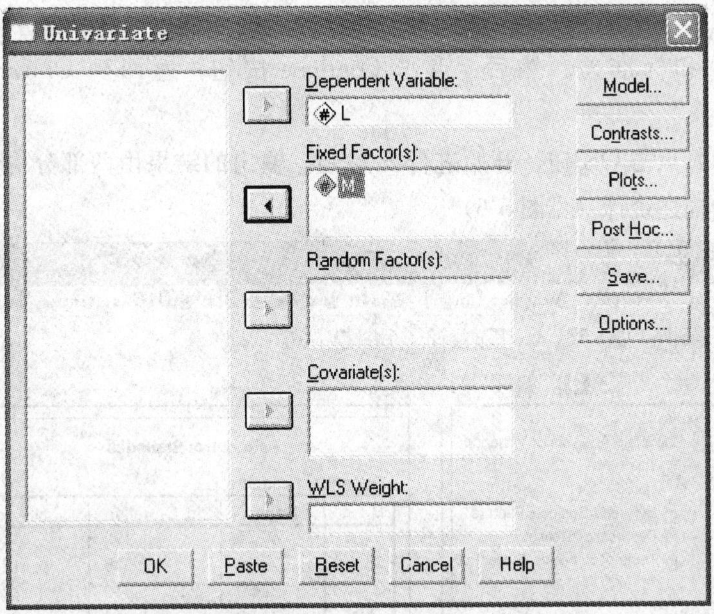

如果希望结果输出中包含描述统计，那么，可点击 Options 钮，弹出 Univariate:Options 对话框。

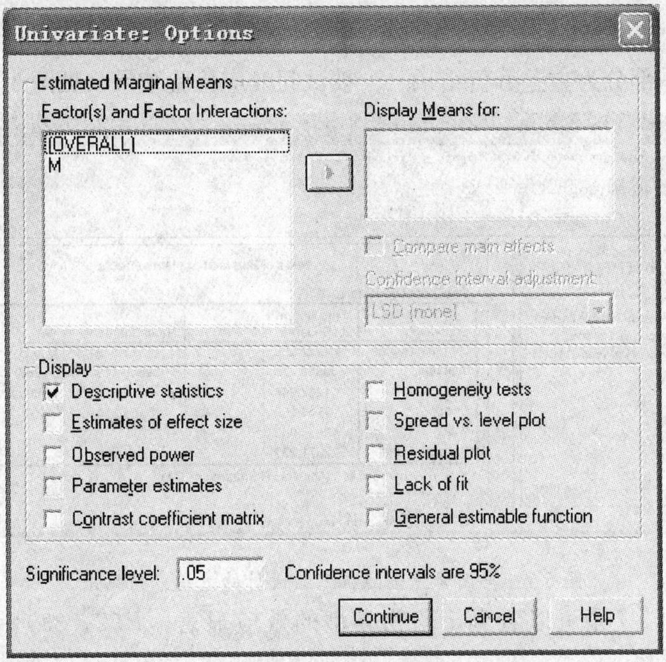

点击左下部分 Descriptive Statistics 旁边的小框，以获得每个水平的平均数和标准差。然后，点击 Continue 按钮，返回到 Univariate 对话框。

（4）点击 OK 钮，开始进行 *F* 检验。输出的结果由两部分构成，一部分为描述统计（见图 5-6）。

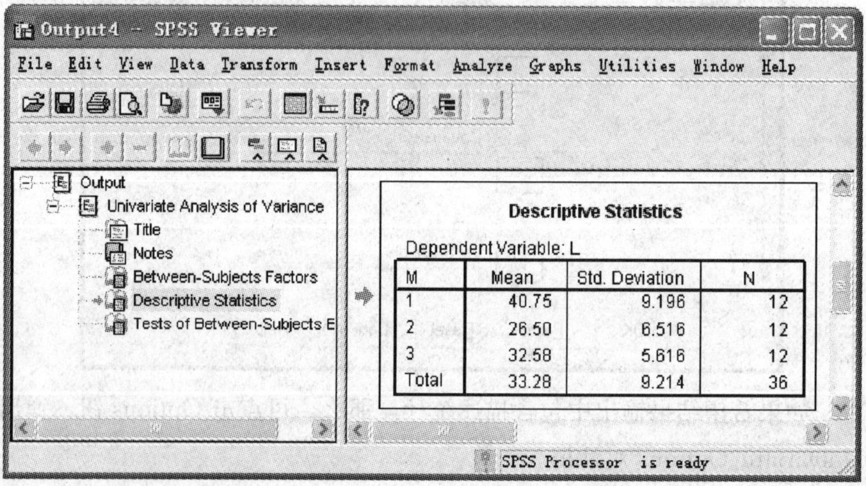

Descriptive Statistics

Dependent Variable: L

M	Mean	Std. Deviation	N
1	40.75	9.196	12
2	26.50	6.516	12
3	32.58	5.616	12
Total	33.28	9.214	36

图 5-6　描述统计结果

另一部分为方差分析结果——被试间效应检验结果（见图 5-7）。

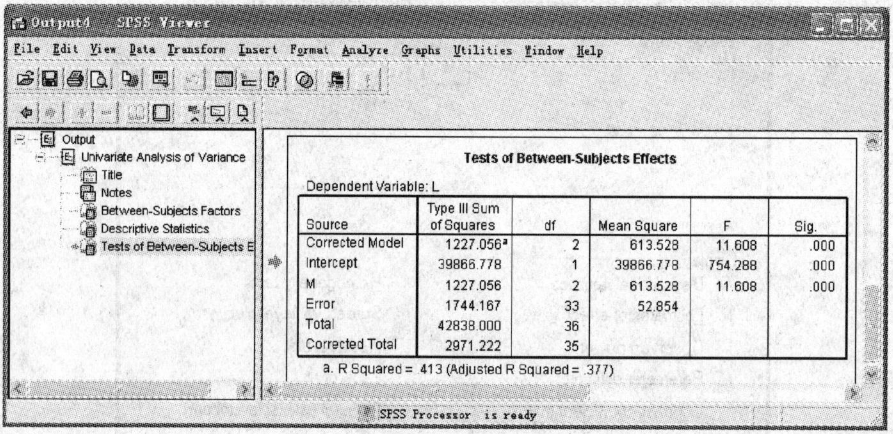

Tests of Between-Subjects Effects

Dependent Variable: L

Source	Type III Sum of Squares	df	Mean Square	F	Sig.
Corrected Model	1227.056[a]	2	613.528	11.608	.000
Intercept	39866.778	1	39866.778	754.288	.000
M	1227.056	2	613.528	11.608	.000
Error	1744.167	33	52.854		
Total	42838.000	36			
Corrected Total	2971.222	35			

a. R Squared = .413 (Adjusted R Squared = .377)

图 5-7　单因素完全随机三组设计的方差分析结果

从图 5-7 中可以看到，药物类型的效应显著，$F(2, 33)=11.608$，$p<0.0005$。

需要注意的是，F 比值显著说明因变量随着因素水平的变化而变化。然而，除非一个因素只有两个水平，ANOVA 并没有告诉研究者究竟哪一对或哪几对平均数之间存在显著差异。获得这方面信息需要进行多重比较——计划或无计划比较（planned or unplanned comparisons）。计划比较是收集数据之前就已经决定要作的比较，而无计划比较则是在数据收集到之后决定要作的比较。因此，前者是一种预先的比较（priori comparisons），而后者则是一种事后的比较（post-hoc comparisons）。

2. 无计划比较

下面，我们看一下在 SPSS 中无计划比较的操作步骤。

（1）在 Univariate 对话框中，点击 Post Hoc 钮，弹出 Post Hoc Multiple Comparisons 对话框。

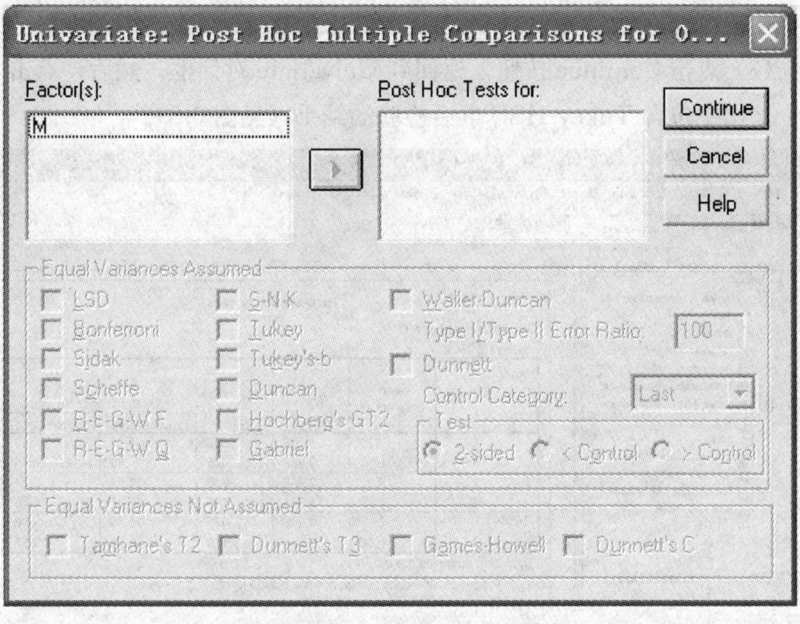

（2）在对话框左上部分的因素列表中，选因素 M，点击▶钮使之进入 Post Hoc Tests for 框。然后，点击各种不同检验旁边的一个或几个小框，选择希望进行的检验。例如，选择 Tukey 检验。

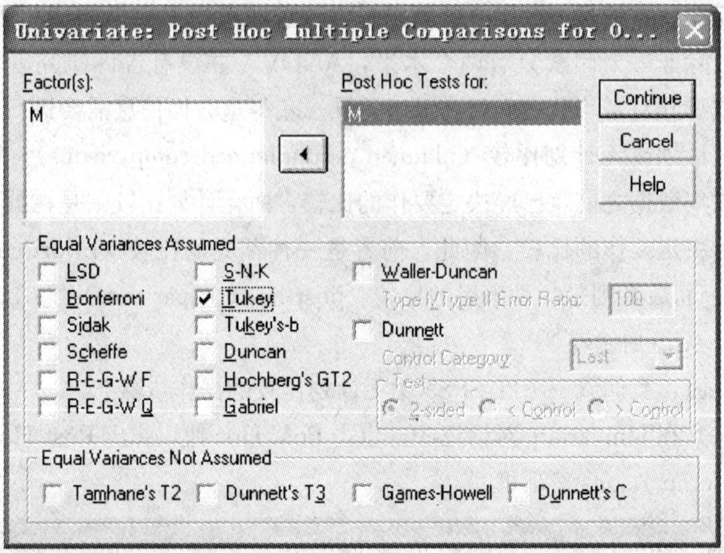

（3）点击 Continue 按钮，返回到 Univariate 对话框。然后，点击 OK 钮。输出中包含 Tukey-HSD 事后检验的结果（见图 5-8）。

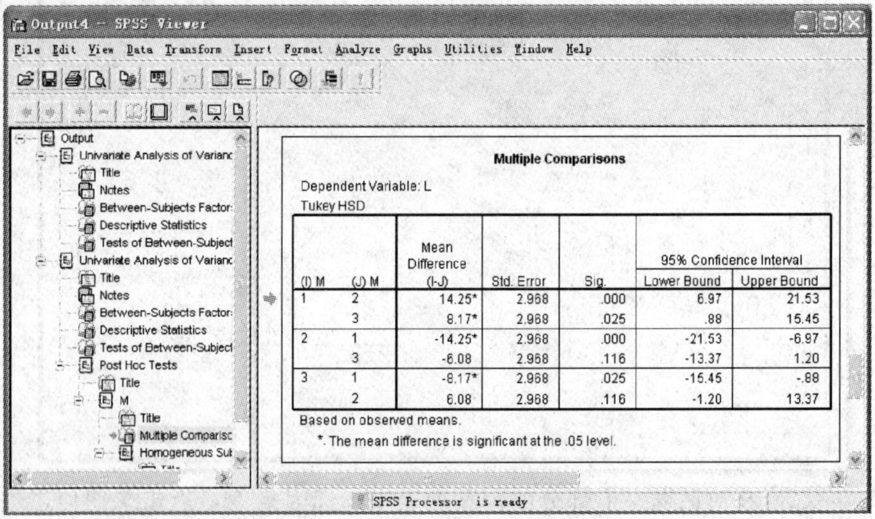

Multiple Comparisons

Dependent Variable: L
Tukey HSD

(I) M	(J) M	Mean Difference (I-J)	Std. Error	Sig.	95% Confidence Interval Lower Bound	Upper Bound
1	2	14.25*	2.968	.000	6.97	21.53
	3	8.17*	2.968	.025	.88	15.45
2	1	-14.25*	2.968	.000	-21.53	-6.97
	3	-6.08	2.968	.116	-13.37	1.20
3	1	-8.17*	2.968	.025	-15.45	-.88
	2	6.08	2.968	.116	-1.20	13.37

Based on observed means.
*. The mean difference is significant at the .05 level.

图 5-8　Tukey-HSD 事后检验的结果

写文章时，可以这样报告：Tukey-HSD 事后检验发现，同安慰剂控制组相比，无论是接受药物 A 的大鼠还是接受药物 B 的大鼠，逃避潜伏期都要短，前者，$p<0.0005$，后者，$p=0.025$。然而，分别接受药物 A 和 B 的两个实验组之间并没有显著差异，$p=0.116$。

关于无计划比较的更详细的内容，请参见本书第十一章。

3. 计划比较

下面，我们看一下在 SPSS 中如何进行计划比较。

通常，计划比较使用线性对比（linear contrasts）技术（Brace，et al.，2000）。这种技术允许我们把一个或一套水平同另一个或另一套水平相比较。进行这种比较的最简单的方式是为每一个水平指派权重（或系数）。

值得注意的是，使用计划比较检验特定的差异时，并不要求总的主效应一定显著。

通过指派权重，可以进行如下三种比较：把一个条件同另一个条件相比较；把一个条件同其他两个或多个条件的平均数相比较；把一些条件的平均数同另一些条件的平均数相比较。

指派权重有三个原则：(1) 不参与比较的条件权重为 0；(2) 互相比较的条件指派相反的符号（正或负）；(3) 权重的和必须为 0。例如，假设有三个条件，M1、M2 和 M3。如果只想比较 M2 和 M3，那么，三个条件指派的权重可以分别是：0，1，－1。如果想把第一个条件和后两个条件的平均数相比较，那么，三个条件指派的权重可以分别是：－2，1，1。

在 SPSS 中，计划比较的具体步骤如下。

(1) 激活 Analyze 菜单，选 Compare Means 中的 One-Way ANOVA... 命令项，弹出 One-Way ANOVA 对话框。

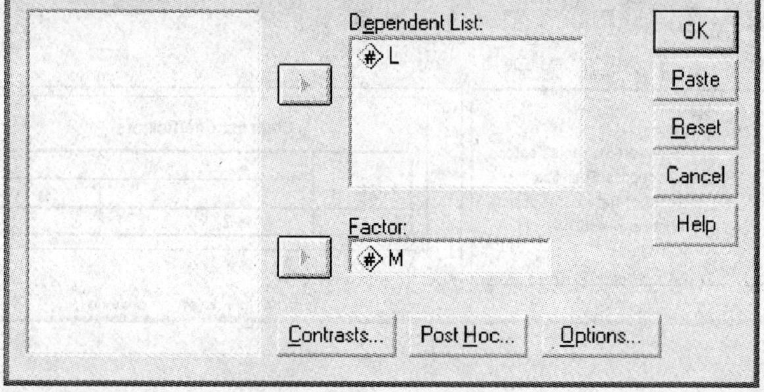

（2）点击 One-Way ANOVA 对话框底部的 Contrasts 钮，弹出 One-Way ANOVA:Contrasts 对话框。在 Coefficients 框中，键入第一组或第一个条件的系数，然后点击 Add 钮。重复这一操作，直到为每一组或每一个条件都指派了一个系数。

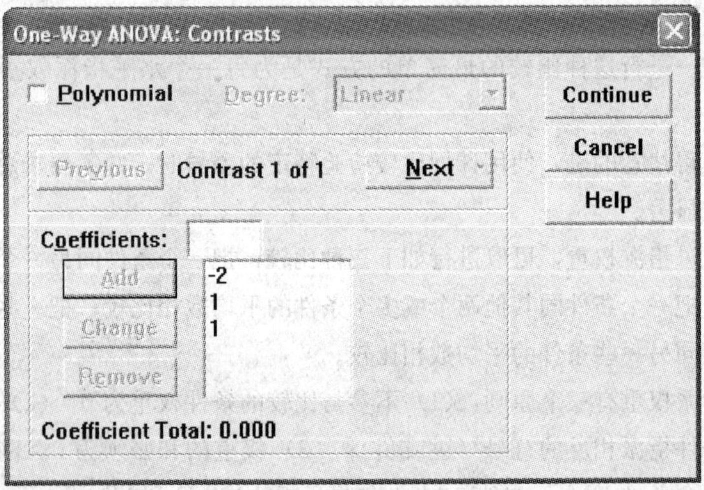

上面所指派的系数是为了把控制组的逃避潜伏期同两个实验组逃避潜伏期的平均数相比较。

（3）点击 Continue 按钮，返回到 One-Way ANOVA 对话框。然后，点击 OK 钮。输出中包含研究者在对比中为因素的每一个水平所指派的权重（见图 5-9a），以及对比检验的结果（见图 5-9b）。

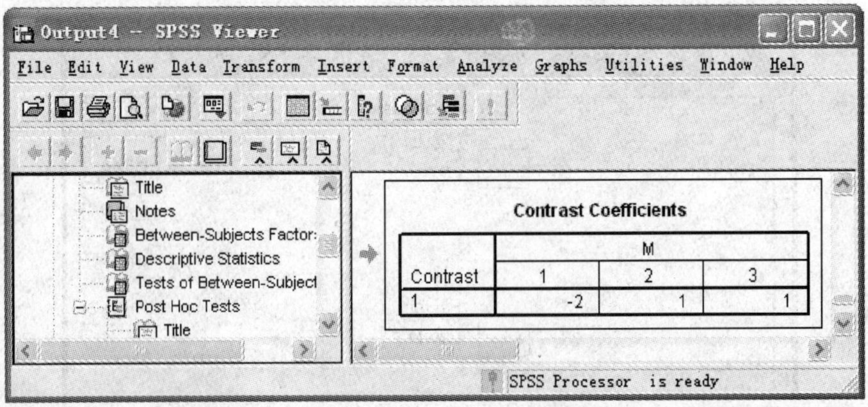

a

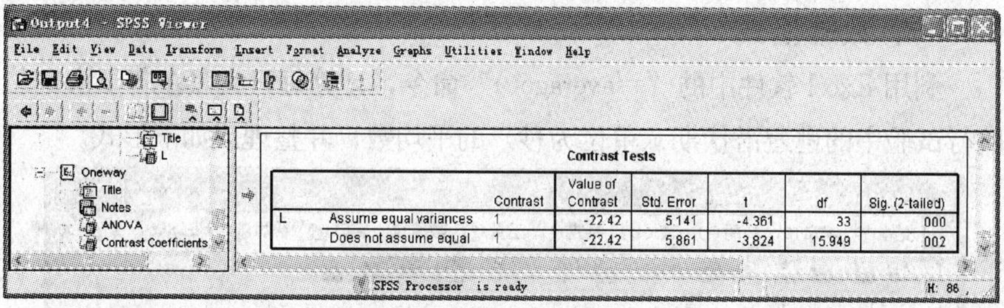

Contrast Tests

		Contrast	Value of Contrast	Std. Error	t	df	Sig. (2-tailed)
L	Assume equal variances	1	-22.42	5.141	-4.361	33	.000
	Does not assume equal	1	-22.42	5.861	-3.824	15.949	.002

b

图 5-9　对比系数与对比检验结果

写文章时，可以这样报告：有计划的比较显示，同接受安慰剂的控制组大鼠相比，接受药物的两组大鼠逃避潜伏期更短，$t=4.361$，$df=33$，$p<0.0005$。

关于对比的更详细的内容，请参见本书第十章。

第三节　两因素完全随机实验设计

这种设计的特点是，研究中包含两个因素，这两个因素均为被试间变量。另外，不同的被试组采用随机分派程序确定。例如，在一个研究中，研究者除了关心药物 A 是否能够改善大鼠的学习和记忆之外，还想知道，大鼠从出生开始饲养空间的大小是否也影响大鼠的学习和记忆，以及二者之间是否存在交互作用。那么，该研究者可以使用一个两因素完全随机实验设计。其中一个因素是从出生开始饲养空间的大小，分大（意味着大鼠可以在更大的范围活动）和小（意味着大鼠只能在较小的范围活动）两个水平；另一个因素是大鼠是否接受药物 A，分是和否（接受安慰剂）两个水平。两个因素均为被试间变量，且均为刺激或任务变量。因此，这是一个 2×2 被试间设计。研究者需要四组大鼠，即大空间—安慰剂、大空间—药物 A、小空间—安慰剂和小空间—药物 A。如果四组大鼠是采用随机分派程序确定的，例如，将 48 只大鼠随机分派到上述四个不同的组中，那么，这就是一个 2×2 完全随机设计。

下面，我们结合这项研究介绍两因素完全随机设计的数据格式以及相应的数据分析方法。

一、数据格式

利用 Excel 软件中的“=average()”命令，计算每只大鼠在若干次定位航行试验中的逃避潜伏期（单位为秒）的平均数，并整理成如下形式。

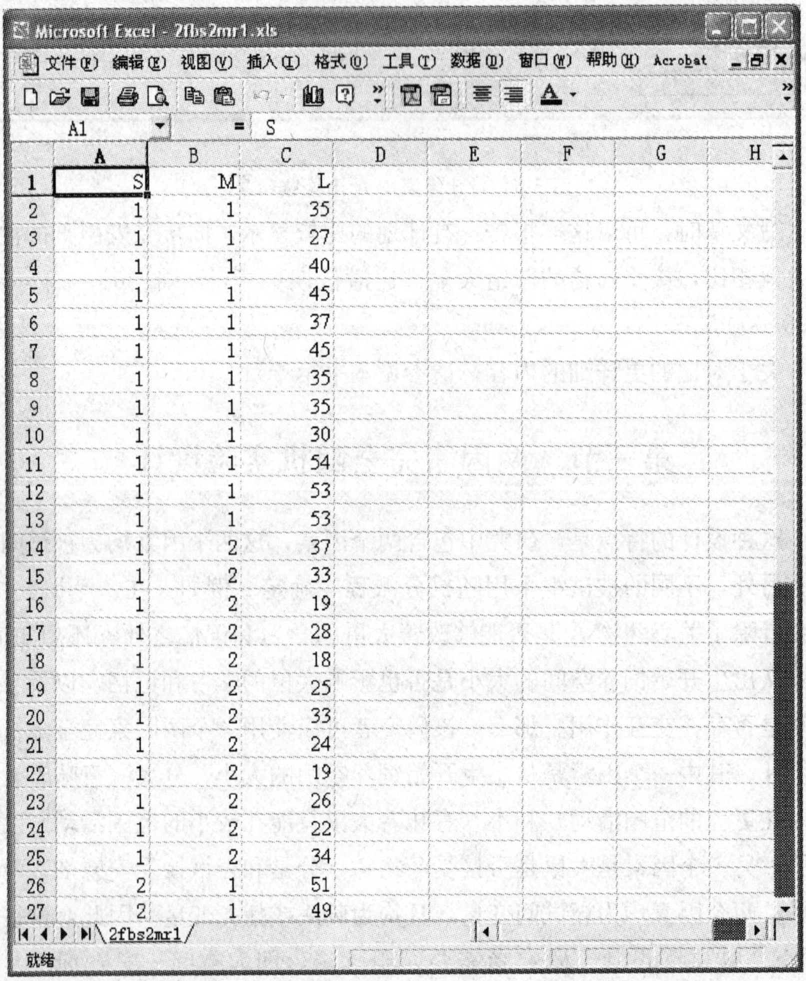

	A	B	C
1	S	M	L
2	1	1	35
3	1	1	27
4	1	1	40
5	1	1	45
6	1	1	37
7	1	1	45
8	1	1	35
9	1	1	35
10	1	1	30
11	1	1	54
12	1	1	53
13	1	1	53
14	1	2	37
15	1	2	33
16	1	2	19
17	1	2	28
18	1	2	18
19	1	2	25
20	1	2	33
21	1	2	24
22	1	2	19
23	1	2	26
24	1	2	22
25	1	2	34
26	2	1	51
27	2	1	49

其中，S 代表饲养空间大小（自变量），同一列中的 1 代表大，2 代表小；M 代表药物类型（自变量），同一列中的 1 代表安慰剂，2 代表药物 A；L 代表逃避潜伏期（因变量）。

由于饲养空间大小和药物类型均为被试间变量，且四个被试组都是使用随机分派程序确定的，所以，四组大鼠的潜伏期数据应纵向排在同一列中。行 1 为变量名；行 2 至行 13 为第一组（S1M1）的数据；行 14 至行

25 为第二组（S1M2）的数据；行 26 至行 37 为第三组（S2M1）的数据；行 38 至行 49 为第四组（S2M2）的数据。一共 48 只大鼠，所以，总共应有 48 行数据（为节省篇幅，上图只显示了部分数据）。同一组内不同被试的实验数据在顺序上可任意排列。

将数据存成 .xls 格式的文件，以备进一步使用 SPSS 进行分析。

二、数据分析

对于使用两因素完全随机实验设计所获得的参数数据，为了考察两个因素各自的主效应以及二者之间的交互作用，研究者应该使用两因素被试间方差分析（two-way between-subjects ANOVA）。具体操作步骤如下。

第一步，用 SPSS 打开 .xls 文件，将数据读入 SPSS。

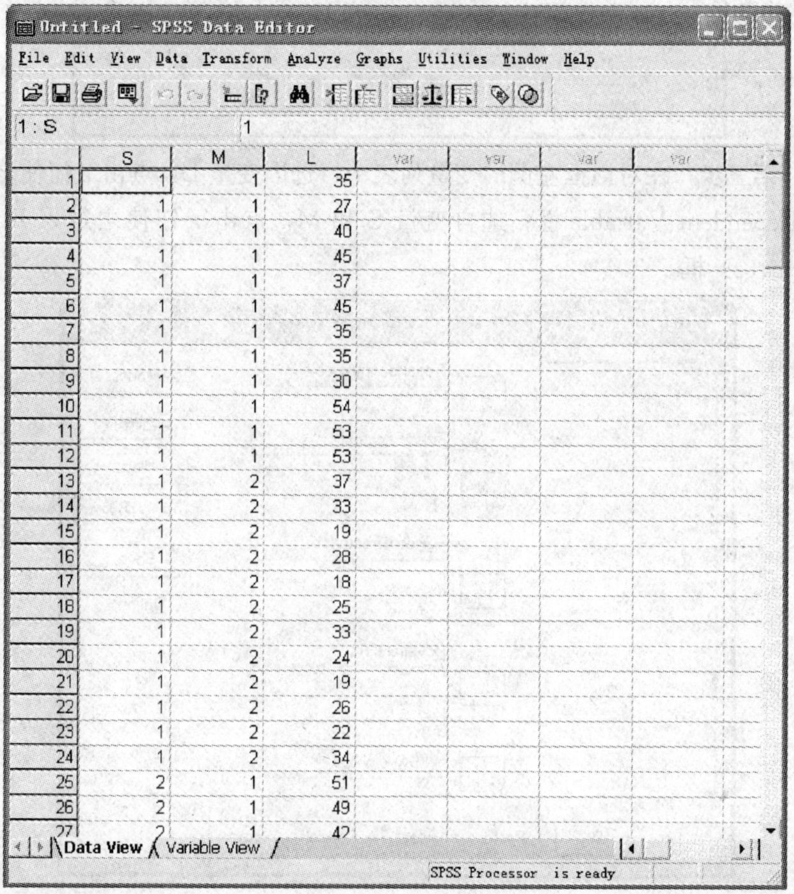

	S	M	L	var	var	var	var
1	1	1	35				
2	1	1	27				
3	1	1	40				
4	1	1	45				
5	1	1	37				
6	1	1	45				
7	1	1	35				
8	1	1	35				
9	1	1	30				
10	1	1	54				
11	1	1	53				
12	1	1	53				
13	1	2	37				
14	1	2	33				
15	1	2	19				
16	1	2	28				
17	1	2	18				
18	1	2	25				
19	1	2	33				
20	1	2	24				
21	1	2	19				
22	1	2	26				
23	1	2	22				
24	1	2	34				
25	2	1	51				
26	2	1	49				
27	2	1	42				

第二步，激活 Analyze 菜单，选 General Linear Model 中的 Univariate... 命令项，弹出 Univariate 对话框。

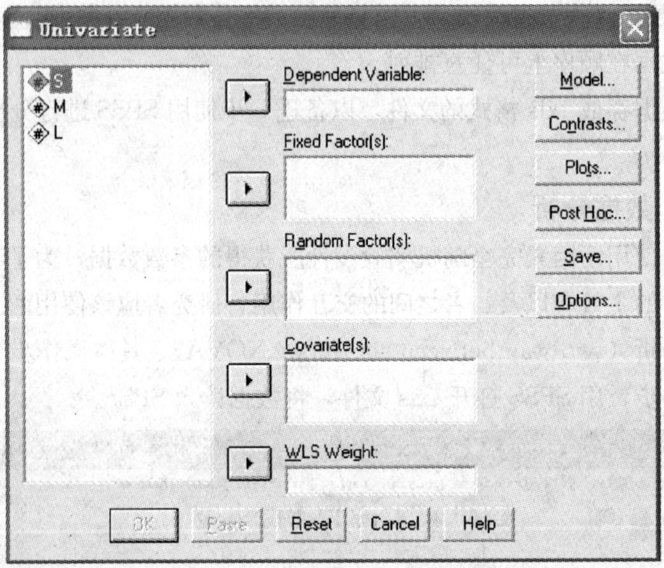

第三步，在对话框左侧的变量列表中，选因变量 L，点击 ▸ 钮使之进入 Dependent Variable 框；选自变量 S 和 M，点击 ▸ 钮使之进入 Fixed Factor〔s〕 框。

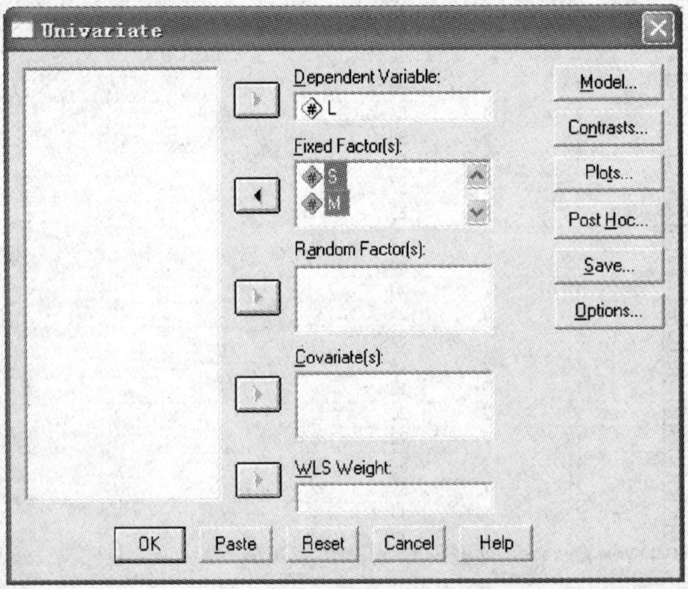

如果希望利用 SPSS 制作一个图来直观反映四组大鼠逃避潜伏期数据的平均数，那么，可以按如下步骤进行操作。

(1) 点击 Plots... 钮，弹出 Univariate: Profile Plots 对话框。

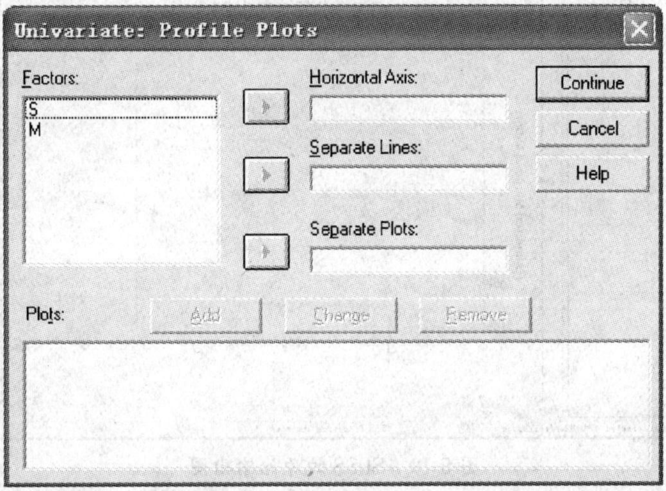

(2) 在对话框左侧的因素列表中，选因素 S，点击 ▸ 钮使之进入 Horizontal Axis 框；选因素 M，点击 ▸ 钮使之进入 Separate Lines 框。然后，点击 Add 钮。

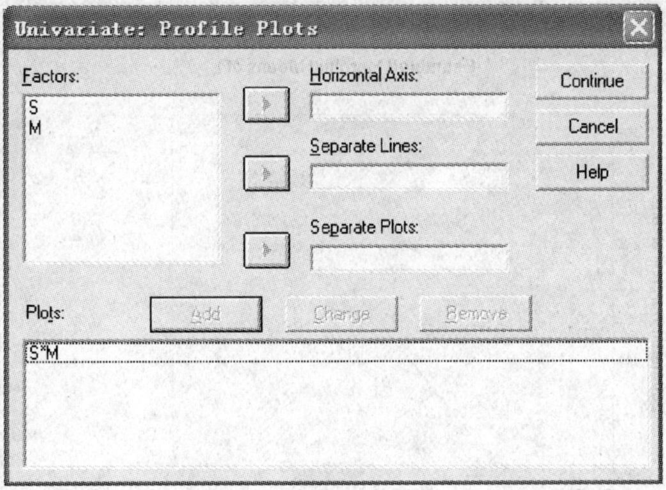

(3) 点击 Continue 按钮，返回到 Univariate 对话框。然后，点击 OK 钮。输出中包含一个反映每组逃避潜伏期平均数的图（见图 5-10）。

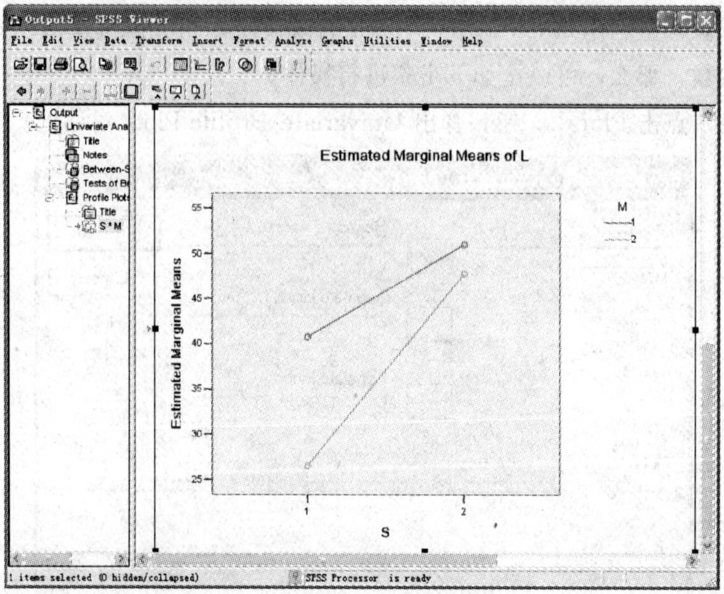

图 5-10　SPSS 的原始输出图

（4）在该图上双击，弹出 SPSS 图表编辑器（SPSS Chart Editor）。

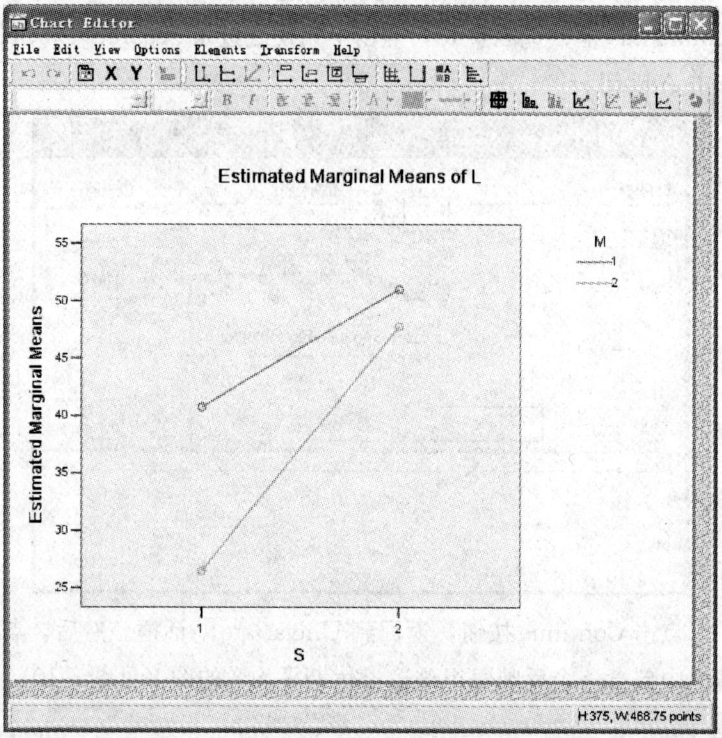

利用该编辑器，可以对原始输出图进行编辑（具体编辑过程从略），以便制作出一个合乎研究者需要的、可以出现在最终发表的文章中的图（见图 5-11）。

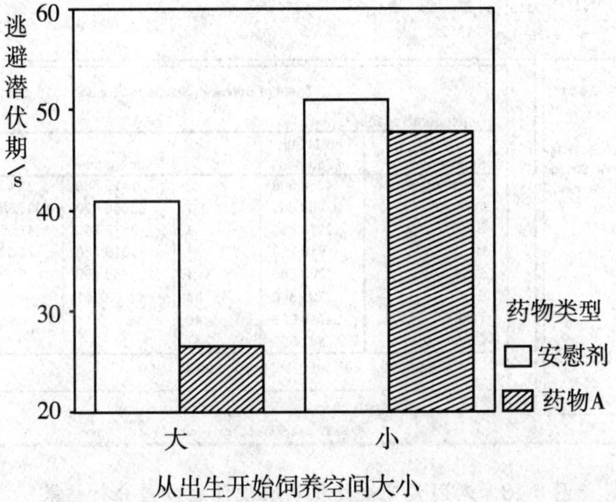

图 5-11　饲养空间大小与药物类型对大鼠逃避潜伏期的影响

如果在 Univariate 对话框中点击 Options 钮，并在所弹出的 Univariate: Options 对话框中，点击左下部分 Descriptive Statistics 旁边的小框，那么，输出中将包含每组大鼠逃避潜伏期的平均数和标准差（见图 5-12）。

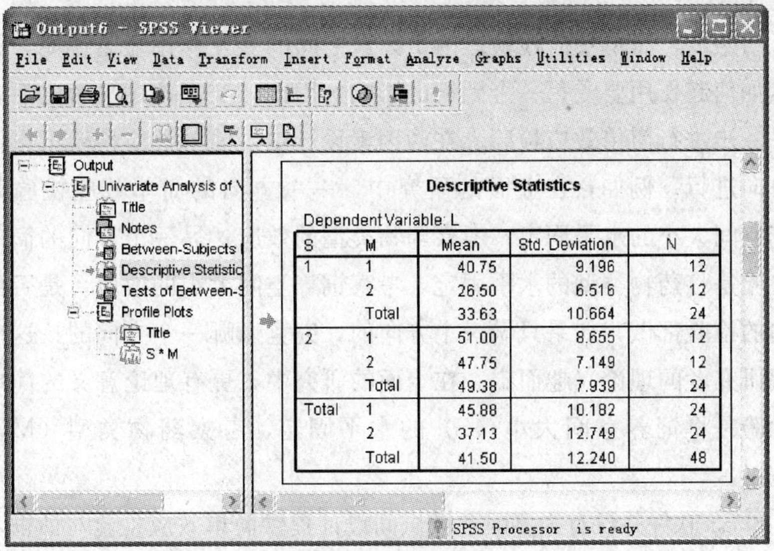

Descriptive Statistics

Dependent Variable: L

S	M	Mean	Std. Deviation	N
1	1	40.75	9.196	12
	2	26.50	6.516	12
	Total	33.63	10.664	24
2	1	51.00	8.655	12
	2	47.75	7.149	12
	Total	49.38	7.939	24
Total	1	45.88	10.182	24
	2	37.13	12.749	24
	Total	41.50	12.240	48

图 5-12　描述统计结果

当然，输出中最核心的部分是方差分析结果（见图 5-13）。

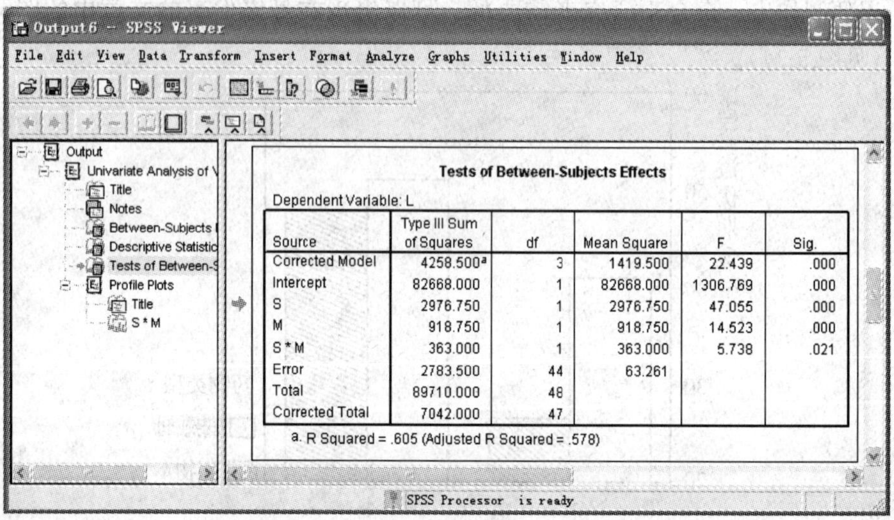

Tests of Between-Subjects Effects

Dependent Variable: L

Source	Type III Sum of Squares	df	Mean Square	F	Sig.
Corrected Model	4258.500[a]	3	1419.500	22.439	.000
Intercept	82668.000	1	82668.000	1306.769	.000
S	2976.750	1	2976.750	47.055	.000
M	918.750	1	918.750	14.523	.000
S * M	363.000	1	363.000	5.738	.021
Error	2783.500	44	63.261		
Total	89710.000	48			
Corrected Total	7042.000	47			

a. R Squared = .605 (Adjusted R Squared = .578)

图 5-13　两因素完全随机实验设计的方差分析结果

写文章时可以这样报告：饲养空间大小的主效应显著，$F(1, 44)=47.055$，$p<0.0005$；药物类型的主效应显著，$F(1, 44)=14.523$，$p<0.0005$；更重要的是，饲养空间大小与药物类型的交互作用显著，$F(1, 44)=5.738$，$p=0.021$。

第四步，简单效应检验。两个因素之间的交互作用显著说明，一个因素如何起作用要受另一个因素的影响，因此，交互作用显著之后，应该进一步进行简单效应检验。在两因素设计中，简单效应检验可以沿两个方向进行。例如，在上面的研究中，一个方向的简单效应检验是将饲养空间大小的水平固定，考察药物类型的效应；另一个方向的简单效应检验是将药物类型的水平固定，考察饲养空间大小的效应。是否两个方向的检验都做，如果只做一个方向的，究竟做哪一个方向的，这些都应视研究者的理论兴趣而定。在上面的研究中，更有理论意义的简单效应检验是将饲养空间大小（S）的水平固定，考察药物类型（M）的效应。

SPSS 软件并没有为多因素被试间设计提供简单效应检验对话框，但是，研究者可以利用 SPSS 所提供的句法编辑器，编辑和运行相应的句法命令，完成简单效应检验过程。具体步骤如下。

（1）激活 File 菜单，选 New 中的 Syntax 命令项，弹出 Syntax1-SPSS Syntax Editor 对话框。在对话框的编辑窗口中，按以下格式编辑用于两因素完全随机设计简单效应检验的句法命令：

```
MANOVA L BY S(1,2)M(1,2)
    /PRINT=CELLINFO(MEANS)
    /DESIGN
    /DESIGN=M WITHIN S(1)M WITHIN S(2).
```

在上面的句法命令中，MANOVA 是 SPSS 软件中唯一的一个具有简单效应检验功能的命令。MANOVA 语句的书写顺序是，因变量、BY、S 和 M 两个因素。每个因素后面的括号中的数字为该因素水平的最小值和最大值。/PRINT＝CELLINFO(MEANS) 是一个分命令，其功能是要求程序给出每个实验单元（处理或处理结合）的平均数和标准差（如不需要这方面信息，可去掉这一分命令）。/DESIGN 是一个不加说明的分命令，其功能是进行总的方差分析（如不需要，可去掉）。/DESIGN＝M WITHIN S(1) M WITHIN S(2) 是一个附加说明的分命令，负责分别完成 M 在 S1 和 S2 两个水平上的简单效应。

（2）激活 Run 菜单，选 All 命令项。输出的结果主要由两部分信息构成，一是“Analysis of Variance--design 1”标题下的完全的方差分析部分，包括每个因素的主效应以及二者之间的交互作用，二是简单效应检验结果（见图 5-14）。

对于简单效应检验部分，写文章时可以这样报告：当从出生开始的饲养空间大时，药物类型的主效应显著，$F(1,\ 45)=9.52$，$p=0.003$，同接受安慰剂的大鼠相比，接受药物 A 的大鼠逃避潜伏期更短（见图 5-11）。然而，当从出生开始的饲养空间小时，药物类型的主效应不显著，$F<1$（当 F 值小于 1 时，通常不报告具体的 F 和 p 值，而简单写做 $F<1$）。

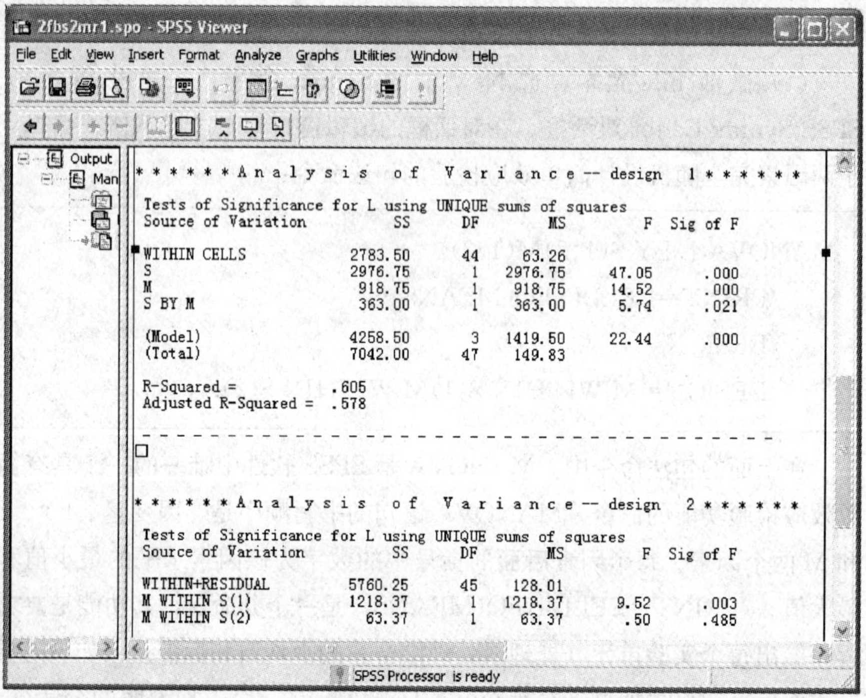

图 5-14　方差分析以及 M 在 S1 和 S2 两个水平上的简单效应检验结果

第四节　三因素完全随机实验设计

这种设计的特点是，研究中包含三个因素，这三个因素均为被试间变量。另外，不同的被试组采用随机分派程序确定。例如，一个研究包含有无同伴（C）、饲养空间大小（S）以及药物类型（M）三个因素。其中，有无同伴分无（C1，单独饲养）和有（C2，与其他大鼠一起饲养）两个水平，饲养空间仍然分大（S1）和小（S2）两个水平，药物类型也仍然分接受安慰剂（M1）和接受药物 A(M2）两个水平。三个因素均为被试间变量，且均为刺激或任务变量。因此，这是一个 2×2×2 被试间设计。研究者需要八组大鼠，即 C1S1M1、C1S1M2、C1S2M1、C1S2M2、C2S1M1、C2S1M2、C2S2M1 和 C2S2M2。如果八组大鼠是采用随机分派程序确定的，例如，将 96 只大鼠随机分派到上述八组中，那么，这就是一个 2×2×2 完全随机设计。

下面，我们结合这项研究介绍三因素完全随机设计的数据格式以及相应的数据分析方法。

一、数据格式

利用 Excel 软件中的"＝average()"命令，计算每只大鼠在若干次定位航行试验中的逃避潜伏期（单位为秒）的平均数，并整理成如下形式：

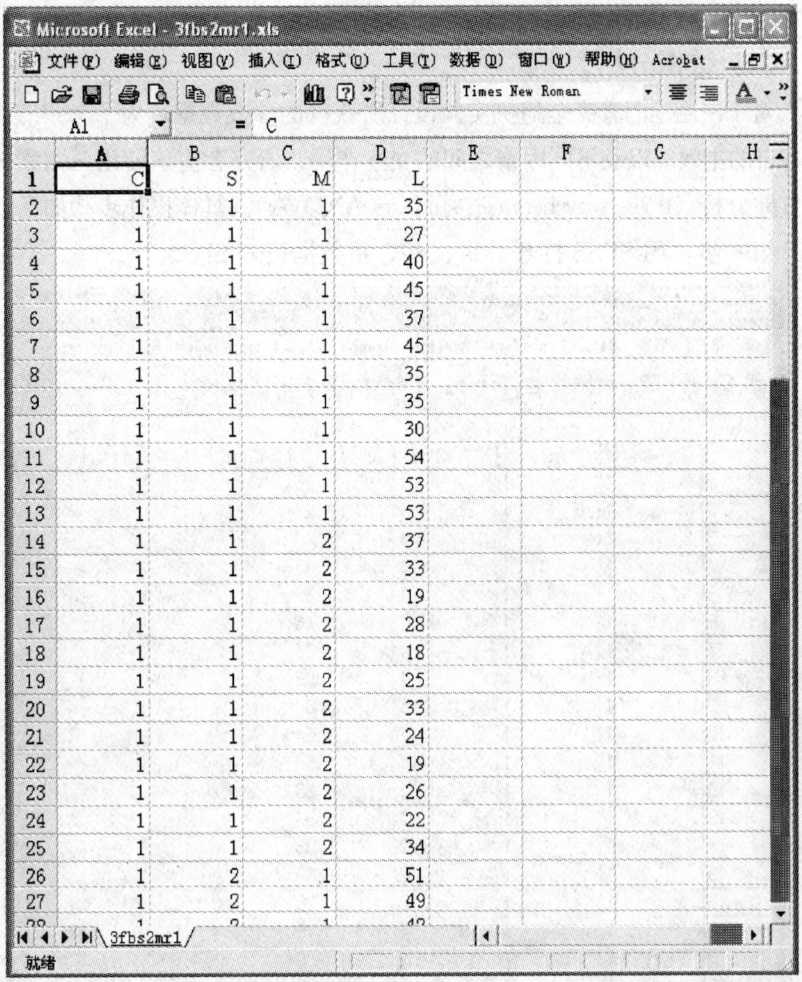

	A	B	C	D
1	C	S	M	L
2	1	1	1	35
3	1	1	1	27
4	1	1	1	40
5	1	1	1	45
6	1	1	1	37
7	1	1	1	45
8	1	1	1	35
9	1	1	1	35
10	1	1	1	30
11	1	1	1	54
12	1	1	1	53
13	1	1	1	53
14	1	1	2	37
15	1	1	2	33
16	1	1	2	19
17	1	1	2	28
18	1	1	2	18
19	1	1	2	25
20	1	1	2	33
21	1	1	2	24
22	1	1	2	19
23	1	1	2	26
24	1	1	2	22
25	1	1	2	34
26	1	2	1	51
27	1	2	1	49

其中，C、S 和 M 等三个字母的含义在本节开始部分已经提到过，L 仍然代表逃避潜伏期，为因变量。

由于三个因素均为被试间变量，且八个被试组是使用随机分派程序确定的，所以，八组大鼠的潜伏期数据应纵向排在同一列中。行 1 为变量名；行 2 至行 13 为第一组（C1S1M1）的数据；行 14 至行 25 为第二组（C1S1M2）的数据；行 26 至行 37 为第三组（C1S2M1）的数据……。一共 96 只大鼠，所以，总共应有 96 行数据（为节省篇幅，上图只显示了部分数据）。同一组内不同被试的实验数据在顺序上可任意排列。

将数据存成 .xls 格式的文件，以备使用 SPSS 进行进一步分析。

二、数据分析

对于使用三因素完全随机实验设计所获得的参数数据，为了考察三个因素各自的主效应以及不同因素之间的交互作用，研究者应该使用三因素被试间方差分析（three-way between-subjects ANOVA）。具体操作步骤如下。

第一步，用 SPSS 打开 .xls 文件，将数据读入 SPSS。

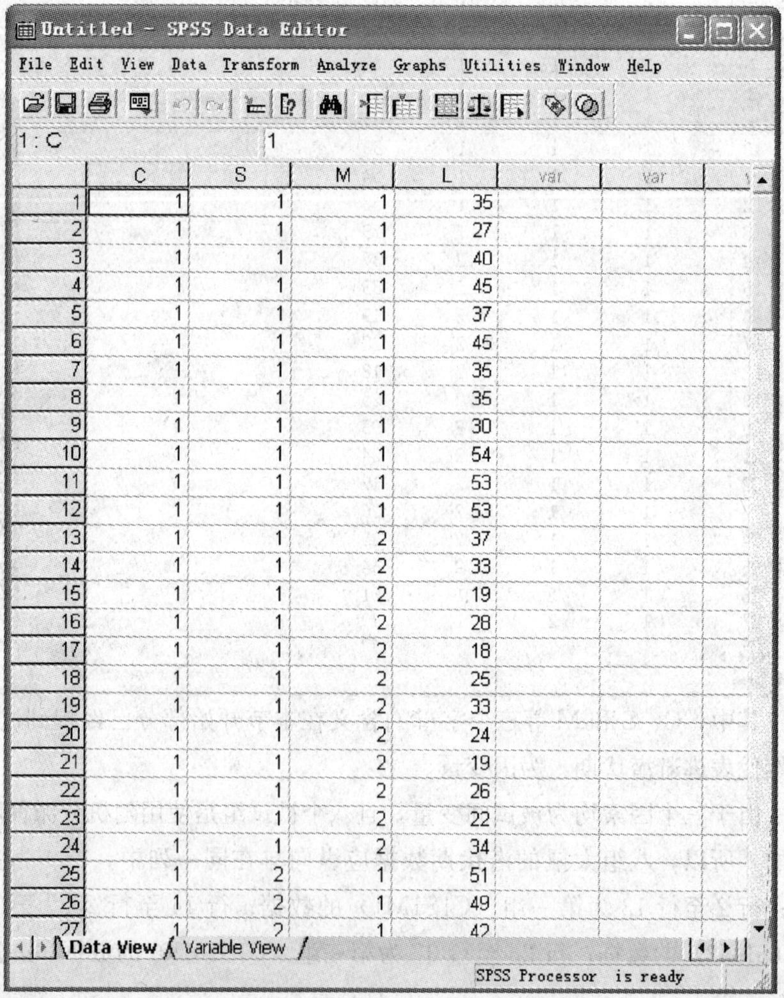

	C	S	M	L	var	var
1	1	1	1	35		
2	1	1	1	27		
3	1	1	1	40		
4	1	1	1	45		
5	1	1	1	37		
6	1	1	1	45		
7	1	1	1	35		
8	1	1	1	35		
9	1	1	1	30		
10	1	1	1	54		
11	1	1	1	53		
12	1	1	1	53		
13	1	1	2	37		
14	1	1	2	33		
15	1	1	2	19		
16	1	1	2	28		
17	1	1	2	18		
18	1	1	2	25		
19	1	1	2	33		
20	1	1	2	24		
21	1	1	2	19		
22	1	1	2	26		
23	1	1	2	22		
24	1	1	2	34		
25	1	2	1	51		
26	1	2	1	49		
27	1	2	1	42		

第二步，激活 Analyze 菜单，选 General Linear Model 中的 Univariate... 命令项，弹出 Univariate 对话框。

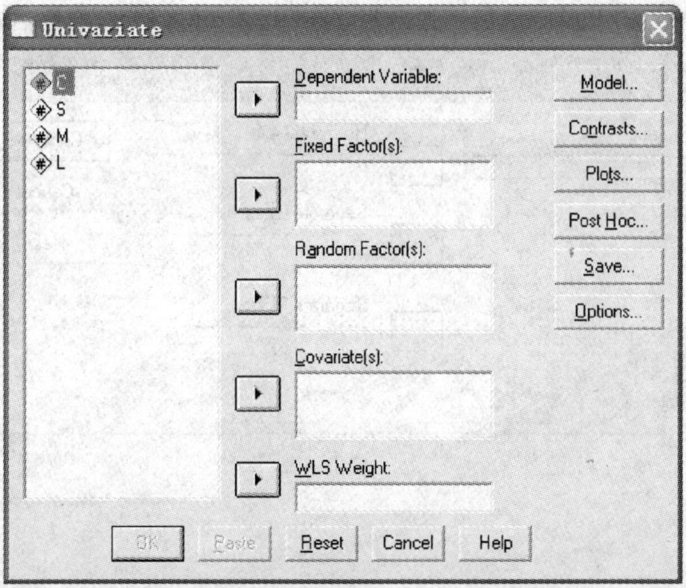

第三步，在对话框左侧的变量列表中，选因变量 L，点击▶钮使之进入 Dependent Variable 框；选自变量 C、S 和 M，点击▶钮使之进入 Fixed Factor〔s〕框。

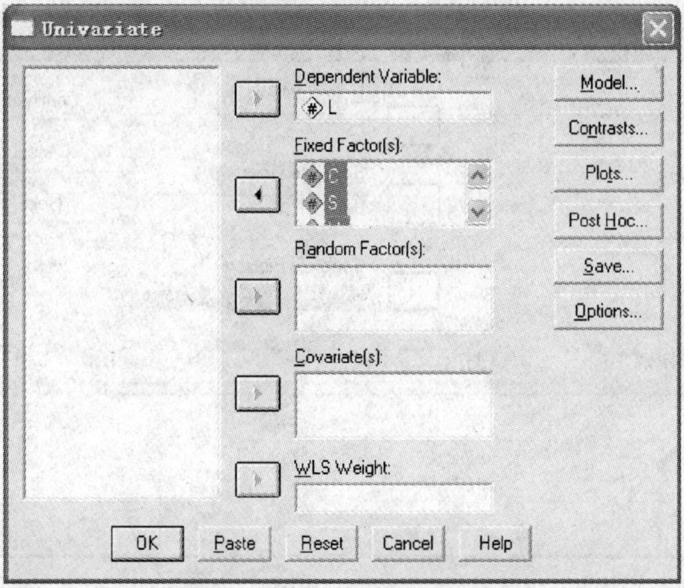

如果希望利用 SPSS 制作一个图来直观反映八组大鼠逃避潜伏期数据的平均数，那么，可以按如下步骤进行操作。

(1) 点击 Plots... 钮，弹出 Univariate:Profile Plots 对话框。

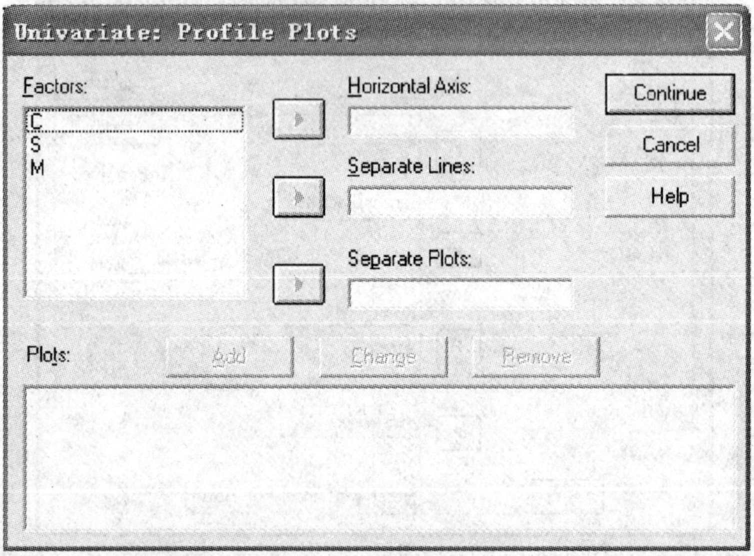

(2) 在对话框左侧的因素列表中，选因素 S，点击 ▸ 钮使之进入 Horizontal Axis 框；选因素 M，点击 ▸ 钮使之进入 Separate Lines 框；选因素 C，点击 ▸ 钮使之进入 Separate Plots 框。

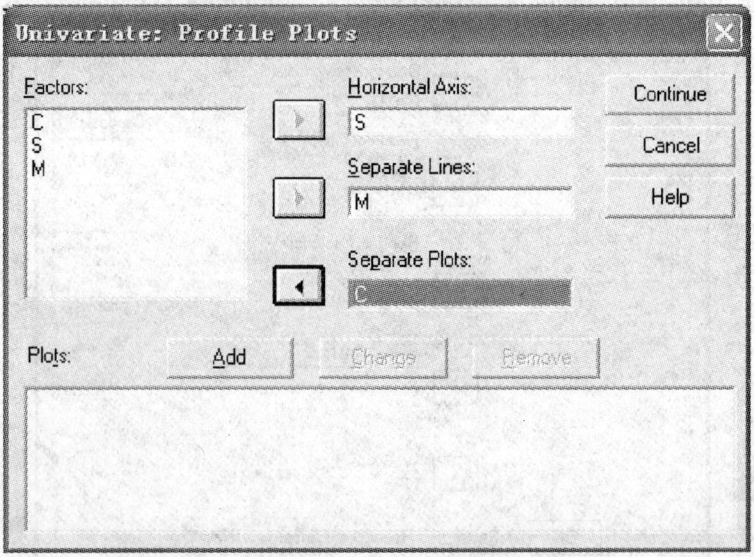

（3）点击 Add 钮。

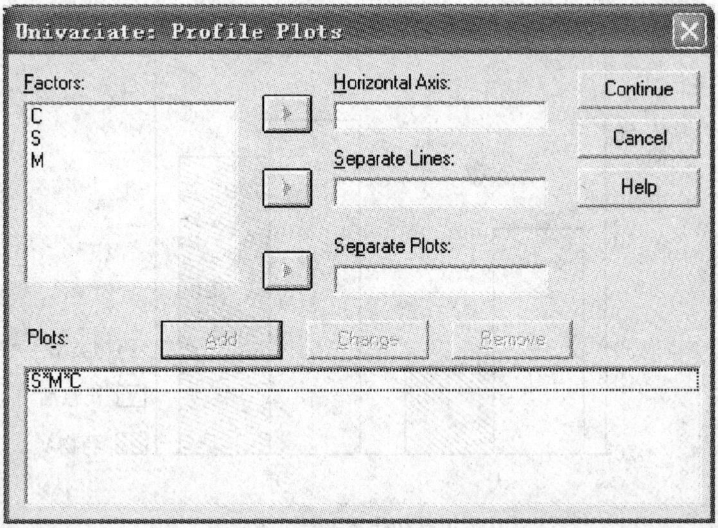

（4）点击 Continue 按钮，返回到 Univariate 对话框。然后，点击 OK 钮。输出中包含一个反映每组逃避潜伏期平均数的图。在该图上双击，利用弹出的 SPSS 图表编辑器，对原始输出图进行编辑（具体编辑过程从略）。这样，就可以制作出一个充分反映八组大鼠逃避潜伏期平均数、合乎研究者需要的并可最终出现在发表的文章中的图（见图 5-15）。

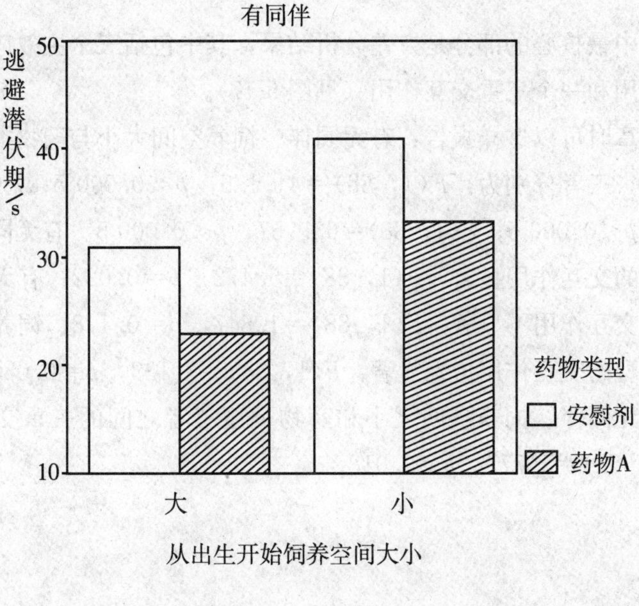

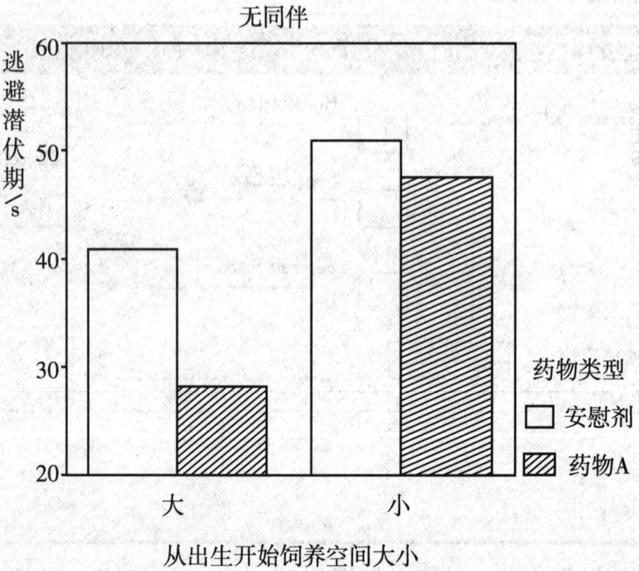

图 5-15　饲养空间大小与药物类型对大鼠逃避潜伏期的影响

如果在 Univariate 对话框中点击 Options 钮，并在所弹出的 Univariate:Options 对话框中，点击左下部分 Descriptive Statistics 旁边的小框，那么，输出的结果中将包含每组大鼠逃避潜伏期的平均数和标准差（见图 5-16）。

输出中最核心的部分是方差分析结果，其中包括三个主效应、三个两重交互作用和一个三重交互作用（见图 5-17）。

写文章时可以这样报告：有无同伴、饲养空间大小与药物类型的主效应均显著，三者分别为：$F(1, 88)=41.175$，$p<0.0005$；$F(1, 88)=92.340$，$p<0.0005$；$F(1, 88)=63.957$，$p<0.0005$。有无同伴与饲养空间大小的交互作用显著，$F(1, 88)=5.472$，$p=0.022$；有无同伴与药物类型的交互作用不显著，$F(1, 88)=1.847$，$p=0.178$；饲养空间大小与药物类型的交互作用边缘显著，$F(1, 88)=3.133$，$p=0.080$。更重要的是，有无同伴、饲养空间大小和药物类型三者之间的三重交互作用显著，$F(1, 88)=5.771$，$p=0.018$。

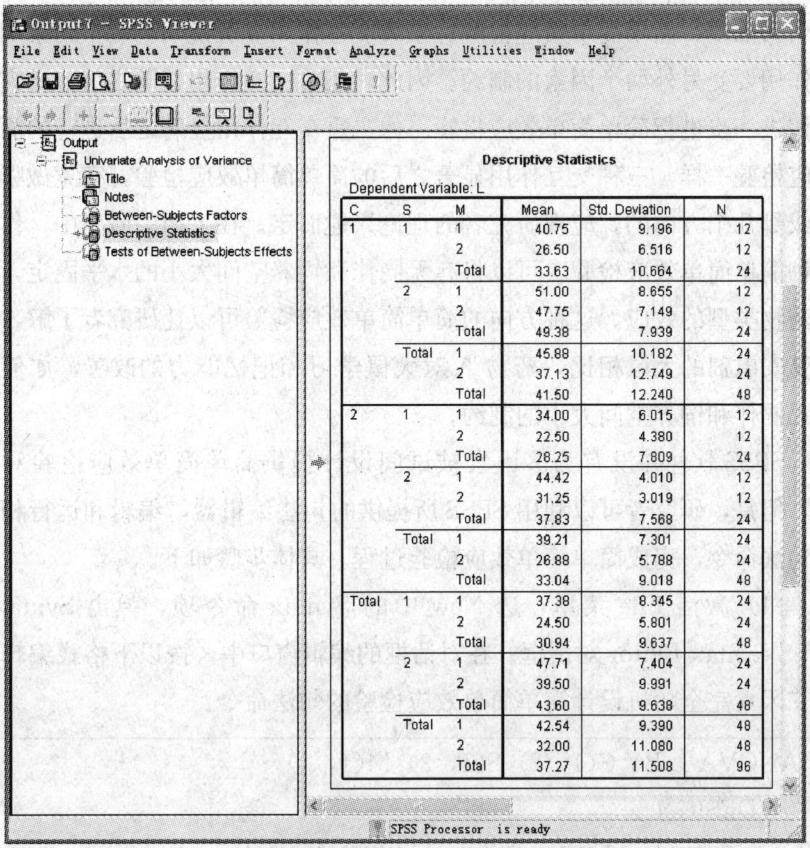

Descriptive Statistics

Dependent Variable: L

C	S	M	Mean	Std. Deviation	N
1	1	1	40.75	9.196	12
		2	26.50	6.516	12
		Total	33.63	10.664	24
	2	1	51.00	8.655	12
		2	47.75	7.149	12
		Total	49.38	7.939	24
	Total	1	45.88	10.182	24
		2	37.13	12.749	24
		Total	41.50	12.240	48
2	1	1	34.00	6.015	12
		2	22.50	4.380	12
		Total	28.25	7.809	24
	2	1	44.42	4.010	12
		2	31.25	3.019	12
		Total	37.83	7.568	24
	Total	1	39.21	7.301	24
		2	26.88	5.788	24
		Total	33.04	9.018	48
Total	1	1	37.38	8.345	24
		2	24.50	5.801	24
		Total	30.94	9.637	48
	2	1	47.71	7.404	24
		2	39.50	9.991	24
		Total	43.60	9.638	48
	Total	1	42.54	9.390	48
		2	32.00	11.080	48
		Total	37.27	11.508	96

图 5-16 描述统计结果

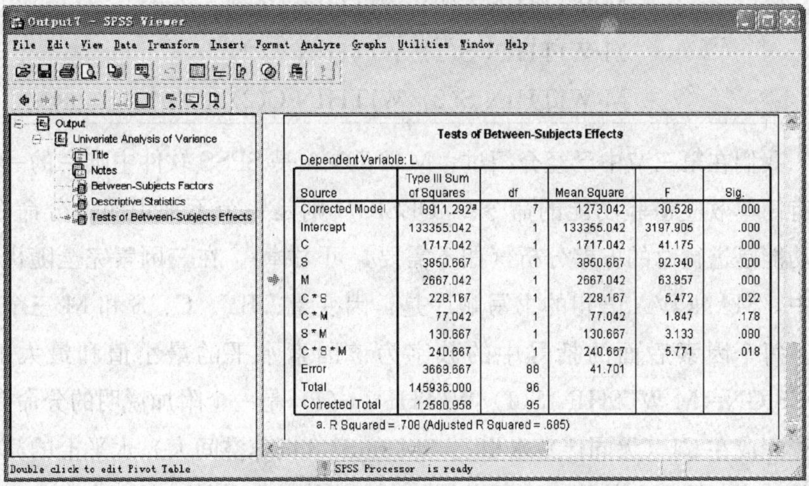

Tests of Between-Subjects Effects

Dependent Variable: L

Source	Type III Sum of Squares	df	Mean Square	F	Sig.
Corrected Model	8911.292[a]	7	1273.042	30.528	.000
Intercept	133355.042	1	133355.042	3197.905	.000
C	1717.042	1	1717.042	41.175	.000
S	3850.667	1	3850.667	92.340	.000
M	2667.042	1	2667.042	63.957	.000
C*S	228.167	1	228.167	5.472	.022
C*M	77.042	1	77.042	1.847	.178
S*M	130.667	1	130.667	3.133	.080
C*S*M	240.667	1	240.667	5.771	.018
Error	3669.667	88	41.701		
Total	145936.000	96			
Corrected Total	12580.958	95			

a. R Squared = .708 (Adjusted R Squared = .685)

图 5-17 三因素完全随机设计的方差分析结果

第四步，简单简单效应检验。三重交互作用显著说明，一个因素如何起作用要受另外两个因素的制约。因此，三重交互作用显著之后，研究者应该进一步进行简单简单效应检验。像二重交互作用显著之后进行的简单效应检验一样，三种交互作用显著之后的简单简单效应检验，究竟做哪一个或哪几个方向的，应视研究者的理论兴趣而定。在上面的研究中，作为一种简单简单效应检验，可以将有无同伴和饲养空间大小的水平固定，考察药物类型的效应。这种方向的简单简单效应检验可以让研究者了解，同接受安慰剂的大鼠相比，药物 A 对大鼠学习和记忆能力的改善，如何受有无同伴和饲养空间大小的制约。

SPSS 软件并没有为多因素被试间设计提供简单简单效应检验对话框，但是，研究者可以利用 SPSS 所提供的句法编辑器，编辑和运行相应的句法命令，完成简单简单效应检验过程。具体步骤如下。

(1) 激活 File 菜单，选 New 中的 Syntax 命令项，弹出 Syntax1-SPSS Syntax Editor 对话框。在对话框的编辑窗口中，按以下格式编辑用于三因素完全随机设计简单简单效应检验的句法命令：

```
MANOVA L BY C(1, 2) S(1, 2) M(1, 2)
  /DESIGN
  /DESIGN=M WITHIN S(1) WITHIN C(1)
          M WITHIN S(2) WITHIN C(1)
          M WITHIN S(1) WITHIN C(2)
          M WITHIN S(2) WITHIN C(2).
```

我们在第三节中已经介绍过，MANOVA 是 SPSS 软件中唯一的一个具有简单效应检验功能的命令。/DESIGN 则是一个不加说明的分命令，其功能是进行总的方差分析（如不需要，可去掉）。在三因素完全随机设计中，MANOVA 语句的书写顺序是：因变量、BY、C、S 和 M 三个因素。每个因素后面的括号中的数字为该因素水平的最小值和最大值。/DESIGN=M WITHIN S(1) WITHIN C(1) 是一个附加说明的分命令，负责完成在 C1（无同伴）水平上，M 在 S1（饲养空间大）水平上的简单简单效应。同理，其他三个同样是负责完成简单简单效应的分命令。

（2）激活 Run 菜单，选 All 命令项。输出的结果主要由两部分信息构成：一是“Analysis of Variance--design 1”标题下的完全的方差分析部分，包括三个主效应、三个二重交互作用以及一个三重交互作用；二是简单简单效应检验结果（见图 5-18）。

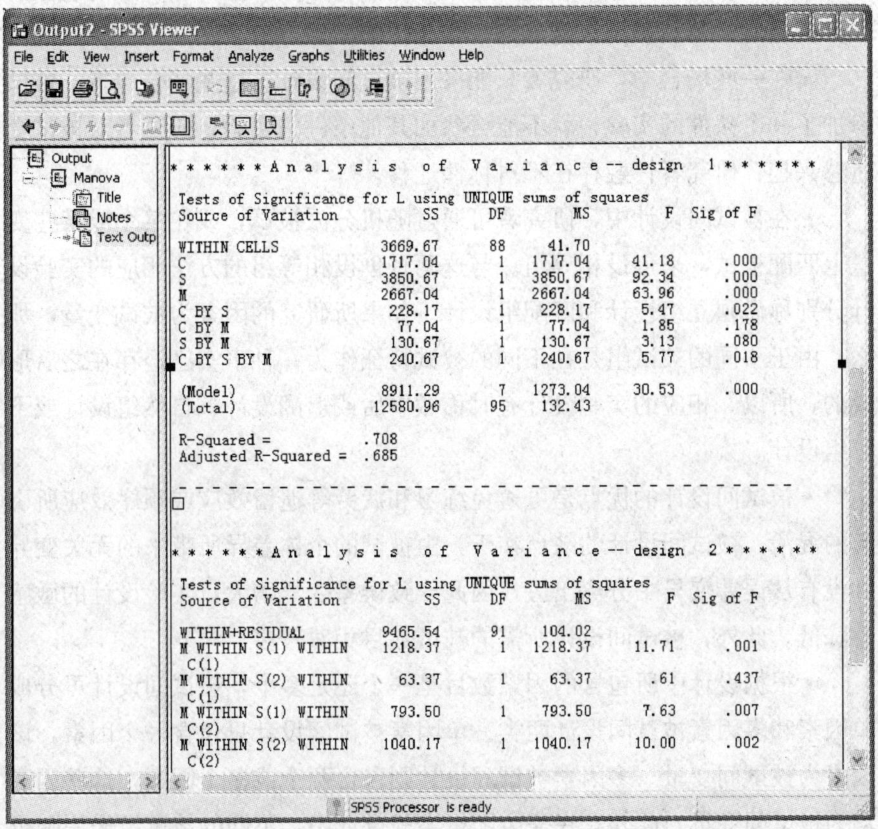

```
Output2 - SPSS Viewer
File  Edit  View  Insert  Format  Analyze  Graphs  Utilities  Window  Help

Output
  Manova
    Title
    Notes
    Text Outp

* * * * * * A n a l y s i s   o f   V a r i a n c e -- design  1 * * * * * *

Tests of Significance for L using UNIQUE sums of squares
Source of Variation          SS     DF       MS        F  Sig of F

WITHIN CELLS            3669.67     88     41.70
C                       1717.04      1   1717.04    41.18    .000
S                       3850.67      1   3850.67    92.34    .000
M                       2667.04      1   2667.04    63.96    .000
C BY S                   228.17      1    228.17     5.47    .022
C BY M                    77.04      1     77.04     1.85    .178
S BY M                   130.67      1    130.67     3.13    .080
C BY S BY M              240.67      1    240.67     5.77    .018

(Model)                 8911.29      7   1273.04    30.53    .000
(Total)                12580.96     95    132.43

R-Squared =                .708
Adjusted R-Squared =       .685

-------------------------------------------------------------------

* * * * * * A n a l y s i s   o f   V a r i a n c e -- design  2 * * * * * *

Tests of Significance for L using UNIQUE sums of squares
Source of Variation          SS     DF       MS        F  Sig of F

WITHIN+RESIDUAL         9465.54     91    104.02
M WITHIN S(1) WITHIN    1218.37      1   1218.37    11.71    .001
 C(1)
M WITHIN S(2) WITHIN      63.37      1     63.37      .61    .437
 C(1)
M WITHIN S(1) WITHIN     793.50      1    793.50     7.63    .007
 C(2)
M WITHIN S(2) WITHIN    1040.17      1   1040.17    10.00    .002
 C(2)

SPSS Processor  is ready
```

图 5-18　方差分析与简单简单效应检验结果

对于简单简单效应检验部分，写文章时可以这样报告：当大鼠与同伴一起饲养（有同伴）时，不论饲养空间大还是小，药物类型的主效应均显著，两者分别为 $F(1, 91)=7.63$，$p=0.007$，$F(1, 91)=10.00$，$p=0.002$，同接受安慰剂的大鼠相比，接受药物 A 的大鼠逃避潜伏期更短（见图 5-15 上半部分）。当大鼠单独饲养（无同伴）时，如果饲养空间大，那么，药物类型的主效应显著，$F(1, 91)=11.71$，$p=0.001$，同接受安慰剂的大鼠相比，接受药物 A 的大鼠逃避潜伏期更短（见图 5-15 下半部分)。然而，如果饲养空间小，那么，药物类型的主效应不显著，$F<1$。

本章主要观点

· 被试间设计也称非重复测量设计。在这种设计中，当因素为刺激或任务变量时，每名被试只能参加一个条件的实验。

· 在一些场合中，研究者只能采用被试间设计。这些场合包括：被试参加了一个条件的实验，就不能再参加其他条件的实验；研究者对被试变量感兴趣；研究者怀疑存在不对称性迁移。

· 在被试间设计中，研究者可通过随机分派被试，或在某个或某些变量上匹配被试，来创设相等组。与这两种创设相等组的方法相应的实验设计分别称做独立组设计和匹配组设计。如果所研究的因素为被试变量，那么，由于不同的被试组是在不同的被试特征作为一种事实已经存在之后形成的，所以，相应的实验设计有时称做事后或追溯设计、自然组设计或不等组设计。

· 被试间设计的优点是可避免练习和疲劳等遗留效应或顺序效应所引起的混淆。被试间设计的缺点在于，由被试的个体差异所带来的无关变异并没有从误差变异中分离出去，因此导致误差变异增大，实验设计的敏感性降低。此外，被试间设计所需的被试数目相对较多。

· 根据设计中所包含的因素数目是一个还是多个，被试间设计可分成单因素和多因素被试间设计两类。单因素被试间设计只包含一个因素，该因素为被试间变量。多因素被试间设计则包含两个或多个因素，这些因素均为被试间变量。此外，在完全随机实验设计中，不同的被试组采用随机分派程序来确定。

· 对于使用单因素独立组设计所获得的参数数据，为了比较不同组被试实验数据的平均数，研究者应该使用独立样本 t 检验（两组设计）或单因素被试间方差分析（三组或更多组设计）。

· 在单因素两组设计中，对于使用匹配组设计所获得的参数数据，为了比较两组被试实验数据的平均数，研究者应该使用相关样本 t 检验（也称成对样本 t 检验）。

· 在两因素被试间设计中，当两个因素之间的交互作用显著时，研究者应该进一步进行简单效应检验。

·在三因素被试间设计中，当三重交互作用显著时，研究者应该进一步进行简单简单效应检验。

思考题

1. 被试间设计适用于哪些场合？

2. 被试间设计所面临的主要问题是什么？如何解决这些问题？

3. 被试间设计有哪些优点和弱点？

4. 单因素两组设计有哪些不同形式？这些不同形式的设计的数据格式和分析方法有何不同？

5. 以三组设计为例，说明单因素完全随机多组设计的特点、数据格式和数据分析方法。

6. 以 2×3 完全随机实验设计为例，说明简单效应的含义。

7. 以 3×2×2 完全随机设计为例，说明简单简单效应的含义。

8. 以 2×2 完全随机设计为例，说明两因素完全随机实验设计的特点、数据格式和数据分析方法。

9. 以 2×2×2 完全随机设计为例，说明三因素完全随机实验设计的特点、数据格式和数据分析方法。

第六章
被试内设计

在前一章中，我们介绍了被试间设计。在这类设计中，不同条件之间的比较是在不同被试之间进行的。被试间设计由于误差变异中包含了个体差异所引起的无关变异，因此实验设计的敏感性较低。本章中，我们介绍一种敏感性更高的设计——被试内设计。与被试间设计不同，在被试内设计中，不同条件之间的比较在被试内部进行。

第一节　被试内设计概述

一、被试内设计的含义

正像我们在第四章提到的那样，在被试内设计中，每名被试都要参加所有条件（即自变量的所有水平）的实验。例如，在比较规则字（声旁与整字语音相同，如“帽”）和不规则字（声旁与整字语音不同，如“猜”）命名反应时差异的研究中，每个被试既命名规则字，也命名不规则字。由于实验中每名被试都接受全部处理或处理结合，因此，被试内设计也称重复测量设计。此外，由于不同条件之间的比较是在同一组被试内部进行的，所以，这种设计也称组内设计。我们在第二章介绍的一种额外变量的控制方法——兼作组法，实际上就是组内设计。

被试内设计中的因素称做被试内因素或被试内变量，这些变量通常为刺激或任务变量，而不可能是被试变量。例如，在规则—不规则字研究中，规则性就是一个被试内变量，每名被试参加该变量的全部水平（即规则和不规则）的实验。在这里，规则性属于刺激变量。

二、被试内设计的优点

在保证数据量相同的前提下，同被试间设计相比，被试内设计所需被试数目迅速减少。这是被试内设计的一个明显的优点。例如，在规则—不规则字研究中，采用被试内设计，可能 15 名有效被试（正确率不低于一定数值，如 85%）就足够了。如果采用被试间设计，则需 30 名有效被试。假设一个研究包含 7 个条件，如果采用被试间设计，那么，研究者需要 7 组被试，每组 15 名，总共需要 105 名。然而，如果采用被试内设计，15 名被试就足够了——节省了 90 名被试！

更重要的是，被试内设计能够彻底分离由被试间的个体差异所引起的误差——这种误差是被试间设计所面临的最突出的问题。在被试内设计中，由于因素的不同水平的实验使用了同一批被试，所以，研究者所观察到的因素的不同水平之间的差异，不可能用被试的个体差异来解释。此外，在被试内设计中，研究者可以分离出由被试的个体差异所引起的变异，使得误差变异中不再包含由被试的个体差异所引起的变异（舒华，1994）。这样，同被试间设计相比，被试内设计对平均数间的微小差异更为敏感，因而可提高实验的敏感性。因此，在条件适合时，如被试参加了一个条件的实验，还可以再参加其他条件的实验的情况下，如果实验处理的效应较小、不易观察，那么，同被试间设计相比，被试内设计是一种更好的选择。

三、被试内设计面临的主要问题及其解决办法

正像我们在第二章第三节所讨论过的那样，被试内设计带来的一个问题是实验中可能存在序列效应，包括遗留效应和顺序效应。其中，练习和疲劳等遗留效应可采用各种抵消平衡法加以控制。然而，抵消平衡法无法控制顺序效应。如果怀疑存在顺序效应，那么，研究者应该放弃被试内设计而改用被试间设计。

根据设计中所包含的因素数目是一个还是多个，被试内设计可分成单因素被试内设计和多因素被试内设计两类。下面的三节内容分别介绍单因素、两因素和三因素三种不同类型的被试内设计。

第二节　单因素被试内设计

一、单因素被试内两水平设计

这种设计的特点是，研究中只包含一个因素，该因素为被试内变量，

并且只有两个水平。下面以前面提到的规则—不规则字命名研究为例，介绍这种设计的数据格式以及相应的数据分析方法。

（一）数据格式

在规则—不规则字命名研究中，只包含一个因素，即规则性。它是一个被试内变量，分规则和不规则两个水平。该研究的目的是考察同规则字相比，被试对不规则字的命名反应时是否更长。假设整个实验包含 40 个汉字，规则字和不规则字各半。20 名被试参加实验。利用 Excel 软件中的“=average()”命令，计算每名被试每种字的平均命名反应时，整理成如下形式：

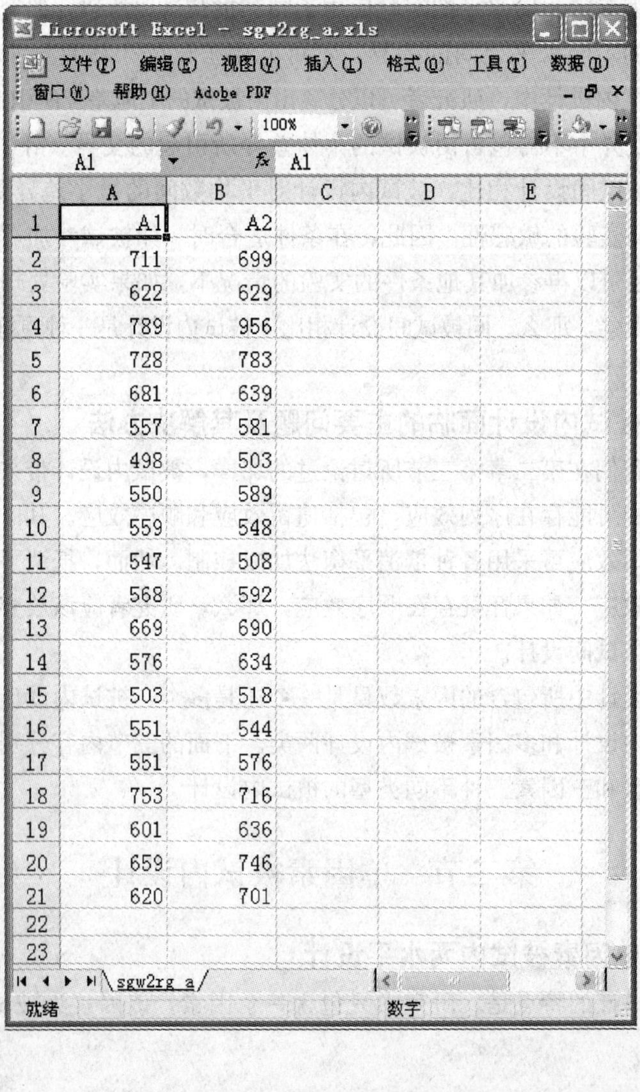

	A	B	C	D	E
1	A1	A2			
2	711	699			
3	622	629			
4	789	956			
5	728	783			
6	681	639			
7	557	581			
8	498	503			
9	550	589			
10	559	548			
11	547	508			
12	568	592			
13	669	690			
14	576	634			
15	503	518			
16	551	544			
17	551	576			
18	753	716			
19	601	636			
20	659	746			
21	620	701			
22					
23					

需要注意的是，由于规则性为被试内变量，所以，同一名被试两个不同水平——规则字（A1）和不规则字（A2）——的反应时平均数（为 20 次试验的平均数），应该安排在同一行。因为有 20 名被试参加实验，所以，一共有 20 行数据。将数据文件存成 .xls 格式，以备进一步分析。

（二）数据分析

第一步，用 SPSS 打开 .xls 文件，将数据读入 SPSS。

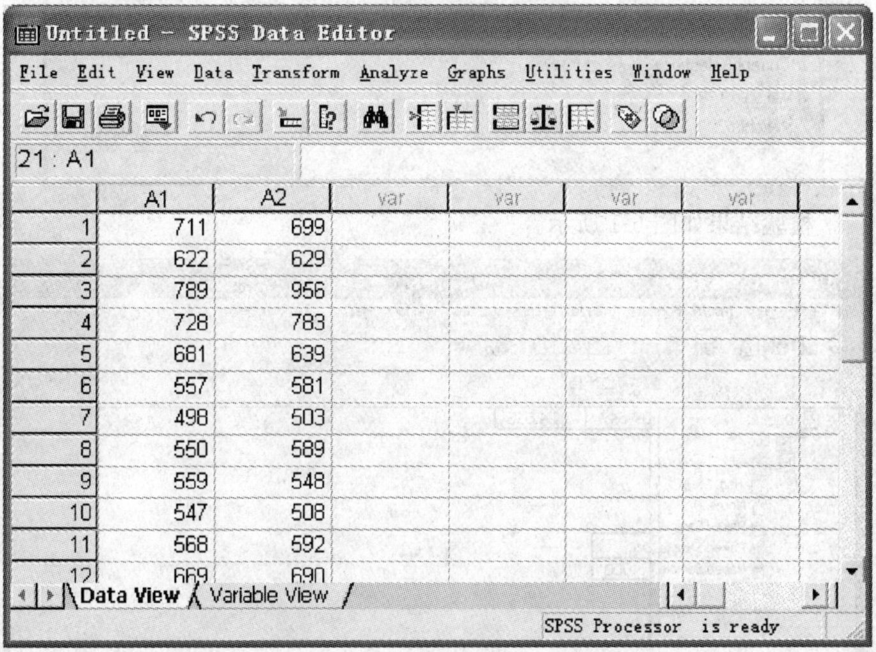

第二步，成对样本 t 检验。在单因素被试内两水平设计中，为了确定两个平均数之间的差异究竟是一种偶然还是由于自变量水平的变化造成的，最普遍的统计分析方法是成对样本 t 检验。在规则—不规则字命名研究中，规则性为被试内变量，所以，对规则字与不规则字之间命名反应时平均数（分别为 615 毫秒和 640 毫秒）的差异，应该采用成对样本 t 检验（paired-samples t test）进行分析。具体步骤如下。

首先，激活 Analyze 菜单，选 Compare Means 中的 Paired-Samples T Test... 命令项，弹出 Paired-Samples T Test 对话框。然后，在对话框左

侧的变量列表中，选变量 A1 和 A2，点击 ▸ 钮使之进入 Paired Variables 框。最后，点击 OK 钮，开始进行 t 检验。

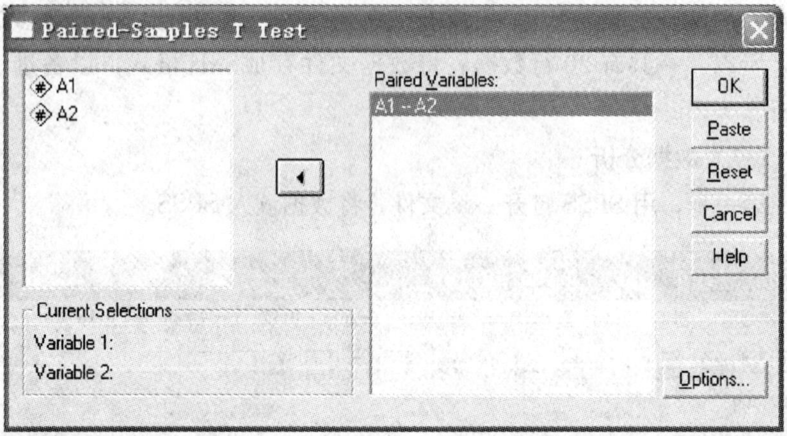

检验结果如图 6-1 所示。

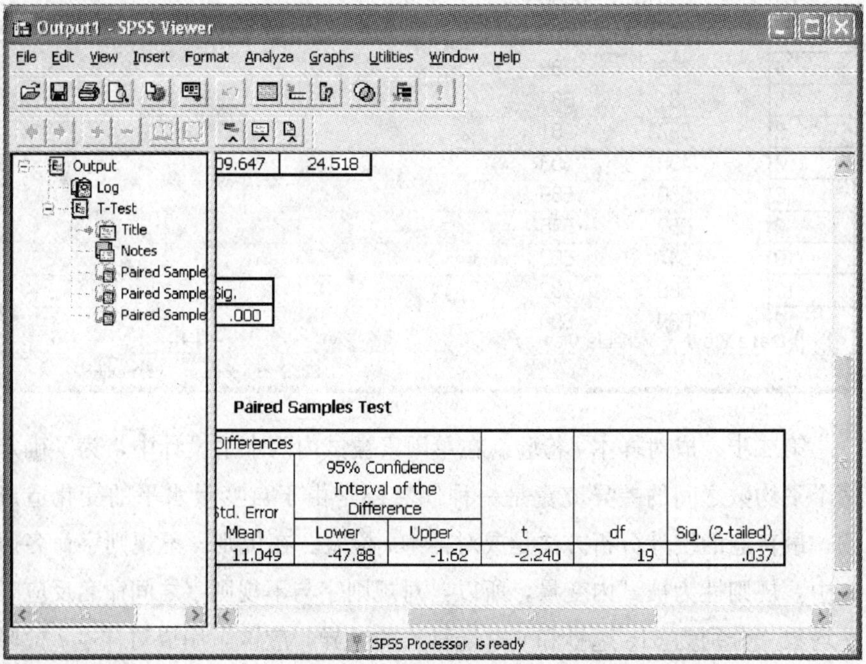

图 6-1 成对样本 t 检验结果

显然，t 检验结果表明，规则字与不规则字之间的命名反应时差异显著，$t=-2.240$，$p=0.037$，同规则字相比，被试对不规则字的命名更慢。

二、单因素被试内多水平设计

这种设计的特点是，研究中只包含一个因素，该因素为被试内变量，水平数≥3。下面以一个假设的汉字命名的启动效应（priming effects）实验为例，介绍这种设计的数据格式以及相应的数据分析方法。

在该实验的每次试验中，计算机屏幕中央都先后呈现两个汉字——分别称做启动字和目标字。被试的任务是尽可能快和准确地命名（即大声读出）第二个汉字，即目标字。研究者感兴趣的问题是，如果人们在对目标字（如“柏”）进行命名之前，先看到一个语音相同（如“摆”）或语义相关（如“松”）的启动字，那么，人们对目标字命名的反应时是否会缩短？为了回答这个问题，研究者对启动字与目标字之间的关联性进行操纵，并将关联性分为如下三个水平。（1）语音相同（A1）。例如，启动字为“摆”，目标字为“柏”，二者同音。（2）语义相关（A2）。例如，启动字为“松”，目标字为“柏”，二者在语义上相关。（3）无关（A3）。例如，启动字为“沟”，目标字为“柏”，二者无任何关系。

研究者预期，同无关条件相比，在语音相同或语义相关条件下，被试汉字命名的反应时更短，即出现语音或语义启动效应。

（一）数据格式

在上面的汉字命名实验中，只包含一个因素，即关联性。它是一个被试内变量，分语音相同、语义相关和无关三个水平。该研究的目的是考察同 A3 条件相比，A1 和 A2 条件下被试判断的反应时是否更短。假设 18 名被试参加实验。利用 Excel 软件中的“＝average()”命令，计算每名被试每种条件下的反应时平均数，整理成如下页图的形式。

需要注意的是，由于关联性为被试内变量，所以，同一名被试三个不同水平——A1、A2 和 A3——的反应时平均数（为若干次试验的平均数），应该安排在同一行。因为有 18 名被试参加实验，所以，一共有 18 行数据。将数据文件存成 .xls 格式，以备进一步分析。

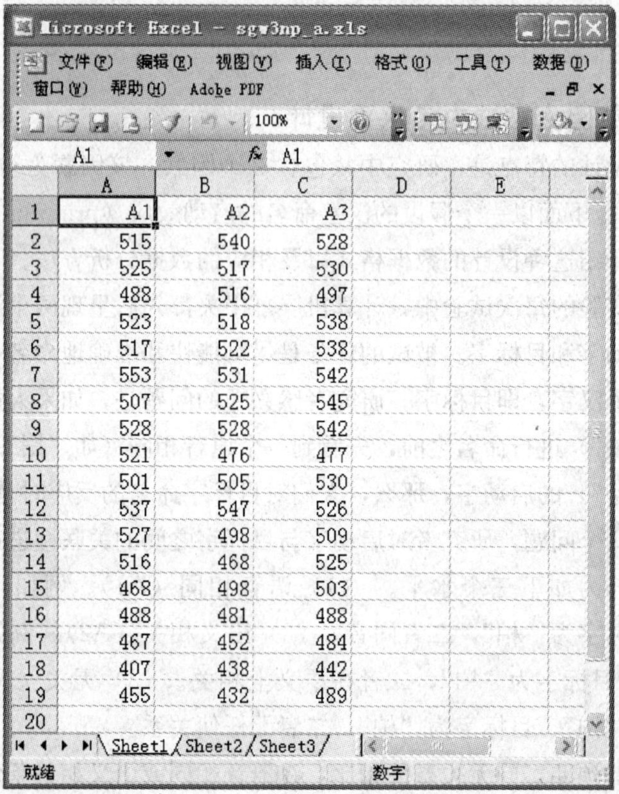

	A	B	C	D	E
1	A1	A2	A3		
2	515	540	528		
3	525	517	530		
4	488	516	497		
5	523	518	538		
6	517	522	538		
7	553	531	542		
8	507	525	545		
9	528	528	542		
10	521	476	477		
11	501	505	530		
12	537	547	526		
13	527	498	509		
14	516	468	525		
15	468	498	503		
16	488	481	488		
17	467	452	484		
18	407	438	442		
19	455	432	489		
20					

（二）数据分析

第一步，用 SPSS 打开 .xls 文件，将数据读入 SPSS。

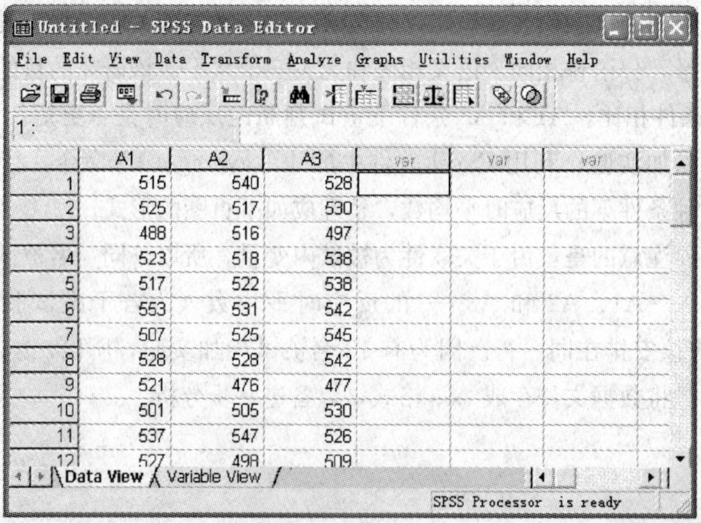

	A1	A2	A3	var	var	var
1	515	540	528			
2	525	517	530			
3	488	516	497			
4	523	518	538			
5	517	522	538			
6	553	531	542			
7	507	525	545			
8	528	528	542			
9	521	476	477			
10	501	505	530			
11	537	547	526			
12	527	498	509			

第二步，重复测量方差分析。在单因素被试内三水平设计中，为了确定三个平均数之间的差异究竟是一种偶然还是由于自变量水平的变化造成的，研究者一般采用重复测量方差分析，即 F 检验。具体步骤如下。

(1) 激活 Analyze 菜单，选 General Linear Model 中的 Repeated Measures... 命令项，弹出 Repeated Measures Define Factor(s) 对话框。在对话框的 Within-Subject Factor Name 和 Number of Levels 的后面，分别填入被试内变量的名称（本例中应该填 A，初始为 factor1）和该变量所包含的水平数（本例中应该填 3）。

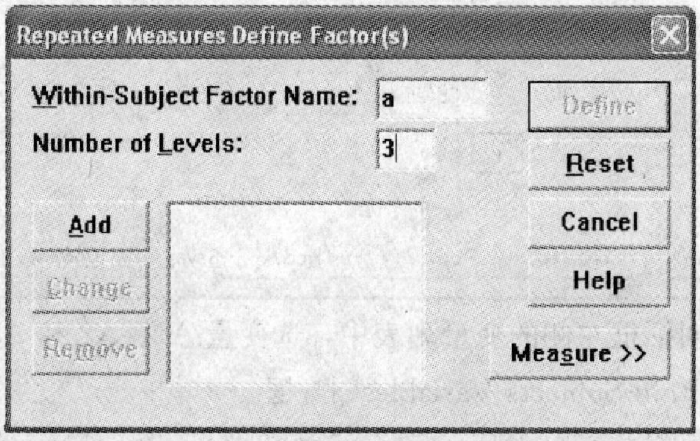

注：填入“A”，SPSS 软件自动显示“a”。下同。

(2) 点击 Add 钮。

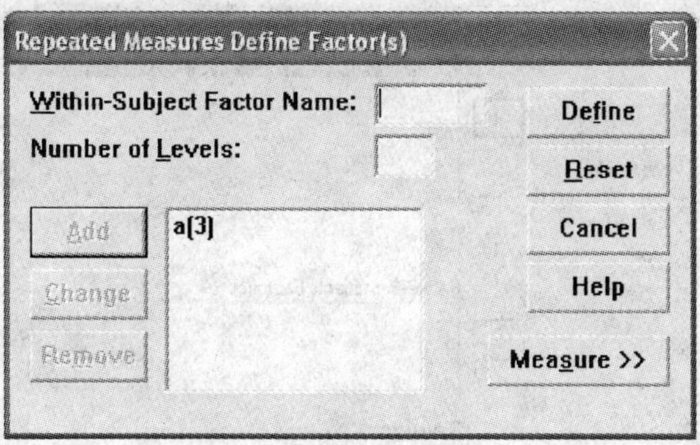

（3）点击 Define 钮，弹出 Repeated Measures 对话框。

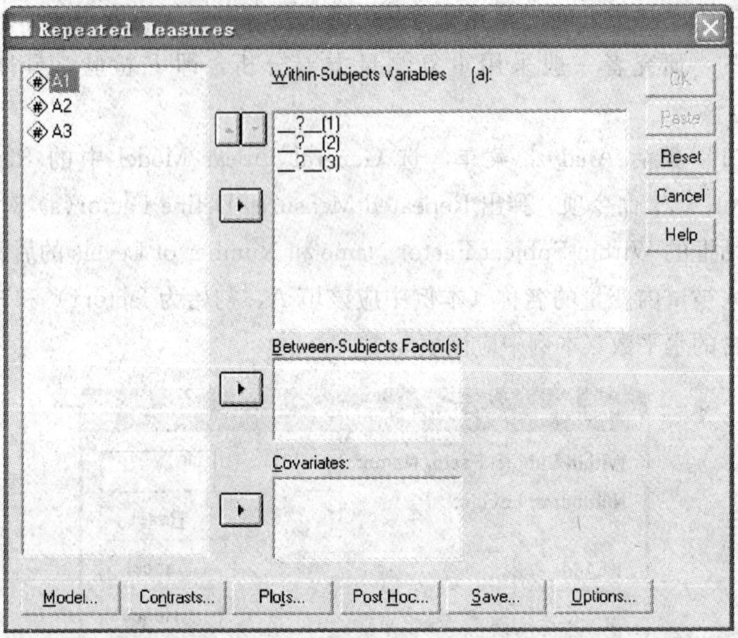

（4）在对话框左侧的变量列表中，选变量 A1、A2 和 A3，点击▶钮使之进入 Within-Subjects Variables〔a〕框。

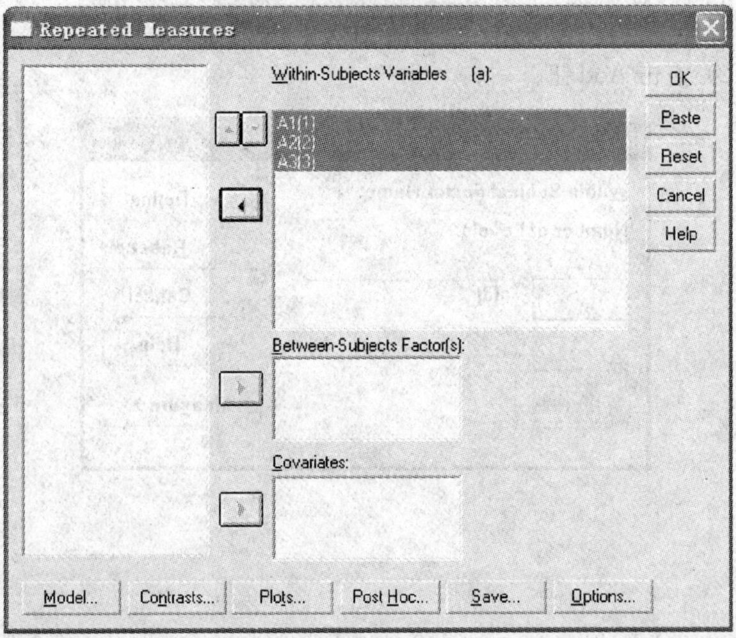

(5) 点击 OK 钮，开始进行 F 检验。输出结果如图 6-2 所示。

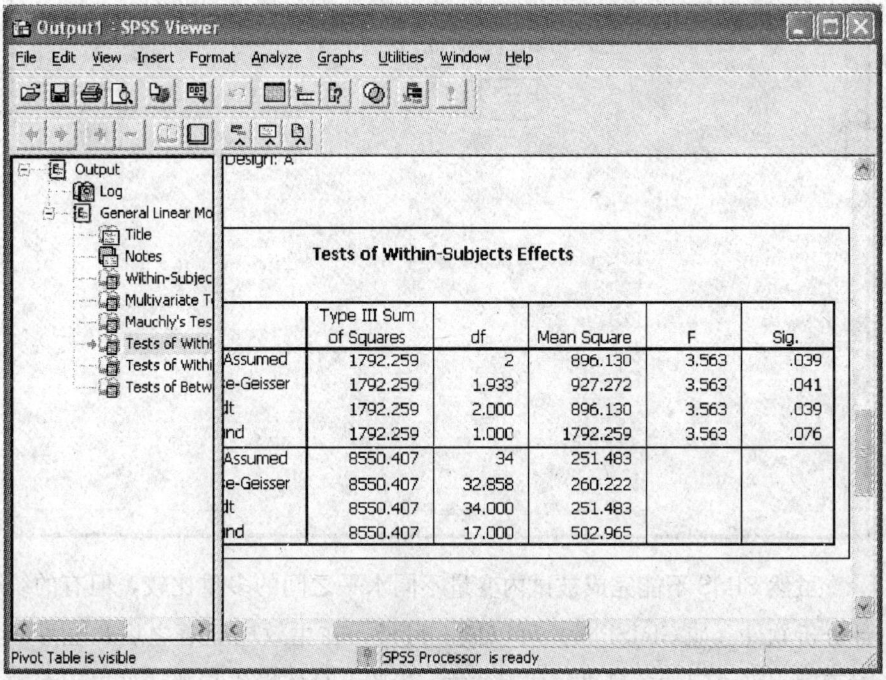

Tests of Within-Subjects Effects

	Type III Sum of Squares	df	Mean Square	F	Sig.
Assumed	1792.259	2	896.130	3.563	.039
e-Geisser	1792.259	1.933	927.272	3.563	.041
dt	1792.259	2.000	896.130	3.563	.039
nd	1792.259	1.000	1792.259	3.563	.076
Assumed	8550.407	34	251.483		
e-Geisser	8550.407	32.858	260.222		
dt	8550.407	34.000	251.483		
nd	8550.407	17.000	502.965		

图 6-2 单因素被试内设计的方差分析结果

因为所感兴趣的是被试内变量的效应，所以，应该阅读 Test of Within-Subjects Effects 部分的结果。汉字命名实验中，输出的结果显示，关联性的效应显著，$F(2, 34)=3.563$，$p=0.039$，说明三个平均数之间存在差异。为了确定究竟是哪些平均数之间存在差异，研究者需要进行事后的多重比较（post hoc multiple comparison）。然而，SPSS 软件所提供的多重比较只能用于被试间因素不同水平之间的比较。

在汉字命名实验中，关联性为被试内变量，它所包含的三个水平之间的多重比较无法使用 SPSS 来完成。如果在步骤（4）中的 Repeated Measures 对话框中点击 Post Hoc... 按钮，会弹出一个不能进行任何操作的对话框。

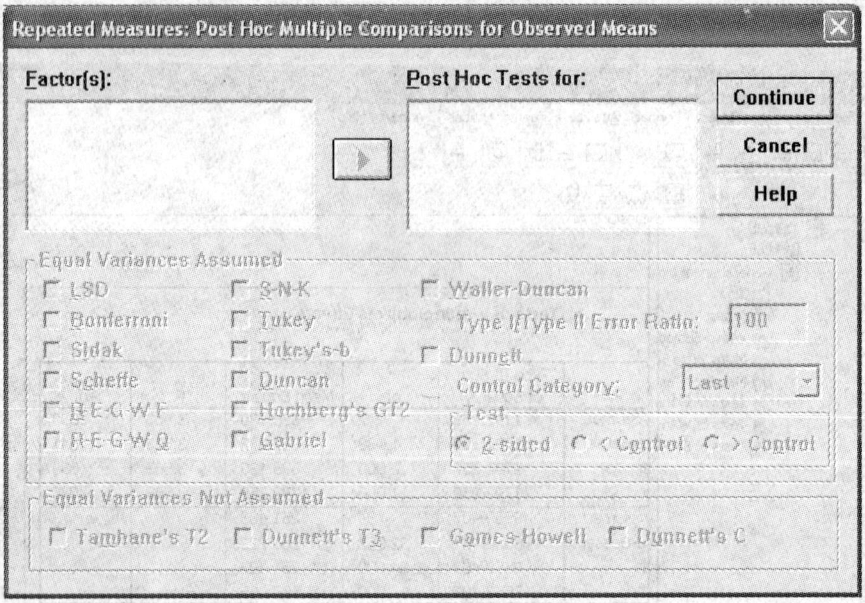

虽然 SPSS 不能完成被试内变量不同水平之间的多重比较，但有的统计分析软件（如 CRISP①）可以做。另外，在主效应显著之后，也可以对不同水平之间的差异进行成对样本 t 检验，具体操作步骤请见单因素被试内两水平设计的数据分析部分。

第三节　两因素被试内设计

这种设计的特点是，研究中包含两个因素，这两个因素均为被试内变量，每个因素可有两个或更多个水平。下面以高低频规则—不规则字的命名研究为例，介绍这种设计的数据格式以及相应的数据分析方法。

一、数据格式

在高低频规则—不规则字命名研究中，包含字频（A）和规则性（B）两个因素，二者均为被试内变量，前者分高频和低频两个水平，后者分规

① 该软件并不常用，所以，我们不对该软件的使用方法作具体介绍。

则和不规则两个水平。因此，这是一个 2×2 被试内设计，包含四种条件，即高频规则字（A1B1）、高频不规则字（A1B2）、低频规则字（A2B1）和低频不规则字（A2B2）。该研究的目的是考察同规则字相比，被试对不规则字的命名反应时是否更长，以及二者之间的差异是否受字频的影响。假设整个实验包含 80 个汉字，高频字和低频字各半。无论是在高频字还是在低频字中，规则字和不规则字都各占一半。20 名被试参加实验。利用 Excel 软件中的“＝average()”命令，计算每名被试每种条件下的平均命名反应时，整理成如下形式：

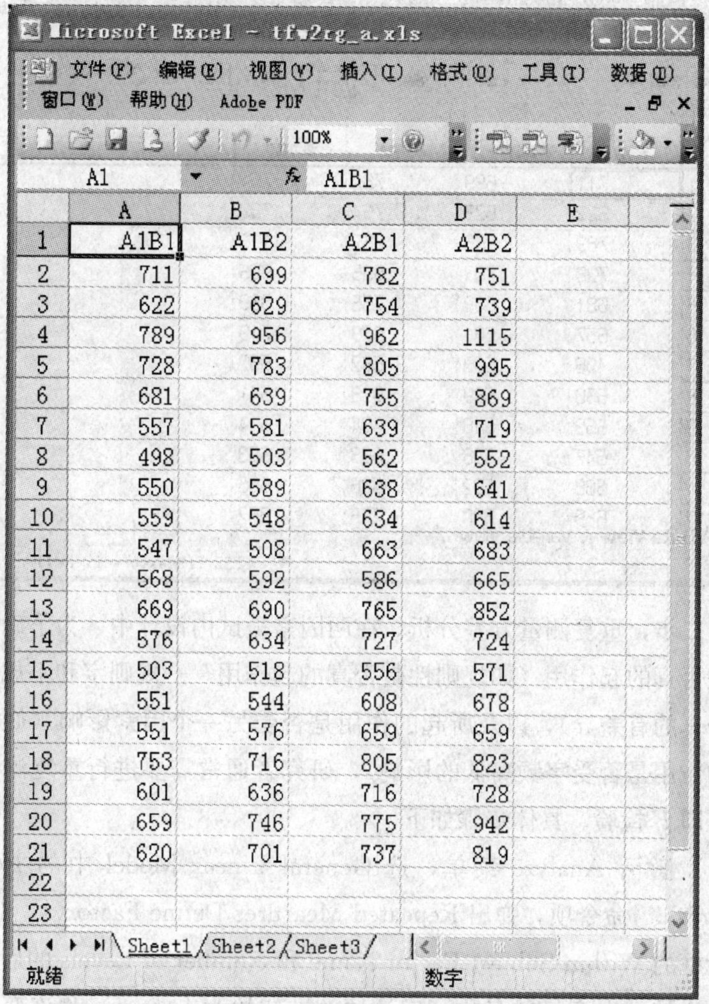

	A	B	C	D	E
1	A1B1	A1B2	A2B1	A2B2	
2	711	699	782	751	
3	622	629	754	739	
4	789	956	962	1115	
5	728	783	805	995	
6	681	639	755	869	
7	557	581	639	719	
8	498	503	562	552	
9	550	589	638	641	
10	559	548	634	614	
11	547	508	663	683	
12	568	592	586	665	
13	669	690	765	852	
14	576	634	727	724	
15	503	518	556	571	
16	551	544	608	678	
17	551	576	659	659	
18	753	716	805	823	
19	601	636	716	728	
20	659	746	775	942	
21	620	701	737	819	
22					
23					

由于字频和规则性均为被试内变量，所以，同一名被试四个不同条件——A1B1、A1B2、A2B1 和 A2B2——的反应时平均数（为 20 次试验的平均数），应该安排在同一行。因为有 20 名被试参加实验，所以，一共有 20 行数据。将数据文件存成 .xls 格式，以备进一步分析。

二、数据分析

第一步，用 SPSS 打开 .xls 文件，将数据读入 SPSS。

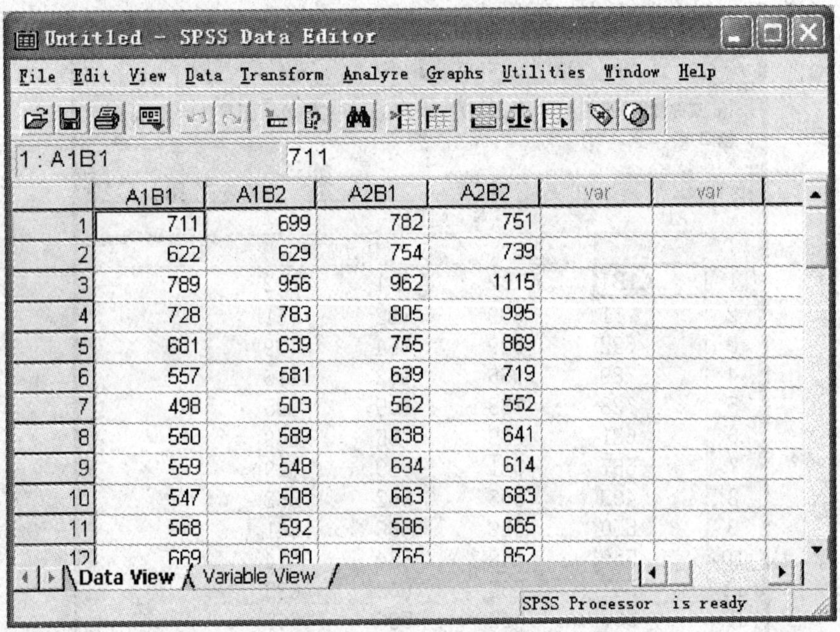

	A1B1	A1B2	A2B1	A2B2	var	var
1	711	699	782	751		
2	622	629	754	739		
3	789	956	962	1115		
4	728	783	805	995		
5	681	639	755	869		
6	557	581	639	719		
7	498	503	562	552		
8	550	589	638	641		
9	559	548	634	614		
10	547	508	663	683		
11	568	592	586	665		
12	669	690	765	852		

第二步，重复测量方差分析。在两因素被试内设计中，为了确定每个因素是否真的起作用（如规则性是否真的起作用——规则字和不规则字之间是否真的有差异），以及所起的作用是否受另一个因素影响（如规则性所起的作用是否受字频高低的影响），研究者通常需要进行重复测量方差分析，即 F 检验。具体步骤如下。

(1) 激活 Analyze 菜单，选 General Linear Model 中的 Repeated Measures... 命令项，弹出 Repeated Measures Define Factor(s) 对话框。在对话框的 Within-Subject Factor Name 和 Number of Levels 的后面，填入第一个被试内变量的名称（应该填 A，初始为 factor1）和该变量所包

含的水平数（应该填 2）。

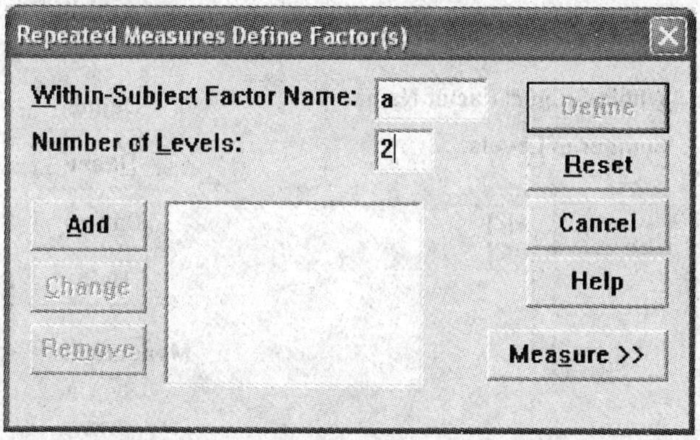

（2）点击 Add 钮。

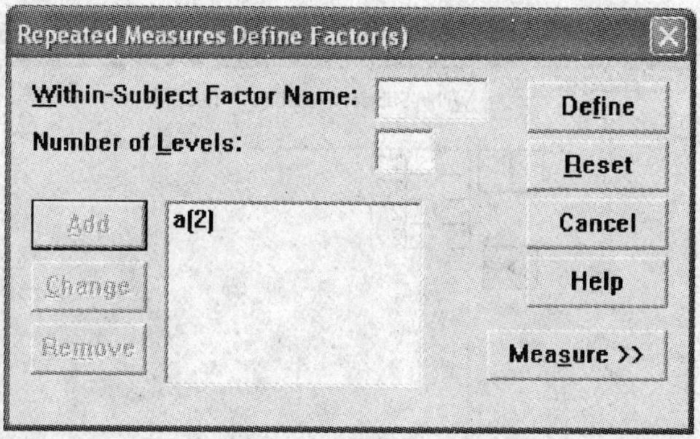

（3）填入第二个被试内变量的名称（应该填 B）和该变量所包含的水平数（应该填 2）。

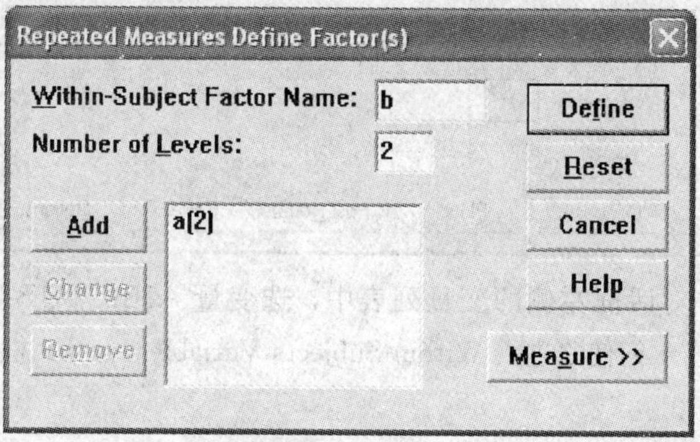

（4）点击 Add 钮。

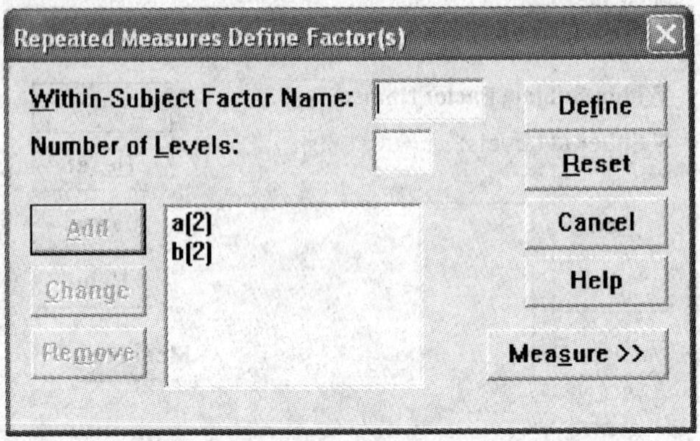

（5）点击 Define 钮，弹出 Repeated Measures 对话框。

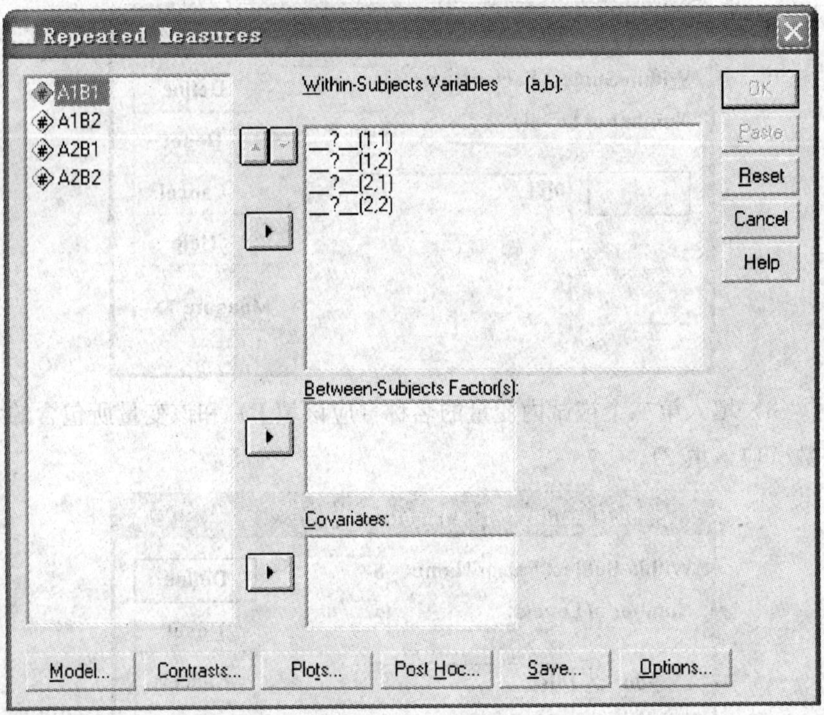

（6）在对话框左侧的变量列表中，选变量 A1B1、A1B2、A2B1 和 A2B2，点击 ▸ 钮使之进入 Within-Subjects Variables〔a，b〕框。

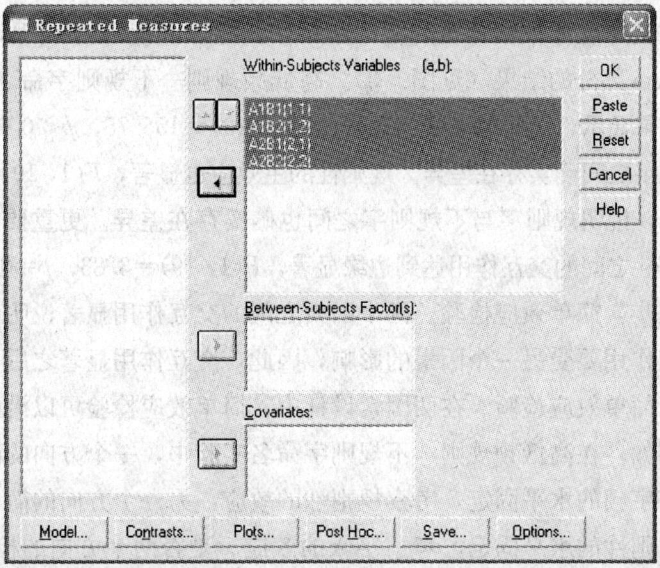

（7）点击 OK 钮，开始进行 F 检验。输出结果如图 6-3 所示。

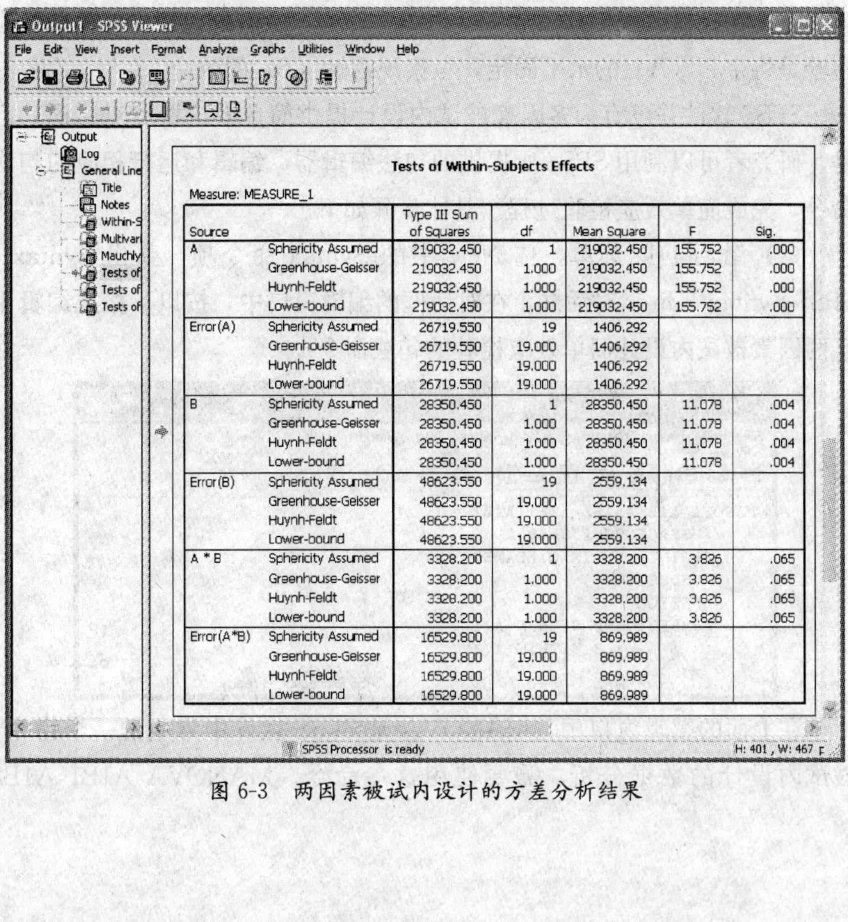

Tests of Within-Subjects Effects

Measure: MEASURE_1

Source		Type III Sum of Squares	df	Mean Square	F	Sig.
A	Sphericity Assumed	219032.450	1	219032.450	155.752	.000
	Greenhouse-Geisser	219032.450	1.000	219032.450	155.752	.000
	Huynh-Feldt	219032.450	1.000	219032.450	155.752	.000
	Lower-bound	219032.450	1.000	219032.450	155.752	.000
Error(A)	Sphericity Assumed	26719.550	19	1406.292		
	Greenhouse-Geisser	26719.550	19.000	1406.292		
	Huynh-Feldt	26719.550	19.000	1406.292		
	Lower-bound	26719.550	19.000	1406.292		
B	Sphericity Assumed	28350.450	1	28350.450	11.078	.004
	Greenhouse-Geisser	28350.450	1.000	28350.450	11.078	.004
	Huynh-Feldt	28350.450	1.000	28350.450	11.078	.004
	Lower-bound	28350.450	1.000	28350.450	11.078	.004
Error(B)	Sphericity Assumed	48623.550	19	2559.134		
	Greenhouse-Geisser	48623.550	19.000	2559.134		
	Huynh-Feldt	48623.550	19.000	2559.134		
	Lower-bound	48623.550	19.000	2559.134		
A * B	Sphericity Assumed	3328.200	1	3328.200	3.826	.065
	Greenhouse-Geisser	3328.200	1.000	3328.200	3.826	.065
	Huynh-Feldt	3328.200	1.000	3328.200	3.826	.065
	Lower-bound	3328.200	1.000	3328.200	3.826	.065
Error(A*B)	Sphericity Assumed	16529.800	19	869.989		
	Greenhouse-Geisser	16529.800	19.000	869.989		
	Huynh-Feldt	16529.800	19.000	869.989		
	Lower-bound	16529.800	19.000	869.989		

图 6-3　两因素被试内设计的方差分析结果

在被试内设计数据分析的输出结果中，应该阅读 Test of Within-Subjects Effects 部分的结果（见图 6-3）。高低频规则—不规则字命名实验中，输出的结果显示，字频的主效应显著，$F(1, 19)=155.75$，$p<0.000\,5$，说明高低频字之间确实存在差异。规则性的主效应也显著，$F(1, 19)=11.08$，$p=0.004$，说明规则字与不规则字之间也确实存在差异。更重要的是，字频与规则性之间的交互作用达到边缘显著，$F(1, 19)=3.83$，$p=0.065$。

第三步，简单效应检验。两个因素之间的交互作用显著说明，一个因素如何起作用要受另一个因素的影响，因此，交互作用显著之后，应该进一步进行简单效应检验。在两因素设计中，简单效应检验可以沿两个方向进行。例如，在高低频规则—不规则字命名实验中，一个方向的简单效应检验是将字频的水平固定，考察规则性的效应，另一个方向的简单效应检验是将规则性的水平固定，考察字频的效应。是否两个方向的检验都做，如果只做一个方向的，究竟做哪一个方向的，这些都应视研究者的理论兴趣而定。在高低频规则—不规则字命名实验中，更有理论意义的简单效应检验是将字频（A）的水平固定，考察规则性（B）的效应。

SPSS 软件并没有为多因素被试内设计提供简单效应检验对话框，但是，研究者可以利用 SPSS 所提供的句法编辑器，编辑和运行相应的句法命令，完成简单效应检验过程。具体步骤如下。

（1）激活 File 菜单，选 New 中的 Syntax 命令项，弹出 Syntax1-SPSS Syntax Editor 对话框。在对话框的编辑窗口中，按以下格式编辑用于两因素被试内设计简单效应检验的句法命令。

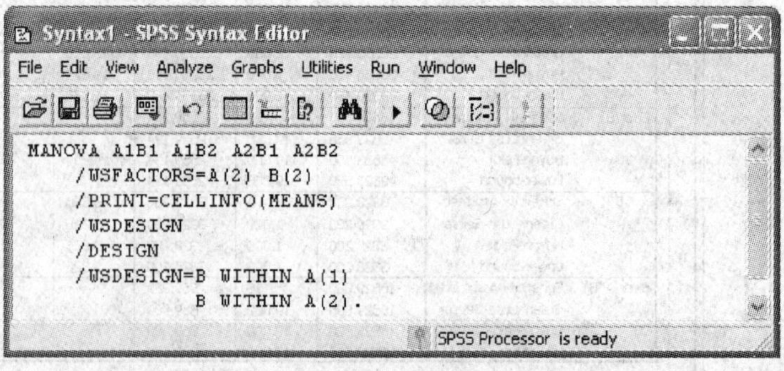

在上面的编辑窗口中，MANOVA 是 SPSS 软件中常用的一个命令，被试内设计的数据分析，需要使用这一命令。MANOVA A1B1 A1B2

A2B1 A2B2 表示被试内因素有两个，每个因素各有两个水平；/WSFACTORS=A(2) B(2) 是一个分命令，用来指定被试内因素的名称及水平数；/PRINT=CELLINFO(MEANS) 是另外一个分命令，其功能是要求程序给出每个实验单元的平均数和标准差；/WSDESIGN 是一个不加说明的分命令；/DESIGN 是进行简单效应检验所必须使用的一个特殊的分命令；/WSDESIGN=B WITHIN A(1) 是一个附加说明的分命令，所完成的是 B 在 A1 水平上的简单效应，即高频字中的规则性效应，而 B WITHIN A(2) 是附加说明的 WSDESIGN 分命令的另一部分，所完成的是 B 在 A2 水平上的简单效应，即低频字中的规则性效应。

不加说明的/WSDESIGN 和/DESIGN 与附加说明的/WSDESIGN 三个分命令加在一起，使程序既能完成完全的方差分析，又能完成简单效应检验。特别需要注意的是，不加说明的/WSDESIGN 分命令是必要的！如果不包含不加说明的/WSDESIGN 分命令，而只包含另两个分命令，那么，SPSS 程序将无法正常运行，相应的输出中会出现错误提示信息（Error ＃ 12068）。

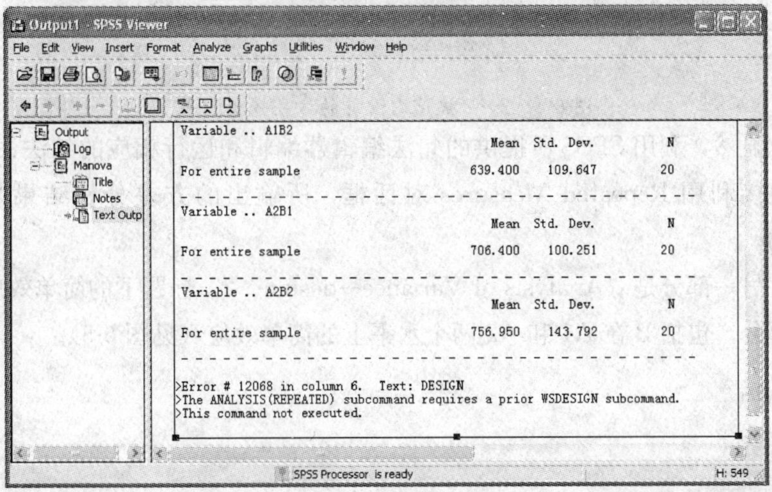

（2）激活 Run 菜单，选 All 命令项，输出结果。所输出的结果主要由两部分信息构成。一是“Analysis of Variance--design 1”标题下的完全的方差分析部分，包括每个因素的主效应以及二者之间的交互作用（见图 6-4）。

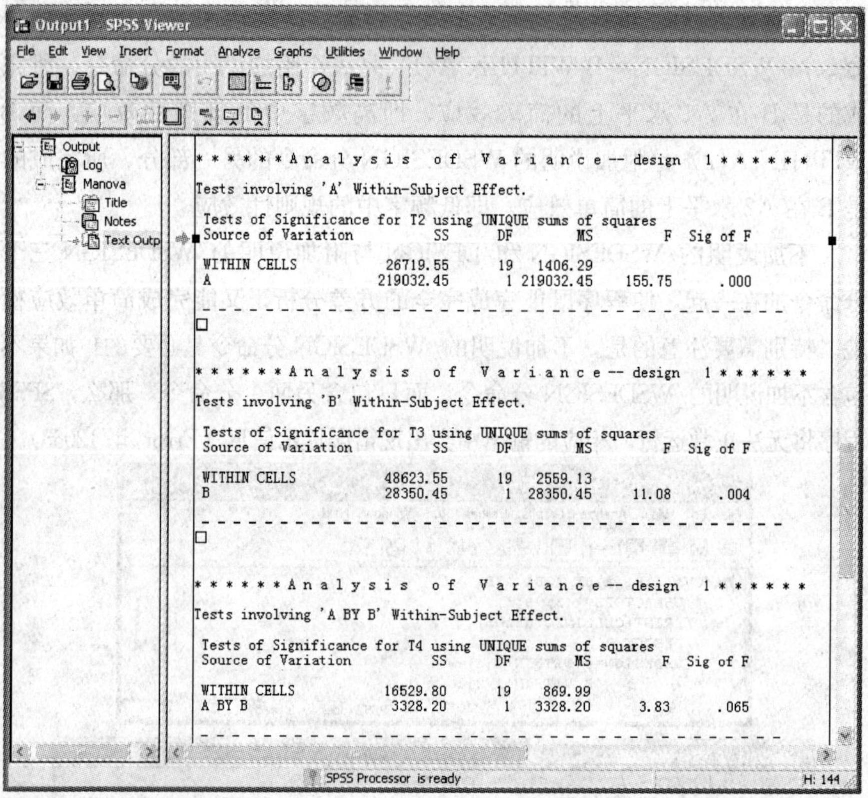

图 6-4 2×2 被试内设计的方差分析结果

显然，利用 SPSS 所提供的句法编辑器编辑和运行相应的句法命令，与直接利用 Repeated Measures 对话框，所输出的方差分析结果是一样的。

另一部分是“Analysis of Variance--design 2”标题下的简单效应检验部分，包括 B 在 A1 和 A2 两个水平上的简单效应（见图 6-5）。

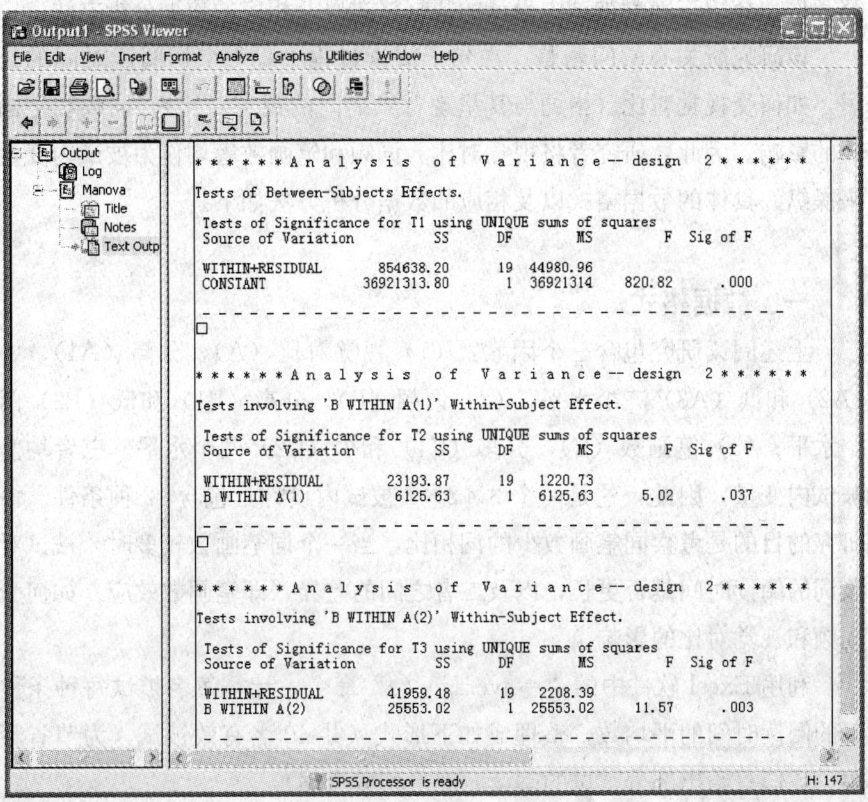

图 6-5　B在A1和A2两个水平上的简单效应

上面的结果显示，在A1（高频字）水平上，B（规则性）的简单效应显著，$F(1, 19)=5.02$，$p=0.037$；在A2（低频字）水平上，B（规则性）的简单效应也显著，并且显著性水平更高，$F(1, 19)=11.57$，$p=0.003$。这些结果说明，规则性效应（即规则字与不规则字之间的差异）受字频高低的影响，同高频字相比，在低频字中，规则性效应更大。

第四节　三因素被试内设计

这种设计的特点是，研究中包含三个因素，这三个因素均为被试内变量，每个因素可有两个或更多个水平。本节中，我们以一个假设的阅读研究为例，介绍三因素被试内设计的数据格式以及相应的数据分析方法。

该研究所关心的问题是，在句子阅读过程中，一个词阅读时间的长短，如何受视觉对比（指词与其呈现背景之间的视觉对比）、词频和笔画数的影响。为此，研究者将视觉对比、词频和笔画数等均作为被试内变量来操纵。具体的数据格式以及相应的数据分析方法如下。

一、数据格式

上述阅读研究包含三个因素：（1）视觉对比（A），分高（A1）、中（A2）和低（A3）三个水平；（2）词频（B），分高（B1）和低（B2）两个水平；（3）笔画数（C），分多（C1）和少（C2）两个水平。三者均为被试内变量。因此，这是一个 3×2×2 被试内设计，包含 12 种条件。该研究的目的是考察同笔画数少的词相比，当一个词笔画数较多时，被试对该词的阅读时间是否更长，以及二者之间的差异（即笔画数效应）如何受词频和视觉对比的影响。

利用 Excel 软件中的"＝average（）"命令，计算每名被试每种条件下的阅读时间的平均数，整理成如下形式（共 40 名有效被试，为节省篇幅，我们只给出部分被试的阅读时间平均数数据）：

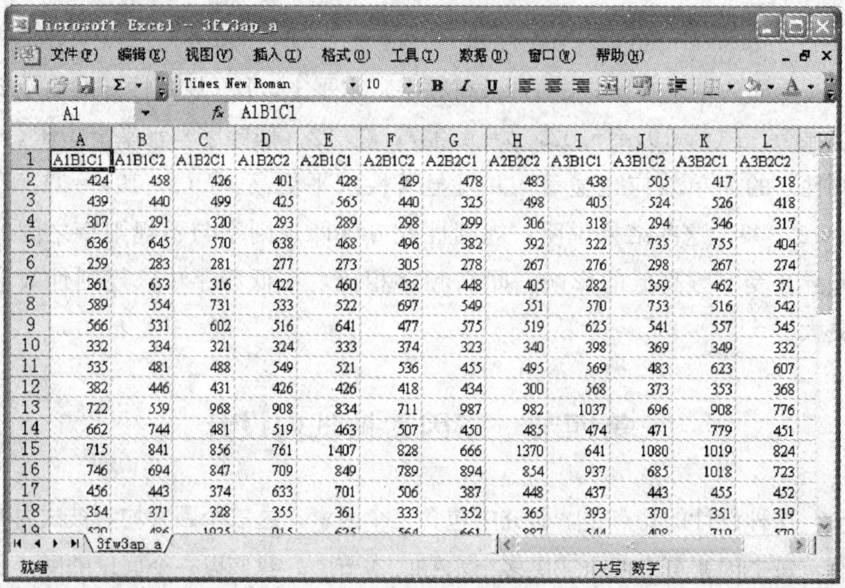

	A	B	C	D	E	F	G	H	I	J	K	L
1	A1B1C1	A1B1C2	A1B2C1	A1B2C2	A2B1C1	A2B1C2	A2B2C1	A2B2C2	A3B1C1	A3B1C2	A3B2C1	A3B2C2
2	424	458	426	401	428	429	478	483	438	505	417	518
3	439	440	499	425	565	440	325	498	405	524	526	418
4	307	291	320	293	289	298	299	306	318	294	346	317
5	636	645	570	638	468	496	382	592	322	735	755	404
6	259	283	281	277	273	305	278	267	276	298	267	274
7	361	653	316	422	460	432	448	405	282	359	462	371
8	589	554	731	533	522	697	549	551	570	753	516	542
9	566	531	602	516	641	477	575	519	625	541	557	545
10	332	334	321	324	333	374	323	340	398	369	349	332
11	535	481	488	549	521	536	455	495	569	483	623	607
12	382	446	431	426	426	418	434	300	568	373	353	368
13	722	559	968	908	834	711	987	982	1037	696	908	776
14	662	744	481	519	463	507	450	485	474	471	779	451
15	715	841	856	761	1407	828	666	1370	641	1080	1019	824
16	746	694	847	709	849	789	894	854	937	685	1018	723
17	456	443	374	633	701	506	387	448	437	443	455	452
18	354	371	328	355	361	333	352	365	393	370	351	319

由于视觉对比、词频和笔画数均为被试内变量，所以，同一名被试12个不同条件（A1B1C1，…，A3B2C2）的阅读时间平均数应该安排在同一行。因为一共有40名有效被试的数据，所以，一共应该有40行数据。将数据文件存成.xls格式，以备进一步分析。

二、数据分析

第一步，用SPSS打开.xls文件，将数据读入SPSS。

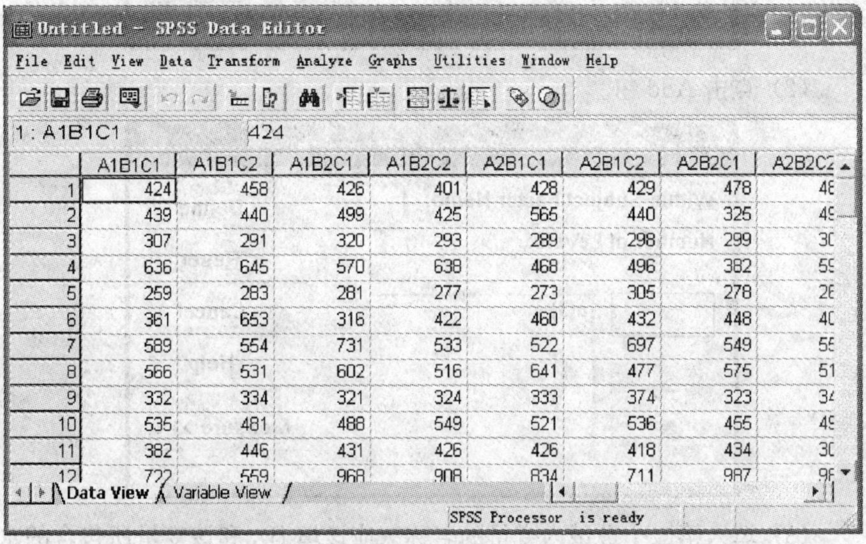

第二步，重复测量方差分析。在三因素被试内设计中，为了确定每个因素是否真的起作用（如笔画数是否真的起作用——笔画数多和少之间是否真的有差异），以及所起的作用是否受其他因素影响（如笔画数所起的作用是否受视觉对比和词频的影响），研究者通常需要进行重复测量方差分析，即 F 检验。具体步骤如下。

（1）激活 Analyze 菜单，选 General Linear Model 中的 Repeated Measures... 命令项，弹出 Repeated Measures Define Factor(s) 对话框。在对话框的 Within-Subject Factor Name 和 Number of Levels 的后面，填入第一个被试内变量的名称（应该填A，初始为factor1）和该变量所包含的水平数（应该填3）。

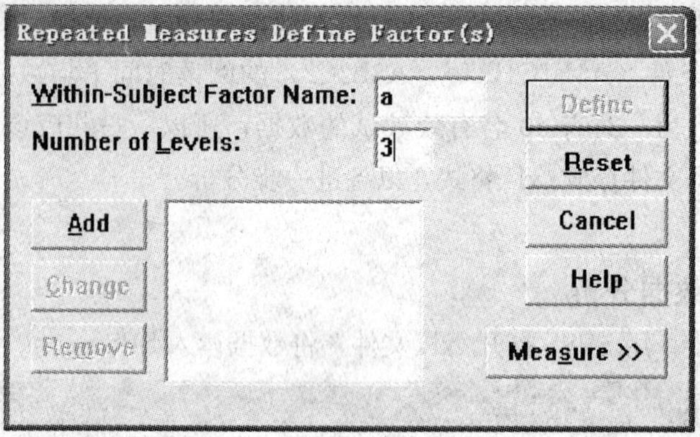

(2) 点击 Add 钮。

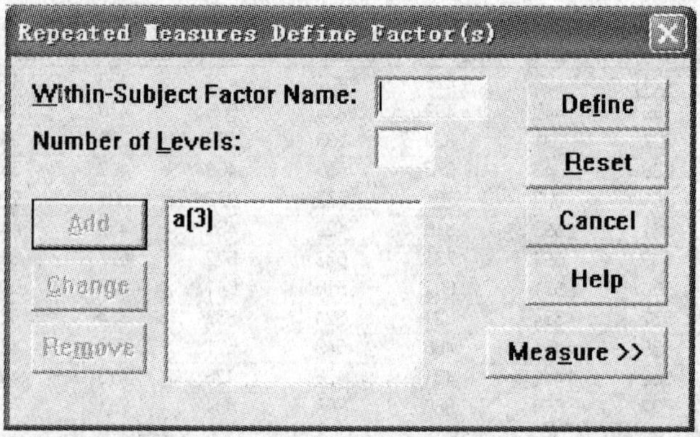

(3) 填入第二个被试内变量的名称（应该填 B）和该变量所包含的水平数（应该填 2）。

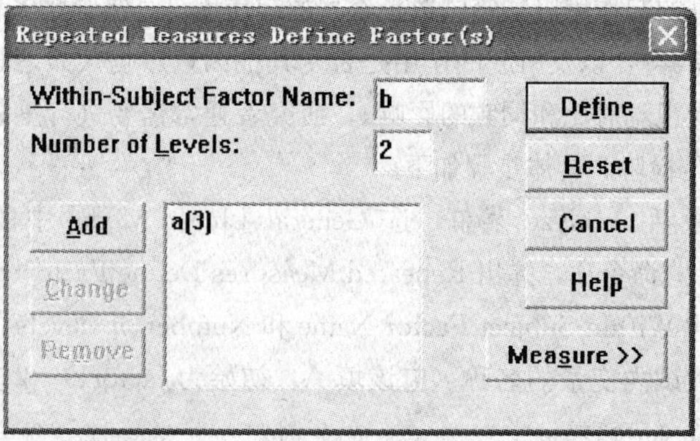

（4）点击 Add 钮。

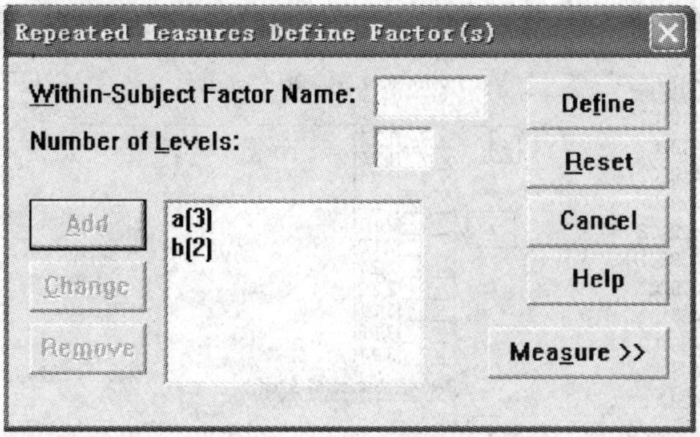

（5）填入第三个被试内变量的名称（应该填 C）和该变量所包含的水平数（应该填 2）。

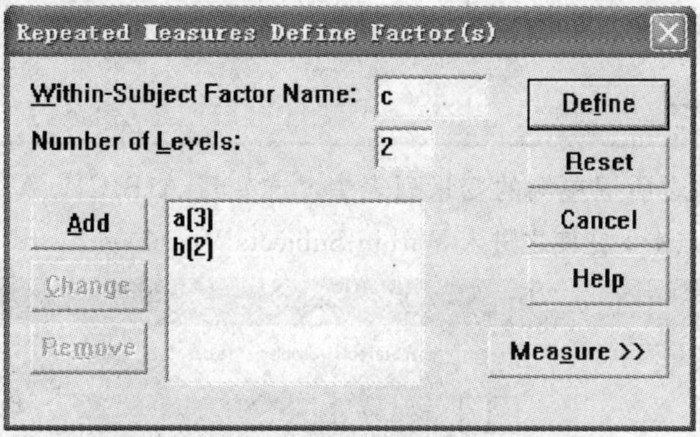

（6）点击 Add 钮。

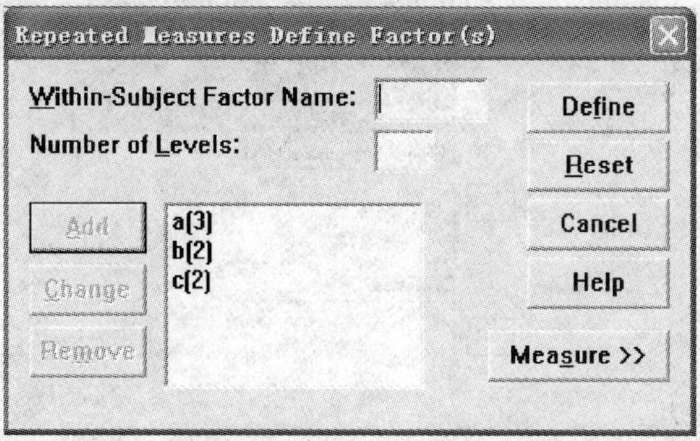

(7) 点击 Define 钮，弹出 Repeated Measures 对话框。

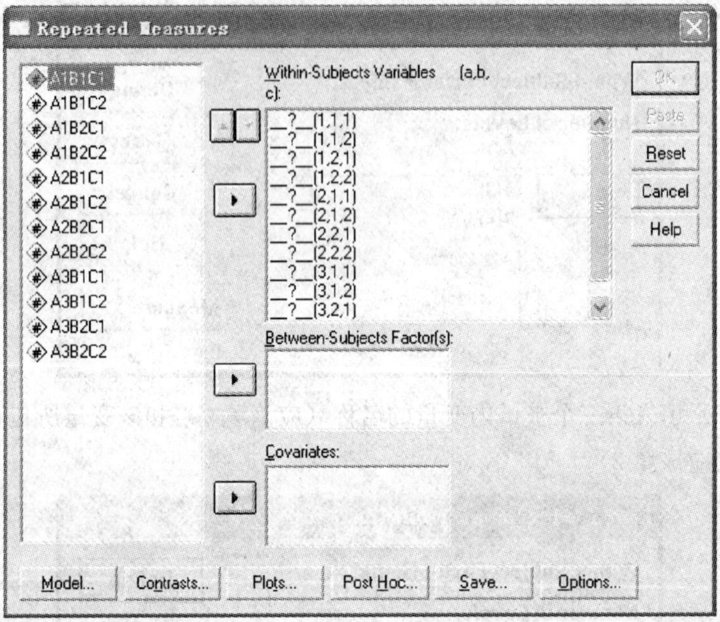

(8) 在对话框左侧的变量列表中，选变量 A1B1C1，A1B1C2，…，A3B2C2，点击▸钮使之进入 Within-Subjects Variables〔a，b，c〕框。

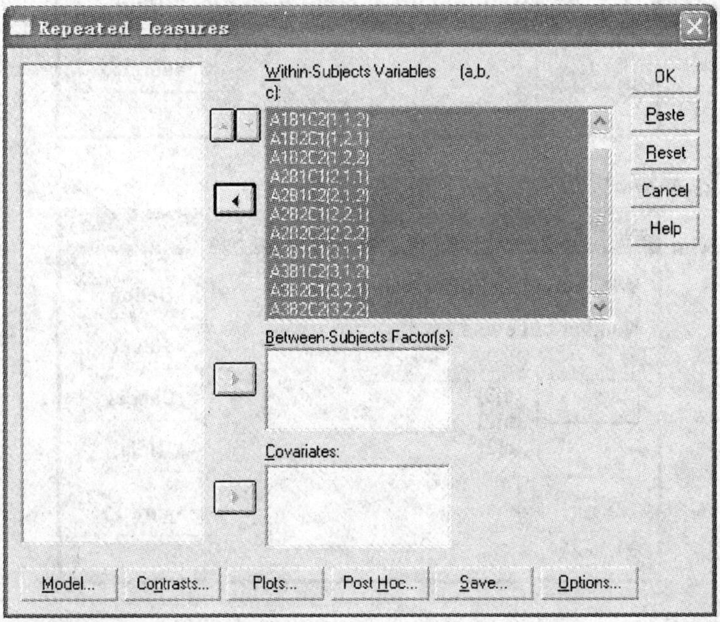

（9）点击 OK 钮，开始进行 F 检验，输出结果。因为是被试内设计，所以，在数据分析的输出结果中，应该阅读 Test of Within-Subjects Effects 部分的结果。

所输出的结果主要由两部分信息构成。一部分是三个因素各自的主效应（见图 6-6）。

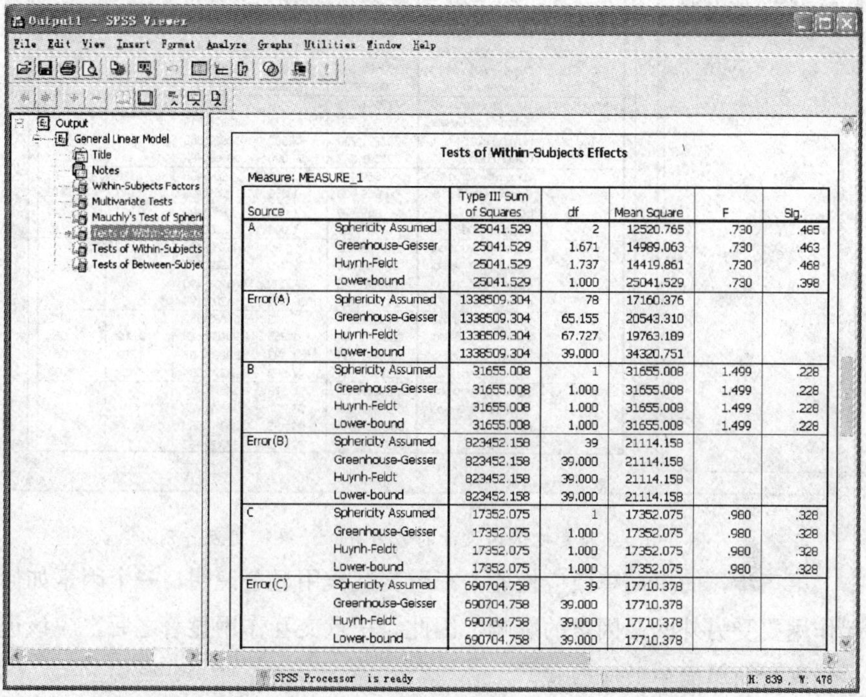

Tests of Within-Subjects Effects

Measure: MEASURE_1

Source		Type III Sum of Squares	df	Mean Square	F	Sig.
A	Sphericity Assumed	25041.529	2	12520.765	.730	.465
	Greenhouse-Geisser	25041.529	1.671	14989.063	.730	.463
	Huynh-Feldt	25041.529	1.737	14419.861	.730	.468
	Lower-bound	25041.529	1.000	25041.529	.730	.398
Error(A)	Sphericity Assumed	1338509.304	78	17160.376		
	Greenhouse-Geisser	1338509.304	65.155	20543.310		
	Huynh-Feldt	1338509.304	67.727	19763.189		
	Lower-bound	1338509.304	39.000	34320.751		
B	Sphericity Assumed	31655.008	1	31655.008	1.499	.228
	Greenhouse-Geisser	31655.008	1.000	31655.008	1.499	.228
	Huynh-Feldt	31655.008	1.000	31655.008	1.499	.228
	Lower-bound	31655.008	1.000	31655.008	1.499	.228
Error(B)	Sphericity Assumed	823452.158	39	21114.158		
	Greenhouse-Geisser	823452.158	39.000	21114.158		
	Huynh-Feldt	823452.158	39.000	21114.158		
	Lower-bound	823452.158	39.000	21114.158		
C	Sphericity Assumed	17352.075	1	17352.075	.980	.328
	Greenhouse-Geisser	17352.075	1.000	17352.075	.980	.328
	Huynh-Feldt	17352.075	1.000	17352.075	.980	.328
	Lower-bound	17352.075	1.000	17352.075	.980	.328
Error(C)	Sphericity Assumed	690704.758	39	17710.378		
	Greenhouse-Geisser	690704.758	39.000	17710.378		
	Huynh-Feldt	690704.758	39.000	17710.378		
	Lower-bound	690704.758	39.000	17710.378		

图 6-6　三因素被试内设计的方差分析结果：三个因素的主效应

显然，三个因素的主效应均不显著。视觉对比，$F<1$；词频，$F(1, 39)=1.499$，$p=0.228$；笔画数，$F<1$。

另一部分输出结果是三个因素的二重交互作用以及三个因素之间的三重交互作用（见图 6-7）。

显然，视觉对比与词频的交互作用显著，$F(2, 78)=5.56$，$p=0.006$；视觉对比与笔画数的交互作用也显著，$F(2, 78)=3.15$，$p=0.048$；词频与笔画数的交互作用不显著，$F<1$；视觉对比、词频与笔画数之间的三重交互作用显著，$F(2, 78)=3.30$，$p=0.042$。

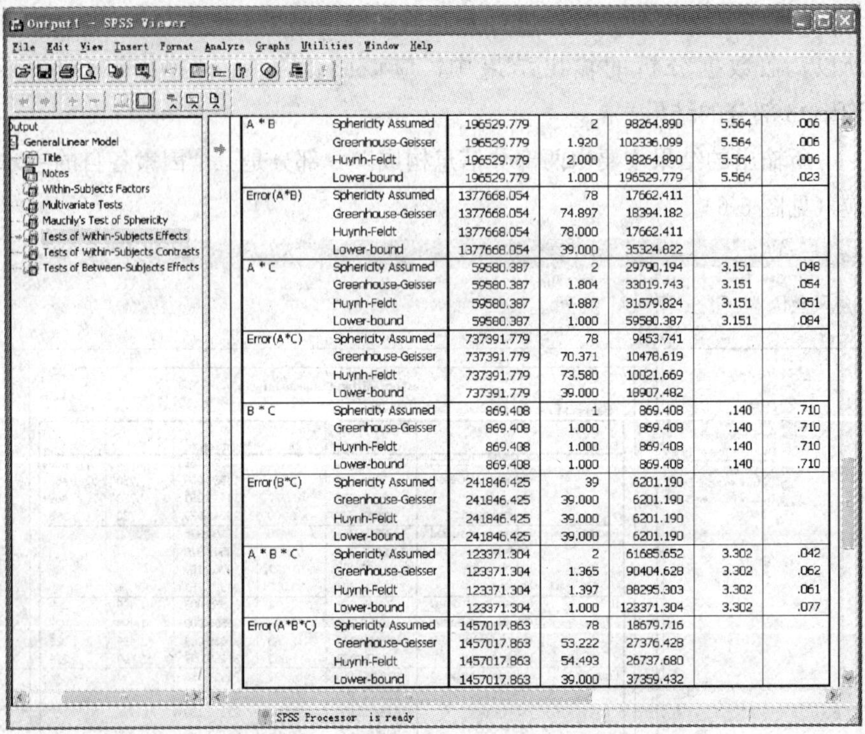

A * B	Sphericity Assumed	196529.779	2	98264.890	5.564	.006
	Greenhouse-Geisser	196529.779	1.920	102336.099	5.564	.006
	Huynh-Feldt	196529.779	2.000	98264.890	5.564	.006
	Lower-bound	196529.779	1.000	196529.779	5.564	.023
Error(A*B)	Sphericity Assumed	1377668.054	78	17662.411		
	Greenhouse-Geisser	1377668.054	74.897	18394.182		
	Huynh-Feldt	1377668.054	78.000	17662.411		
	Lower-bound	1377668.054	39.000	35324.822		
A * C	Sphericity Assumed	59580.387	2	29790.194	3.151	.048
	Greenhouse-Geisser	59580.387	1.804	33019.743	3.151	.054
	Huynh-Feldt	59580.387	1.887	31579.824	3.151	.051
	Lower-bound	59580.387	1.000	59580.387	3.151	.084
Error(A*C)	Sphericity Assumed	737391.779	78	9453.741		
	Greenhouse-Geisser	737391.779	70.371	10478.619		
	Huynh-Feldt	737391.779	73.580	10021.669		
	Lower-bound	737391.779	39.000	18907.482		
B * C	Sphericity Assumed	869.408	1	869.408	.140	.710
	Greenhouse-Geisser	869.408	1.000	869.408	.140	.710
	Huynh-Feldt	869.408	1.000	869.408	.140	.710
	Lower-bound	869.408	1.000	869.408	.140	.710
Error(B*C)	Sphericity Assumed	241846.425	39	6201.190		
	Greenhouse-Geisser	241846.425	39.000	6201.190		
	Huynh-Feldt	241846.425	39.000	6201.190		
	Lower-bound	241846.425	39.000	6201.190		
A * B * C	Sphericity Assumed	123371.304	2	61685.652	3.302	.042
	Greenhouse-Geisser	123371.304	1.365	90404.628	3.302	.062
	Huynh-Feldt	123371.304	1.397	88295.303	3.302	.061
	Lower-bound	123371.304	1.000	123371.304	3.302	.077
Error(A*B*C)	Sphericity Assumed	1457017.863	78	18679.716		
	Greenhouse-Geisser	1457017.863	53.222	27376.428		
	Huynh-Feldt	1457017.863	54.493	26737.680		
	Lower-bound	1457017.863	39.000	37359.432		

图 6-7　三因素被试内设计的方差分析结果：交互作用

第三步，简单简单效应检验。三重交互作用显著说明，一个因素如何起作用要受另外两个因素的影响。因此，三重交互作用显著之后，应该进一步进行简单简单效应检验。

与两因素设计中的简单效应检验相同，三重交互作用显著之后的简单简单效应检验，究竟做哪一个方向的，应视研究者的理论兴趣而定。我们假设，在这项阅读研究中，研究者更感兴趣的简单效应检验是，将视觉对比和词频的水平固定，考察笔画数的效应，即观察究竟什么样的视觉对比和词频条件下，会出现笔画数效应。

SPSS 软件并没有为多因素被试内设计提供简单简单效应检验对话框，不过，研究者可以利用 SPSS 所提供的句法编辑器，编辑和运行相应的句法命令，完成简单简单效应检验过程。具体步骤如下。

(1) 激活 File 菜单，选 New 中的 Syntax 命令项，弹出 Syntax1-SPSS Syntax Editor 对话框。在对话框的编辑窗口中，按以下格式编辑用于三因素被试内设计简单简单效应检验的句法命令。

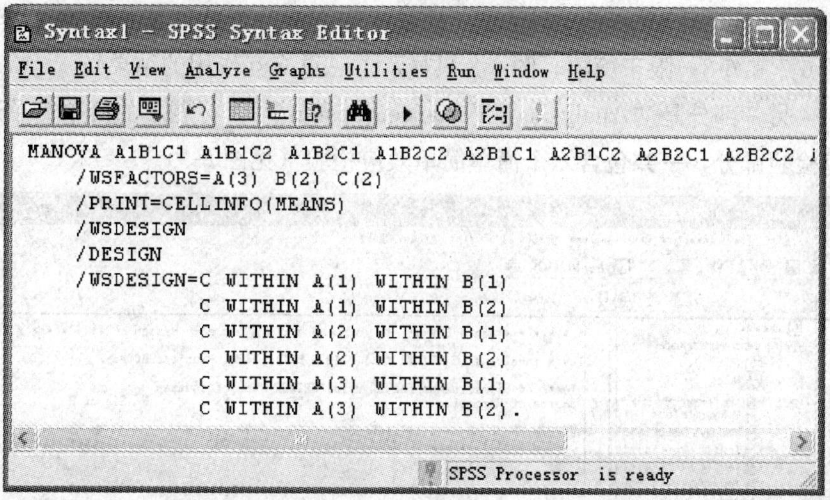

在上面的编辑窗口中，MANOVA 命令以及/WSFACTORS、/PRINT、/WSDESIGN 和/DESIGN 等分命令的含义，我们在第二节中作过介绍。此处，唯一需要说明的是，/WSDESIGN＝C WITHIN A(1) WITHIN B(1) 是一个附加说明的分命令，所完成的是 C 在 A1B1 水平上的简单简单效应，即高视觉对比条件下，高频词中的笔画数效应。

(2) 激活 Run 菜单，选 All 命令项，输出结果。所输出的结果主要由两部分信息构成。一是“Analysis of Variance--design 1”标题下的完全的方差分析部分，包括每个因素的主效应以及三个因素之间的二重和三重交互作用（见图 6-8）。

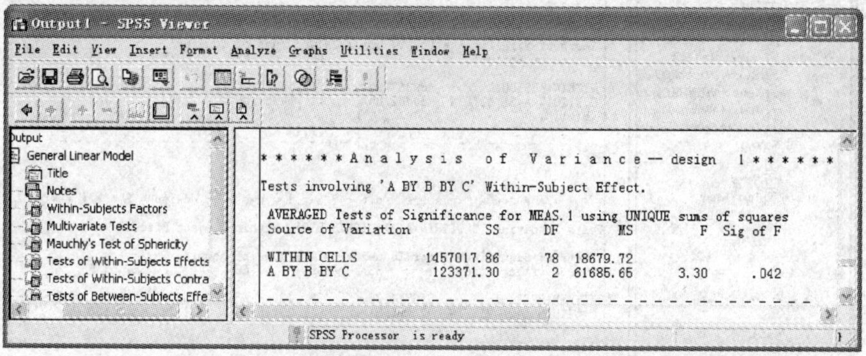

图 6-8 三因素被试内设计的方差分析结果（只显示了三重交互作用的结果）

利用 SPSS 所提供的句法编辑器编辑和运行相应的句法命令，与直接利用 Repeated Measures 对话框，所输出的方差分析结果是一样的（比较图 6-7 和 6-8；限于篇幅，图 6-8 只显示了三重交互作用的结果）。

另一部分是“Analysis of Variance--design 2”标题下的简单简单效应检验部分，一共包含六个简单简单效应检验（见图 6-9）。

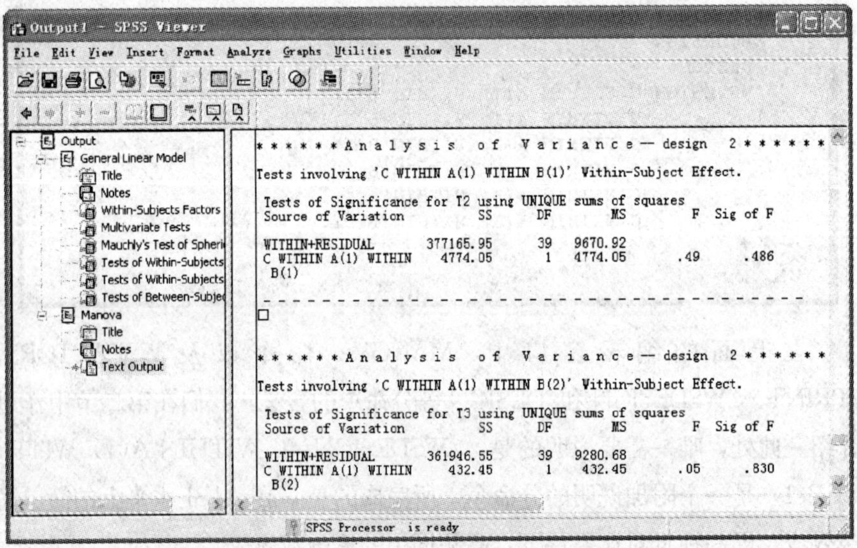

a

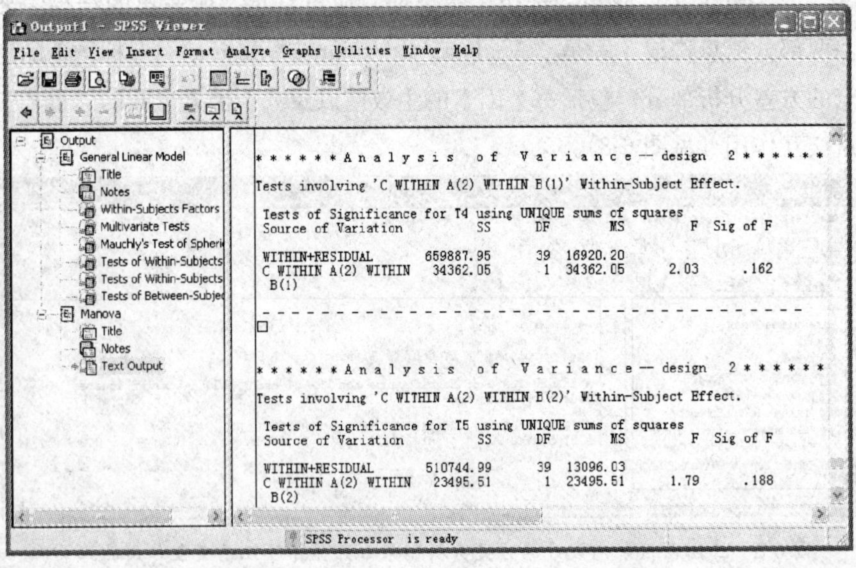

b

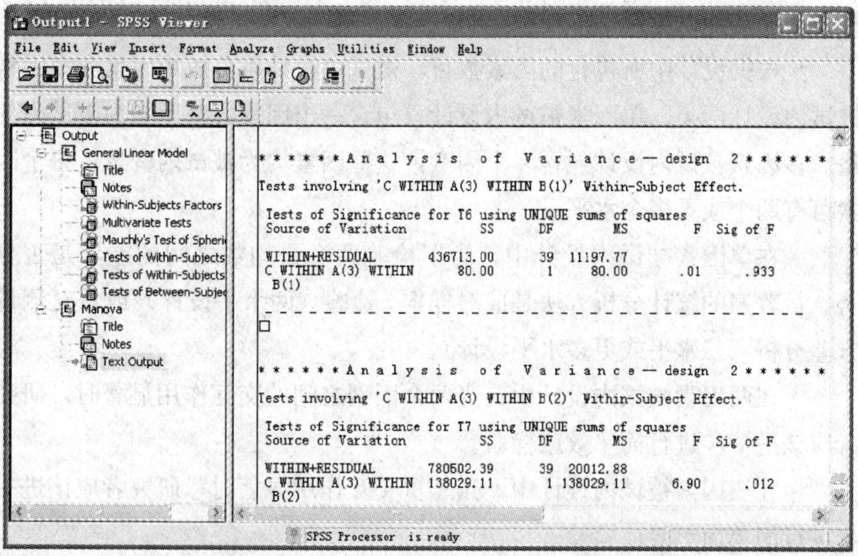

c

图 6-9　三因素被试内设计的简单简单效应检验结果

（a 为 C 在 A1B1 和 A1B2 上的简单简单效应，b 为 C 在 A2B1 和 A2B2 上的简单简单效应，c 为 C 在 A3B1 和 A3B2 上的简单简单效应）

上面的结果显示，只有当视觉对比低（A3），并且词频也低（B2）时，笔画数效应才显著，$F(1, 39)=6.90$，$p=0.012$（见图 6-9c），同笔画数少的词相比，笔画数多的词的阅读时间更长。其他各种条件下的笔画数效应均不显著。例如，视觉对比中（A2），词频高（B1）时，笔画数效应不显著，$F(1, 39)=2.03$，$p=0.16$（见图 6-9b）。

本章主要观点

· 被试内设计也称重复测量设计或组内设计。在这种设计中，每名被试都要参加所有条件的实验。被试内设计中的因素称做被试内因素或被试内变量，这些变量通常为刺激或任务变量，而不可能是被试变量。

· 与被试间设计相比，被试内设计的优点是能够彻底分离由被试间的个体差异所引起的误差，因而实验的敏感性更高。此外，被试内设计所需被试数目较少。被试内设计所面临的主要问题是实验中可能存在序列效应，包括遗留效应和顺序效应。其中，练习和疲劳等遗留效应可采用各种抵消平衡法加以控制。

·根据设计中所包含的因素数目，被试内设计可分成单因素和多因素被试内设计两类。单因素被试内设计只包含一个因素，该因素为被试内变量。多因素被试内设计包含多个因素，这些因素均为被试内变量，每个因素可有两个或更多个水平。

·在单因素被试内设计中，为了检验两个平均数之间的差异是否显著，最普遍的统计分析方法是成对样本 t 检验（两水平设计）或重复测量方差分析（三水平或更多水平设计）。

·在两因素被试内设计中，当两个因素之间的交互作用显著时，研究者应该进一步进行简单效应检验。

·在三因素被试内设计中，当三重交互作用显著时，研究者应该进一步进行简单简单效应检验。

思考题

1. 被试内设计有哪些优点？

2. 被试内设计所面临的主要问题是什么？如何解决这些问题？

3. 举例说明单因素被试内两水平和多水平设计的特点、数据格式和数据分析方法。

4. 以 3×2 被试内设计为例，说明简单效应的含义。

5. 以 2×2×3 被试内设计为例，说明简单简单效应的含义。

6. 以 2×2 被试内设计为例，说明两因素被试内设计的特点、数据格式和数据分析方法。

7. 以 2×2×2 被试内设计为例，说明三因素被试内设计的特点、数据格式和数据分析方法。

第七章
混合设计

我们在前面的两章中分别介绍了被试间设计和被试内设计。在被试间设计中，研究者将所感兴趣的因素作为被试间变量来研究，因此，不同条件之间的比较在不同被试之间进行，如有关药物 A 是否能够改善大鼠记忆的研究。与被试间设计不同，在被试内设计中，研究者将因素作为被试内变量来研究，因此，不同条件之间的比较在被试内部进行，即被试自身的比较，如规则—不规则字命名研究。

一个研究，如果既包含被试内变量，又包含被试间变量，那么，该研究所采用的设计属于混合设计（mixed design）。例如，在一个实验中，研究者关心与情绪中性图片（如台灯、茶杯）相比，人们对情绪唤醒图片（令人愉快的图片，如诱人的食物，或令人厌恶的图片，如令人恐惧的动物）的记忆是否更好。此外，两种图片之间记忆成绩的差异，是否受被试性别的影响。换句话说，同男性相比，女性对两种图片的记忆成绩差异是否更大。该研究涉及两个因素——情绪强度和性别，前者为被试内变量，后者为被试变量，当然属于被试间变量。这样，该研究所采用的设计为混合设计。

混合设计是现代心理学实验中应用最为广泛的一种实验设计。由于同时包含被试间和被试内这样两种不同的变量，所以，混合设计同时兼备被试间设计和被试内设计的优点。与被试间设计相比，混合设计不仅可以节省被试，而且可以更好地控制无关变异，从而获得更好的实验精度。

当然，由于混合设计同时包含被试内和被试间两种变量，所以，被试间和被试内设计所分别遇到的问题，即创设相等组和序列效应问题，在混合设计中仍然存在。前一问题可通过随机分派或匹配被试来解决，后一问题则主要通过使用各种抵消平衡技术来解决。例如，在上面的 2（情绪强度）×2（性别）混合设计中，情绪中性与情绪唤醒图片应该按随机顺序呈现。性别为被试变量，无法做到随机分派，但可以通过匹配受教育程度、一般的记忆力等变量来减少组间的不等。

第一节　两因素混合设计

两因素混合设计的特点是，研究中包含两个因素，其中一个因素为被试内变量，另一个因素为被试间变量，每个因素可有两个或更多个水平。下面以阅读能力与规则性效应研究为例，介绍这种设计的数据格式以及相应的数据分析方法。

一、数据格式

在阅读能力与规则性效应研究中，包含阅读能力（R）和规则性（B）两个因素。前者为被试间变量，分高（R1）和低（R2）两个水平；后者为被试内变量，分规则（B1）和不规则（B2）两个水平。因此，这是一个 2×2 混合设计，包含四种条件，即 R1B1、R1B2、R2B1 和 R2B2。该研究的目的是考察同规则字相比，被试对不规则字的命名反应时是否更长，以及二者之间的差异，即规则性效应，是否受被试阅读能力的影响。假设整个实验包含 80 个汉字，规则字和不规则字各半。40 名被试（阅读能力高和低的被试各 20 名）参加实验。利用 Excel 软件中的“＝average()”命令，计算每名被试每种条件下的平均命名反应时，整理成如下页图的形式。

由于规则性为被试内变量，所以，同一名被试在 B1 和 B2 两个不同条件的反应时平均数（为 20 次试验的平均数）数据应该安排在同一行。此外，由于阅读能力为被试间变量，所以，阅读能力高的被试和阅读能力低的被试的数据应该纵向安排。

因为有 40 名被试参加实验，所以，一共有 40 行数据。将数据文件存成 .xls 格式，以备进一步分析。

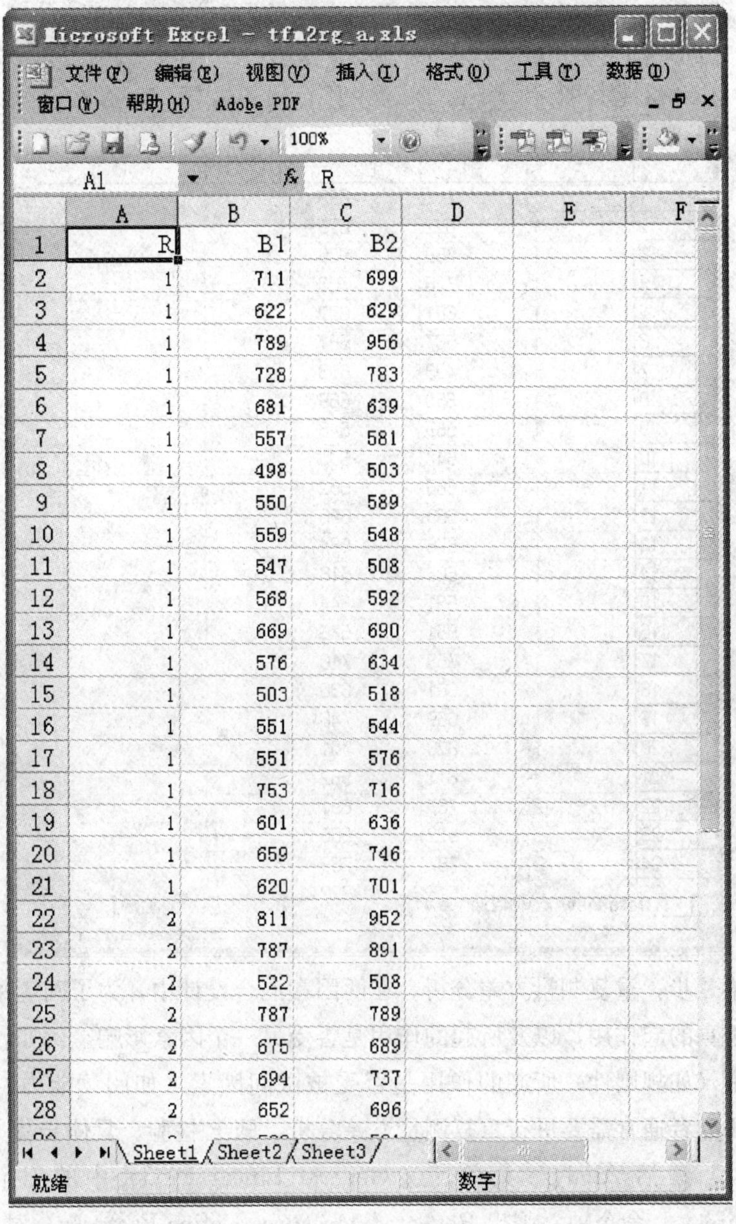

	A	B	C
1	R	B1	B2
2	1	711	699
3	1	622	629
4	1	789	956
5	1	728	783
6	1	681	639
7	1	557	581
8	1	498	503
9	1	550	589
10	1	559	548
11	1	547	508
12	1	568	592
13	1	669	690
14	1	576	634
15	1	503	518
16	1	551	544
17	1	551	576
18	1	753	716
19	1	601	636
20	1	659	746
21	1	620	701
22	2	811	952
23	2	787	891
24	2	522	508
25	2	787	789
26	2	675	689
27	2	694	737
28	2	652	696

二、数据分析

第一步，用 SPSS 打开 .xls 文件，将数据读入 SPSS。

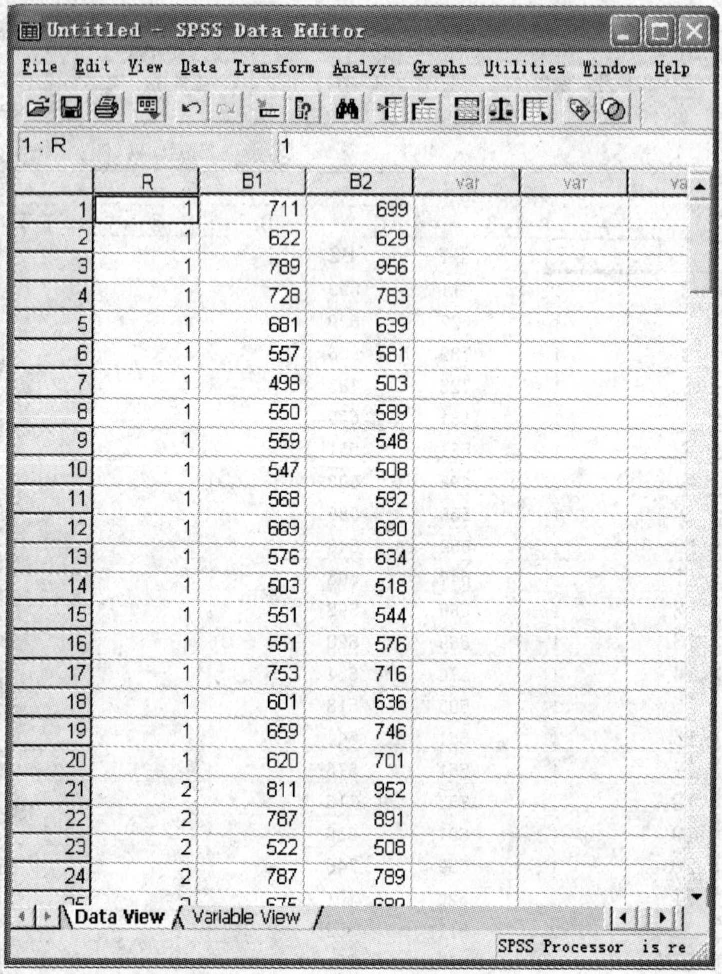

	R	B1	B2	var	var	va
1	1	711	699			
2	1	622	629			
3	1	789	956			
4	1	728	783			
5	1	681	639			
6	1	557	581			
7	1	498	503			
8	1	550	589			
9	1	559	548			
10	1	547	508			
11	1	568	592			
12	1	669	690			
13	1	576	634			
14	1	503	518			
15	1	551	544			
16	1	551	576			
17	1	753	716			
18	1	601	636			
19	1	659	746			
20	1	620	701			
21	2	811	952			
22	2	787	891			
23	2	522	508			
24	2	787	789			

第二步，重复测量方差分析。在两因素混合设计中，为了确定每个因素是否真的起作用，以及所起的作用是否受另一个因素影响，例如，被试内因素（如规则性）所起的作用是否受被试间因素（如阅读能力）的影响，研究者通常需要进行重复测量方差分析，即 F 检验。具体步骤如下。

（1）激活 Analyze 菜单，选 General Linear Model 中的 Repeated Measures... 命令项，弹出 Repeated Measures Define Factor(s) 对话框。在对话框的 Within-Subject Factor Name 和 Number of Levels 的后面，填入被试内变量的名称（应该填 B，初始为 factor1）和该变量所包含的水平数（应该填 2）。

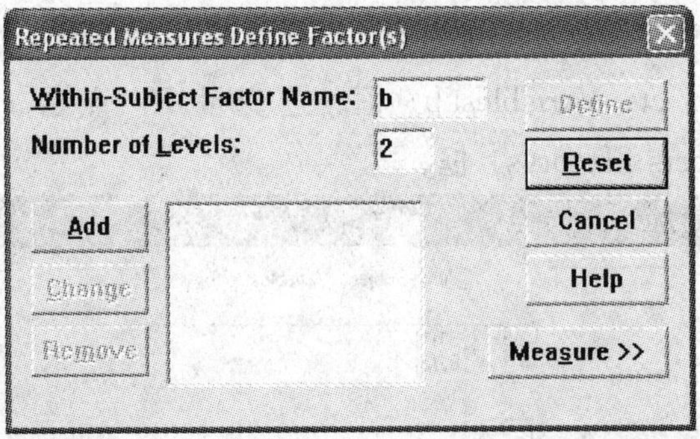

(2) 点击 Add 钮。

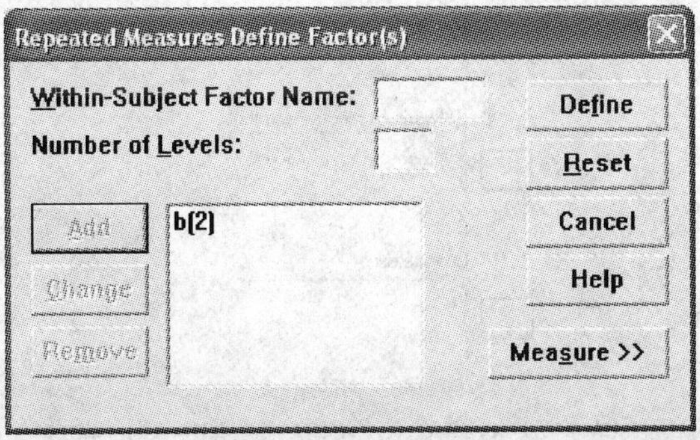

(3) 点击 Define 钮，弹出 Repeated Measures 对话框。

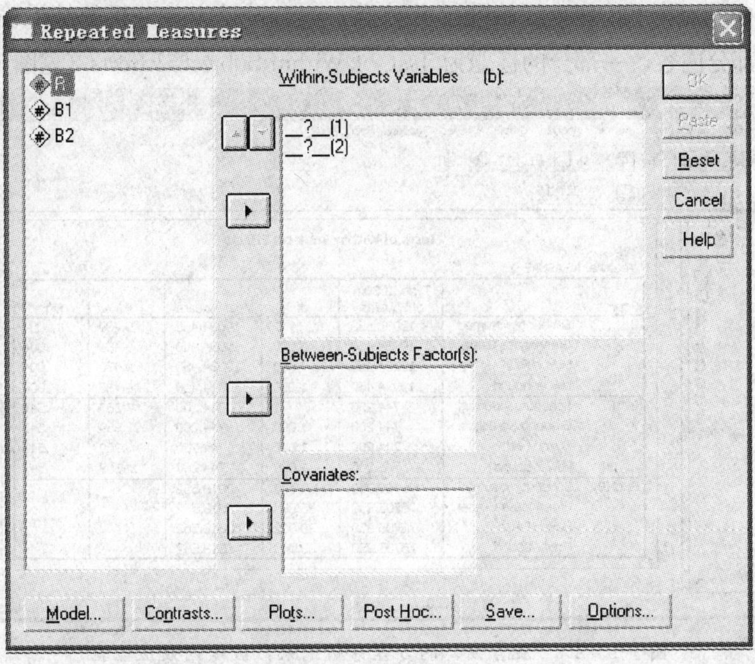

（4）在对话框左侧的变量列表中，选变量 B1 和 B2，点击▶钮使之进入 Within-Subjects Variables〔b〕框。选变量 R，点击▶钮使之进入 Between-Subjects Factor〔s〕框。

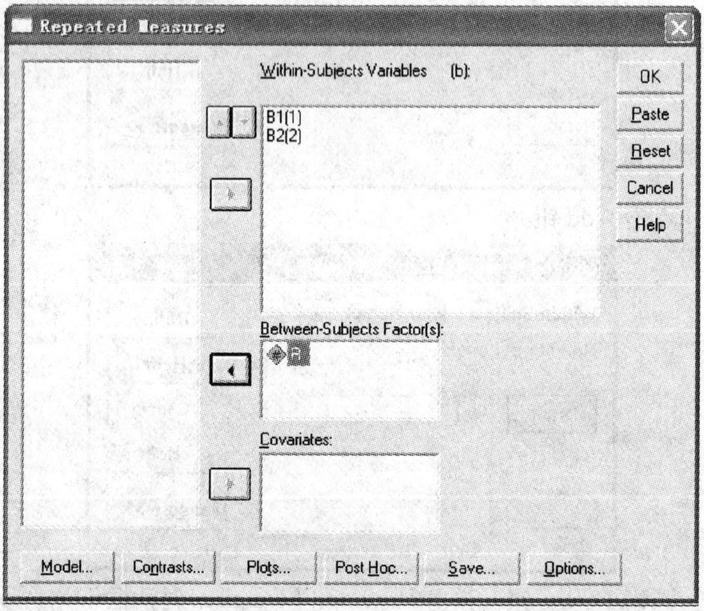

（5）点击 OK 钮，开始进行 *F* 检验。混合设计方差分析的结果输出包含两部分内容，一部分的标题为 Test of Within-Subjects Effects（见图 7-1）。

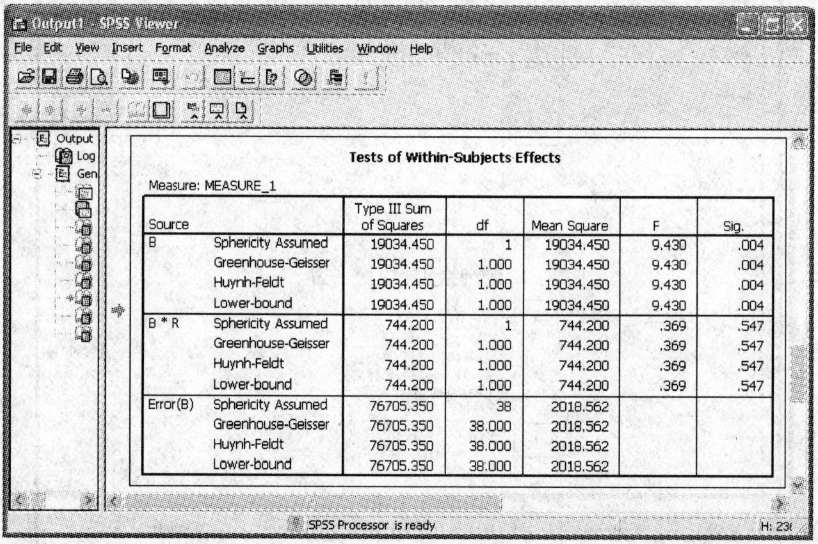

Tests of Within-Subjects Effects

Measure: MEASURE_1

Source		Type III Sum of Squares	df	Mean Square	F	Sig.
B	Sphericity Assumed	19034.450	1	19034.450	9.430	.004
	Greenhouse-Geisser	19034.450	1.000	19034.450	9.430	.004
	Huynh-Feldt	19034.450	1.000	19034.450	9.430	.004
	Lower-bound	19034.450	1.000	19034.450	9.430	.004
B * R	Sphericity Assumed	744.200	1	744.200	.369	.547
	Greenhouse-Geisser	744.200	1.000	744.200	.369	.547
	Huynh-Feldt	744.200	1.000	744.200	.369	.547
	Lower-bound	744.200	1.000	744.200	.369	.547
Error(B)	Sphericity Assumed	76705.350	38	2018.562		
	Greenhouse-Geisser	76705.350	38.000	2018.562		
	Huynh-Feldt	76705.350	38.000	2018.562		
	Lower-bound	76705.350	38.000	2018.562		

图 7-1　2×2 混合设计的方差分析结果：被试内效应检验

这一部分的输出结果显示，规则性的主效应显著，$F(1, 38)=9.43$，$p=0.004$，说明规则字与不规则字之间存在差异。然而，阅读能力与规则性之间的交互作用不显著，$F<1$。这里，需要注意的是，混合设计中，对被试内变量的主效应以及交互作用的检验，所使用的误差项是相同的。

另一部分结果输出的标题为 Test of Between-Subjects Effects（见图 7-2）。

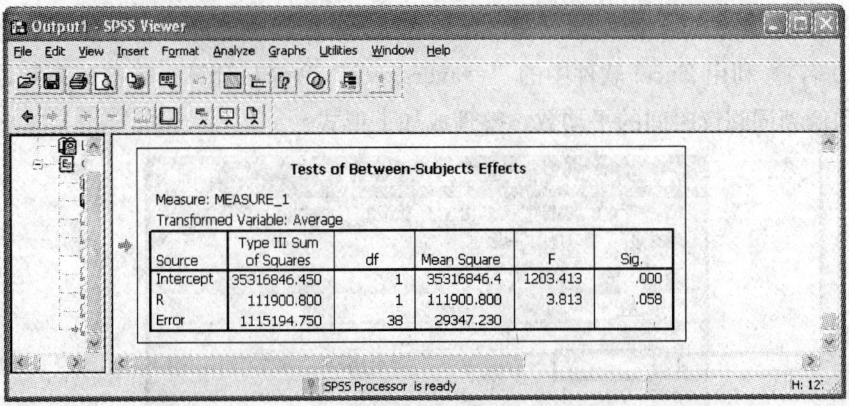

Tests of Between-Subjects Effects

Measure: MEASURE_1
Transformed Variable: Average

Source	Type III Sum of Squares	df	Mean Square	F	Sig.
Intercept	35316846.450	1	35316846.4	1203.413	.000
R	111900.800	1	111900.800	3.813	.058
Error	1115194.750	38	29347.230		

图 7-2　2×2 混合设计的方差分析结果：被试间效应检验

这一部分的输出结果显示，阅读能力的主效应达到边缘显著，$F(1, 38)=3.81$，$p=0.058$，说明阅读能力高低不同的被试之间存在差异。

第二节　三因素混合设计

三因素混合设计有两种，即重复测量一个因素的三因素混合设计和重复测量两个因素的三因素混合设计。

一、重复测量一个因素的三因素混合设计

这种设计的特点是，研究中包含三个因素，其中一个因素为被试内变量，另两个因素为被试间变量。假设一项阅读研究包含如下三个因素：(1) 年级（A），分初中二年级（A1）、初中一年级（A2）和小学五年级（A3）三个水平；(2) 推理能力（B），分高（B1）和低（B2）两个水平；(3) 名词的词频（C），分高频（C1）和低频（C2）两个水平。其中，年级和推理能力为被试间变量，词频为被试内变量。因此，这是一个 3×2×2 混合设计，包含 12 种条件。研究的目的是考察同高频的名词相比，

被试对低频的名词的阅读时间是否更长，以及二者之间的差异，即词频效应如何受被试年级和推理能力的影响。

下面，我们以一组假设的数据为例，介绍这种设计的数据格式以及相应的数据分析方法。

（一）**数据格式**

120 名被试参加实验（每个年级各 40 名，其中推理能力高低被试各 20 名）。利用 Excel 软件中的“＝average()”命令，计算每名被试高频词和低频词阅读时间的平均数，整理成如下形式：

	A	B	C	D	E
1	A	B	C1	C2	
2	1	1	604	709	
3	1	1	520	436	
4	1	1	582	605	
5	1	1	471	425	
6	1	1	508	604	
7	1	1	496	568	
8	1	1	528	580	
9	1	1	470	569	
10	1	1	556	466	
11	1	1	425	433	
12	1	1	469	548	
13	1	1	476	522	
14	1	1	613	584	
15	1	1	725	774	
16	1	1	657	527	
17	1	1	421	481	
18	1	1	552	566	
19	1	1	630	599	
20	1	1	478	586	
21	1	1	531	501	
22	1	2	592	759	
23	1	2	433	534	
24	1	2	518	661	
25	1	2	527	430	
26	1	2	396	618	

由于词频为被试内变量，所以，同一个被试不同词频条件（C1 和 C2）的阅读时间平均数应该安排在同一行。此外，由于年级和推理能力均属于被试间变量，所以，三种年级和两种推理能力所产生的六组被试的阅读时间数据应该纵向安排。行 1 为变量名；行 2 至行 21 为初中二年级推理能力高的被试高低频词的阅读时间数据；行 22 至行 41 为初中二年级推理能力低的被试高低频词的阅读时间数据；行 42 至行 61 为初中一年级推理能力高的被试高低频词的阅读时间数据……。整个实验一共有 120 名被试，所以，一共应该有 120 行数据。为节省篇幅，上图只显示了部分数据。

将数据存成 .xls 格式的文件，以备进一步分析。

（二）数据分析

第一步，用 SPSS 打开 .xls 文件，将数据读入 SPSS。

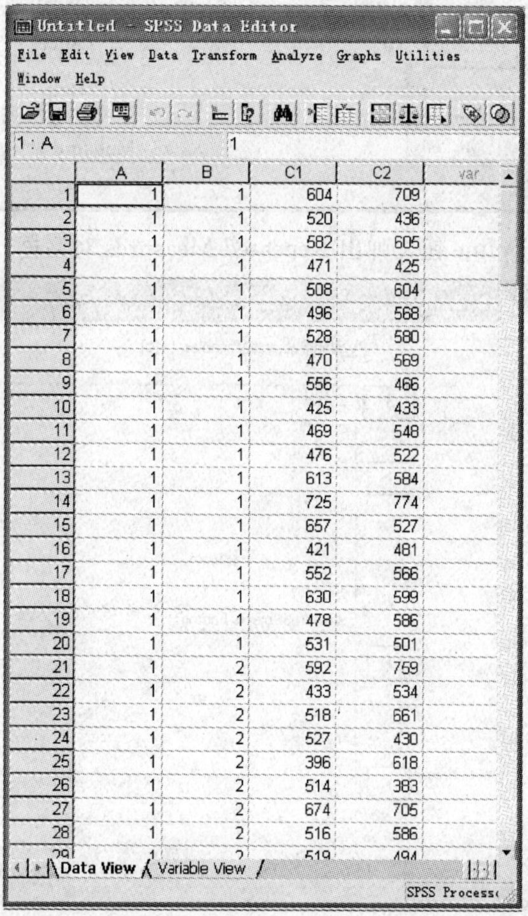

	A	B	C1	C2	var
1	1	1	604	709	
2	1	1	520	436	
3	1	1	582	605	
4	1	1	471	425	
5	1	1	508	604	
6	1	1	496	568	
7	1	1	528	580	
8	1	1	470	569	
9	1	1	556	466	
10	1	1	425	433	
11	1	1	469	548	
12	1	1	476	522	
13	1	1	613	584	
14	1	1	725	774	
15	1	1	657	527	
16	1	1	421	481	
17	1	1	552	566	
18	1	1	630	599	
19	1	1	478	586	
20	1	1	531	501	
21	1	2	592	759	
22	1	2	433	534	
23	1	2	518	661	
24	1	2	527	430	
25	1	2	396	618	
26	1	2	514	383	
27	1	2	674	705	
28	1	2	516	586	
29	1	2	519	494	

第二步，重复测量方差分析。在三因素混合设计中，为了确定每个因素是否真的起作用，以及所起的作用是否受其他两个因素影响，研究者通常需要进行重复测量方差分析，即 F 检验。具体步骤如下。

(1) 激活 Analyze 菜单，选 General Linear Model 中的 Repeated Measures... 命令项，弹出 Repeated Measures Define Factor(s) 对话框。在对话框的 Within-Subject Factor Name 和 Number of Levels 的后面，填入被试内变量的名称（应该填 C）和该变量所包含的水平数（应该填 2），并点击 Add 钮。

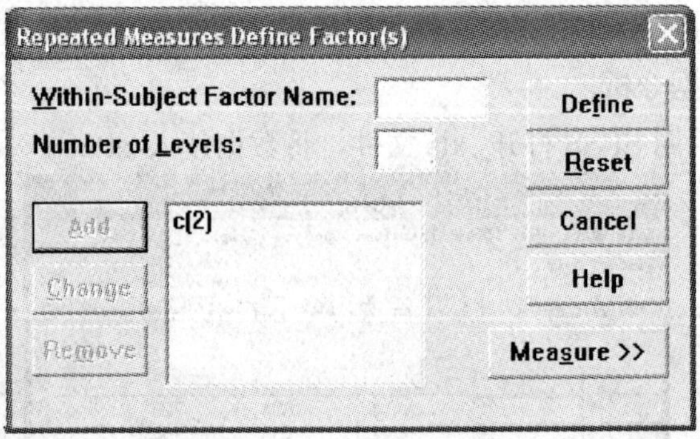

(2) 点击 Define 钮，弹出 Repeated Measures 对话框。

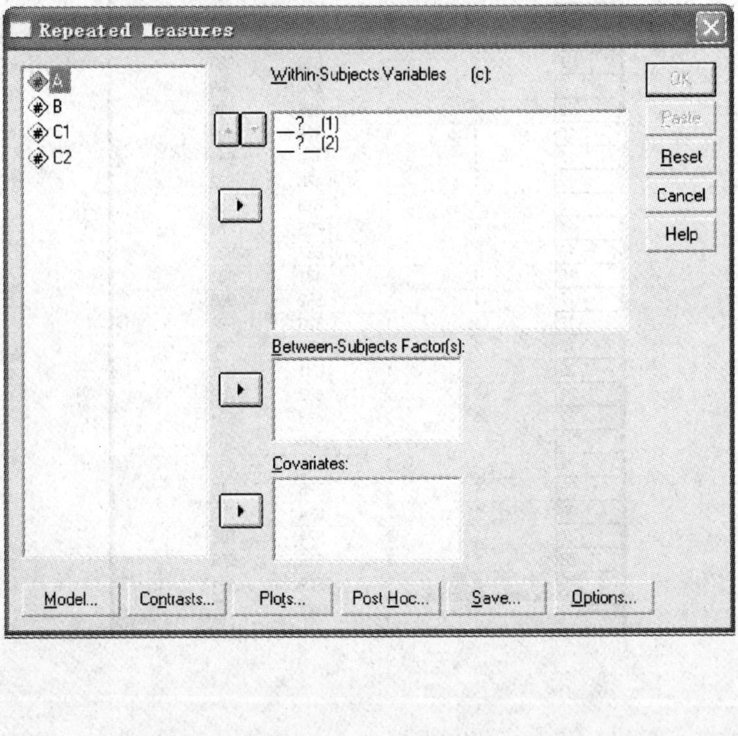

（3）在对话框左侧的变量列表中，选变量 C1 和 C2，点击▶钮使之进入 Within-Subjects Variables〔c〕框。选变量 A 和 B，点击▶钮使之进入 Between-Subjects Factor〔s〕框。

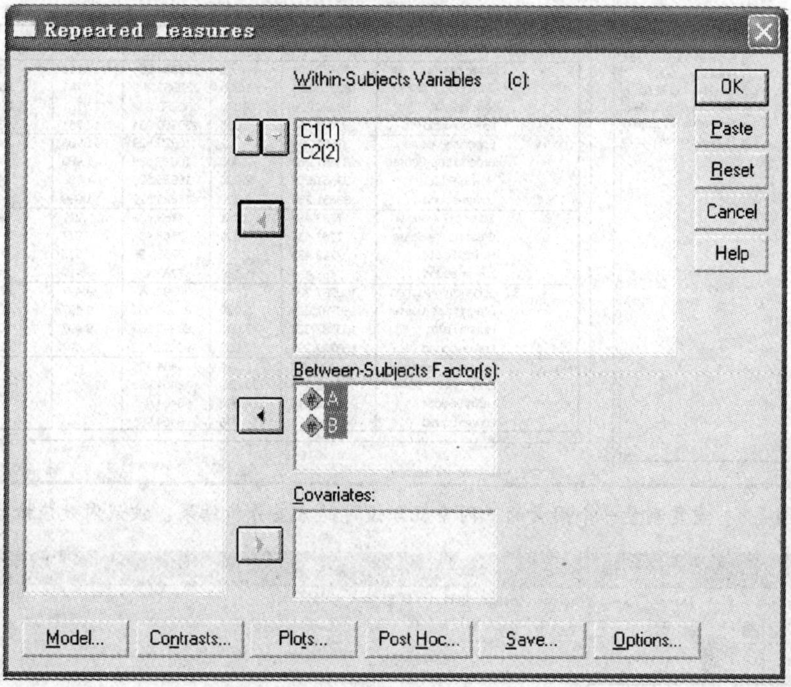

（4）点击 OK 钮，开始进行 F 检验。结果输出包含两部分内容，一部分的标题为 Tests of Within-Subjects Effects（见图 7-3）。

输出的结果显示，词频的主效应显著，$F(1, 114)=17.76$，$p<0.0005$；词频与年级的交互作用不显著，$F(2, 114)=1.99$，$p=0.142$；词频与推理能力的交互作用也不显著，$F<1$；年级、推理能力和词频三者的三重交互作用显著，$F(2, 114)=9.50$，$p<0.0005$。这里，需要注意的是，重复测量一个因素的三因素混合设计中，对被试内变量的主效应以及该变量与两个被试间变量的二重和三重交互作用的检验，所使用的误差项相同。

另一部分结果输出的标题为 Test of Between-Subjects Effects（见图 7-4）。这部分结果显示，年级的主效应不显著，$F(2, 114)=1.24$，$p=0.29$；推理能力的主效应也不显著，$F<1$；年级与推理能力的交互作用显著，

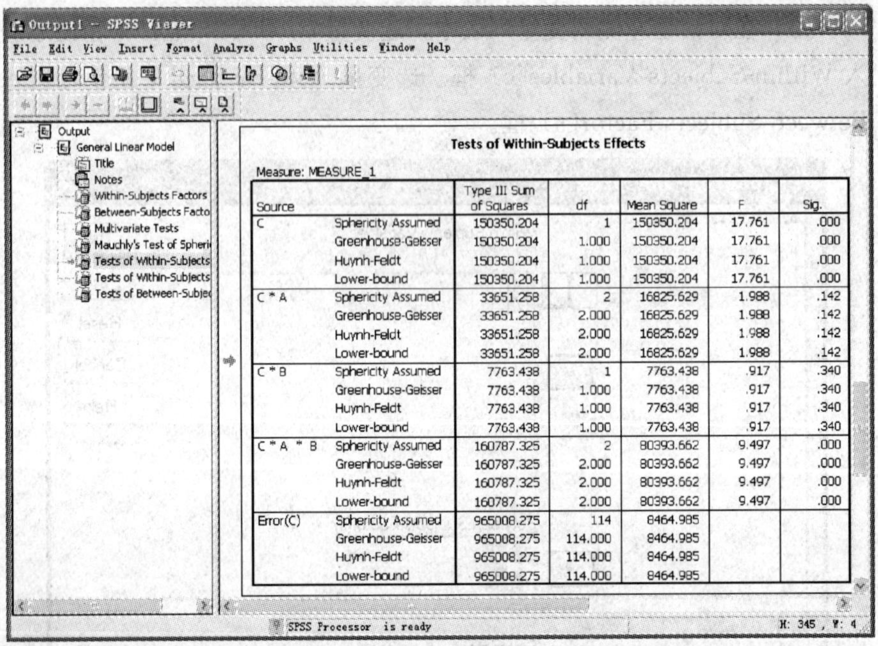

Tests of Within-Subjects Effects

Measure: MEASURE_1

Source		Type III Sum of Squares	df	Mean Square	F	Sig.
C	Sphericity Assumed	150350.204	1	150350.204	17.761	.000
	Greenhouse-Geisser	150350.204	1.000	150350.204	17.761	.000
	Huynh-Feldt	150350.204	1.000	150350.204	17.761	.000
	Lower-bound	150350.204	1.000	150350.204	17.761	.000
C * A	Sphericity Assumed	33651.258	2	16825.629	1.988	.142
	Greenhouse-Geisser	33651.258	2.000	16825.629	1.988	.142
	Huynh-Feldt	33651.258	2.000	16825.629	1.988	.142
	Lower-bound	33651.258	2.000	16825.629	1.988	.142
C * B	Sphericity Assumed	7763.438	1	7763.438	.917	.340
	Greenhouse-Geisser	7763.438	1.000	7763.438	.917	.340
	Huynh-Feldt	7763.438	1.000	7763.438	.917	.340
	Lower-bound	7763.438	1.000	7763.438	.917	.340
C * A * B	Sphericity Assumed	160787.325	2	80393.662	9.497	.000
	Greenhouse-Geisser	160787.325	2.000	80393.662	9.497	.000
	Huynh-Feldt	160787.325	2.000	80393.662	9.497	.000
	Lower-bound	160787.325	2.000	80393.662	9.497	.000
Error(C)	Sphericity Assumed	965008.275	114	8464.985		
	Greenhouse-Geisser	965008.275	114.000	8464.985		
	Huynh-Feldt	965008.275	114.000	8464.985		
	Lower-bound	965008.275	114.000	8464.985		

图 7-3　重复测量一个因素的三因素混合设计的方差分析结果：被试内效应检验

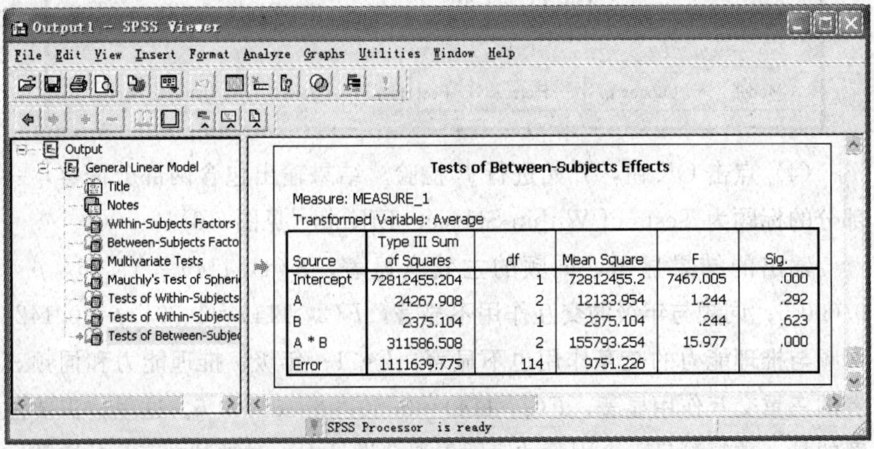

Tests of Between-Subjects Effects

Measure: MEASURE_1

Transformed Variable: Average

Source	Type III Sum of Squares	df	Mean Square	F	Sig.
Intercept	72812455.204	1	72812455.2	7467.005	.000
A	24267.908	2	12133.954	1.244	.292
B	2375.104	1	2375.104	.244	.623
A * B	311586.508	2	155793.254	15.977	.000
Error	1111639.775	114	9751.226		

图 7-4　重复测量一个因素的三因素混合设计的方差分析结果：被试间效应检验

$F(2, 114)=15.98$，$p<0.0005$。由于这一交互作用不是研究的兴趣所在，因此，没有进一步进行简单效应检验。值得注意的是，上面的两个被试间变量的主效应以及二者之间的交互作用检验，所使用的误差项相同。

第三步，简单简单效应检验。像我们在第五章第四节中所提到的那样，三重交互作用显著之后，应该进一步进行简单简单效应检验。在上述研究中，更有意义的简单简单效应检验是将年级和推理能力的水平固定，考察词频的效应，以便考察词频效应在什么情况下出现。

SPSS 未能为被试内变量提供简单简单效应检验对话框。因此，研究者需要利用 SPSS 所提供的句法编辑器，编辑和运行相应的句法命令，完成这种检验。具体步骤如下。

(1) 激活 File 菜单，选 New 中的 Syntax 命令项，弹出 Syntax1-SPSS Syntax Editor 对话框。在对话框的编辑窗口中，按以下格式编辑用于三因素被试内设计简单简单效应检验的句法命令。

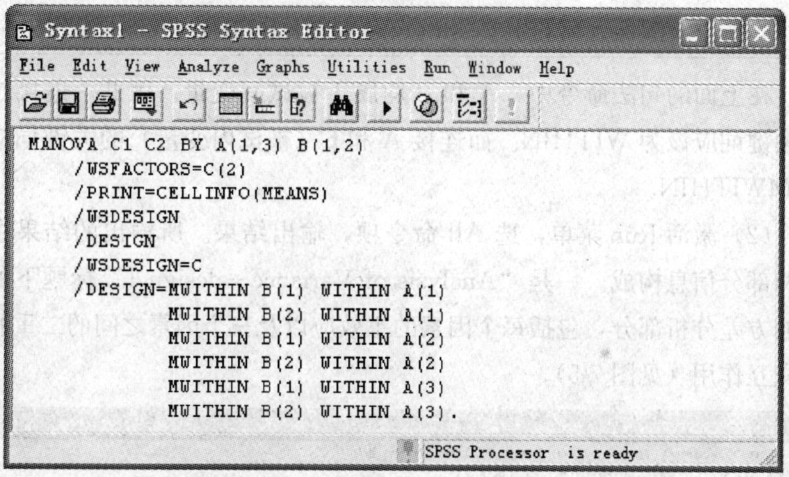

在上面的编辑窗口中，MANOVA 命令以及/WSFACTORS、/PRINT、/WSDESIGN和/DESIGN 等分命令的含义，我们在第六章第三节中作过介绍。此处，需要说明两点。①上面的检验目的是检验被试内变量 C 在被试间变量 A 和 B 上的简单简单效应。这种简单简单效应和三因素被试内设计中的简单简单效应之间的区别是，前者所涉及的因素既有被试内因素，也有被试间因素，而后者所涉及的因素都是被试内因素。因此，在当前的分析中，连接被试内变量 C 和被试间变量 B 的关键词应该使用 MWITHIN，而连接两个被试间变量 A 和 B 的关键词应该使用 WITHIN。②被试内因素的名称应该写在/WSDESIGN 分命令中，被试间因素的名称应该写在/DESIGN分命令中。/WSDESIGN = C 与/DESIGN = MWITHIN B(1) WITHIN A(1) 两个附加说明的分命令加在一起，所完成的是 C 在 A1B1 水平上的简单简单效应检验，即初中二年级推理能力高的被试中的词频效应。

如果研究者希望检验其中某一个被试间变量（如 A）在被试内变量（C）和另一个被试间变量（B）上的简单简单效应，那么，句法命令写法如下：

```
MANOVA C1 C2 BY A(1，3) B(1，2)
    /WSFACTORS=C(2)
    /PRINT=CELLINFO(MEANS)
    /WSDESIGN
    /DESIGN
    /WSDESIGN=MWITHIN C(1) MWITHIN C(2)
    /DESIGN=A WITHIN B(1) A WITHIN B(2).
```


在上面的句法命令中，A 和 B 均属于被试间变量。因此，连接二者的关键词应该为 WITHIN。而连接 A 和 C（被试内变量）的关键词应该为 MWITHIN。

（2）激活 Run 菜单，选 All 命令项，输出结果。所输出的结果主要由两部分信息构成。一是“Analysis of Variance--design 1”标题下的完全的方差分析部分，包括每个因素的主效应以及三个因素之间的二重和三重交互作用（见图 7-5）。

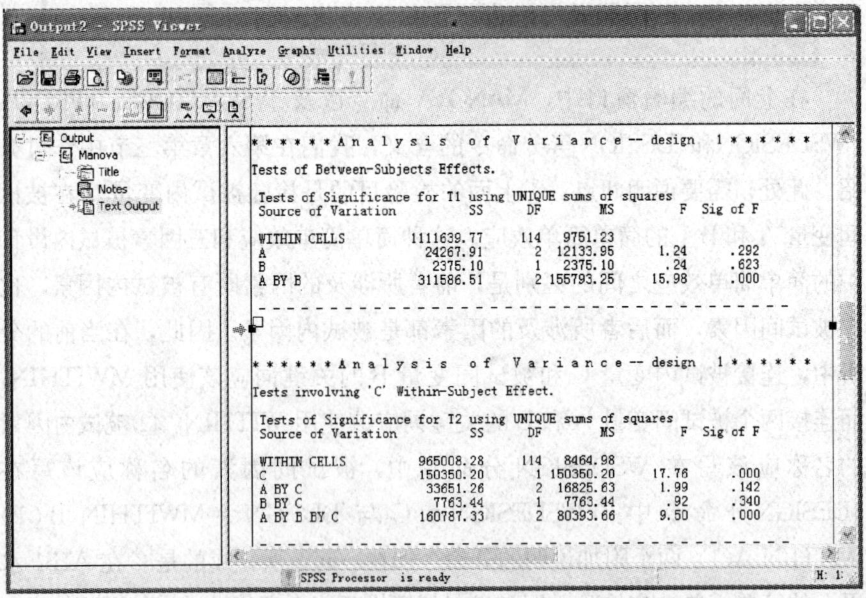

图 7-5　重复测量一个因素的三因素混合设计的方差分析结果

另一部分是“Analysis of Variance--design 2”标题下的简单简单效应检验部分，一共包含六个简单简单效应检验（见图 7-6）。

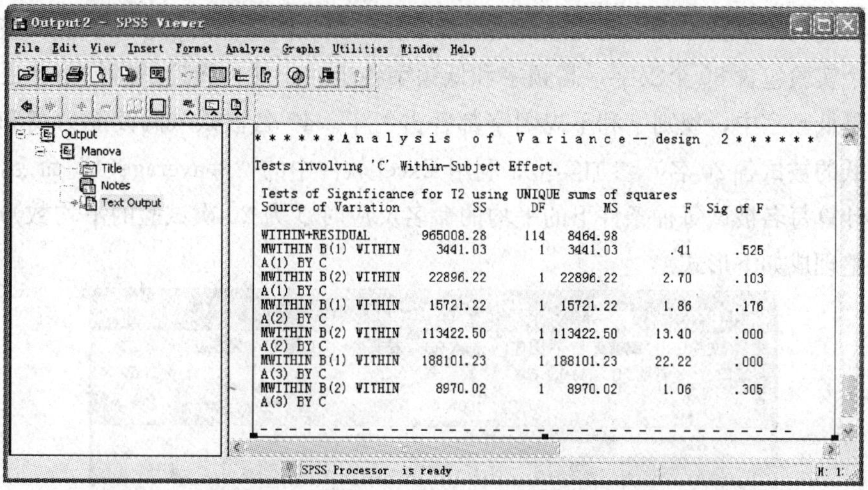

图 7-6 重复测量一个因素的三因素混合设计的简单简单效应检验

上面的检验结果显示：（1）初中二年级推理能力高的被试中，词频效应不显著，$F<1$，推理能力低的被试中，词频效应也不显著（但接近边缘显著），$F(1, 114)=2.70$，$p=0.103$；（2）初中一年级推理能力高的被试中，词频效应不显著，$F(1, 114)=1.86$，$p=0.176$，但推理能力低的被试中，词频效应显著，$F(1, 114)=13.40$，$p<0.0005$；（3）小学五年级推理能力高的被试中，词频效应显著，$F(1, 114)=22.22$，$p<0.0005$，但推理能力低的被试中，词频效应不显著，$F(1, 114)=1.06$，$p=0.305$。

二、重复测量两个因素的三因素混合设计

这种设计的特点是，研究中包含三个因素，其中一个因素为被试间变量，另两个因素为被试内变量。例如，在阅读能力、字频和规则性效应研究中，包含三个因素：（1）阅读能力（R），分高（R1）和低（R2）两个水平；（2）字频（A），分高频（A1）和低频（A2）两个水平；（3）规则性（B），分规则（B1）和不规则（B2）两个水平。其中，阅读能力为被试间变量，字频和规则性为被试内变量。因此，这是一个重复测量两个因素的 2×2×2 混合设计，包含八种条件。下面，我们以该研究为例，介绍这种设计的数据格式以及相应的数据分析方法。

（一）数据格式

该研究的目的是考察同规则字相比，被试对不规则字的命名反应时是否更长，以及二者之间的差异是否受字频与被试阅读能力的影响。假设整个实验包含 80 个汉字，高频字和低频字各半。此外，无论是高频字中还是低频字中，规则字和不规则字都各占一半。40 名被试（阅读能力高和低的被试各 20 名）参加实验。利用 Excel 软件中的“＝average()”命令，计算每名被试每种条件下的平均的命名反应时（为 20 次试验的平均数），整理成如下形式：

	A	B	C	D	E	F
1	R	A1B1	A1B2	A2B1	A2B2	
2	1	711	699	782	751	
3	1	622	629	754	739	
4	1	789	956	962	1115	
5	1	728	783	805	995	
6	1	681	639	755	869	
7	1	557	581	639	719	
8	1	498	503	562	552	
9	1	550	589	638	641	
10	1	559	548	634	614	
11	1	547	508	663	683	
12	1	568	592	586	665	
13	1	669	690	765	852	
14	1	576	634	727	724	
15	1	503	518	556	571	
16	1	551	544	608	678	
17	1	551	576	659	659	
18	1	753	716	805	823	
19	1	601	636	716	728	
20	1	659	746	775	942	
21	1	620	701	737	819	
22	2	811	952	1097	1083	
23	2	787	891	949	1114	
24	2	522	508	546	394	
25	2	787	789	889	1060	
26	2	675	689	828	933	
27	2	694	737	812	1013	
28	2	652	696	901	865	
29	2	593	591	699	666	

由于字频和规则性为被试内变量，所以，同一名被试 A1B1、A1B2、A2B1 和 A2B2 四个不同条件的反应时平均数数据应安排在同一行。此外，由于阅读能力为被试间变量，所以，阅读能力高的被试和阅读能力低的被试的数据应该纵向安排。

因为有 40 名被试参加实验，所以，一共有 40 行数据。将数据文件存成 .xls 格式，以备进一步分析。

（二）数据分析

第一步，用 SPSS 打开 .xls 文件，将数据读入 SPSS。

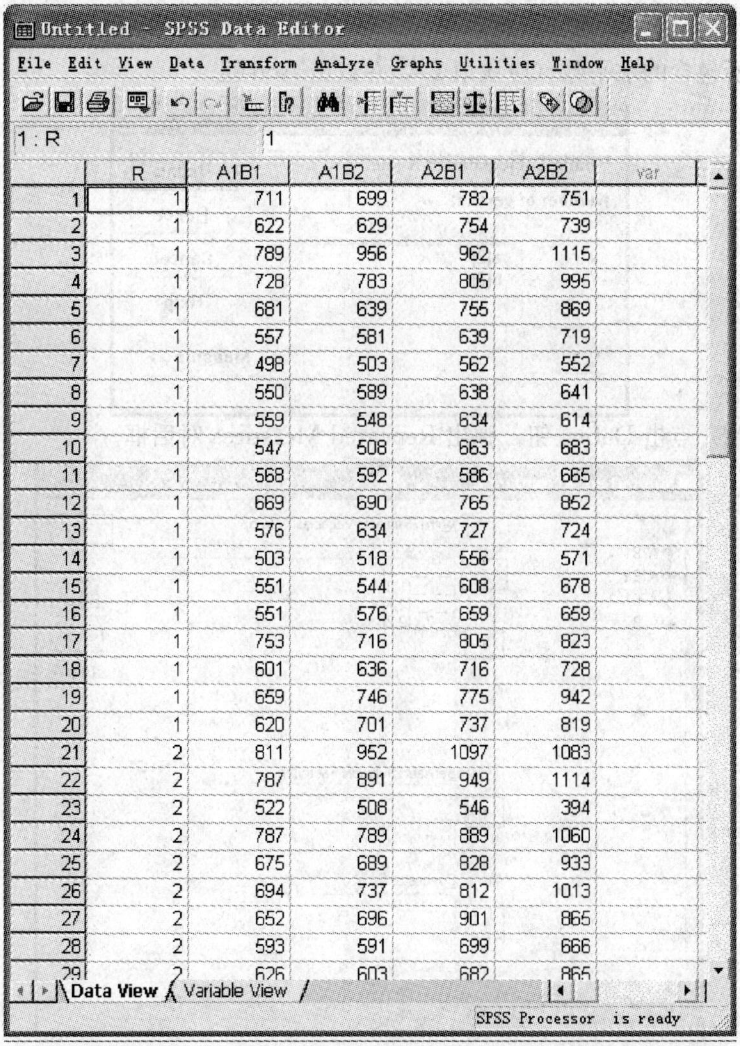

	R	A1B1	A1B2	A2B1	A2B2	var
1	1	711	699	782	751	
2	1	622	629	754	739	
3	1	789	956	962	1115	
4	1	728	783	805	995	
5	1	681	639	755	869	
6	1	557	581	639	719	
7	1	498	503	562	552	
8	1	550	589	638	641	
9	1	559	548	634	614	
10	1	547	508	663	683	
11	1	568	592	586	665	
12	1	669	690	765	852	
13	1	576	634	727	724	
14	1	503	518	556	571	
15	1	551	544	608	678	
16	1	551	576	659	659	
17	1	753	716	805	823	
18	1	601	636	716	728	
19	1	659	746	775	942	
20	1	620	701	737	819	
21	2	811	952	1097	1083	
22	2	787	891	949	1114	
23	2	522	508	546	394	
24	2	787	789	889	1060	
25	2	675	689	828	933	
26	2	694	737	812	1013	
27	2	652	696	901	865	
28	2	593	591	699	666	
29	2	626	603	682	865	

第二步，重复测量方差分析。在重复测量两个因素的三因素混合设计中，为了确定每个因素是否真的起作用，以及所起的作用是否受其他因素影响，例如，规则性所起的作用是否受字频、阅读能力的影响，研究者通常需要进行重复测量方差分析，即 F 检验。具体步骤如下。

(1) 激活 Analyze 菜单，选 General Linear Model 中的 Repeated Measures... 命令项，弹出 Repeated Measures Define Factor(s) 对话框。在对话框的 Within-Subject Factor Name 和 Number of Levels 的后面，填入第一个被试内变量的名称（应该填 A）和该变量所包含的水平数（应该填 2)，点击 Add 钮。再填入第二个被试内变量的名称（应该填 B）和该变量所包含的水平数（应该填 2)，并点击 Add 钮。

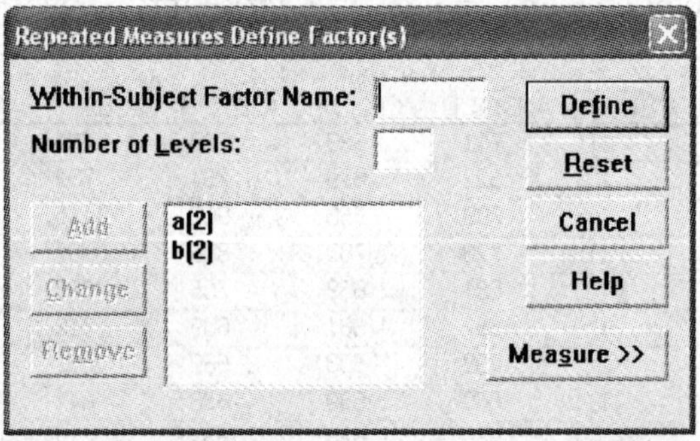

(2) 点击 Define 钮，弹出 Repeated Measures 对话框。

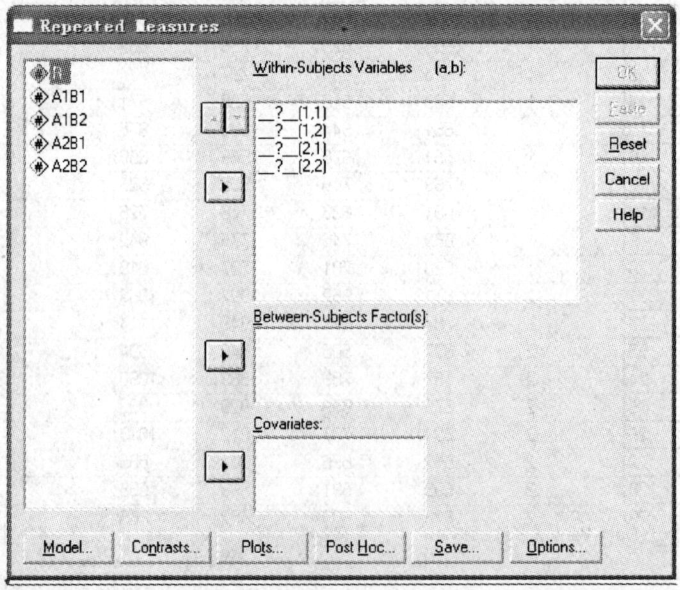

（3）在对话框左侧的变量列表中，选变量 A1B1、A1B2、A2B1 和 A2B2，点击 ▶ 钮使之进入 Within-Subjects Variables〔a，b〕框。然后，选变量 R，点击 ▶ 钮使之进入 Between-Subjects Factors〔s〕框。

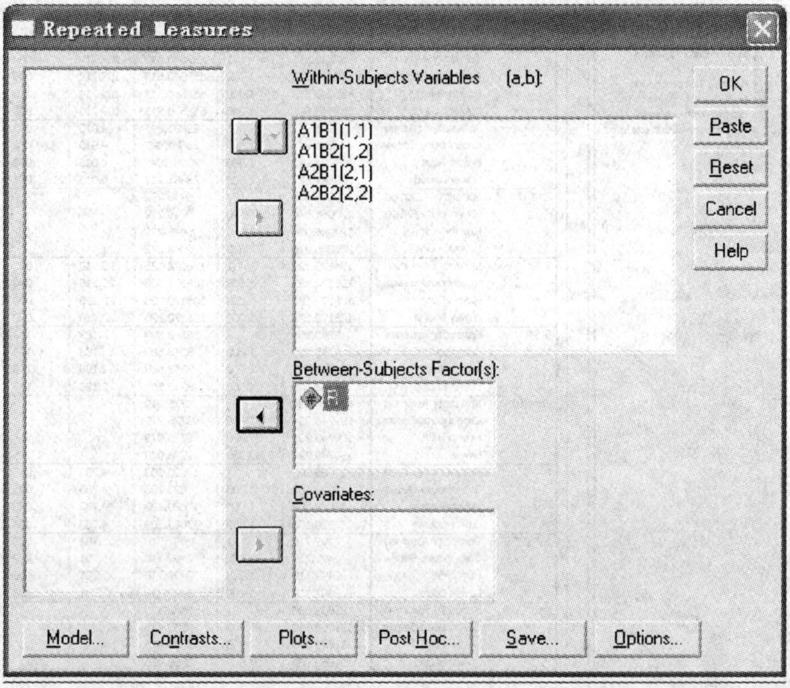

（4）点击 OK 钮，开始进行 F 检验。结果输出包含两部分内容，一部分的标题为 Tests of Within-Subjects Effects（见图 7-7），另一部分结果输出的标题为 Test of Between-Subjects Effects（见图 7-8）。

Tests of Within-Subjects Effects 部分的输出结果显示（见图 7-7）：（1）字频的主效应显著，$F(1, 37)=109.72$，$p<0.0005$；（2）字频与阅读能力的交互作用边缘显著，$F(1, 37)=4.02$，$p=0.052$；（3）规则性的主效应也显著，$F(1, 37)=28.11$，$p<0.0005$；（4）规则性与阅读能力的交互作用不显著，$F(1, 37)=2.18$，$p=0.148$；（5）字频与规则性的交互作用显著，$F(1, 37)=4.78$，$p=0.035$；（6）三个因素之间的三重交互作用不显著，$F<1$。

Test of Between-Subjects Effects 部分的输出结果显示（见图 7-8），阅读能力的主效应显著，$F(1, 37)=4.66$，$p=0.037$。

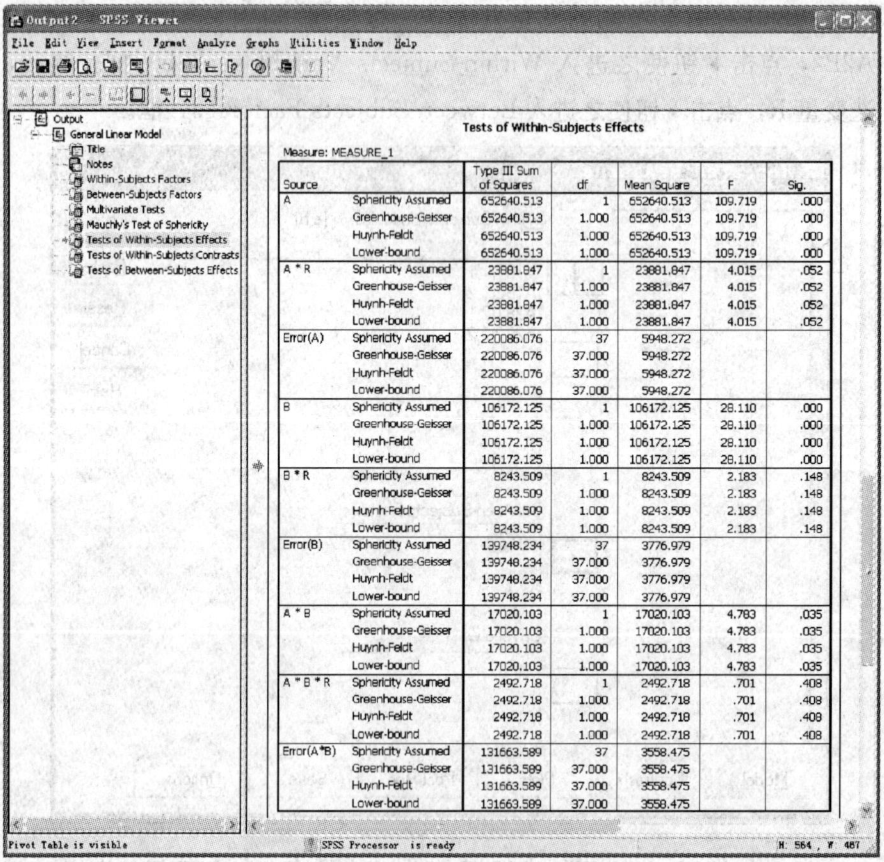

Tests of Within-Subjects Effects

Measure: MEASURE_1

Source		Type III Sum of Squares	df	Mean Square	F	Sig.
A	Sphericity Assumed	652640.513	1	652640.513	109.719	.000
	Greenhouse-Geisser	652640.513	1.000	652640.513	109.719	.000
	Huynh-Feldt	652640.513	1.000	652640.513	109.719	.000
	Lower-bound	652640.513	1.000	652640.513	109.719	.000
A * R	Sphericity Assumed	23881.847	1	23881.847	4.015	.052
	Greenhouse-Geisser	23881.847	1.000	23881.847	4.015	.052
	Huynh-Feldt	23881.847	1.000	23881.847	4.015	.052
	Lower-bound	23881.847	1.000	23881.847	4.015	.052
Error(A)	Sphericity Assumed	220086.076	37	5948.272		
	Greenhouse-Geisser	220086.076	37.000	5948.272		
	Huynh-Feldt	220086.076	37.000	5948.272		
	Lower-bound	220086.076	37.000	5948.272		
B	Sphericity Assumed	106172.125	1	106172.125	28.110	.000
	Greenhouse-Geisser	106172.125	1.000	106172.125	28.110	.000
	Huynh-Feldt	106172.125	1.000	106172.125	28.110	.000
	Lower-bound	106172.125	1.000	106172.125	28.110	.000
B * R	Sphericity Assumed	8243.509	1	8243.509	2.183	.148
	Greenhouse-Geisser	8243.509	1.000	8243.509	2.183	.148
	Huynh-Feldt	8243.509	1.000	8243.509	2.183	.148
	Lower-bound	8243.509	1.000	8243.509	2.183	.148
Error(B)	Sphericity Assumed	139748.234	37	3776.979		
	Greenhouse-Geisser	139748.234	37.000	3776.979		
	Huynh-Feldt	139748.234	37.000	3776.979		
	Lower-bound	139748.234	37.000	3776.979		
A * B	Sphericity Assumed	17020.103	1	17020.103	4.783	.035
	Greenhouse-Geisser	17020.103	1.000	17020.103	4.783	.035
	Huynh-Feldt	17020.103	1.000	17020.103	4.783	.035
	Lower-bound	17020.103	1.000	17020.103	4.783	.035
A * B * R	Sphericity Assumed	2492.718	1	2492.718	.701	.408
	Greenhouse-Geisser	2492.718	1.000	2492.718	.701	.408
	Huynh-Feldt	2492.718	1.000	2492.718	.701	.408
	Lower-bound	2492.718	1.000	2492.718	.701	.408
Error(A*B)	Sphericity Assumed	131663.589	37	3558.475		
	Greenhouse-Geisser	131663.589	37.000	3558.475		
	Huynh-Feldt	131663.589	37.000	3558.475		
	Lower-bound	131663.589	37.000	3558.475		

图 7-7　重复测量两个因素的三因素混合设计的方差分析结果：被试内效应检验

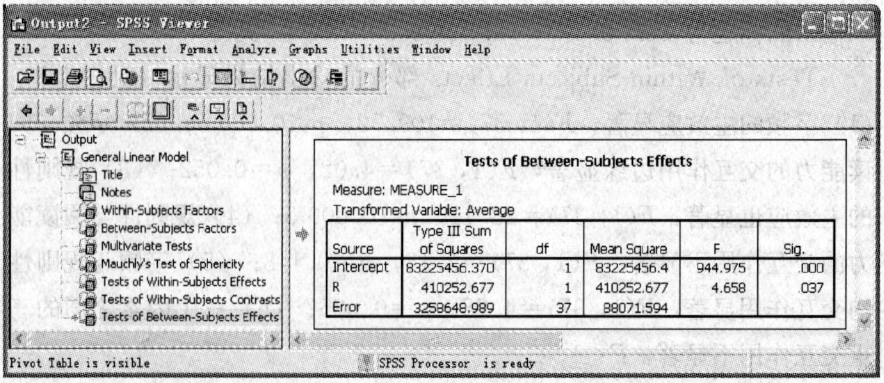

Tests of Between-Subjects Effects

Measure: MEASURE_1

Transformed Variable: Average

Source	Type III Sum of Squares	df	Mean Square	F	Sig.
Intercept	83225456.370	1	83225456.4	944.975	.000
R	410252.677	1	410252.677	4.658	.037
Error	3258648.989	37	88071.594		

图 7-8　重复测量两个因素的三因素混合设计的方差分析结果：被试间效应检验

值得注意的是，在上面的检验中，每个被试内因素的主效应所使用的误差项和它与被试间变量的交互作用所使用的误差项是相同的。两个被试内因素之间的二重交互作用和这两个因素与被试间因素的三重交互作用，使用相同的误差项。而被试间因素的主效应使用一个独立的误差项。因此，被试间因素的主效应、两个被试内因素各自的主效应，以及二者之间的二重交互作用，分别使用了四个不同的误差项。

由于字频与规则性的交互作用显著，且这一交互作用有理论意义，所以，应进一步进行简单效应检验。我们在第六章第三节介绍两因素被试内设计时，已经介绍过如何检验一个被试内变量在另一个被试内变量的不同水平上的简单效应检验，此处不再重述。

在上面的统计分析结果中，三个因素之间的三重交互作用并不显著。一旦三重交互作用显著，研究者需要进一步进行简单简单效应检验。在重复测量两个因素的三因素混合设计中，一个被试内因素在被试间因素和另一个被试内因素的各个水平上的简单简单效应检验，句法命令的写法如下：

```
MANOVA A1B1 A1B2 A2B1 A2B2 BY R(1，2)
    /WSFACTORS＝A(2)B(2)
    /PRINT＝CELLINFO(MEANS)
    /WSDESIGN
    /DESIGN
    /WSDESIGN＝B WITHIN A(1) B WITHIN A(2)
    /DESIGN＝MWITHIN R(1)  MWITHIN R(2).
```

其中，A 和 B 为被试内变量，R 为被试间变量。

如果研究者希望检验一个被试间因素在两个被试内因素的各个水平上的简单简单效应，那么，句法命令的写法如下：

```
MANOVA A1B1 A1B2 A2B1 A2B2 BY R(1, 2)
    /WSFACTORS=A(2) B(2)
    /PRINT=CELLINFO(MEANS)
    /WSDESIGN
    /DESIGN
    /WSDESIGN=MWITHIN B(1) WITHIN A(1) MWITHIN B
(2) WITHIN A(1) MWITHIN B(1) WITHIN A(2) MWITHIN B(2)
WITHIN A(2)
    /DESIGN=R.
```


本章主要观点

• 混合设计是应用最为广泛的一种实验设计。由于同时包含被试间和被试内变量，所以，混合设计同时兼备被试间设计和被试内设计的优点。与被试间设计相比，混合设计不仅可以节省被试，而且可以更好地控制无关变异，从而获得更好的实验精度。

• 两因素混合设计包含两个因素，其中一个因素为被试内因素，另一个因素为被试间因素，每个因素可有两个或更多个水平。

• 重复测量一个因素的三因素混合设计包含一个被试内因素和两个被试间因素。

• 重复测量两个因素的三因素混合设计包含一个被试间因素和两个被试内因素。在这种设计中，被试间因素的主效应、两个被试内因素各自的主效应以及二者之间的交互作用，分别使用了四个不同的误差项。

思考题

1. 混合设计有哪些特点？

2. 以 2×3 混合设计为例，说明简单效应的含义。

3. 以重复测量一个因素的 2×3×2 混合设计为例，说明简单简单效应的含义。

4. 以 2×2 混合设计为例，说明两因素混合设计的特点、数据格式和数据分析方法。

5. 以 2×2×2 混合设计为例，说明重复测量一个因素的三因素混合设计的特点、数据格式和数据分析方法。

6. 以 2×2×2 混合设计为例，说明重复测量两个因素的三因素混合设计的特点、数据格式和数据分析方法。

第八章
项目间设计和项目内设计

我们在第六章和第七章分别介绍了被试间设计和被试内设计。前一种设计中，比较是在不同被试之间进行的，而后一种设计中，比较则是在被试内部进行的，如规则字（如“帽”）与不规则字（如“猜”）之间的比较。

需要注意的是，在心理学研究中，研究者所作的比较，除了需要考虑被试方面的因素之外，有时还需考虑项目或实验材料方面的因素。根据比较究竟是在不同项目之间还是在相同项目上进行，或者说按照不同条件是在不同项目上实施还是在相同项目上实施，实验设计可分为项目间设计和项目内设计两类。本章中，我们讨论这两类设计。

第一节　项目间设计和项目内设计概述

一、项目间设计和项目内设计的含义

在考察规则字（如“帽”）和不规则字（如“猜”）命名反应时差异的研究中，比较是在不同项目之间进行的。一个汉字如果是规则字，那么，它就不可能是不规则字，反之亦然。因此，这种比较只能在不同项目之间进行，即采用项目间设计。

对于项目间设计来说，由于比较是在不同的材料之间进行的，所以，研究者需要保证不同材料之间的可比性。例如，为了在规则字和不规则字之间进行令人信服的比较，进而得出关于规则性作用的确切结论，研究者需要在规则字和不规则字之间匹配两种字的字频、笔画数（反映汉字刺激的视觉复杂度）等额外变量。这在逻辑上类似于在被试间设计中，研究者需要采用随机分派被试（仅限于刺激或任务变量研究）或匹配等程序，创

立相等组，从而保证不同被试之间的可比性。

项目内设计是指不同条件的实验使用相同的实验材料。例如，在第六章第二节介绍单因素被试内多水平设计时，我们假设了一个汉字命名的启动效应实验。该实验操纵了启动字和目标字之间的关联性，并将关联性分为三个水平，即：(1) 语音相同（A1），例如，先呈现的启动字和后呈现的目标字分别为“摆”和“柏”，二者同音；(2) 语义相关（A2），例如，启动字和目标字分别为“松”和“柏”，二者在语义上相关；(3) 无关（A3），例如，启动字和目标字分别为“沟”和“柏”，二者无任何关系。值得注意的是，三种条件中的启动字虽然不同，但目标字完全相同，而研究者所测量的正是被试对目标字命名的反应时。这样，语音相同、语义相关和无关三种条件是在相同项目上实施的，或者说，三种条件之间的比较是在相同项目内部进行的，因此，该实验采用的是项目内设计。

二、项目间设计和项目内设计的比较

我们已经知道，被试内和被试间两种设计的主要区别在于，在被试内设计的误差变异中，由被试的个体差异所引起的变异能够通过统计分析方法完全分离出去。这样，对于被试内设计来说，误差变异大大减小，相应地，实验设计的敏感性大大提高。相比之下，在被试间设计中，虽然研究者通过随机分派被试到不同条件，或者在不同条件之间匹配被试，在一定程度上减小了误差变异中所包含的由被试的个体差异所引起的变异，但是，误差变异中毕竟仍然包含由被试的个体差异所引起的变异。这样，被试间设计的敏感性相对较低。类似地，项目内设计和项目间设计的主要区别在于，同项目间设计相比，项目内实验设计的敏感性更高。在项目内设计中，比较是在相同项目内部进行的。这种比较方式可以保证，实验所观察到的不同条件之间的差异不可能用实验材料中某些研究者不关心的特性上的差异来解释，因为在不同条件下，研究者使用了完全相同的材料。此外，在进行统计检验时，由不同材料之间的差异（可以称做材料的“个体差异”）所引起的变异，能够从误差变异中完全分离出去。相比之下，项目间设计做不到这一点，虽然很多场合，如规则性效应、词频效应或笔画数效应的研究，研究者只能采用项目间设计。

三、被试内设计和项目内设计的联合考虑

项目间和项目内设计可以与被试间和被试内设计相结合，产生四种类型的实验设计。(1) 被试间项目间设计。例如，为了考察不同年级小学生在阅读理解能力上的差异，研究者只能采用被试间设计，即在不同被试之间进行比较，因为年级属于被试变量，研究者不可能把它作为被试内变量来操作。同时，为了保证阅读理解能力测量的公平性，研究者需要使用难度相等的阅读材料，而不是完全相同的阅读材料。这样，研究者在使用被试间设计的同时，采用了项目间设计。(2) 被试间项目内设计。例如，为了考察不同记忆术记忆效果的差别，研究者应该采用被试间设计。同时，不同记忆术条件下所使用的记忆材料最好完全相同，即采用项目内设计。这样，研究者在使用被试间设计的同时，采用了项目内设计。(3) 被试内项目间设计。例如，在前面提到的规则性效应研究中，研究者就采用了被试内项目间设计。(4) 被试内项目内设计。例如，前面提到的汉字命名的启动效应实验，就采用了被试内项目内设计。

与其他三种设计相比，被试内项目内设计由于同时采用了被试内设计和项目内设计，所以敏感性更高。在第六章和第七章中，我们已经分别介绍了被试间设计和被试内设计。下面，我们分别介绍项目间设计和项目内设计的数据格式与数据分析方法。

第二节　项目间设计

一、单因素项目间设计与项目检验

这种设计的特点是，研究中只包含一个因素，该因素为项目间变量。例如，规则—不规则字命名研究只包含一个因素，即规则性，它是一个项目间变量（由于研究者同时采用了被试内设计，因此它同时也是一个被试内变量），分规则和不规则两个水平。研究者感兴趣的是规则字与不规则字两种字之间平均命名反应时的差异。

为了检验所观察到的差异究竟是由自变量水平的变化造成的还是仅

仅反映一种偶然，研究者需要进行统计检验。本书到目前为止所介绍过的统计检验均为以被试为随机变量的检验，也称被试检验（by subjects）。在这种检验中，针对每一名被试，研究者都计算特定条件下该被试所完成的若干次试验数据的平均数（也可以是中数等其他反映集中趋势的统计量）。假设一个实验采用单因素两水平被试内设计，共有20名被试参加，那么，最终读入SPSS的数据应该是一个20×2的矩阵，其中20代表20名被试，2代表两个条件。这样的检验实际上是将被试作为随机变量，目的是希望研究结论能够推广到被试总体，而不限于实验中研究者所采用的特定的被试样本——这意味着如果采用不同的被试样本，研究发现可以重复。

值得注意的是，一些心理学研究领域，如字词知觉（word perception）、言语学习（verbal learning）和人类记忆（human memory）等，通常以字词、句子等语言刺激为实验材料。研究者希望研究结论能够推广到语言总体，即如果采用不同的语言材料样本，研究发现可以重复，而不是仅限于实验中研究者所采用的特定的语言材料。因此，以语言刺激为实验材料的研究，不仅需要进行以被试为随机变量的检验，还需进行以项目为随机变量的检验，即项目检验（by items）。在这种检验中，针对每一个项目，研究者都计算特定条件下该项目上若干名被试数据的平均数（或中数等其他反映集中趋势的统计量）。

在第六章第二节中，我们曾经以规则—不规则字命名研究为例，介绍过单因素被试内两水平设计的被试检验。下面，我们仍以该研究为例，介绍单因素项目间两水平设计的项目检验中数据的格式以及相应的数据分析方法。

（一）数据格式

在规则—不规则字命名研究中，整个实验包含40个汉字，规则字和不规则字各半，20名被试参加实验。

利用Excel软件中的“=average()”命令，计算每一个汉字的平均的命名反应时，即20个被试在该汉字上的反应时数据的平均数，整理成如下形式：

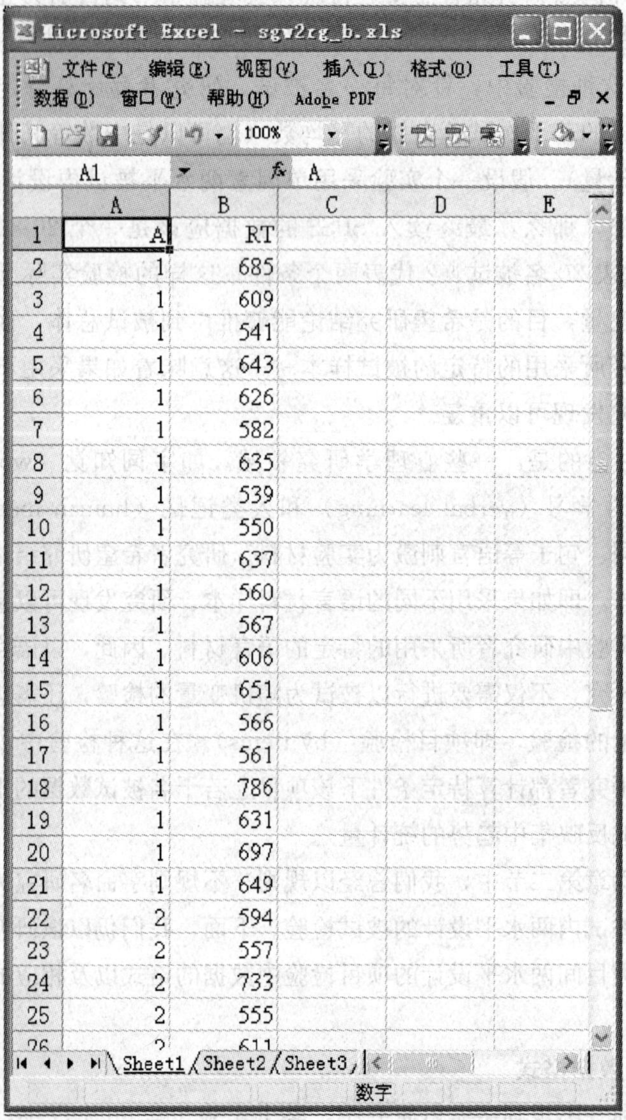

	A	B
1	A	RT
2	1	685
3	1	609
4	1	541
5	1	643
6	1	626
7	1	582
8	1	635
9	1	539
10	1	550
11	1	637
12	1	560
13	1	567
14	1	606
15	1	651
16	1	566
17	1	561
18	1	786
19	1	631
20	1	697
21	1	649
22	2	594
23	2	557
24	2	733
25	2	555
26	2	611

其中，A 代表规则性，1 代表规则字，2 代表不规则字；RT 代表反应时（因变量）。单元格 B2 中的数据 685 系某一个项目上全部 20 名被试反应时数据的平均数。

由于规则性为项目间变量，所以，规则字和不规则字的数据应该纵向排在同一列中，而不是像单因素被试内两水平设计的被试检验那样，排在不同的列中。行 1 为变量名，行 2 至行 21 为规则字的数据，行 22 至行 41 为不规则字的数据（一共 40 个汉字，所以，总共应该有 40 行数据；为节省篇幅，上图只显示了部分数据）。

在上面的平均数数据中，虽然看不到每个被试的反应时数据，但可以看到每个项目的反应时数据。例如，同样是规则字，占据第 7 行的某个规则字的平均反应时为 582 毫秒，而占据第 19 行的某个规则字的平均反应时为 631 毫秒。显然，项目检验实际上是将项目作为随机变量的一种统计检验，其目的是保证研究结论能够推广到语言材料总体，而不是局限于所采用的有限的语言材料样本。

与此相反，在被试检验的平均数数据中，虽然看不到每个项目的数据，但可以看到每个被试的数据。因此，被试检验实际上是将被试作为随机变量的一种统计检验，其目的是保证研究结论能够推广到被试总体，而不是局限于所采用的有限的被试样本。

将数据存成 .xls 格式的文件，以备进一步分析。

（二）数据分析

第一步，用 SPSS 打开 .xls 文件，将数据读入 SPSS。

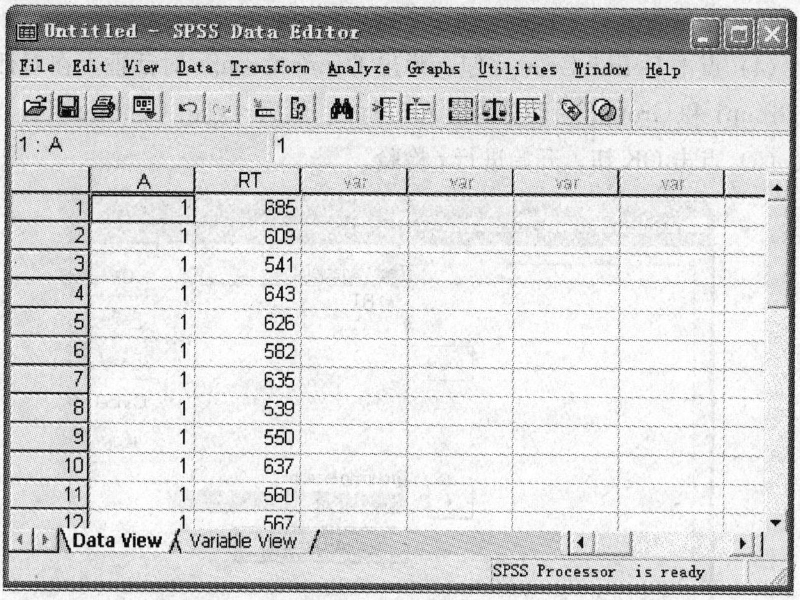

第二步，独立样本 t 检验。项目间设计和被试间设计在统计分析上的唯一区别是，读入 SPSS 的数据含义不同。关于这一点，前面在介绍项目检验的数据格式时已经讨论过。除此之外，两种设计的统计分析完全相同。

在规则—不规则字命名研究中，由于规则性为项目间变量，所以，对规则字与不规则字之间命名反应时平均数的差异，应该像单因素两组设计中的独立组设计一样，采用独立样本 t 检验（而不是成对样本 t 检验）进行分析。需要说明的是，由于规则字与不规则字之间不可能采用标准的匹配法匹配无关变量（如词频、笔画数等），所以，这里，只能采用与被试间设计中的独立组设计相对应的独立样本 t 检验，而不能采用与匹配组设计相对应的相关样本 t 检验。独立样本 t 检验的具体步骤如下：

（1）激活 Analyze 菜单，选 Compare Means 中的 Independent-Samples T Test... 命令项，弹出 Independent-Samples T Test 对话框；

（2）在对话框左侧的变量列表中，选因变量 RT，点击▶钮使之进入 Test Variable〔s〕框；

（3）选自变量 A，点击▶钮使之进入 Grouping Variable 框；

（4）点击 Define Groups 钮，弹出 Define Groups 对话框，在对话框中 Group1 和 Group2 后面分别键入 1 和 2，然后，点击 Continue 钮；

（5）点击 OK 钮，开始进行 t 检验。

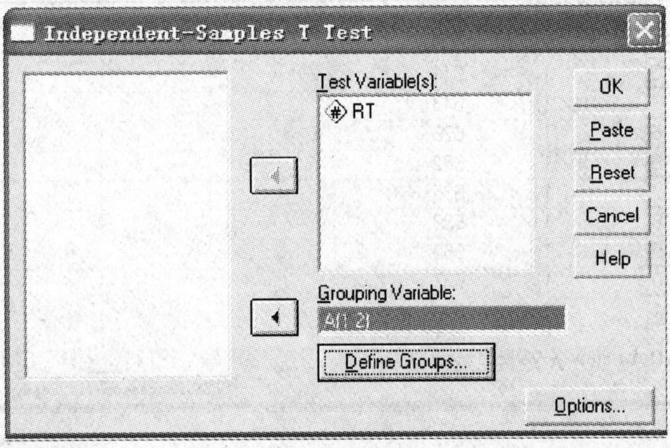

检验结果如图 8-1 所示。

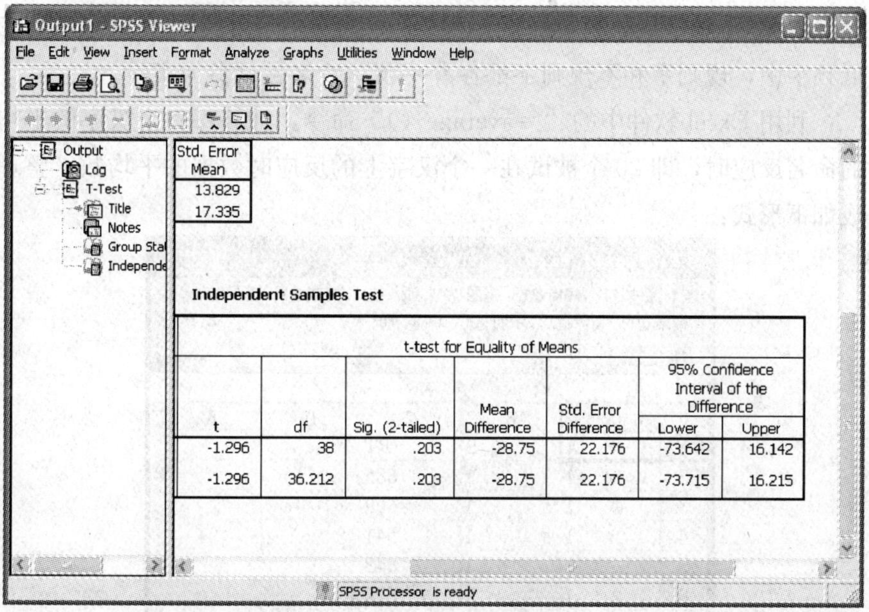

Std. Error Mean
13.829
17.335

Independent Samples Test

t-test for Equality of Means						
					95% Confidence Interval of the Difference	
t	df	Sig. (2-tailed)	Mean Difference	Std. Error Difference	Lower	Upper
-1.296	38	.203	-28.75	22.176	-73.642	16.142
-1.296	36.212	.203	-28.75	22.176	-73.715	16.215

图 8-1　独立样本 t 检验结果

显然，t 检验结果表明，规则字与不规则字之间的命名反应时差异项目检验不显著，$t=-1.30$，$p=0.203$。

二、两因素项目间设计

这种设计的特点是，研究中包含两个因素，这两个因素均为项目间变量。例如，高低频规则—不规则字命名研究包含字频（A）和规则性（B）两个因素，前者分高频（A1）和低频（A2）两个水平，后者分规则（B1）和不规则（B2）两个水平。两个因素均只能作为项目间变量来操纵（由于研究者同时采用了被试内设计，因此它们同时也是被试内变量），因此，这是一个 2×2 项目间设计。下面我们结合这项研究，介绍两因素项目间设计的数据格式以及相应的数据分析方法。

（一）数据格式

高低频规则—不规则字命名研究包含四种条件，即高频规则字（A1B1）、高频不规则字（A1B2）、低频规则字（A2B1）和低频不规则字（A2B2）。该研究的目的是考察同规则字相比，被试对不规则字的命名反应时是否更长，以及二者之间的差异是否受字频高低的影响。假设整个实验包含 80 个汉字，高频字和低频字各半。此外，无论是在高频字还是在低频字中，规则字和不规则字都各占一半。20 名被试参加实验。

利用 Excel 软件中的"＝average（）"命令，计算每一个汉字的平均的命名反应时，即 20 个被试在一个汉字上的反应时数据的平均数，整理成如下形式：

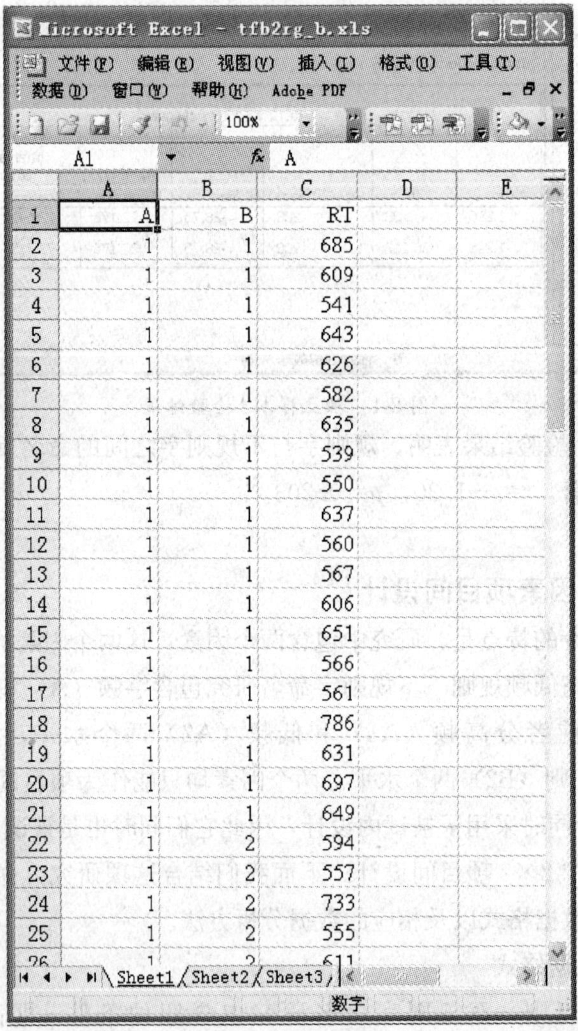

	A	B	C	D	E
1	A	B	RT		
2	1	1	685		
3	1	1	609		
4	1	1	541		
5	1	1	643		
6	1	1	626		
7	1	1	582		
8	1	1	635		
9	1	1	539		
10	1	1	550		
11	1	1	637		
12	1	1	560		
13	1	1	567		
14	1	1	606		
15	1	1	651		
16	1	1	566		
17	1	1	561		
18	1	1	786		
19	1	1	631		
20	1	1	697		
21	1	1	649		
22	1	2	594		
23	1	2	557		
24	1	2	733		
25	1	2	555		
26	1	2	611		

其中，A 代表字频，1 代表高频字，2 代表低频字；B 代表规则性，1 代表规则字，2 代表不规则字；RT 代表反应时（因变量）。单元格 C2 中

的数据 685 系某一个高频规则字上全部 20 名被试反应时数据的平均数。

由于字频和规则性均为项目间变量，所以，四种字的反应时数据应该纵向排在同一列中，而不是像两因素被试内两水平设计的被试检验那样排在四个不同的列中。行 1 为变量名；行 2 至行 21 为高频规则字的数据；行 22 至行 41 为高频不规则字的数据；行 42 至行 61 为低频规则字的数据；行 62 至行 81 为低频不规则字的数据（一共 80 个汉字，所以，总共应该有 80 行数据；为节省篇幅，上图只显示了部分数据）。

将数据存成 .xls 格式的文件，以备进一步分析。

（二）数据分析

第一步，用 SPSS 打开 .xls 文件，将数据读入 SPSS。

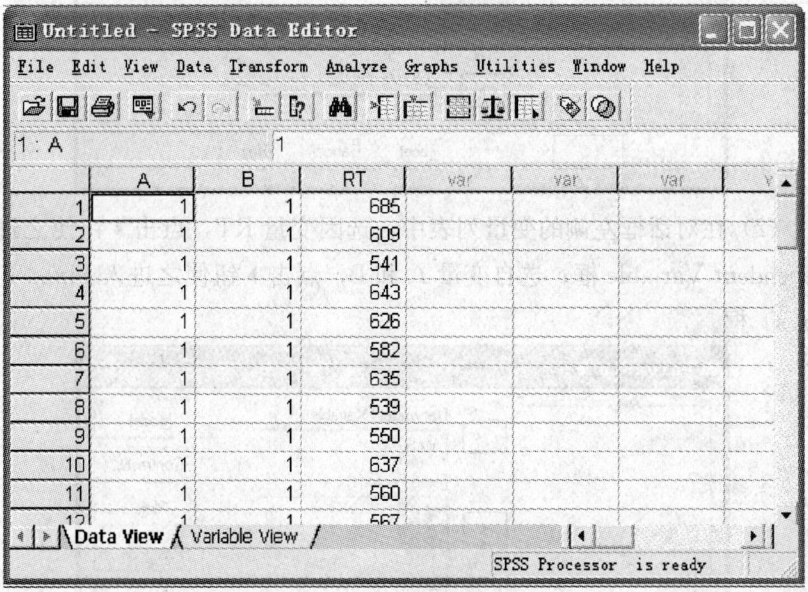

第二步，完全随机方差分析。项目间设计和被试间设计在统计分析上的唯一区别是，读入 SPSS 的数据含义不同，除此之外，两种设计的统计分析完全相同。这一点既适用于单因素设计，也适用于多因素设计。

在高低频规则—不规则字命名研究中，由于字频和规则性均为项目间变量，所以，为了确定每个因素是否起作用以及所起的作用是否受另一个因素调整，研究者应该像分析两因素被试间设计的数据一样，采用完全随机方差分析。具体步骤如下。

（1）激活 Analyze 菜单，选 General Linear Model 中的 Univariate...命令项，弹出 Univariate 对话框。

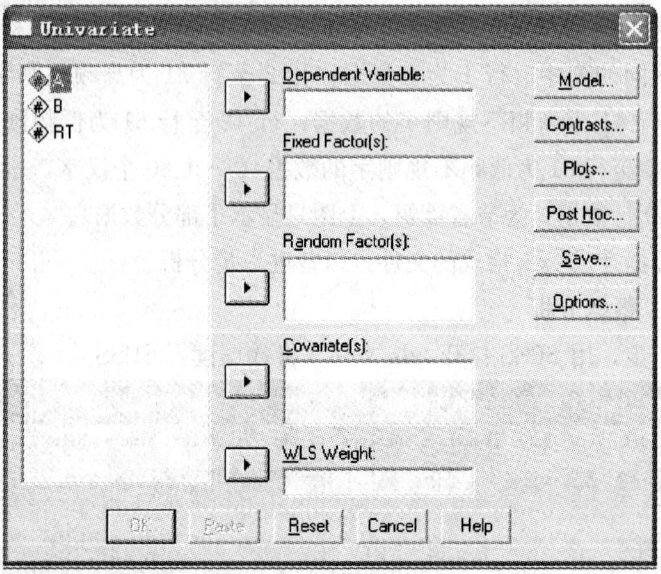

（2）在对话框左侧的变量列表中，选因变量 RT，点击▶钮使之进入 Dependent Variable 框；选自变量 A 和 B，点击▶钮使之进入 Fixed Factor〔s〕框。

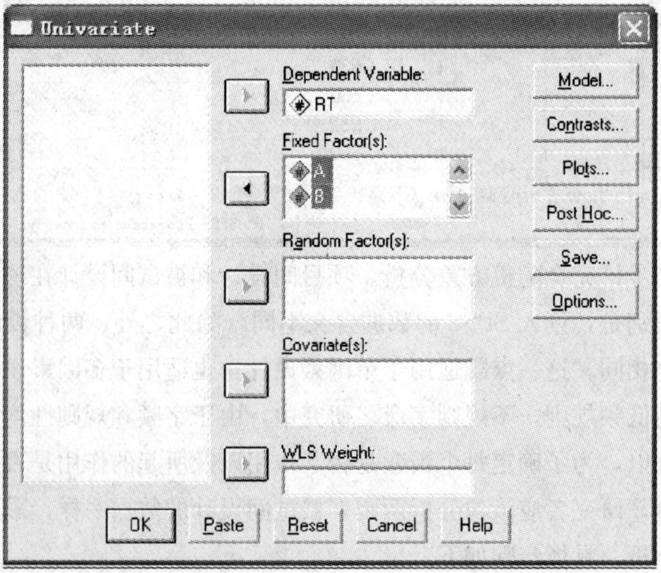

心理学研究方法

（3）点击 OK 钮，开始进行 F 检验。输出结果如图 8-2 所示。

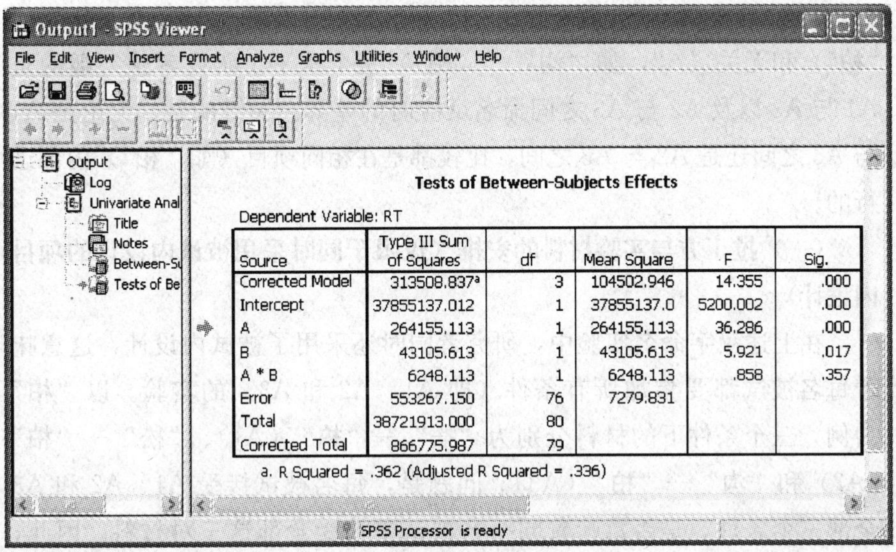

Tests of Between-Subjects Effects

Dependent Variable: RT

Source	Type III Sum of Squares	df	Mean Square	F	Sig.
Corrected Model	313508.837ᵃ	3	104502.946	14.355	.000
Intercept	37855137.012	1	37855137.0	5200.002	.000
A	264155.113	1	264155.113	36.286	.000
B	43105.613	1	43105.613	5.921	.017
A * B	6248.113	1	6248.113	.858	.357
Error	553267.150	76	7279.831		
Total	38721913.000	80			
Corrected Total	866775.987	79			

a. R Squared = .362 (Adjusted R Squared = .336)

图 8-2　两因素项目间设计的方差分析结果

在项目间设计项目检验的输出结果中，应该阅读 Test of Between-Subjects Effects 部分的结果（见图 8-2）。值得注意的是，“Between-Subjects”在这里应该理解成“项目间”，而不是“被试间”。显然，输出的项目检验结果显示，字频的主效应显著，$F(1, 76)=36.29$，$p<0.000\ 5$，同高频字相比，低频字的命名反应时更长。规则性的主效应也显著，$F(1, 76)=5.92$，$p=0.017$，同规则字相比，不规则字的命名反应时更长。字频与规则性之间的交互作用不显著，$F<1$。

第三节　项目内设计

一、单因素项目内设计

这种设计的特点是，研究中只包含一个因素，该因素为项目内变量。例如，汉字命名的启动效应实验（见本章第一节或第六章第二节）中，只包含一个因素，即启动字和目标字之间的关联性，它是一个项目内变量

（由于研究者同时采用了被试内设计，因此它同时也是一个被试内变量），分语音相同（A1，如“摆”—“**柏**”①）、语义相关（A2，如“松”—“**柏**”）和无关（A3，如“沟”—“**柏**”）三个水平。研究者感兴趣的是A1与A3以及A2与A3之间命名反应时的差异。关键的是，无论是A1与A3之间还是A2与A3之间，比较都是在相同项目（如“**柏**”）内部进行的。

（一）拉丁方与实验材料的安排（仅限于同时采用被试内设计的项目内设计）

在上述汉字命名实验中，研究者同时还采用了被试内设计，这意味着每名被试都要参加所有条件（即A1、A2和A3）的实验。以“**柏**”为例，三个条件下的材料分别为“摆”—“**柏**”（A1）、“松”—“**柏**”（A2）和“沟”—“**柏**”（A3）。问题是，每名被试接受A1、A2和A3全部三个条件，是否意味着同一名被试要接受全部这三对材料，因此，同一名被试对同一个刺激（如“**柏**”）重复反应三次呢？一般来说，为了避免因重复而带来的学习效应，同一名被试最好不要对同一个刺激重复反应多次。

那么，在同时采用项目内设计和被试内设计的研究中，究竟如何安排才能保证同一名被试既接受了全部的实验条件，又不会重复接受相同的实验材料呢？事实上，拉丁方的方法可以解决这个问题。下面我们以上述汉字命名实验为例，介绍如何使用这种方法安排被试接受实验材料。为简便起见，我们假设该实验只使用了如下6套材料（真正的实验应该使用更多的材料，比如69套材料）：

① 常规字体代表启动字，加粗的字体代表目标字。下同。

No1	No2	P	T	Con
1	1	摆	柏	A1
2	1	松	柏	A2
3	1	沟	柏	A3
4	2	阳	羊	A1
5	2	牛	羊	A2
6	2	冰	羊	A3
7	3	胡	狐	A1
8	3	狼	狐	A2
9	3	款	狐	A3
10	4	余	鱼	A1
11	4	虾	鱼	A2
12	4	棚	鱼	A3
13	5	隆	龙	A1
14	5	凤	龙	A2
15	5	兜	龙	A3
16	6	基	鸡	A1
17	6	狗	鸡	A2
18	6	笛	鸡	A3

其中，No1 为自然序号，No2 为 6 套材料的编号，P 代表启动字，T 代表需要被试命名的目标字，Con 代表条件编码——A1、A2 和 A3 分别为语音相同、语义相关和无关。

考虑到同一名被试只能接受三种条件中一种条件的实验材料，以避免同一名被试重复接受相同的实验材料，研究者应该将全部 18 对材料按拉丁方的方法分成三个版本（或三组），每名被试只接受其中一个版本（或一组）材料。具体步骤如下。

（1）在F列中，按照拉丁方的格式，写入材料版本（Ver）编码——v1、v2或v3。

	A	B	C	D	E	F	G	H	I
1	No1	No2	P	T	Con	Ver			
2	1	1	摆	柏	A1	v1			
3	2	1	松	柏	A2	v2			
4	3	1	沟	柏	A3	v3			
5	4	2	阳	羊	A1	v2			
6	5	2	牛	羊	A2	v3			
7	6	2	冰	羊	A3	v1			
8	7	3	胡	狐	A1	v3			
9	8	3	狼	狐	A2	v1			
10	9	3	款	狐	A3	v2			
11	10	4	余	鱼	A1	v1			
12	11	4	虾	鱼	A2	v2			
13	12	4	棚	鱼	A3	v3			
14	13	5	隆	龙	A1	v2			
15	14	5	凤	龙	A2	v3			
16	15	5	兜	龙	A3	v1			
17	16	6	基	鸡	A1	v3			
18	17	6	狗	鸡	A2	v1			
19	18	6	笛	鸡	A3	v2			
20									

(2) 按 F 列排序，将版本编码相同的材料集中。

	A	B	C	D	E	F
1	No1	No2	P	T	Con	Ver
2	1	1	摆	柏	A1	v1
3	6	2	冰	羊	A3	v1
4	8	3	狼	狐	A2	v1
5	10	4	余	鱼	A1	v1
6	15	5	兜	龙	A3	v1
7	17	6	狗	鸡	A2	v1
8	2	1	松	柏	A2	v2
9	4	2	阳	羊	A1	v2
10	9	3	款	狐	A3	v2
11	11	4	虾	鱼	A2	v2
12	13	5	隆	龙	A1	v2
13	18	6	笛	鸡	A3	v2
14	3	1	沟	柏	A3	v3
15	5	2	牛	羊	A2	v3
16	7	3	胡	狐	A1	v3
17	12	4	棚	鱼	A3	v3
18	14	5	凤	龙	A2	v3
19	16	6	基	鸡	A1	v3
20						

(3) 将 v1、v2 和 v3 三个版本的材料并排排在一起。

No1	No2	P	T	Con	Ver	No1	No2	P	T	Con	Ver	No1	No2	P	T	Con	Ver
1	1	摆	**柏**	A1	v1	2	1	松	**柏**	A2	v2	3	1	沟	**柏**	A3	v3
6	2	冰	**羊**	A3	v1	4	2	阳	**羊**	A1	v2	5	2	牛	**羊**	A2	v3
8	3	狼	**狐**	A2	v1	9	3	款	**狐**	A3	v2	7	3	胡	**狐**	A1	v3
10	4	余	**鱼**	A1	v1	11	4	虾	**鱼**	A2	v2	12	4	棚	**鱼**	A3	v3
15	5	兜	**龙**	A3	v1	13	5	隆	**龙**	A1	v2	14	5	凤	**龙**	A2	v3
17	6	狗	**鸡**	A2	v1	18	6	笛	**鸡**	A3	v2	16	6	基	**鸡**	A1	v3

实验时，每名被试只能接受三个版本中的一个版本。以“**柏**”为例，上图清楚地显示，接受“摆”—“**柏**”（v1）的被试不再接受“松”—“**柏**”（v2）和“沟”—“**柏**”（v3）。同样，接受“松”—“**柏**”（v2）的被试不再接受“摆”—“**柏**”（v1）和“沟”—“**柏**”（v3）。

可以看到，无论是在 v1 还是在 v2 或 v3 中，同一名被试均参加 A1、A2 和 A3 全部三个条件的实验。因此，三种条件之间的比较是在相同被试内部进行的。另外，A1 条件下，被试作反应的刺激为“**柏**”与“**鱼**”（v1）、“**羊**”与“**龙**”（v2）、“**狐**”与“**鸡**”（v3）；A2 条件下，被试作反应的刺激为“**狐**”与“**鸡**”（v1）、“**柏**”与“**鱼**”（v2）、“**羊**”与“**龙**”（v3）；A3 条件下，被试作反应的刺激为“**羊**”与“**龙**”（v1）、“**狐**”与“**鸡**”（v2）、“**柏**”与“**鱼**”（v3）。这样，三种条件之间的比较也是在相同材料上进行的。

(4) 加入填充材料。每个版本包含 6 对材料，其中，语音相同和语义相关条件各 2 对，这意味着 4/6 的材料中，先呈现的启动字和后呈现的目标字之间有一定关系，这可能会导致被试尝试使用某种策略。为此，需要加入一定数量的填充材料。例如，可以加入 4 对先呈现的启动字和后呈现的目标字之间无任何关系的材料，如“壁”—“**烟**”。

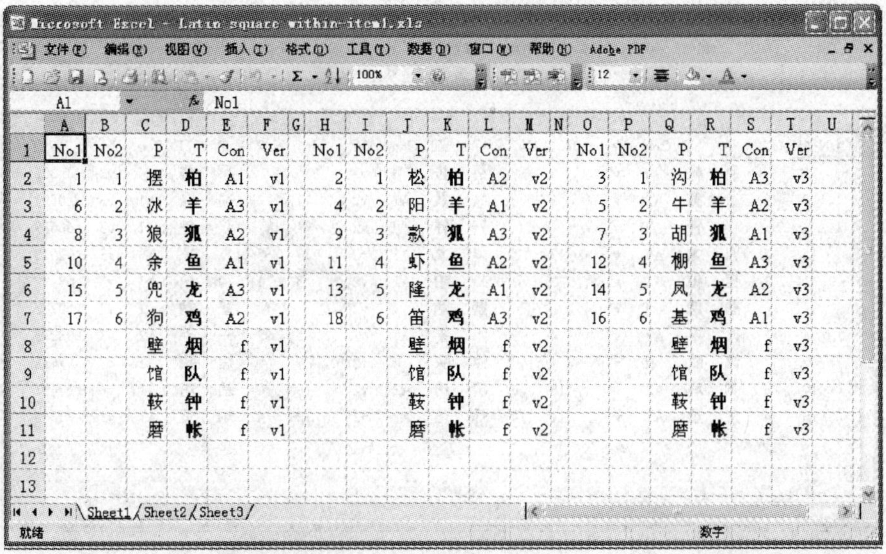

Microsoft Excel - Latin square within-item1.xls

A1 = No1

	A	B	C	D	E	F	G	H	I	J	K	L	M	N	O	P	Q	R	S	T	U
1	No1	No2	P	T	Con	Ver		No1	No2	P	T	Con	Ver		No1	No2	P	T	Con	Ver	
2	1	1	摆	柏	A1	v1		2	1	松	柏	A2	v2		3	1	沟	柏	A3	v3	
3	6	2	冰	羊	A3	v1		4	2	阳	羊	A1	v2		5	2	牛	羊	A2	v3	
4	8	3	狼	狐	A2	v1		9	3	款	狐	A3	v2		7	3	胡	狐	A1	v3	
5	10	4	余	鱼	A1	v1		11	4	虾	鱼	A2	v2		12	4	棚	鱼	A3	v3	
6	15	5	兜	龙	A3	v1		13	5	隆	龙	A1	v2		14	5	凤	龙	A2	v3	
7	17	6	狗	鸡	A2	v1		18	6	笛	鸡	A3	v2		16	6	基	鸡	A1	v3	
8			壁	烟	f	v1				壁	烟	f	v2				壁	烟	f	v3	
9			馆	队	f	v1				馆	队	f	v2				馆	队	f	v3	
10			鞍	钟	f	v1				鞍	钟	f	v2				鞍	钟	f	v3	
11			磨	帐	f	v1				磨	帐	f	v2				磨	帐	f	v3	
12																					
13																					

（5）为了控制练习和疲劳等序列效应，试验顺序应该随机化。为此，在 U 列中，写入能够生成随机数的函数 RAND。可先在单元格 U2 中写入“＝rand()”，然后利用复制和粘贴功能在单元格 U3 至 U11 中也写入“＝rand()”。

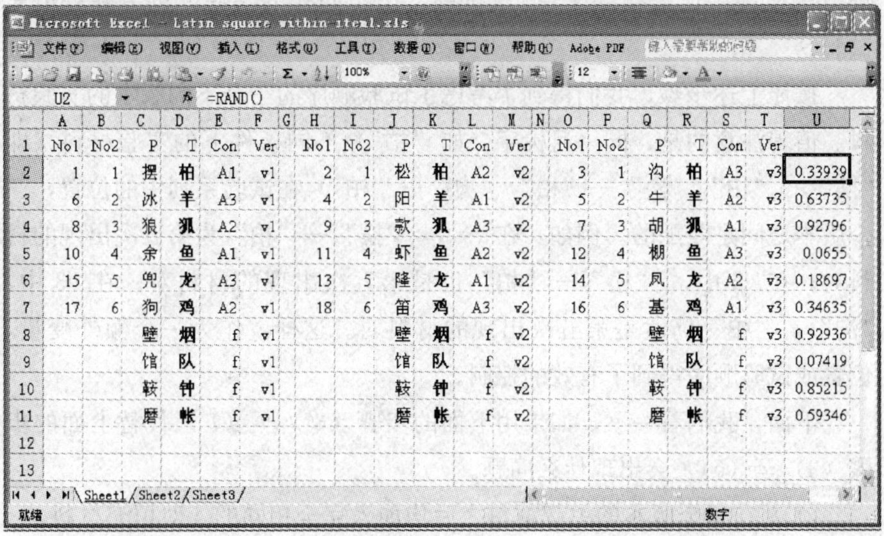

Microsoft Excel - Latin square within-item1.xls

U2 =RAND()

	A	B	C	D	E	F	G	H	I	J	K	L	M	N	O	P	Q	R	S	T	U
1	No1	No2	P	T	Con	Ver		No1	No2	P	T	Con	Ver		No1	No2	P	T	Con	Ver	
2	1	1	摆	柏	A1	v1		2	1	松	柏	A2	v2		3	1	沟	柏	A3	v3	0.33939
3	6	2	冰	羊	A3	v1		4	2	阳	羊	A1	v2		5	2	牛	羊	A2	v3	0.63735
4	8	3	狼	狐	A2	v1		9	3	款	狐	A3	v2		7	3	胡	狐	A1	v3	0.92796
5	10	4	余	鱼	A1	v1		11	4	虾	鱼	A2	v2		12	4	棚	鱼	A3	v3	0.0655
6	15	5	兜	龙	A3	v1		13	5	隆	龙	A1	v2		14	5	凤	龙	A2	v3	0.18697
7	17	6	狗	鸡	A2	v1		18	6	笛	鸡	A3	v2		16	6	基	鸡	A1	v3	0.34635
8			壁	烟	f	v1				壁	烟	f	v2				壁	烟	f	v3	0.92936
9			馆	队	f	v1				馆	队	f	v2				馆	队	f	v3	0.07419
10			鞍	钟	f	v1				鞍	钟	f	v2				鞍	钟	f	v3	0.85215
11			磨	帐	f	v1				磨	帐	f	v2				磨	帐	f	v3	0.59346
12																					
13																					

（6）按 U 列排序。可以排几次，也可以采用假随机程序，人为调整试验顺序，直到得到恰当的试验顺序。

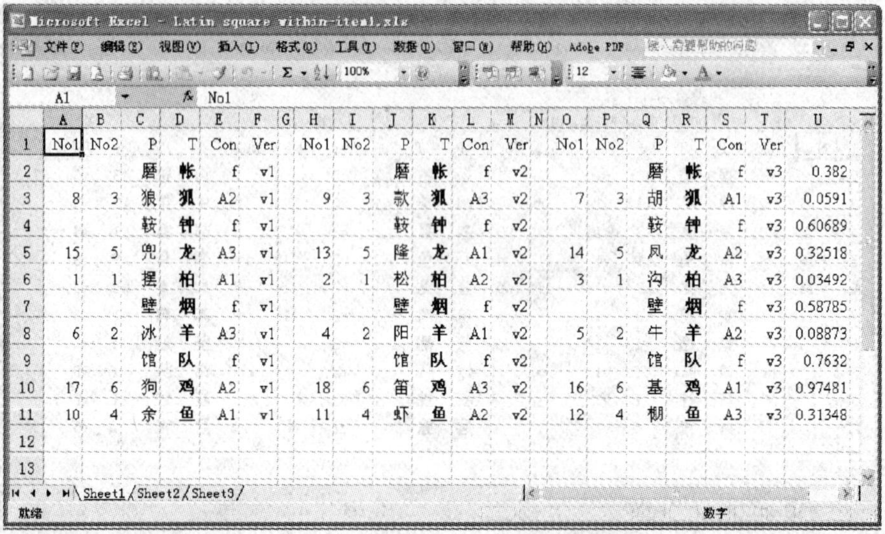

	A	B	C	D	E	F	G	H	I	J	K	L	M	N	O	P	Q	R	S	T	U
1	No1	No2	P	T	Con	Ver		No1	No2	P	T	Con	Ver		No1	No2	P	T	Con	Ver	
2			磨	帐	f	v1				磨	帐	f	v2				磨	帐	f	v3	0.382
3	8	3	狼	狐	A2	v1		9	3	款	狐	A3	v2		7	3	胡	狐	A1	v3	0.0591
4			鞍	钟	f	v1				鞍	钟	f	v2				鞍	钟	f	v3	0.60689
5	15	5	兜	龙	A3	v1		13	5	隆	龙	A1	v2		14	5	凤	龙	A2	v3	0.32518
6	1	1	摆	柏	A1	v1		2	1	松	柏	A2	v2		3	1	沟	柏	A3	v3	0.03492
7			壁	烟	f	v1				壁	烟	f	v2				壁	烟	f	v3	0.58785
8	6	2	冰	羊	A3	v1		4	2	阳	羊	A1	v2		5	2	牛	羊	A2	v3	0.08873
9			馆	队	f	v1				馆	队	f	v2				馆	队	f	v3	0.7632
10	17	6	狗	鸡	A2	v1		18	6	笛	鸡	A3	v2		16	6	基	鸡	A1	v3	0.97481
11	10	4	余	鱼	A1	v1		11	4	虾	鱼	A2	v2		12	4	棚	鱼	A3	v3	0.31348

一般来说，正式实验中，最初的 1～3 次试验最好是填充试验（研究者通常对其数据不感兴趣），以避免由于正式实验刚开始时被试没有进入状态，而影响关键试验数据的采集。如果试验次数较多，比如 300 次，那么，通常实验中间会让被试休息一次或几次。需要指出的是，休息后继续进行的实验中，最初的 1～3 次试验，出于同样的考虑，也最好是填充试验。

按照上述步骤，我们得到了考虑了试验顺序的三个不同版本的实验材料。值得注意的是，同一目标字（如“**柏**”）不同条件下的实验材料（即“摆”—“**柏**”，“松”—“**柏**”，“沟”—“**柏**”）在试验系列中的位置，三个版本之间是匹配的。例如，在 v1 中，“摆”—“**柏**”为第五次出现的材料对；在 v2 中，“松”—“**柏**”也是第五次出现的材料对；在 v3 中，“沟”—“**柏**”仍然是第五次出现的材料对。这样，作为一个额外变量，位置或试验顺序得到了有效的控制。

下面，我们看一下，如果用下面的步骤（3′）至（7′）代替上面的步骤（3）至（6），会出现什么问题。

（3′）在每个版本的关键材料之后均加入完全相同的 4 对填充材料。

Microsoft Excel - Latin square within...

文件(F) 编辑(E) 视图(V) 插入(I) 格式(O) 工具(T) 数据(D) 窗口(W) 帮助(H) Adobe PDF

A1 | No1

	A	B	C	D	E	F	G	H	I
1	No1	No2	P	T	Con	Ver			
2	1	1	摆	柏	A1	v1			
3	6	2	冰	羊	A3	v1			
4	8	3	狼	狐	A2	v1			
5	10	4	余	鱼	A1	v1			
6	15	5	兜	龙	A3	v1			
7	17	6	狗	鸡	A2	v1			
8			壁	烟	f	v1			
9			馆	队	f	v1			
10			鞍	钟	f	v1			
11			磨	帐	f	v1			
12	2	1	松	柏	A2	v2			
13	4	2	阳	羊	A1	v2			
14	9	3	款	狐	A3	v2			
15	11	4	虾	鱼	A2	v2			
16	13	5	隆	龙	A1	v2			
17	18	6	笛	鸡	A3	v2			
18			壁	烟	f	v2			
19			馆	队	f	v2			
20			鞍	钟	f	v2			

Sheet1 / Sheet2 / Sheet3

数字

(4′) 在单元格 G2 至 G31 中写入"＝rand()"。

	A	B	C	D	E	F	G	H	I
1	No1	No2	P	T	Con	Ver			
2	1	1	摆	柏	A1	v1	0.7169		
3	6	2	冰	羊	A3	v1	0.1206		
4	8	3	狼	狐	A2	v1	0.1737		
5	10	4	余	鱼	A1	v1	0.5973		
6	15	5	兜	龙	A3	v1	0.4819		
7	17	6	狗	鸡	A2	v1	0.4184		
8			壁	烟	f	v1	0.801		
9			馆	队	f	v1	0.9521		
10			鞍	钟	f	v1	0.6863		
11			磨	帐	f	v1	0.0399		
12	2	1	松	柏	A2	v2	0.2622		
13	4	2	阳	羊	A1	v2	0.0564		
14	9	3	款	狐	A3	v2	0.895		
15	11	4	虾	鱼	A2	v2	0.8507		
16	13	5	隆	龙	A1	v2	0.3725		
17	18	6	笛	鸡	A3	v2	0.098		
18			壁	烟	f	v2	0.9146		
19			馆	队	f	v2	0.0926		
20			鞍	钟	f	v2	0.826		

（5′）选中行 2 至行 11，并按 G 列排序，以确定 v1 版本的试验顺序。

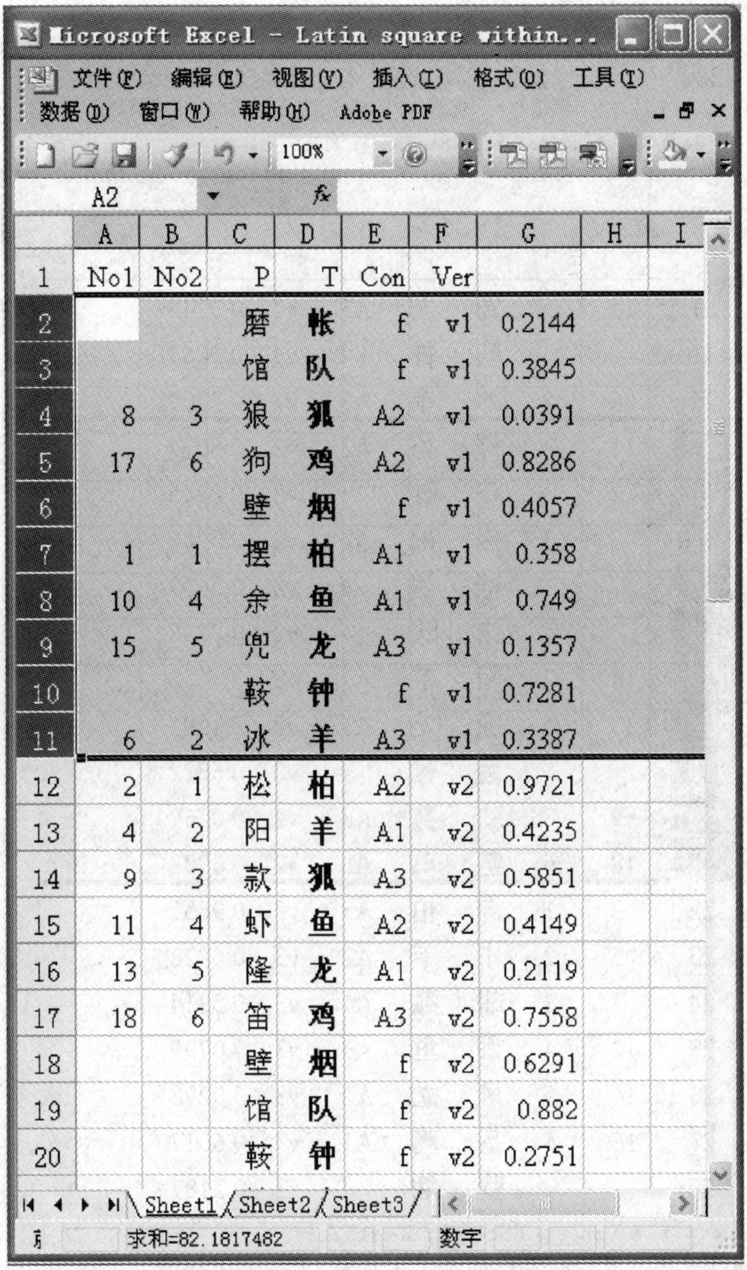

	A	B	C	D	E	F	G	H	I
1	No1	No2	P	T	Con	Ver			
2			磨	帐	f	v1	0.2144		
3			馆	队	f	v1	0.3845		
4	8	3	狼	狐	A2	v1	0.0391		
5	17	6	狗	鸡	A2	v1	0.8286		
6			壁	烟	f	v1	0.4057		
7	1	1	摆	柏	A1	v1	0.358		
8	10	4	佘	鱼	A1	v1	0.749		
9	15	5	兜	龙	A3	v1	0.1357		
10			鞍	钟	f	v1	0.7281		
11	6	2	冰	羊	A3	v1	0.3387		
12	2	1	松	柏	A2	v2	0.9721		
13	4	2	阳	羊	A1	v2	0.4235		
14	9	3	款	狐	A3	v2	0.5851		
15	11	4	虾	鱼	A2	v2	0.4149		
16	13	5	隆	龙	A1	v2	0.2119		
17	18	6	笛	鸡	A3	v2	0.7558		
18			壁	烟	f	v2	0.6291		
19			馆	队	f	v2	0.882		
20			鞍	钟	f	v2	0.2751		

(6′)选中行 12 至行 21，并按 G 列排序，以确定 v2 版本的试验顺序。

	A	B	C	D	E	F	G	H	I
9	15	5	兜	龙	A3	v1	0.3745		
10			鞍	钟	f	v1	0.9061		
11	6	2	冰	羊	A3	v1	0.3209		
12	11	4	虾	鱼	A2	v2	0.6097		
13			鞍	钟	f	v2	0.0245		
14	2	1	松	柏	A2	v2	0.7948		
15			壁	烟	f	v2	0.5459		
16			馆	队	f	v2	0.7718		
17	4	2	阳	羊	A1	v2	0.12		
18	13	5	隆	龙	A1	v2	0.1591		
19			磨	帐	f	v2	0.6322		
20	9	3	款	狐	A3	v2	0.0569		
21	18	6	笛	鸡	A3	v2	0.6933		
22	3	1	沟	柏	A3	v3	0.9655		
23	5	2	牛	羊	A2	v3	0.6828		
24	7	3	胡	狐	A1	v3	0.5914		
25	12	4	棚	鱼	A3	v3	0.0799		
26	14	5	凤	龙	A2	v3	0.9298		
27	16	6	基	鸡	A1	v3	0.6017		
28			壁	烟	f	v3	0.2187		

（7′）选中行 22 至行 31，并按 G 列排序，以确定 v3 版本的试验顺序。

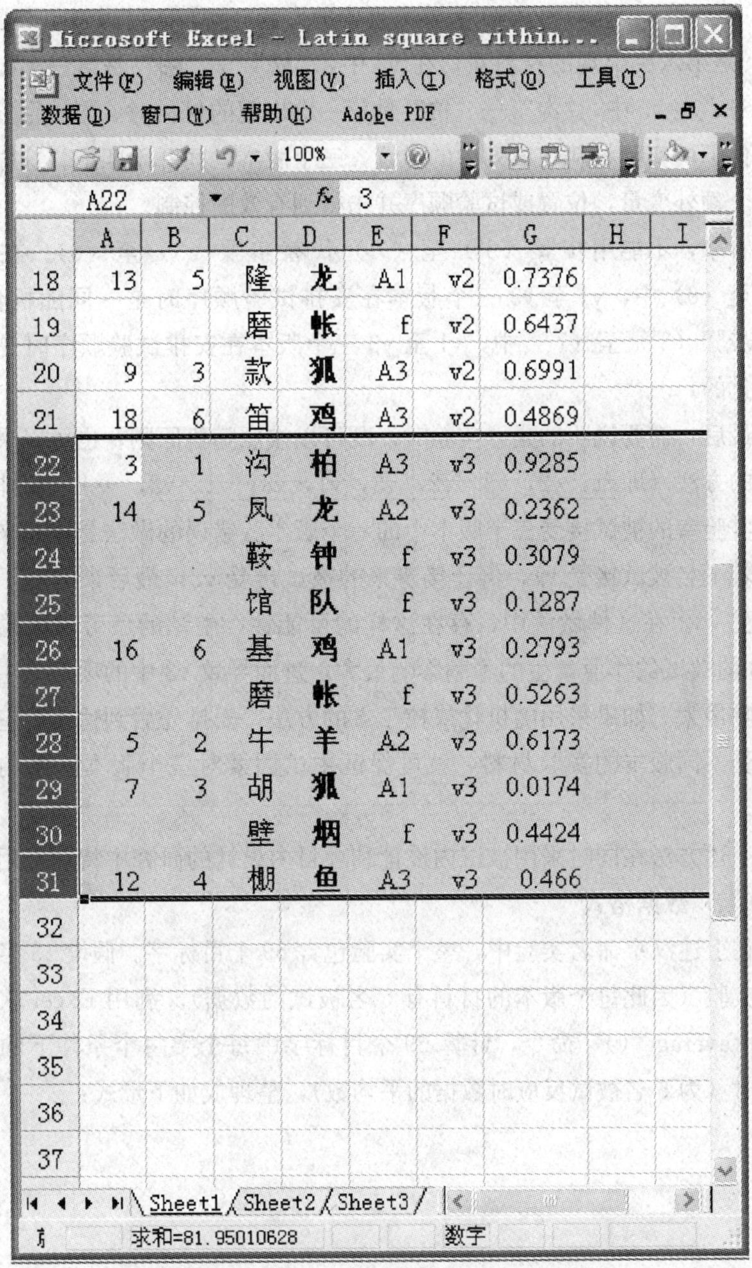

	A	B	C	D	E	F	G	H	I
18	13	5	隆	龙	A1	v2	0.7376		
19			磨	帐	f	v2	0.6437		
20	9	3	款	狐	A3	v2	0.6991		
21	18	6	笛	鸡	A3	v2	0.4869		
22	3	1	沟	柏	A3	v3	0.9285		
23	14	5	凤	龙	A2	v3	0.2362		
24			鞍	钟	f	v3	0.3079		
25			馆	队	f	v3	0.1287		
26	16	6	基	鸡	A1	v3	0.2793		
27			磨	帐	f	v3	0.5263		
28	5	2	牛	羊	A2	v3	0.6173		
29	7	3	胡	狐	A1	v3	0.0174		
30			壁	烟	f	v3	0.4424		
31	12	4	棚	鱼	A3	v3	0.466		
32									
33									
34									
35									
36									
37									

现在，我们可以看一下，步骤（5′）至（7′）所产生的试验系列中，同一目标字（如“**柏**”）不同条件下的实验材料（即“摆”—“**柏**”，“松”—“**柏**”，“沟”—“**柏**”）在系列中的位置。例如，在v1中，“摆”—“**柏**”是第六次出现的材料对；在v2中，“松”—“**柏**”是第三次出现的材料对；在v3中，“沟”—“**柏**”是第一次出现的材料对。同一目标字不同条件下的实验材料在系列中的位置，三个版本之间并不匹配。这样，作为一个额外变量，位置或试验顺序并未得到有效的控制。

看来，不能用步骤（3′）至（7′）代替步骤（3）至（6）。在步骤（3）至（6）中，v1至v3三个版本在安排试验顺序时是一同随机化的，而在步骤（3′）至（7′）中，v1至v3三个版本在安排试验顺序时是分别随机化的。

最后，需要说明的是，实验时，既可以按照随机原则，也可以采用拉丁方的方法（即v1，v2，v3，v2，v3，v1，v3，v1，v2，…），安排先后到达实验室的被试接受三个版本中的一个版本。错误的做法是让先来实验室的若干名被试接受v1，再让接着来的被试接受v2，最后来的若干名被试接受v3。在这种做法中，存在这样的可能性，主试的疲劳和厌倦对接受v3的被试的作业产生的不利影响最大，进而导致v3中的项目受主试因素影响最大。如果采用随机化或拉丁方的方法，安排先后到达实验室的被试接受不同版本的实验材料，就可保证主试因素对三个版本的影响是一致的。

上述方法在同时采用被试内设计和项目内设计的研究中特别有用。

（二）数据格式

在上述汉字命名实验中，整个实验包含69个目标字。假设18名被试参加实验（因此每个版本的材料有6名被试的数据）。利用Excel软件中的“＝average ()”命令，计算69个目标字中每个字每个条件下的平均反应时（为6名被试反应时数据的平均数），整理成如下形式：

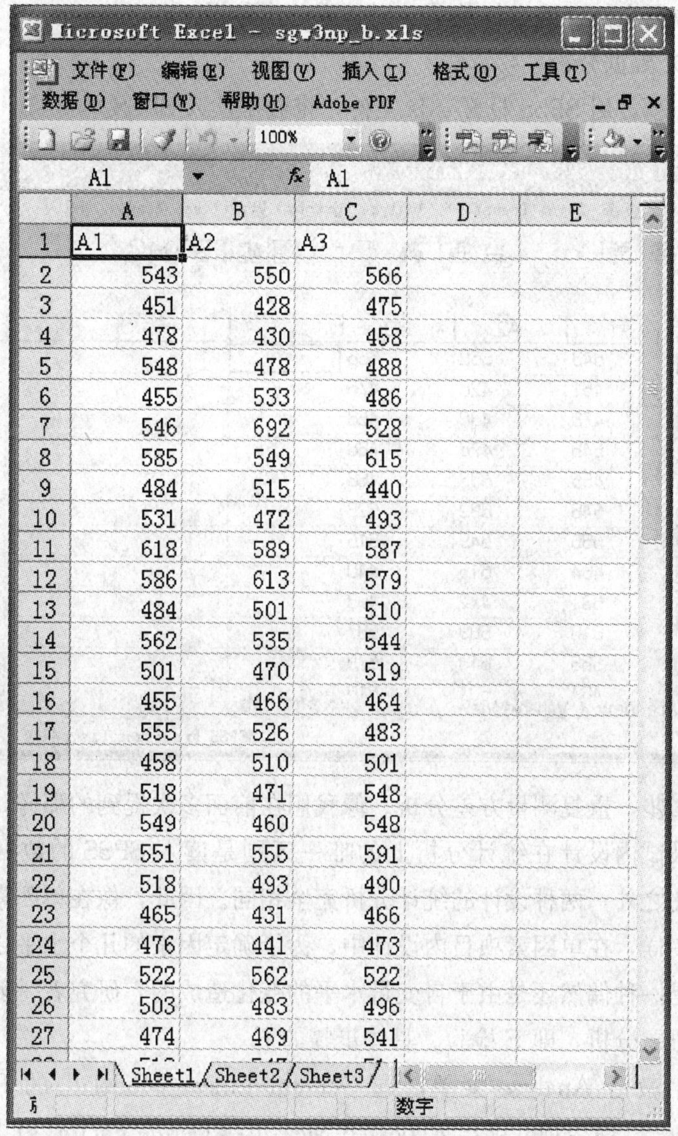

	A	B	C	D	E
1	A1	A2	A3		
2	543	550	566		
3	451	428	475		
4	478	430	458		
5	548	478	488		
6	455	533	486		
7	546	692	528		
8	585	549	615		
9	484	515	440		
10	531	472	493		
11	618	589	587		
12	586	613	579		
13	484	501	510		
14	562	535	544		
15	501	470	519		
16	455	466	464		
17	555	526	483		
18	458	510	501		
19	518	471	548		
20	549	460	548		
21	551	555	591		
22	518	493	490		
23	465	431	466		
24	476	441	473		
25	522	562	522		
26	503	483	496		
27	474	469	541		

由于关联性为项目内变量，所以，同一个项目 A1、A2 和 A3 三个不同条件下的平均反应时应该安排在同一行，即排在不同的列中，而不是像项目间设计的项目检验那样，纵向排在同一列中。

一共有 69 个研究者感兴趣的目标字，所以，一共应有 69 行反应时数据。为节省篇幅，上图只显示了部分数据。

将数据文件存成 .xls 格式，以备进一步分析。

（三）**数据分析**

第一步，用 SPSS 打开 .xls 文件，将数据读入 SPSS。

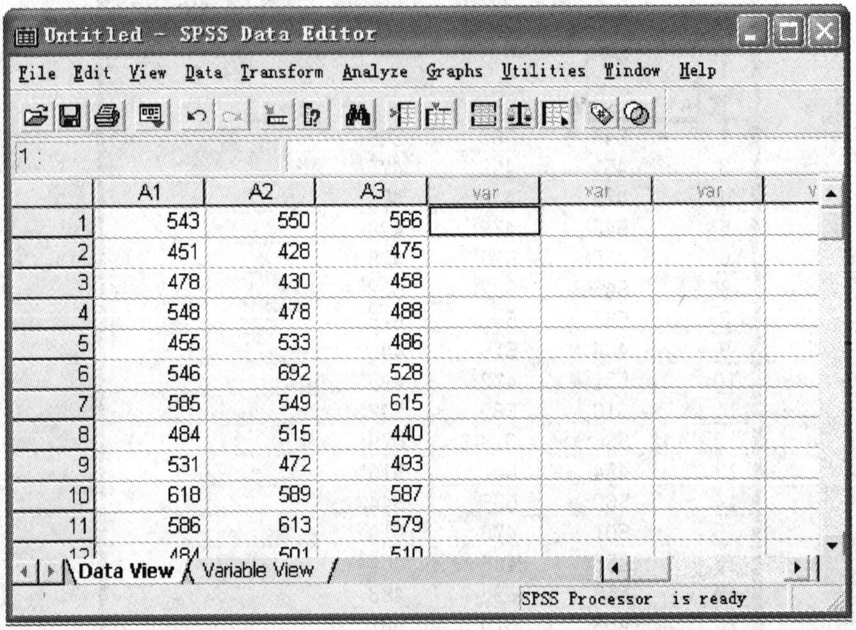

	A1	A2	A3
1	543	550	566
2	451	428	475
3	478	430	458
4	548	478	488
5	455	533	486
6	546	692	528
7	585	549	615
8	484	515	440
9	531	472	493
10	618	589	587
11	586	613	579

第二步，重复测量方差分析。像我们在前面多次提到的那样，项目内设计和被试内设计在统计分析上的唯一区别是读入 SPSS 的数据含义不同，除此之外，两种设计的统计分析完全相同。因此，像在单因素被试内设计中一样，在单因素项目内设计中，为了确定因素的几个水平之间的差异究竟是一种偶然还是由于自变量水平的变化造成的，研究者一般采用重复测量方差分析，即 F 检验。具体步骤如下。

（1）激活 Analyze 菜单，选 General Linear Model 中的 Repeated Measures... 命令项，弹出 Repeated Measures Define Factor(s) 对话框。在对话框的 Within-Subject Factor Name 和 Number of Levels 的后面，分别填入项目内变量的名称（应该填 A，初始为 factor1）和该变量所包含的水平数（应该填 3）。需要注意的是，在进行项目检验时，研究者应该将对话框中的 Within-Subject Factor 理解为项目内（而不是被试内）因素。

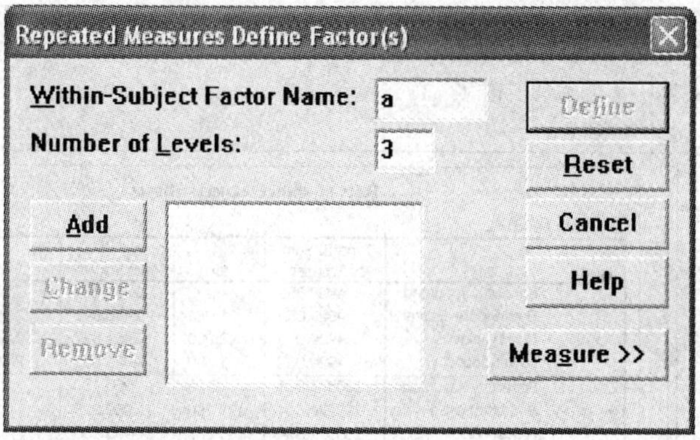

（2）先点击 Add 钮，再点击 Define 钮，弹出 Repeated Measures 对话框。

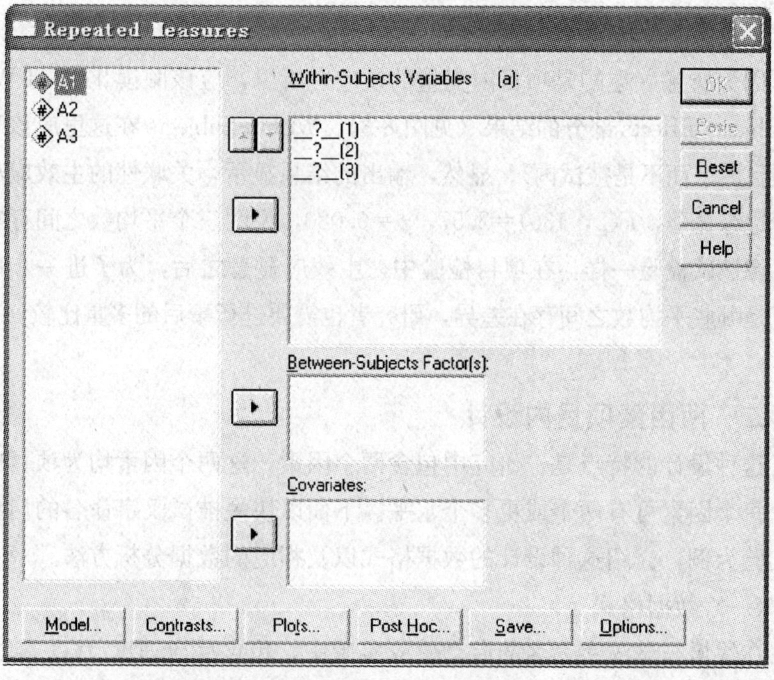

（3）在对话框左侧的变量列表中，选变量 A1、A2 和 A3，点击▸钮使之进入 Within-Subjects Variables〔a〕框。同样，在进行项目检验时，研究者应该将对话框中的 Within-Subjects Variables 理解为项目内（而不是被试内）变量。然后，点击 OK 钮，开始进行 *F* 检验。输出结果如图 8-3 所示。

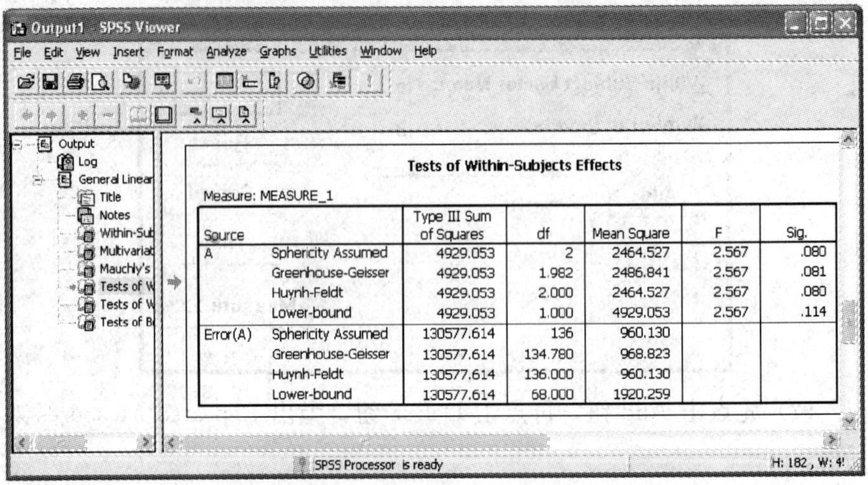

Tests of Within-Subjects Effects

Measure: MEASURE_1

Source		Type III Sum of Squares	df	Mean Square	F	Sig.
A	Sphericity Assumed	4929.053	2	2464.527	2.567	.080
	Greenhouse-Geisser	4929.053	1.982	2486.841	2.567	.081
	Huynh-Feldt	4929.053	2.000	2464.527	2.567	.080
	Lower-bound	4929.053	1.000	4929.053	2.567	.114
Error(A)	Sphericity Assumed	130577.614	136	960.130		
	Greenhouse-Geisser	130577.614	134.780	968.823		
	Huynh-Feldt	130577.614	136.000	960.130		
	Lower-bound	130577.614	68.000	1920.259		

图 8-3　单因素项目内设计的方差分析结果

因为所感兴趣的是项目内变量的效应，所以，应该阅读 Test of Within-Subjects Effects 部分的结果（见图 8-3）。Within-Subjects 在这里应该理解成项目内（而不是被试内）。显然，输出的结果显示，关联性的主效应项目检验边缘显著，$F(2,\ 136)=2.57$，$p=0.080$，说明三个平均数之间存在差异。像被试检验一样，在项目检验中，主效应显著之后，为了进一步确定究竟是哪些平均数之间存在差异，研究者也需要进行事后的多重比较。

二、两因素项目内设计

这种设计的特点是，研究中包含两个因素，这两个因素均为项目内变量，每个因素可有两个或更多个水平。下面以快慢被试汉字命名的启动效应实验为例，介绍这种设计的数据格式以及相应的数据分析方法。

（一）数据格式

在快慢被试汉字命名的启动效应实验中，包含反应速度（G）和关联性（A）两个因素，二者均为项目内变量，前者分反应速度快（G1）和反应速度慢（G2）两个水平，后者分语音相同（A1）、语义相关（A2）和无关（A3）三个水平。因此，这是一个 2×3 项目内设计，包含 6 种条件，即 G1A1、G1A2、G1A3、G2A1、G2A2、G2A3。该研究的目的是考察同 A3 相比，A1 和 A2 条件下被试的反应时是否更短（因为语音或语义启动)，以及这种差异是否受被试反应速度快慢的影响。

整个实验包含 69 个目标字。36 名被试参加实验（快慢被试各 18 名)。像在前面的单因素项目内设计中一样，实验材料仍然用拉丁方的方法分成三个版本。这样，无论是在快被试还是在慢被试中，每个版本的材料都有 6 名被试的数据。利用 Excel 软件中的“＝average ()”命令，计算 69 个目标字中每个字每个条件（一共 6 个条件）下的平均反应时（为 6 名被试反应时数据的平均数)，整理成如下形式：

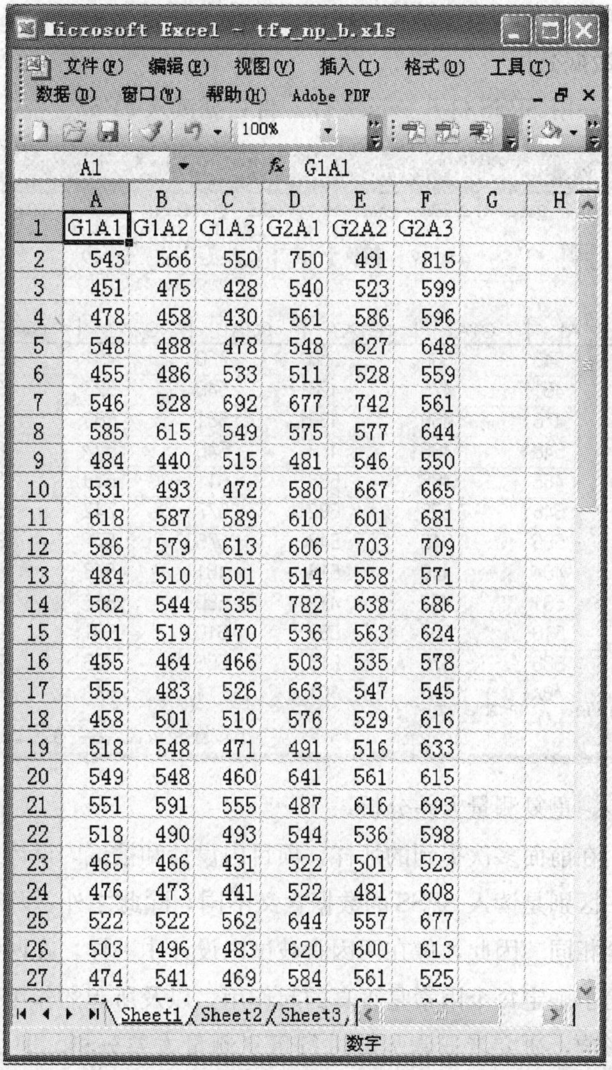

	A	B	C	D	E	F	G	H
1	G1A1	G1A2	G1A3	G2A1	G2A2	G2A3		
2	543	566	550	750	491	815		
3	451	475	428	540	523	599		
4	478	458	430	561	586	596		
5	548	488	478	548	627	648		
6	455	486	533	511	528	559		
7	546	528	692	677	742	561		
8	585	615	549	575	577	644		
9	484	440	515	481	546	550		
10	531	493	472	580	667	665		
11	618	587	589	610	601	681		
12	586	579	613	606	703	709		
13	484	510	501	514	558	571		
14	562	544	535	782	638	686		
15	501	519	470	536	563	624		
16	455	464	466	503	535	578		
17	555	483	526	663	547	545		
18	458	501	510	576	529	616		
19	518	548	471	491	516	633		
20	549	548	460	641	561	615		
21	551	591	555	487	616	693		
22	518	490	493	544	536	598		
23	465	466	431	522	501	523		
24	476	473	441	522	481	608		
25	522	522	562	644	557	677		
26	503	496	483	620	600	613		
27	474	541	469	584	561	525		

由于反应速度和关联性均为项目内变量，所以，同一个项目 6 种条件——G1A1、G1A2、G1A3、G2A1、G2A2 和 G2A3——的反应时平均数（为 6 名被试反应时数据的平均数）应该安排在同一行，即排在 6 个不同的列中，而不是像项目间设计的项目检验那样，纵向排在同一列中。

一共有 69 个研究者感兴趣的目标字，所以，一共应有 69 行反应时数据。为节省篇幅，上图只显示了部分数据。

将数据文件存成 .xls 格式，以备进一步分析。

（二）数据分析

第一步，用 SPSS 打开 .xls 文件，将数据读入 SPSS。

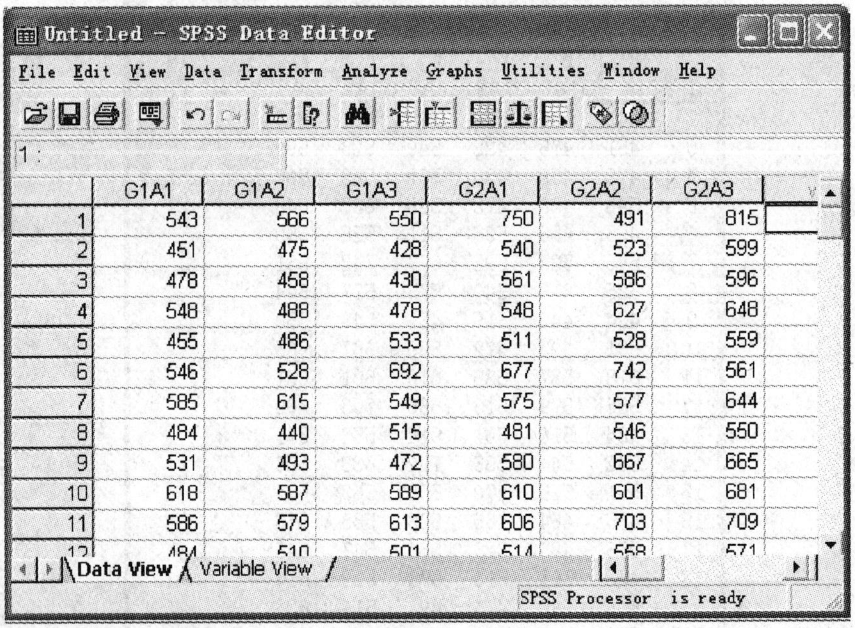

	G1A1	G1A2	G1A3	G2A1	G2A2	G2A3
1	543	566	550	750	491	815
2	451	475	428	540	523	599
3	478	458	430	561	586	596
4	548	488	478	548	627	648
5	455	486	533	511	528	559
6	546	528	692	677	742	561
7	585	615	549	575	577	644
8	484	440	515	481	546	550
9	531	493	472	580	667	665
10	618	587	589	610	601	681
11	586	579	613	606	703	709
12	484	510	501	514	558	571

第二步，重复测量方差分析。

像我们在前面多次提到的那样，项目内设计和被试内设计之间统计分析上的唯一区别是读入 SPSS 的数据含义不同，除此之外，两种设计的统计分析完全相同。因此，像在两因素被试内设计中一样，在两因素项目内设计中，为了确定每个因素是否真的起作用，以及所起的作用是否受另一个因素的影响，研究者通常需要进行重复测量方差分析，即 *F* 检验。具体步骤如下。

（1）激活 Analyze 菜单，选 General Linear Model 中的 Repeated Measures... 命令项，弹出 Repeated Measures Define Factor(s) 对话框。其中的 Within-Subject Factor 应理解成项目内（而不是被试内）因素。

在对话框的 Within-Subject Factor Name 和 Number of Levels 的后面，填入第一个项目内变量的名称（应该填 G，初始为 factor1）和该变量所包含的水平数（应该填 2），点击 Add 钮。然后，填入第二个被试内变量的名称（应该填 A）和该变量所包含的水平数（应该填 3），并点击 Add 钮。最后，点击 Define 钮，弹出 Repeated Measures 对话框。

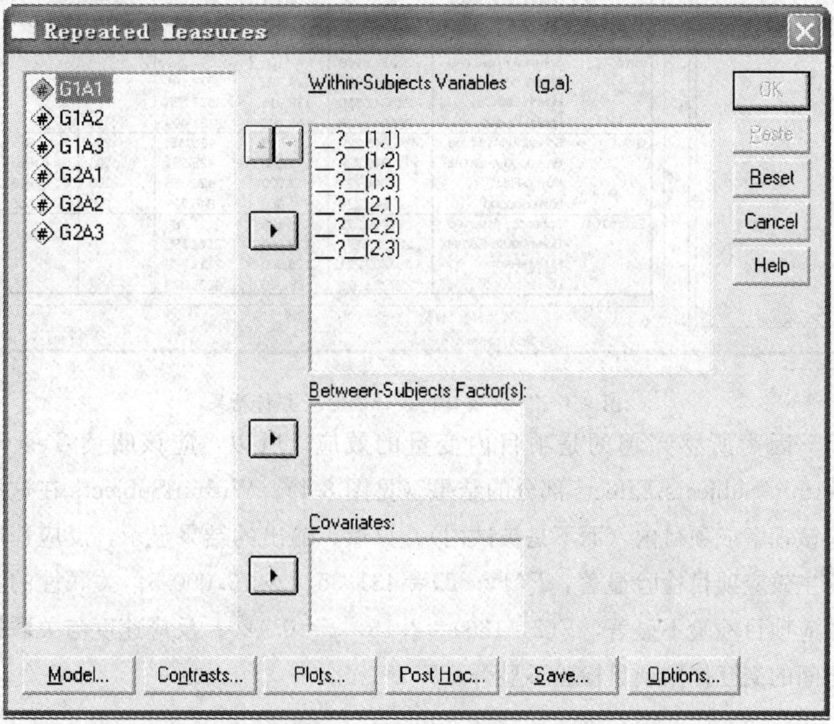

（2）在对话框左侧的变量列表中，选变量 G1A1、G1A2、G1A3、G2A1、G2A2 和 G2A3，点击 ▸ 钮使之进入 Within-Subjects Variables〔g，a〕框。这里，Within-Subjects Variables 应理解为项目内（而不是被试内）变量。然后，点击 OK 钮，开始进行 F 检验。输出结果如图 8-4 所示。

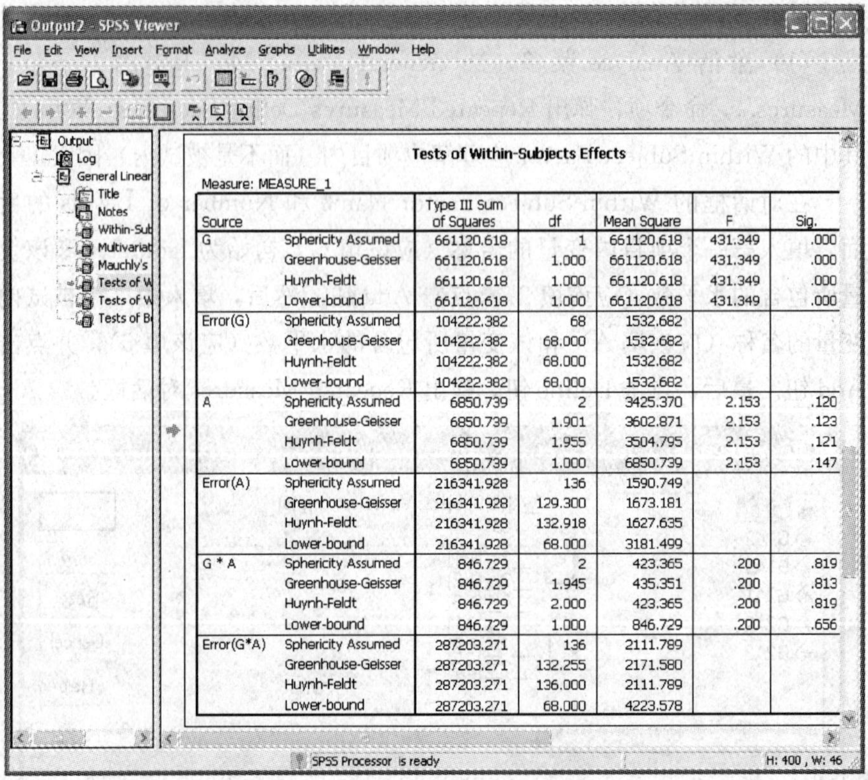

Tests of Within-Subjects Effects

Measure: MEASURE_1

Source		Type III Sum of Squares	df	Mean Square	F	Sig.
G	Sphericity Assumed	661120.618	1	661120.618	431.349	.000
	Greenhouse-Geisser	661120.618	1.000	661120.618	431.349	.000
	Huynh-Feldt	661120.618	1.000	661120.618	431.349	.000
	Lower-bound	661120.618	1.000	661120.618	431.349	.000
Error(G)	Sphericity Assumed	104222.382	68	1532.682		
	Greenhouse-Geisser	104222.382	68.000	1532.682		
	Huynh-Feldt	104222.382	68.000	1532.682		
	Lower-bound	104222.382	68.000	1532.682		
A	Sphericity Assumed	6850.739	2	3425.370	2.153	.120
	Greenhouse-Geisser	6850.739	1.901	3602.871	2.153	.123
	Huynh-Feldt	6850.739	1.955	3504.795	2.153	.121
	Lower-bound	6850.739	1.000	6850.739	2.153	.147
Error(A)	Sphericity Assumed	216341.928	136	1590.749		
	Greenhouse-Geisser	216341.928	129.300	1673.181		
	Huynh-Feldt	216341.928	132.918	1627.635		
	Lower-bound	216341.928	68.000	3181.499		
G * A	Sphericity Assumed	846.729	2	423.365	.200	.819
	Greenhouse-Geisser	846.729	1.945	435.351	.200	.813
	Huynh-Feldt	846.729	2.000	423.365	.200	.819
	Lower-bound	846.729	1.000	846.729	.200	.656
Error(G*A)	Sphericity Assumed	287203.271	136	2111.789		
	Greenhouse-Geisser	287203.271	132.255	2171.580		
	Huynh-Feldt	287203.271	136.000	2111.789		
	Lower-bound	287203.271	68.000	4223.578		

图 8-4　2×3 项目内设计的方差分析结果

因为所感兴趣的是项目内变量的效应，所以，应该阅读 Test of Within-Subjects Effects 部分的结果（见图 8-4）。Within-Subjects 在这里应该理解成项目内（而不是被试内）。显然，输出的结果显示，反应速度的主效应项目检验显著，$F(1,\ 68)=431.35$，$p<0.000\ 5$；关联性的主效应项目检验不显著，$F(2,\ 136)=2.15$，$p=0.120$；反应速度与关联性之间的交互作用项目检验不显著，$F<1$。

本章主要观点

· 在项目间设计中，比较是在不同的材料之间进行的，研究者需要保证不同材料之间的可比性。在项目内设计中，不同条件的实验使用相同的实验材料。

· 项目内设计和项目间设计的主要区别在于，同后者相比，前者实验设计的敏感性更高。

· 项目间设计和项目内设计可以与被试间设计和被试内设计相结合，产生四种类型的实验设计，即被试间项目间设计、被试间项目内设计、被试内项目间设计和被试内项目内设计。其中，被试内项目内设计由于同时采用了被试内设计和项目内设计，所以敏感性更高。

· 以语言刺激为实验材料的研究，不仅需要进行以被试为随机变量的检验，即被试检验，还需进行以项目为随机变量的检验，即项目检验。

· 在以被试为随机变量的检验中，针对每一名被试，研究者都应该计算特定条件下该被试所完成的若干次试验数据的平均数（或中数等其他反映集中趋势的统计量）；在以项目为随机变量的检验中，针对每一个项目，研究者都应该计算特定条件下该项目上若干名被试数据的平均数（或中数等其他反映集中趋势的统计量）。

思考题

1. 项目间设计和项目内设计的含义是什么？二者有何区别？

2. 被试内设计和项目内设计联合考虑的含义是什么？有何优点？

3. 被试检验和项目检验的含义是什么？有何必要性？

4. 以单因素项目间三水平设计为例，说明单因素项目间设计的特点、数据格式和数据分析方法。

5. 以 2×2 项目间设计为例，说明两因素项目间设计的特点、数据格式和数据分析方法。

6. 以单因素项目内三水平设计为例，说明单因素项目内设计的特点、数据格式和数据分析方法。

7. 以 2×3 项目内设计为例，说明两因素项目内设计的特点、数据格式和数据分析方法。

第九章 方差分析概论

统计为研究者描述数据，以及推论待检验假说的可能性提供了一个有用的工具。对于心理、行为科学领域的研究者来说，没有统计的帮助是不可能进行研究的。其重要性在于，统计提供了一种途径，帮助研究者确定一个实验在不同情境下的可重复性。要确定我们的研究发现是不是一个"事实"或"规律"，重要的检验指标是研究发现是否可以重复。统计可以帮助研究者在不需要真正重复实验的前提下，回答实验的可重复性问题，或者说通过对一个样本数据的检验，回答有关总体的问题。在有些情况下，没有合适的统计，我们就不能回答复杂的理论问题。有时，统计的局限限定了我们使用复杂实验设计的可能性。我们需要像学习实验室其他研究技巧一样重视学习统计。方差分析是与实验设计紧密结合、帮助研究者获得结论的重要统计方法之一。本章将详细介绍方差分析的基本原理，这些原理能够帮助我们深入了解实验设计和数据统计的逻辑。

第一节 统计在心理学研究中的作用

一、描述功能

统计的第一个重要作用是对实验中观察到的现象进行综述或描述，这就是统计的描述功能（descriptive function）。它可以使我们了解一组数据的变化趋势，这对心理学研究是很重要的。如果我们只能报告每个个体的分数，我们就很难知道规律是什么。描述统计可以帮助我们通过测量数据揭示一组数据的总体特征。实验的观测值是我们对所观察到的行为的编码。例如，在一个儿童阅读障碍的研究中（吴思娜等，2004），研究者收集到了152名阅读障碍儿童和正常儿童在语音意识、语素意识、数字短时记忆等任务上的正确与错误反应记录，以及在数字快速命名任务中的命名时间。然而，研究者关心的常常不是一个个具体项目的“编码”，而是需要找到一种方式，它能够代表一个抽象的描述。平均数、标准差就是常用的对一组数据的描述方法。表 9-1 中给出了这两组儿童在语音意识、语素意识、数字短时记忆等任务上的平均正确率和标准差，以及数字的平均命名时间和标准差。从表 9-1 中可以看到，语音意识、语素意识、数字短时记忆等任务的平均正确率，以及数字快速命名的平均时间在这两组儿童之间是有差异的。各组数据中的离散程度大体类似。

表 9-1　阅读障碍儿童和正常儿童在各测验上的描述统计及检验结果

	障碍组（$n=75$）	控制组（$n=77$）	F	p
语素意识	16.05（3.32）	21.08（4.56）	69.7	<0.001
数字快速命名	16.15（3.44）	13.48（3.25）	24.32	<0.001
语音意识	6.73（3.68）	9.69（3.49）	25.77	<0.001
数字短时记忆	14.35（3.08）	16.73（3.83）	17.8	<0.001

二、推论功能

心理学家和其他科学家一样，他们的研究目的往往并不局限于对所调查和测量的少量对象进行描述。他们更希望能将结论推广到没有在实验中被测试的被试，或者说通过有限的调查对象去揭示更一般的规律，这就是统计的推论功能（inferential function）。由于研究者几乎不可能在一个实验中检验所有可能的被试，因此要从研究的总体中随机抽取样本，将实验条件随机分配给样本，在实验结果的基础上对总体性质作出推论。为了能在严格的统计意义上将基于样本得到的结论推论到总体，研究者必须从总体中随机取样。

多数情况下，心理学家往往先建立一个关于总体的假说，然后收集数据来检验假说。在推论统计中，研究者通常会超出对数据本身的描述，得出数据是否支持研究假说的一般结论。例如，在表 9-1 的例子中，如果研究者只想了解这 152 名阅读障碍儿童和正常儿童在语音意识、语素意识、数字快速命名等任务上的完成情况，他可以仅仅使用描述统计。然而，如果研究者想进一步得出汉语阅读障碍儿童和正常儿童在语音意识、语素意识、数字快速命名等任务上是否存在差异的普遍结论，他就需要使用推论统计。F 检验可以帮助研究者作出这样的结论。从表 9-1 中可以看出，阅读障碍儿童组和阅读正常儿童组在语音意识（$p<0.001$）、语素意识（$p<0.001$）、数字快速命名（$p<0.001$）和数字短时记忆（$p<0.001$）四个任务上的差异都是统计上显著的。研究者可以得出，在该研究条件下，汉语阅读障碍儿童和正常儿童在语音意识、语素意识、数字快速命名等任务上都存在差异的普遍结论。

第二节　假说检验的基本思想

一、研究假说和统计假说

科学研究活动通常包括观察自然和社会、提出问题、形成假说、收集数据、实施实验和数据统计、参数估计、假说检验、发展或修正理论。研究始于科学的问题，研究者在观察自然和社会或在前人理论和研究的基础上提出问题，在问题的基础上形成假说，然后设计一个实验，去检验假说。例如，理论假设只有在对正确行为给予奖励的情况下，学习才会发生。我们可以设计一个实验去检验这个假设。研究假说是对一个理论的应用或预期的检验。从同一个总体中独立抽取样本，对不同的样本给予不同的实验处理，记录某些行为的测量结果。此时我们可以把各个处理条件下的被试看成是从不同处理总体中抽出的代表样本。从各处理条件下不同组被试获得的数据统计可以提供不同处理总体的一个或多个参数。

研究假说（research hypothesis）的重要特点是，假说是可检验、可证伪的，它引导研究者探索某种现象、解释某种事实。研究假说的三个共同特点是：(1）假说是对感兴趣的现象之间关系的猜测；(2）可以建立变量之间“如果……那么……”的推测；(3）可以用实验观察确定假说的真伪。

当我们确立研究的问题后，首先形成研究假说。研究假说是研究者基于前人研究，在理论分析基础上，对研究结果的一个事先预测。因为对一个问题一般不只有一种预测，所以也叫做备择假说（alternative hypothesis）。

例如，研究者要探讨视觉复杂度对图片命名反应时的影响，备择假说至少包括：

备择假说一，视觉复杂度高的图片比视觉复杂度低的图片命名反应时间长；

备择假说二，视觉复杂度高的图片比视觉复杂度低的图片命名反应时间短。

研究假说是关于变量之间关系的一般的预测。需要加以检验的事例非常多，因此要为所有的事例一一取得支持是不可能的。例如，对于研究假说“视觉复杂度高的图片比视觉复杂度低的图片命名反应时间长”，在接受这个假说之前，需要对所有的人——各个社会阶层和各种经济文化环境下的人，用各种标准加以检验。然而实际上我们只可能在有限的事实基础上作结论。由于为假说取得肯定的支持难度很大，在设计实验时，研究者常常不直接对研究假说加以证实，而是采取检验它的虚无形式，即将研究假说或备择假说转换为统计假说（statistical hypothesis）或虚无假说（null hypothesis）。虚无假说是备择假说的无差别形式，是一组有关不同处理总体参数的精确假说。对于上述的备择假说，其虚无假说是“视觉复杂度高与视觉复杂度低的图片命名反应时间无差别”。

它们的统计假说的形式是：

$$H_0: \mu_1 = \mu_2$$

$$H_1: \mu_1 \neq \mu_2 \quad (\mu_1 > \mu_2 \text{ 或 } \mu_1 < \mu_2)$$

统计检验假说的宗旨是确定以事实支持的概率。它的基本思想是：μ_1 与 μ_2 之间存在的较小的差别可能是由机遇产生的，因而不是真正的差别。如果 μ_1 与 μ_2 的差别较大，并且这种差别的出现大于一定概率时，我们可以通过推翻虚无假说而间接地接受备择假说。

总之，统计假说是一种推论形式，使研究者可以基于不完整的信息检验科学假说的真伪。在一个实验研究中，研究者首先要设立研究假说或者备择假说。然而为了统计检验的目的，研究假说需要转化为统计假说，实验中进行统计检验的是虚无假说。统计假说是实验设计的重要组成部分，是选择实验设计和数据分析种类的重要根据之一。

但不是在任何情况下研究结论都需要基于统计推论，当研究假说涉及直接可观察的或有限的现象时，如当一些物理现象可直接通过观察确定时，研究假说可以直接被证实或证伪，则不需要通过统计推理。然而，许多研究假说涉及的现象无法直接观察，或者被观察的总体很大，无法观察到所有的成员。当研究不可直接观察的现象或不能观察所有的事例时，即当研究假说不能通过直接观察，或不能通过观察总体的所有成员而直接被估计时，就需要通过统计推论间接地对它进行估计。在心理与教育研究中，多数研究假说是需要进行统计推论或统计检验的（舒华等，2006）。

研究假说是事先对总体的一个估计。逻辑在研究假说的估计中起关键作用。估计包括一个起始于和终结于研究假说的演绎推理和归纳推理的链条，即从研究假说出发，经过逻辑推理，建立统计假说。然后随机取样，收集数据。进一步估计总体参数，进行统计检验，通过归纳推理，验证研究假说。其中，统计检验包括：（1）选择特定的统计检验方法；（2）确定一组要检验的虚无假说；（3）使用一个作决策的规则，对研究假说可能的真伪进行归纳推理。在经验科学中，我们通常是通过随机取样收集数据，然后去估计总体参数，得到结论。这是一种归纳推理。归纳推理的特点是不可能穷尽所有的样例，而是通过一个作决策的规则决定假说的取舍。在经验科学研究中，一般是通过“推翻”虚无假说，间接“接受”备择假说，而不是直接“证实”备择假说。因此，“证伪”是经验科学研究的一个重要特征。

二、实验处理效应的估计

如何通过实验观察确定研究假说的真伪？在实验研究中，研究者最关心是否可能推翻处理总体平均数相等的假说，或者说是否存在处理效应。在最简单的完全随机实验设计中，基本思想是随机取样被试，随机分配被试接受不同的实验处理。例如，在视觉复杂度对图片命名反应时的影响的研究中，研究者会随机分配一组被试命名视觉复杂度高的图片，另一组被试命名视觉复杂度低的图片。然后通过对两组被试命名反应时的差异探讨实验处理效应——视觉复杂度的影响。估计处理总体平均数相等的假说依赖于两种变异估计。

（一）实验误差及其估计

我们常常将某些观察到的处理平均数之间的差异归为偶然因素。实验中所有没有控制的但会影响反应测量分数的因素，都可以带来实验误差。行为科学中最难控制的变异源是被试的个体差异，因此个体差异是实验误差最重要的一个来源。实验误差的另一个重要来源是测量误差。与处理效应的影响相比，实验误差是一种非系统变异。个体差异、测量误差等实验误差是独立地影响处理效应的。

假设我们能估计我们观察到的不同组平均数之间的差异在多大程度上来自实验误差，我们就可以有一个基点去考虑估计处理总体平均数相等的假说。如果实验的处理效应存在，被试在不同处理条件下的分数是不相等的，在理想的实验中，这种组间的差异应当只反映了实验处理的效应。但实际上，所有未控制的变异源也会影响被试的分数，从而影响被试组之间的差异。那么，如何确切地估计处理效应？如果被试之间完全没有差异，则同一种实验条件下，接受相同实验处理的被试的分数应当是相同的。但实际上未控制的变异源会导致在同一处理条件下的被试分数是不同的。因此，在同一处理水平下被试之间的变异给研究者提供了一个进行实验误差估计的可能性。如果我们假定实验误差在不同的实验处理条件下是相同的，我们就可获得一个独立的、可靠的对实验误差的估计。尽管在许多实验中，我们通过从总体中随机抽取被试、将被试随机分配给各个处理条件的方法，来排除未控制的无关变异。然而，我们会发现，即使当虚无假说为真时，各组平均数也不会完全相等，存在的差异来源于未控制的无关变量变异源。

（二）处理效应的估计

进行一项实验研究，研究者当然希望至少在某些处理条件下拒绝虚无假说，获得某些预想的结果。理想的假设是，研究者分配给各个处理条件的被试是随机从总体中选来的，不同处理组被试的平均数差异仅反映了总体平均数的不同。每组内部接受同样处理的被试平均数的不同，仅反映了实验误差，或误差变异。然而实际上，误差变异也会反映在不同处理组被试的差异中。也就是说，导致各个处理组之间变化的有两方面的因素：一个是处理效应或组间变异；另一个是误差变异或组内变异。与误差变异不同，处理效应会导致处理组平均数的定向变化，因而也叫做系统变异。理论上说，当总体平均数相同时，不同组的平均数之间的差异反映了误差变异，但当总体平均数不同时，不同组平均数之间的差异反映了误差变异加处理效应。

从以上的分析可以看出，我们有两种变异的估计，如果计算这两种变异的比值，会得到一个有用的统计：

$$F=\frac{\text{系统变异}}{\text{误差变异}}$$

也可以写做：

$$F=\frac{\text{处理效应}}{\text{误差变异}}$$

我们已经说过，由于误差变异会反映在不同处理组被试的差异上，实际上系统变异或处理效应中均包含了不能分解出的误差变异。当虚无假说未被拒绝时，表明不同处理组之间的系统变异是不存在的，或者 F 检验的分子和分母实际上都是误差变异，F 的期望值应当接近 1[①]。随着系统变异的增加，F 检验的期望值逐渐大于 1。但有时对组间变异的估计大于对组内变异的估计是由一些随机因素引起的。在 F 检验中，组间变异比组内变异大多少才能确保系统变异是由处理效应引起的？这是由统计显著性保证的。当虚无假说被拒绝时，系统变异是显著不同于误差变异的，表明处理效应是存在的。有时虽然 F 的期望值大于 1，但差异没有达到显著水平，实际上处理效应是不存在的，它仍然相当于误差变异。

第三节　方差分析的基本思想

一、集中趋势和变异的测量

数据分析是对一组数据进行统计方面的描述。描述统计的两个重要方面是一组数据的集中趋势和离散量数。

（一）集中趋势

数据的集中趋势（central tendency）指数据分布中大量数据的集中

① 我们这里的“F 的期望值应当接近 1”，指可以大于 1，也可以小于 1。

程度，集中趋势的测量提供的集中量数（measures of central tendency）可以描述一组观察分数的集中程度。它代表一个“典型”的分数，或平均行为。描述一组数据的集中趋势的统计量有平均数、中数、众数等，其中算数平均数是最常用的。平均数的计算公式是原始分数的和除以被试数：

$$\overline{X}=\frac{\sum X_i}{n}$$

平均数的含义是，在一组数据中，每个分数相等地进入计算。无论多少个被试进入计算，平均数总是反映了每个被试的值，或者说是一个“典型被试”的分数。平均数代表了一组按照原始数值排列的数据的代数平衡点。样本平均数 $\overline{X}$ 提供了一个总体平均数 μ 的最好估计，或无偏估计点。

下面通过一个例子来说明（见表 9-2）。让我们来观察、比较两组数据。

表 9-2 两组数据及其离散程度

X_1	X_1^2	$X_1-\overline{X_1}$	$(X_1-\overline{X_1})^2$
6	36	$(6-7)=-1$	1
8	64	$(8-7)=1$	1
4	16	$(4-7)=-3$	9
10	100	$(10-7)=3$	9
7	49	$(7-7)=0$	0
X_2	X_2^2	$X_2-\overline{X_2}$	$(X_2-\overline{X_2})^2$
15	225	$(15-7)=8$	64
2	4	$(2-7)=-5$	25
11	121	$(11-7)=4$	16
3	9	$(3-7)=-4$	16
4	16	$(4-7)=-3$	9

从两组原始数据中，我们可以计算出它们的平均数。

$$\overline{X_1}=7$$

$$\overline{X_2}=7$$

可以看到，第一组的平均数是 7，第二组的平均数也是 7。两组数据的集中趋势是完全一样的。

（二）离散量数

离散量数（measures of dispersion）的测量也叫做变异测量（measures of variation），它主要是对一组数据中分数之间差异程度的度量。一组分数的离散程度较小时，它所对应的平均数的代表性较好。一组分数的离散程度越大，它所对应的集中趋势的代表性越差。因此，使用集中趋势与离散量数共同描述，才能较全面地评价一组数据。从表 9-2 的例子中可以看到，两组数据的平均数是相同的，但不能说两组的离散程度或变异是相同的。离散程度可以用全距（range）、离均差（deviations about the mean）、平方和（sum of squares）、方差（variance）等表示，它们从不同的侧面反映了数据的离散程度（郝德元，1982）。变异的最简单的指标是全距。在表 9-2 中可以直观地看到，第一组数据的最大值与最小值之间的全距是 10－4＝6，第二组数据的最大值减最小值的全距是 15－2＝13。表明第一组的全距小于第二组的全距。全距的不同可以表示出两组数据离散程度的差异，但是在统计上，全距并不是一个有用的指标，不能用来进行推论统计。另外，最大值减去最小值等于全距的计算只描述了一组数据的两个极端值，而不能描述其他数据的离散情况。

从表 9-2 中看到，离均差 $X_1-\overline{X_1}$ 和 $X_2-\overline{X_2}$ 也可以反映两组数据的变异。从一系列原始数据与平均数相减的值上可以大体看到第一组的离差小于第二组的离差。然而，每一组离差分数的总和为零，因此总和不能提供一组数据变异的指标。离均差的平方和可以避免此问题，它反映了一组数据相对于总平均的变异。在所有的情况下它都是大于零的。平方和是由每个组内的每个数据与组平均数的差异的平方相加来描述的。可以说，平方和对一组数据的变异情况进行了最好的描述，并可以用来进行推论统计。

平方和的计算公式：

$$SS=\sum_{i=1}^{n}(X_i-\overline{X})^2$$

用于对上面例子的计算：

$$SS_1=(6-7)^2+(8-7)^2+(4-7)^2+(10-7)^2+(7-7)^2=20$$

$$SS_2=(15-7)^2+(2-7)^2+(11-7)^2+(3-7)^2+(4-7)^2=130$$

可以看出，第一组的平方和是20，第二组的平方和是130。两组分数在偏离平均数的程度上不同。第一组数据有较小的变异，整体上更接近平均数，而第二组数据的变异较大。平方和的计算中描述了所有数据的离散情况。

从以上的平方和计算公式还可以推出平方和的另外一种算法：

$$SS=\sum_{i=1}^{n}(X_i-\overline{X})^2=\sum_{i=1}^{n}X_i^2-\frac{\left(\sum_{i=1}^{n}X_i\right)^2}{n}$$

用于对上面例子的计算：

$$SS_1=6^2+8^2+4^2+10^2+7^2-\frac{(6+8+4+10+7)^2}{5}$$

$$=20$$

$$SS_2=15^2+2^2+11^2+3^2+4^2-\frac{(15+2+11+3+4)^2}{5}$$

$$=130$$

以上的例子告诉我们，两组数据的集中趋势相同时（$\overline{X_1}=7$，$\overline{X_2}=7$），两组数据的离散程度不同（$SS_1=20$，$SS_2=130$）。因此，综合两个指标才能较完整地描述一组数据。

二、变异

从以上分析中我们知道，平方和是对一组数据离散程度的一种测量，但是平方和对数据离散程度的描述有一定的局限性，它的大小是与样本个数有关的。当一组数据中的样本数增加时，平方和会产生变化。方差或均方解决了这个问题，它有两个定义。

第一个定义是平方和的算术平均，这时它仅是一组数据的变异，可以用于简单的描述统计。但是如果我们感兴趣的是估计总体参数，此时的方差没有提供总体变异的无偏估计。公式如下：

$$\sigma^2=\frac{SS}{n}$$

由于我们的研究目的一般不仅限于简单描述数据，而更感兴趣于对总体参数的估计，因此这种定义是很少使用的。

第二个定义是为了推论功能，为推论提供了一个估计总体变异的无偏点。公式如下：

$$MS=\hat{\sigma}^2=\frac{SS}{n-1}=\frac{SS}{df}$$

比较两个公式，唯一的差别是第二个定义的公式在分母中用了 $n-1$，即自由度（df）。自由度的概念我们将在本章本节稍后部分介绍。这时变异的含义是每个自由度的平方和，它的大小与样本个数无关。

（一）平方和的分解

在对实验数据进行方差分析时，平方和是如何分解为处理效应和误差变异的？让我们举例来说明。下面的公式是一个单因素完全随机实验的计算公式：

$$\sum_{j=1}^{p}\sum_{i=1}^{n}(Y_{ij}-\overline{Y_{..}})^2=n\sum_{j=1}^{p}(\overline{Y_{.j}}-\overline{Y_{..}})^2+\sum_{j=1}^{p}\sum_{i=1}^{n}(Y_{ij}-\overline{Y_{.j}})^2$$

其中 Y_{ij} 是原始观测值，$\overline{Y_{.j}}$ 是各组的平均分数，$\overline{Y_{..}}$ 是总平均数，n 是每个处理组的被试数，p 是处理组的个数。因此，公式中 $(Y_{ij}-\overline{Y_{..}})^2$ 指所有观测值分数与总平均数（grandmean）的偏离，表示了总变异（total sum of squares）。$(\overline{Y_{.j}}-\overline{Y_{..}})^2$ 指各组平均分数与总平均数的偏离，表示处理效应（treatment effect）或组间变异（between-group sum of squares），可以表示为：

$$SS_{组间}=n\sum(\overline{Y_{.j}}-\overline{Y_{..}})^2$$

$(Y_{ij}-\overline{Y_{.j}})^2$ 指所有观测值分数与各组平均分数的偏离，表示被试的随机误差或组内变异（within-group sum of squares）。组内偏离分数可以表示为：

$$SS_{组内}=\sum\sum(Y_{ij}-\overline{Y_{.j}})^2$$

因此，单因素完全随机实验的公式还可以表示为：

$$SS_{总变异}=SS_{组间}+SS_{组内}$$

我们用一组数据的各种离均差来进一步认识平方和的分解。

表 9-3 原始数据及其各种离差

	Y_{ij}	$Y_{ij}-\overline{Y_{..}}$	$\overline{Y_{.j}}-\overline{Y_{..}}$	$Y_{ij}-\overline{Y_{.j}}$
	17	7	5	2
	14	4	5	−1
A1	11	1	5	−4
	15	5	5	0
	18	8	5	3
	5	−5	−4	−1
	7	−3	−4	1
A2	5	−5	−4	−1
	4	−6	−4	−2
	9	−1	−4	3
	11	1	−1	2
	9	−1	−1	0
A3	7	−3	−1	−2
	13	3	−1	4
	5	−5	−1	−4
总和		0	0	0

假设表 9-3 中第一列是在 A 因素各水平（A1，A2，A3）上的原始分数。从第一列数据可以计算出，A1 的平均数为 15，A2 的平均数为 6，A3 的平均数为 9。三组数据的总平均数是 10。表中第二列是每一个原始分数相对于总平均数（$\overline{Y_{..}}=10$）的离差。第三列是每组平均数相对于总平均数的离差。对属于特定组的分数来说，它们相对于总平均数的离差是相同的。例如，第一组（A1）的平均数$\overline{Y_{.1}}=15$，该组平均分数相对于总平均数的离差是 5。第二组（A2）的平均数（$\overline{Y_{.2}}=6$）相对于总平均数的离差是−4。第三组（A3）的离差是−1。三组相对于总平均数的离差之和为 0。第四列是每个组内的每个原始数据相对于该组平均数的离差。例

如，第一组（A1）中，第一个分数与组平均数的离差是2，第一至第五个分数与组平均数的离差分别是2、−1、−4、0和3。在每个组内，每个分数相对于组平均数的离差之和为0。如果将这些组间和组内的离差进行平方，则可以计算各种变异，即各种平方和。例如，将第二列数据（$Y_{ij}-\overline{Y_{..}}$）平方并相加可以得到总平方和或总变异。

$$SS_{总变异}=7^2+4^2+\cdots+3^2+(-5)^2=296$$

将第三列数据（$\overline{Y_{.j}}-\overline{Y_{..}}$）平方并相加可以得到组间平方和。

$$SS_{组间}=5^2+5^2+\cdots+(-1)^2+(-1)^2=210$$

将第四列数据（$Y_{ij}-\overline{Y_{.j}}$）平方并相加可以得到组内平方和。

$$SS_{组内}=2^2+(-1)^2+(-4)^2+\cdots+(-4)^2=86$$

由上面的例子，我们可以看到：方差分析是将总变异分解为由实验处理带来的系统变异和由被试和实验随机误差带来的变异的过程。

（二）变异估计和 *F* 值

变异分析和 F 检验是方差分析对实验处理效应进行估计的基本方法。与 t 检验相比较，方差分析的重要不同是：t 检验只能对两组数据的平均数进行检验，方差分析将问题转换为检验组间差异是否存在，可以对多组数据的平均数进行检验。我们进一步通过图9-1，观察一下三个处理水平的数据的变异分析的实质。

方差分析方法假设，由于被试是被随机分配给各个实验处理的，因此在实验处理前，三组数据的集中趋势和离散程度应当基本上是相同的。实施处理后，接受A1、A2和A3实验处理的三组被试的平均分数或集中趋势产生了大小程度不同的变化。但是，三组分数内部的相对变化或离散程度的变化是很小的。从而我们可以区分出两种变化：各组平均数的变化或组间变异，每组内分数的变化或组内变异。组间变异是一种系统变异，表现为一种定向变化，这种变化是来自实验处理的效应。组内变异是一种非系统变异，它的特点是以平均数为中心的波动，变化来源于实验中的误差。

组内变异仅反映了误差效应。由于每组内的分数变化或组内变异在实验处理前后没有显著变化，因此我们可以从实施处理后的组内变异推测实验处理前的组内变异。从检验实验处理后各组组内变异的同质性推测处理前各组组内变异的同质性，为实验处理效应的估计提供了更可靠的依据。

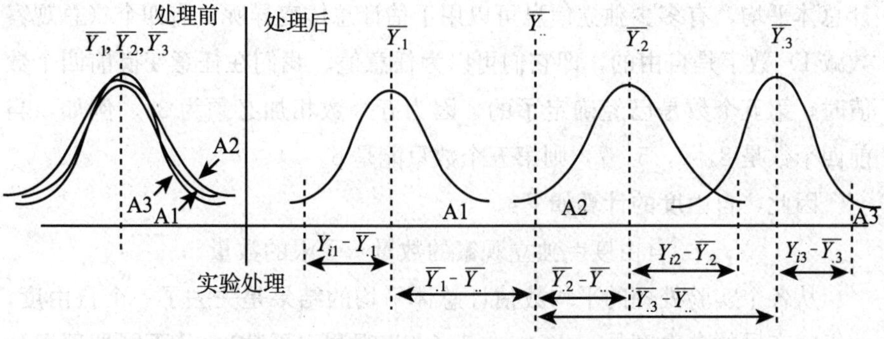

图 9-1　实验处理前后的组间和组内变异比较

图 9-1 是一个示意图。从图中可以看出，假设对被试是随机分组的，如果在实验处理（A1、A2 和 A3）实施前进行测试，三组被试因变量观测值的集中趋势和离散趋势应当大体近似。实施实验处理后，三组被试因变量观测值的集中趋势发生了大小程度不同的变化，三组平均数分别为 $\overline{Y}_{.1}$，$\overline{Y}_{.2}$，$\overline{Y}_{.3}$。组间变异就是各组的平均数（$\overline{Y}_{.1}$，$\overline{Y}_{.2}$，$\overline{Y}_{.3}$）分别与总平均数（$\overline{Y}_{..}$）之间的差异（$\overline{Y}_{.1}-\overline{Y}_{..}$，$\overline{Y}_{.2}-\overline{Y}_{..}$，$\overline{Y}_{.3}-\overline{Y}_{..}$）。组间变异是对实验处理效应的估计，是一种系统变异。

从图中也可以看到，实施实验处理后，每组被试的因变量观测值内部的相对变化或离散程度的变化是很小的。组内变异是接受相同实验处理的各被试组内个体的分数（Y_{i1}，Y_{i2}，Y_{i3}）分别与各组的平均数（$\overline{Y}_{.1}$，$\overline{Y}_{.2}$，$\overline{Y}_{.3}$）之间的差异（$Y_{i1}-\overline{Y}_{.1}$，$Y_{i2}-\overline{Y}_{.2}$，$Y_{i3}-\overline{Y}_{.3}$）。组内变异是对实验误差的估计，是一种非系统变异。

F 检验的基本思想是，由于假设组内变异是来自随机误差，如果组间变异显著不同于组内变异，则表明处理效应是存在的。而如果组间变异与组内变异相比差异不显著，则表明处理效应相当于随机误差，处理效应是不存在的。

（三）自由度

自由度（degrees of freedom）与考虑进入平方和计算的独立信息的分数数量有关。例如，我们只用一个样本观察值估计总体平均，这时如果我们还想估计总体变异，我们就没有一个独立的信息来估计变异。在另一种情况下，我们有五个样本观察值，平均数为 7，当我们用这个平均数估计总体平均，有多少独立信息可以用于估计总体变异呢？有四个（总观察数减 1）数字是自由的，即它们可以为任意值。我们在任意变换前四个数值时，第五个数是已经确定了的，因为五个数相加必须为 35。例如，当前四个数是 8，9，5，7，则第五个数只能是 6。

因此，自由度的计算如下：

自由度＝独立观察的数量－受限的数量

从各个实验处理的平均数估计总体平均的结果是失去了一个自由度，即组间变异的自由度是：$df=p-1$（p 为观测水平数）。从不同处理组分别估计误差变异，当只考虑一个处理组时，有 n 个基本观察值，估计处理总体平均时失去一个自由度，每个处理组有 $n-1$ 个自由度，因此组内变异的自由度总数是每组自由度之和，即 $df=p(n-1)$。总自由度是所有独立观察的数量减去 1 个自由度，即 $df=pn-1$。

（四）均方

均方（mean square）的定义是：

$$MS=\frac{SS}{df}$$

均方是指每个自由度的平方和，它的大小与样本个数无关。均方可以分为组间均方和组内均方。组间均方 $MS_{组间}$ 同时含有处理效应和误差变异，并除以自由度。组内均方 $MS_{组内}$ 则是独立地估计了误差变异。方差分析的逻辑是假定两个均方提供了独立的误差变异的估计。

$MS_{组间}$ 和 $MS_{组内}$ 是相互独立的，即当虚无假说为真时，$MS_{组间}$ 与 $MS_{组内}$ 相比没有差别，它们都是误差变异，两者提供了独立的误差变异估计。假定我们有一组分数，分别计算出 $MS_{组间}$ 和 $MS_{组内}$。我们改变原始观测分数，保持处理平均数恒定，这时组内 $MS_{组内}$ 会改变，但组间 $MS_{组间}$ 不变。另外，如果我们改变组平均数，保持处理组内分数关系不变，这时 $MS_{组间}$ 会变化，而 $MS_{组内}$ 不变。这表明两个均方是独立变化的。我们通过一组数据的变化来观察两个变异的独立性。

假设两组原始数据分别为：

A1	A2
1	5
2	6
3	7
4	8
5	9

我们可以计算两组数据的组间平方和和组内平方和：

$$SS_{组间}=5\times(3-5)^2+5\times(7-5)^2=40$$

$$SS_{组内}=(1-3)^2+(2-3)^2+(3-3)^2+(4-3)^2+(5-3)^2+(5-7)^2+(6-7)^2+(7-7)^2+(8-7)^2+(9-7)^2=20$$

F 值的计算是：

$$F=\frac{MS_{组间}}{MS_{组内}}=\frac{SS_{组间}/df}{SS_{组内}/df}$$

$$F=\frac{40/1}{20/8}=16$$

我们可以通过调整原始数据，保持 $SS_{组间}$ 不变，而 $SS_{组内}$ 改变。假设两组原始数据分别调整为：

A1′	A2′
2	6
2	6
3	7
4	8
4	8

两组数据的组间平方和和组内平方和计算是：

$$SS_{组间}=5\times(3-5)^2+5\times(7-5)^2=40$$

$$SS_{组内}=(2-3)^2+(2-3)^2+(3-3)^2+(4-3)^2+(4-3)^2+(6-7)^2+(6-7)^2+(7-7)^2+(8-7)^2+(8-7)^2=8$$

F 值的计算是：

$$F=\frac{40/1}{8/8}=40$$

可以看出，与原始数据（A1、A2）相比，调整后数据（A1′、A2′）方差分析的 $SS_{组间}$ 保持不变，而 $SS_{组内}$ 减小了。

我们还可以通过调整原始数据，改变 $SS_{组间}$，而保持 $SS_{组内}$ 不变。假设两组原始数据分别调整为：

A1″	A2″
0	6
1	7
2	8
3	9
4	10

两组数据的组间平方和和组内平方和计算是：

$$SS_{组间}=5\times(2-5)^2+5\times(8-5)^2=90$$

$$\begin{aligned}SS_{组内}&=(0-2)^2+(1-2)^2+(2-2)^2+(3-2)^2+(4-2)^2+\\&\quad(6-8)^2+(7-8)^2+(8-8)^2+(9-8)^2+(10-8)^2\\&=20\end{aligned}$$

F 值的计算是：

$$F=\frac{90/1}{20/8}=36$$

这一次我们看到，与原始数据（A1、A2）相比，调整后数据（A1″、A2″）方差分析的 $SS_{组内}$ 保持不变，而 $SS_{组间}$ 变大了。

以上的例子较直观地表明了组间和组内两个均方是可以独立变化的。

三、*F* 值

F 值是组间变异与组内变异的比率，由于两个变异均为随机变量，比值有时大于 1，有时小于 1。我们进一步分析如何通过 F 值估计处理效应的存在。

（一）*F* 的取样分布

行为科学研究的一个显著的特征是要形成和检验有关总体参数的假说，并进行统计假说检验。要进行统计假说检验，我们首先需要了解统计检验的取样分布知识和一组决策的规则。行为科学中最常用的取样分布是二项分布（binomial distribution）、正态分布（normal distribution）、t 分布、卡方分布和 F 分布。前三个分布常用于进行有关总体集中趋势的推论，后两个分布用于进行有关变异和集中趋势的推论。由于变异分析在实验设计中非常重要，我们主要讨论 F 分布的特征。

F 统计和 F 分布是用于检验有关两个总体变异的假说。费希尔（R. A. Fisher）于 1924 年提出 F 分布。假设有两个变异相等的正态分布的总体，总体的平均数不一定相等。从两个总体中随机取样 n_1 和 n_2，计算总体变异的无偏估计。F 统计可用于检验有关两个总体变异的假说。多数情况下，F 统计更适合用于检验三个或多个总体平均是否相等的假说。

F 分布的数学特点的一个优势是，对任何样本大小的实验，无论处理的组数和组内被试数如何变化，其取样分布都是可确定的。F 分布是一组曲线，每个曲线的形式是由与 F 比率中的分子均方和分母均方有关的自由度的数量决定的。例如，$F(2，42)$ 和 $F(4，10)$ 的曲线如下：

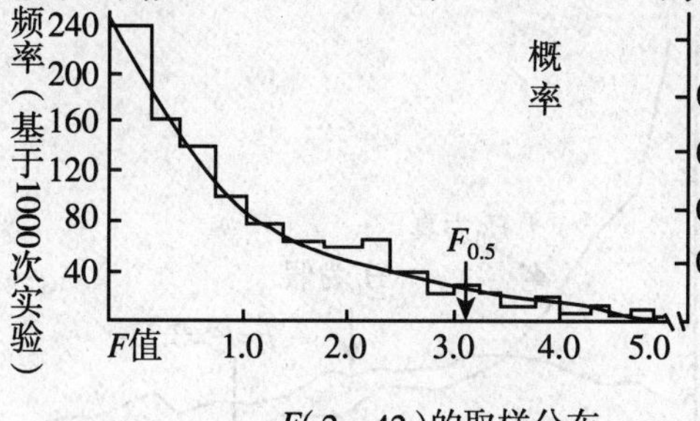

$F(2，42)$的取样分布

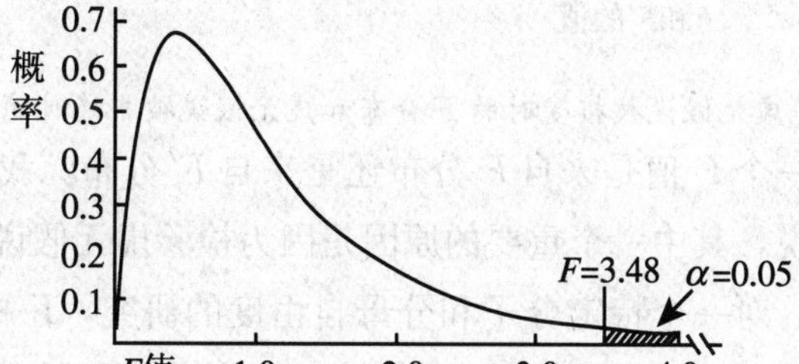

$F(4，10)$的取样分布

图 9-2　虚无假说被接受时的 F 分布

图 9-2 中是当虚无假说被接受时，即总体平均数相等时的 F 分布。这时的 F 值由三个因素决定：分子的自由度、分母的自由度和 α 值。例如：对于 $F(2, 42)$ 的曲线，当 $\alpha=0.05$ 时，F 的临界值是：$F(2, 42)=3.23$；对于 $F(4, 10)$ 的曲线，当 $\alpha=0.05$ 时，F 的临界值是：$F(4, 10)=3.48$。

然而，当虚无假说被拒绝时，F 值分布如何，是我们的研究更关心的。当虚无假说被拒绝时，F 比率应大于 1，在这种情况下，F 比率的取样分布不再是 F 分布，而是 F' 分布。它是随处理效应的大小、分子和分母的自由度变化的。这样，对一个固定的分子和分母自由度组合有一个 F 分布，但有一组 F' 分布。或者说，与每一个可能的处理效应值相对应有一个 F' 分布。下面我们举例来说明。

图 9-3 是一个虚无假说被接受时的 F 分布和虚无假说被拒绝时的 F' 分布。可以看到，两个分布的形式是不同的，F' 分布是在 F 的右边，当 $F=F'=3.23$ 时，F 分布关键值右边的面积百分数为 0.05，而 F' 分布关键值右边的面积百分数为 0.333。

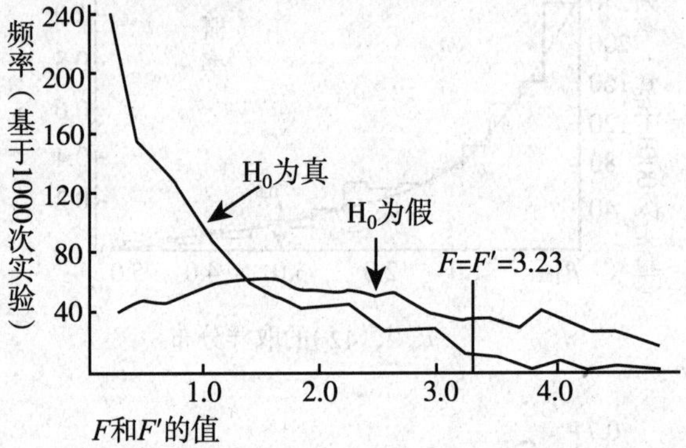

图 9-3　虚无假说被接受时的 F 分布和虚无假说被拒绝时的 F' 分布

如何确定一个 F 值是来自 F 分布还是来自 F' 分布？我们更倾向于选择检验虚无假说，其中一个重要的原因是因为检验虚无假说，即处理平均数相等的假说，对一个特定分子和分母自由度的研究，F 检验是精确的、无歧义的。而如果检验备择假说，即处理平均数是不相等的，F 检验是不精确的。另外，检验虚无假说使用的 F 取样分布是已知的，而检验备择假说的 F' 分布是随处理效应大小的不同、自由度的不同而变化的。在处理效应不同的实验中，结果可能是不相同的。

如果我们只考虑 F 分布，设定一条线，F 值落在高于这条线的位置时，可以认为观察 F 值不可能符合虚无假说；F 值落在低于这条线的位置时，则认为观察 F 值可能符合虚无假说。因此，我们需要设定一个区域拒绝虚无假说，如果 F 值落在此区域，则拒绝虚无假说，接受备择假说。然而，这也意味着我们可能在某种百分率下犯一个拒绝真的虚无假说的错误。

我们使用一个规则来确定假说的取舍。如果 F 值落在不可能区域，那么虚无假说被拒绝，从而研究者接受备择假说。如果 F 值落在可能区域，则虚无假说没有被拒绝。这个决策规则的逻辑是，我们的研究不能“证实”一个假说，只能证伪一个假说。当我们说一个特定研究假说被接受时，不意味着它被“证实”了，只是说它与事实是一致的。如果我们拒绝了虚无假说，意味着实验结果与“各处理组平均数不同”的备择假说是一致的，在这个意义上我们接受备择假说。如果我们没有拒绝虚无假说，意味着实验结果与“各处理组平均数相同”的虚无假说是一致的，在这个意义上我们接受虚无假说。

（二）假说检验中的错误

由于我们是在某种百分率下作决策，我们不能保证推论的绝对正确性，因此我们需要了解假说检验中的错误（errors in hypothesis testing）。在两种情况下，我们作出了正确的决定：一种情况是当虚无假说为假时，我们拒绝了它；另一种情况是当虚无假说为真时，我们接受了它。在另外两种情况下，我们可能作出了错误的决定：当虚无假说为真时，我们拒绝了它，这种错误就是我们所说的Ⅰ型错误（type Ⅰ error）；当虚无假说为假时，我们接受了它，这就是Ⅱ型错误（type Ⅱ error）。

从图 9-4 中的 F 分布（H_0 为真）和 F' 分布（H_0 为假）可以看出，当设置 $\alpha=0.05$，虚无假说为真，而我们拒绝虚无假说，这时我们有 5% 的可能性犯Ⅰ型错误。当备择假说为真，我们拒绝了虚无假说，我们就作了一个正确的决定。如果虚无假说为真，我们没有拒绝虚无假说，决策的可能性是 0.95。但如果虚无假说为假、备择假说为真时，我们没有拒绝虚无假说，在 F' 曲线下，犯Ⅱ型错误的可能性是 0.667。

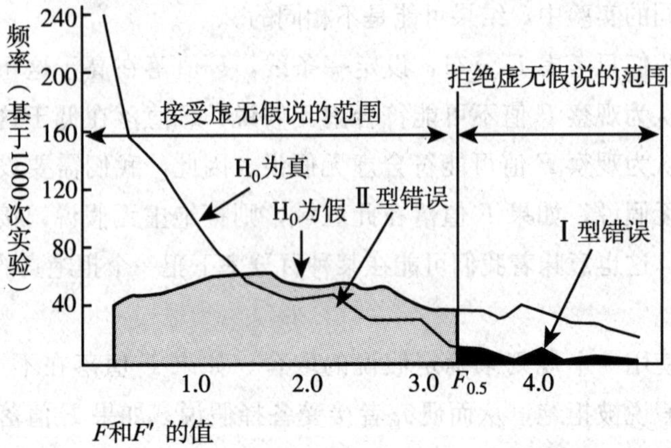

图 9-4　F 和 F' 分布下的Ⅰ型和Ⅱ型错误

我们的研究中不可能完全避免犯这些错误，但需要尽量减小犯错误的可能性。对于Ⅰ型错误，我们可以通过设置更严格的界限直接控制，以减小犯Ⅰ型错误的可能性。如何控制Ⅱ型错误？在一个实验中，如果已经得到各种处理条件下的平均数，例如 $\mu_1=50$，$\mu_2=55$，$\mu_3=60$，$\alpha=0.05$，这时Ⅱ型错误的可能性为 0.667。因此，可以说我们只有知道了备择假说中三种处理条件的真正的平均数，才能估计Ⅱ型错误。但是在行为科学多数的研究中，我们不可能事先得到确切的备择假说，因此我们设置的备择假说是不确切的，即处理平均数不相等。增加拒绝区域，可以减少Ⅱ型错误，其代价是增加了Ⅰ型错误。研究者需在两种错误中作一个平衡。

Ⅰ型错误和Ⅱ型错误对科学研究有什么影响呢？Ⅰ型错误指当处理效应不存在的时候，我们错误地拒绝了虚无假说。Ⅱ型错误指当处理效应存在的时候，我们没有能够拒绝虚无假说。两种错误都对得出科学研究的结论是不利的。如果研究者的重要任务是发现新的事实，那么减小拒绝区域，减少Ⅰ型错误，增加Ⅱ型错误，会导致研究者不能发现一些微小的效应，减慢了发现的进程；反之，增加Ⅰ型错误，减少Ⅱ型错误，可能增加发现微小的但有意思的真实事实的机会。然而，Ⅰ型错误会导致研究者不合适地夸大处理效应。如果研究者在一个研究中犯了Ⅰ型错误，即虚无假说为真时，没有接受虚无假说，这就是虚报了处理效应。在科学研究中，虚报处理效应的错误主要是靠重复实验来纠正的。当研究者本人或其他研究者重复实验时，可能不能重复原来的处理效应，这样会发现Ⅰ型错误，从而纠正原来的结论。

第四节 实验设计模型

实验结束后，研究者的一项重要工作是数据处理。数据处理是否合适关系到研究者是否能得出正确的结论。但是，如何处理实验数据，并不是在实验结束后决定的，而是在实验设计的时候确定的。也就是说，在实验设计的同时，研究者必须同时考虑并确定数据处理的方法，以便实验中收集的数据在能适合理论假设的同时，也能适合实验设计和统计的要求。从某种意义上说，如何产生数据是比如何处理数据更加艰难的事情。

使用方差分析去检验理论假说时，有两组假设是需要满足的：(1) F 分布的基本假设；(2) 实验设计模型及其假设。深入了解这两组假设，对正确使用方差分析方法去检验理论假说是十分重要的。

一、F 分布的基本假设

因为我们用方差分析来检验假说，所以首先要了解 F 分布的基本假设。当 F 分布的假设被满足时，处理均方与误差均方的比率是服从 F 分布的。然而，如果 F 分布的假设不能得到满足，均方的比率分布可能不是 F 分布，这时，基于 F 检验的实验结论可能是不正确的。F 分布的三个重要假设是：正态分布、变异的同质性和独立性。

（一）正态分布

正态分布（normality）的假设指每个处理的观察值总体在理论上是正态分布的，当一个观察数据是来自正态分布的总体，落入拒绝区域的 F 值的百分数接近从理论分布期望的百分数。我们可以大致检查每组的观测值分数的分布。然而，人的许多心理特征与行为是正态分布或类似正态分布的，如反应时、测验成绩、智商等。因此，一般情况下，当观察是随机从总体中取样的，或实验单元（被试）是随机分配给处理水平的，研究者不需要特别进行正态分布的检查。但当有些极端情况出现时，如分布形式极端偏离，或根本不可能是正态分布时，需要对观测值进行适合的转换（transformation）。本书第十三章第二节将对有关数据转换的知识进行详细的介绍。

（二）变异的同质性

每个分数相对于总体平均的离差包含两个部分：组间处理效应和组内偏离。后者形成了基于样本分数估计实验误差的基础。F 检验的一个基本思想是，当被试随机分配给 K 个处理水平时，K 个处理组被试的观测值的变异是同质的，即各个组的变异是无差异的（$\sigma_1^2=\sigma_2^2=\cdots=\sigma_k^2$）。我们知道 F 检验的分母项是组内变异，组内变异是 K 个处理组组内变异的总和，如果每个组的组内均方提供了独立的误差变异的估计，则它们相加起来仍然是误差变异，可以用来作为处理效应的估计。

只有当各处理组的变异同质时，才能进行 F 检验。变异的同质性（homogeneity of variance）假设可以用一个简单的方法，通过样本的数据来进行检验。例如，一个实验中有三个处理组，每个组内的被试是$n=5$，三组的组内均方分别是 2.3、2.8 和 6.2，将均方中最大的与最小的相除：

$$F=\frac{6.2}{2.3}=2.70$$

F 分布的临界值是 $F_{0.05}(2,4)=6.94$，当 $F=2.70$，$p>0.05$，表明最大的与最小的变异之间没有显著的不同，三个处理组之间是同质的。

（三）独立性

独立性（independence）指实验中每一个观测值与另一个观测值没有关系，或者说一个被试的观测值应该独立于其他被试的观测值。如果在一个实验中，每个被试只被观察一次，并且被试是被随机分配给不同的实验条件，独立性假设就被满足了。但在实际的研究中，研究者经常难以遵循独立性假设。举一个常见的例子：在一个反应时实验中，每个被试在每种处理条件下被观测五次，一个被试在一种实验条件下的反应时分别是，160 毫秒、172 毫秒、158 毫秒、169 毫秒和 185 毫秒。这时如果把每一个反应时数据作为计算 $\sum X$ 的值 X，就会违反独立性假设，因为这五个数据不是独立的。被试的第二个反应与第一个反应是相关的，换句话说，如果一个被试反应快，他会在这一组反应中都快，所以合适的方法是将每个被试在同一种实验条件下的平均反应时作为计算值。

二、实验设计模型及其假设

每一种实验设计都有一个特定的实验设计模型（experimental design model），模型揭示了实验中一个观测值的构成，即影响一个观测值的所有变异源。实验中的每个观测值都是受到多个变异源的影响的。例如，实验处理、被试的个体差异、实验中的偶然因素以及实验中其他控制的和未控制的无关变量等都可能影响观测值。观测值分数可以假定由若干部分组成：观察样本的平均数、反映处理效应的变异、反映实验误差的变异等。因此，实验的总变异可以根据合适的模型分解（partitioning）为各个变异之和。实验设计模型为不同的实验设计提供了分解平方和的方法。

我们举一个最简单的例子，在单因素完全随机实验中，实验设计模型的形式是：

$$Y_{ij}=\mu+\alpha_j+\varepsilon_{i(j)}$$

$$(i=1,\ 2,\ \cdots,\ n;\ j=1,\ 2,\ \cdots,\ p)$$

模型中的 Y_{ij} 表示实验中第 i 个被试在第 j 个处理水平上的观测值。μ 表示总体平均数，它是未知的，但可以用样本的总平均数 $\overline{Y_{..}}$ 来估计。α_j 表示水平 j 的处理效应，它是通过样本（$\overline{Y_{.j}}-\overline{Y_{..}}$）来估计的。$\varepsilon_{i(j)}$ 表示误差变异，是用 $Y_{ij}-\overline{Y_{.j}}$ 来估计的。

（一）固定效应与随机效应实验设计模型的原理

我们已经介绍过，实验设计模型可以为不同的实验设计提供分解平方和的方法。例如，完全随机实验设计中，总平方和可以被分解为组内平方和和组间平方和。组内平方和是由接受同样处理水平的被试之间的差异及其他随机误差造成的变异组成的。由于个体差异，分配在同一处理水平的被试分数间仍然是存在变异的。但因为被试是随机分配的，这种差异可以看成是机遇的变异。分配在不同处理水平被试之间的差异则反映了机遇变异加特定处理水平的系统变异。总之，组内平方和是一个机遇变异的估计，而组间变异是一个机遇变异加处理水平效应的估计。

但在以上介绍的分解平方和的假设中，没有包含特定的有关总体和取样的假设。然而，如果我们要从样本推论总体参数，是需要某些特定的假设的。固定效应（fixed effect）实验设计模型和随机效应（random effect）

实验设计模型提供了关于总体推论的假设。

我们仍以单因素完全随机实验设计的模型为例：

$$Y_{ij}=\mu+\alpha_j+\varepsilon_{i(j)}$$

在单因素完全随机实验设计的固定效应模型中，存在以下两个假设。

(1) 公式反映了所有影响观察值的变异来源的和。由于 μ 和 α 对总体 j 中所有观察是常数，这些观察中唯一的变异来源是误差效应 ε，可以假设对每个处理总体，ε 是一个正态的、独立分布的、平均数等于 0 的、变异等于 σ_e^2 的随机变量。如果被试是随机取样，并随机分配给不同的处理水平，每一个误差 ε，无论是在每个水平之内还是在所有处理水平之间，都是相互独立的。

(2) 模型适合于这样的实验设计，其中所有研究者感兴趣、要得出推论的有关的处理水平都已包含在实验设计中。如果重复实验，研究者会使用同样的处理水平。在这种情况下，实验中所得出的结论仅限于实验设计中包含的 p 个水平。

可以看到，我们现在描述的固定效应模型中有两组假设，第一组假设是关于平方和分解的假设，而第二组假设是有关总体和取样的假设。

在固定效应模型中：

$$Y_{ij}=\mu+\alpha_j+\varepsilon_{i(j)}$$

当虚无假说为真时，或 $\sum_{j=1}^{p}\alpha_j=0$ 时，$MS_{组间}$ 和 $MS_{组内}$ 的期望值是：

$$E(MS_{组间})=\sigma_e^2$$

$$E(MS_{组内})=\sigma_e^2$$

当虚无假说为假时，$MS_{组间}$ 和 $MS_{组内}$ 的期望值是：

$$E(MS_{组间})=\sigma_e^2+n\sum_{j=1}^{p}\frac{\alpha_j^2}{p-1}$$

$$E(MS_{组内})=\sigma_e^2$$

有时研究者希望得到超出实验中所包含的处理水平的结论，实验中的 p 个处理水平是从更大的 p 个水平的总体中随机取样的，这时应使用随机效应实验设计模型。

在单因素完全随机实验设计的随机效应模型中，存在以下两个假设。

(1) 公式反映了所有影响观察值的变异来源的和。其中，α 是一个随机变量（随机处理效应），它是正态的、独立分布的、平均数为 0、变异为 σ_{α}^{2} 的随机变量。公式中的 Y、μ 和 ε 的定义与固定效应模型中相同。

(2) 模型适合于这样的实验设计，实验中的 p 个处理水平是从更大的 p 个水平的总体中随机取样的。如果重复实验，研究者可能会抽样不同的处理水平。与固定效应模型不同，随机效应模型可以将实验结果推论到 p 个水平以外的更大的总体。

在随机效应模型中，当虚无假说为真，或 $\sigma_{\alpha}^{2}=0$ 时，$MS_{组间}$ 和 $MS_{组内}$ 的期望值是：

$$E(MS_{组间})=\sigma_{e}^{2}$$

$$E(MS_{组内})=\sigma_{e}^{2}$$

当虚无假说为假时，$MS_{组间}$ 和 $MS_{组内}$ 的期望值是：

$$E(MS_{组间})=\sigma_{e}^{2}+n\sigma_{\alpha}^{2}$$

$$E(MS_{组内})=\sigma_{e}^{2}$$

可以看到，当虚无假说为假时，随机效应模型中的 $MS_{组间}$ 和固定效应模型中的 $MS_{组间}$ 是不同的。

（二）固定效应模型和随机效应模型的应用

在实验设计的最初阶段，研究者需要决定要研究的每个自变量的水平数，同时要考虑从一个较大的自变量水平总体中选择不同水平的方式，这种选择对实验中得出的结论是非常重要的。实验者可能选择某些特定的水平，这些水平是实验者特别感兴趣的；他们也可能从一个更大的水平总体中随机选择自变量的水平。当自变量的水平是根据理论假设系统地选择的，方差分析模型是模型Ⅰ，即固定效应模型。当自变量的水平是从一个更大的水平总体中随机地选择的，方差分析模型是模型Ⅱ，即随机效应模型。固定效应模型中所有自变量的水平是固定选择的，随机效应模型中所有自变量的水平是随机选择的。混合模型，即模型Ⅲ，指一个实验中既包含固定选择的自变量水平，也包含随机选择的自变量水平。

选择使用固定效应模型或随机效应模型主要取决于研究中自变量取样的类型，以及对总体的推论。在有些研究中，自变量水平的选择是由研究者根据理论假设确定的，也可称自变量是固定因素（fixed factor）。当自变量水平是固定选择的，应使用固定效应模型进行方差分析。含固定因素的实验结果的推论被限定在特定的水平，不能推广到未测试的水平。在另一些研究中，自变量的水平是从一组可能的自变量水平中随机取样的，也可称自变量是随机因素（randomized factor）。当自变量水平是随机抽取的，应使用随机效应模型进行方差分析。使用随机自变量水平的实验的主要优点是对实验结果泛化的可能性增加，即结果可以推广到实验未涉及的任意水平。

1. 固定效应模型应用举例

固定效应模型假定，研究者选择的自变量水平是本研究直接感兴趣的，并不希望将结果推论到所选取的因素水平之外。这样，如果研究者重复实验，也会使用同样的水平。从这种实验中得出的结论，是局限于特定的实验处理水平中的。例如，假定实验者感兴趣于研究声音强度对反应时的影响，选择了四个声音强度：20 分贝、40 分贝、60 分贝、80 分贝，结果表明反应时随声音强度增加而缩短。这时结论仅能适用于实验中使用的四个水平，不适合推论到四个水平之外的声音强度水平，这时，方差分析模型使用模型Ⅰ。

固定效应模型检验中的虚无假说和备择假说：

$$H_0: \alpha_j = 0$$

$$H_1: \alpha_j \neq 0$$

固定效应模型的 F 检验：

$$F = \frac{\sigma_e^2 + n\sum_{j=1}^{p}\frac{\alpha_j^2}{p-1}}{\sigma_e^2}$$

虽然固定因素的实验结果不能推广到实验未涉及的其他水平。然而，多数实验还是采用固定的自变量水平，主要有两个原因。

第一，在很多情况下，实验者根据理论或前人研究选择的自变量水平，已经有效地穷尽了可能有意义的水平。例如，要研究不同教学方法的教学效果，可能只有一组有限的教学方法可以考虑被选择。在这种情况下不需要推广结论，因为研究设计中已经考虑并包含了这个因素的所有水平。当一个定量的自变量的所有水平可以用若干代表性区间表示时，所得的结论也同样不需要推广。例如，在一个关于年龄对记忆广度影响的实验中，当“年龄”这个连续自变量被分成儿童、青年、老年等类别时，这些类别已经有效地代表了所有可能的类别。

第二，研究者通常选择自变量的某些重要水平去获得感兴趣的处理效应。例如，在一个考察在孤立词条件下歧义词的不同意义激活的时间进程特点的研究中，参照英文同类研究，结合了汉语字词识别的特点，研究者将启动词与探测目标词呈现的时间间隔（SOA）确定为 43 毫秒、84 毫秒、200 毫秒、400 毫秒，在四种 SOA 上观察歧义词的主要意义和次要意义的语义启动效应（武宁宁和舒华，2001）。结果发现（见图 9-5），在没有语境支持的孤立词条件下，主要意义在四种 SOA 条件下都处于较高的激活水平，而次要意义的激活明显地随着时间进程而变化。当 SOA 为 43 毫秒时，次要意义没有表现出显著的激活；当 SOA 为 84 毫秒和 200 毫秒时，次要意义被激活；当 SOA 为 400 毫秒时，次要意义的激活水平又变得不显著。我们非常清楚地看到激活随时间进程而变化。虽然在实验中可选择的 SOA 的时间点有许多，一般研究者不选择从所有可能的水平中随机选取四个水平，而是根据下列因素考虑自变量水平的选择：(1) 选择的自变量水平应尽量覆盖实验中有效刺激维度的全长；(2) 选择的水平能使相邻水平之间因变量测量分数出现足够大的差异；(3) 试图找到影响因变量方向转变的点。

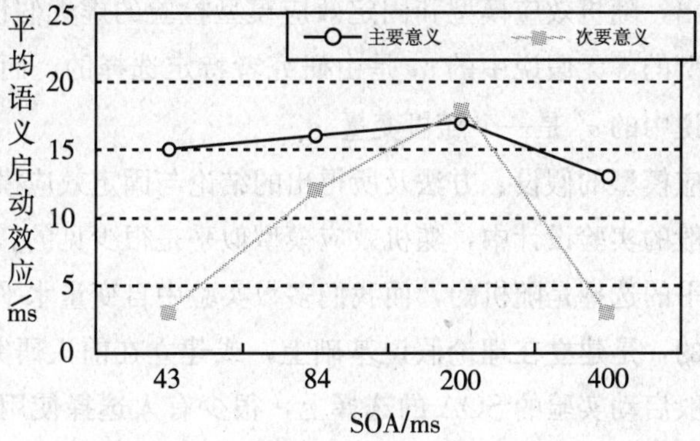

图 9-5　命名任务中歧义词不同意义的启动效应

上述在选择自变量水平时需要考虑的最重要的因素，用随机选择水平的方法是不能达到的。在随机选择中，给变量所有可能的水平以同样的权重。例如，在SOA的选择上，研究者需要从0毫秒到1 000毫秒之间随机抽取。随机选择并不能保证在时间维度上最重要的点在实验中被覆盖。

2. 随机效应模型应用举例

如果自变量的水平是从一个更大的水平总体中随机选择的，方差分析模型是模型Ⅱ，或随机效应模型。如果研究者重复实验，会使用一个不同水平的随机取样。例如，研究者想要研究声音强度对反应时的影响，当研究者关心的是一个更一般的结论，或者说他希望把实验结果推论到实验中没有取样的声音强度水平时，方差分析模型使用模型Ⅱ。研究者首先列出所有的声音强度水平，使用随机数字表，从这个总体中随机选择若干声音强度水平进行施测。假如随机选出的声音强度为1分贝、5分贝、50分贝、78分贝。如果实验结果仍然支持反应时随声音强度增加而缩短的结论，那么这个结论就更加一般化，推论可以超出实验中所取样的实际水平。

随机效应模型检验中的虚无假说和备择假说：

$$H_0: \sigma_\alpha^2 = 0$$

$$H_1: \sigma_\alpha^2 > 0$$

随机效应模型的 F 检验：

$$F = \frac{\sigma_e^2 + n\sigma_\alpha^2}{\sigma_e^2}$$

可以看出，随机效应模型和固定效应模型检验的虚无假说是不同的：固定效应模型的虚无假说中的 α_j 是由研究者特定选择的，而随机效应模型的虚无假说中的 σ_α^2 是一个随机变量。

随机效应模型的假设、方法及所得出的结论与固定效应模型有很大的不同。在一般的实验设计中，随机效应模型似乎是很少见的。因为模型要求自变量水平的选择是随机的，而我们多数实验中自变量水平的选择是经过深思熟虑的，是建立在理论假说基础上，或建立在前人研究基础上的。例如，在一般启动实验的SOA的选择上，很少有人选择使用从0毫秒到1 000毫秒之间随机抽取的方法。因为随机选择SOA不能保证对我们的研究问题最重要的转折点肯定在实验中被覆盖。

但是在一些情况下，研究者也使用随机因素。例如，在随机区组实验设计中，研究者试图使用区组方法减小误差变异。这时，研究中会设计有一个或多个无关变量，每个无关变量有两个或多个水平（$n \geqslant 2$）。区组变量可能是被试变量，如被试的智商、学习能力、受教育程度等。这时，被试是从一个更大的总体中随机取样的，然后经过在区组变量上的匹配，随机分配给各个实验处理。如果自己或别人重复这个实验，仍然会从同样的总体中随机取样被试，但取样的被试区组在每个实验中是不同的。这时区组就成为随机因素。又如，研究者要探讨词频对命名反应时的影响。他比较了被试命名高频词和低频词反应时的差别。在选材中，他选取了 60 个高频词和 60 个低频词。研究者真正关心的不是这 60 个高频词和 60 个低频词之间的差别，而是所有高频词和低频词之间的差别。因此，研究者会从高频词和低频词总体中各随机选择 60 个词。如果自己或别人重复这个实验，仍然会从同样的总体中随机选择词，但所选取的词在每个实验中可能是不同的。

在一般情况下，我们是可以区别随机自变量的。在一个实验设计中，区组因素、被试因素、材料因素等经常是随机自变量。例如，为了从一个总体（医院、课堂、刺激顺序）中取样，研究者首先需要确认总体，并保证随机从总体中选择成员。在一些应用研究领域（如教育研究），随机自变量一般包括被试团体的取样（学校、班级、城市等）。在其他领域（如实验心理学研究），最常用的随机因素像控制程序（呈现顺序的随机选择、一系列刺激材料的随机选择）等。可以看出，多数随机效应模型更多地被用在“当自变量水平是从一个更大的总体中抽样”的情况下。

3. 混合模型应用举例

当实验中某些自变量的水平是人为地选择的，另一些自变量的水平是随机选择的时候，模型叫做混合模型，或模型Ⅲ。这种模型在实验研究中是常用的。很多情况下，在一个实验设计中，主要的自变量经常是符合固定效应模型的，而区组因素、被试因素、材料因素等经常是符合随机效应模型的。在第八章中，我们介绍的以被试为随机变量的统计检验和以项目为随机变量的统计检验，就是希望解决将研究结论从特定的被试样本、刺激材料样本（如语言材料）推广到被试总体、材料总体（如语言总体）的过程。

例如，假定研究者想确定是否存在语义启动效应。实验材料包含50个目标词（如“表扬”）。启动词有两种：语义相关启动词（如“批评”）和控制词（如“争论”）各50个。在实验设计中，启动词的类型是一个固定因素，语义相关启动词和控制词两个水平是研究者特定选择的。实验者如何获得词的取样？首先，需要评定大量词的语义相关程度，基于评定将启动词分为语义相关的和无关的两种类别。每个类别中可能有很多词，从中确定50个词就是随机取样。这时，实验设计中的自变量语义相关程度是固定因素，实验材料是随机因素。

其实在真正的实验中情况会更加复杂。在上述例子中，除了在语义相关程度上的区别，两类启动词在其他特征上必须保持恒定，而随机取样不能达到这样的要求。词的许多特性，如每个字的频率、词的频率、词长、字的笔画数、词的具体性、词的可表象性等都会影响反应时和错误率数据。因此，实验者一般还会细致平衡语义相关词和控制词的各种特性，而不是完全随机取样来选择刺激。这时，研究者在实验中观察到的两类启动词条件下反应时的差异显著，应当归于研究中的自变量的两个水平：语义相关和语义无关。然而，这个结论并不限于实验中所选定的每个类别的50个词，因为这些词是从一个更大的样本中随机抽取的。总之，研究者在一个实验中使用随机自变量时，需熟悉自己的研究领域。

嵌套实验设计是混合模型的一个典型例子。例如，在教育心理学关于教学方法效果的研究中，经常使用自然班级中的学生作为被试，然后让不同的班级接受不同的教法。这时学生是嵌套在班级中的，而班级是嵌套在教学方法中的。在关于心理咨询方法的效果的研究中，经常将被试分配给不同的咨询师，然后不同的咨询师使用不同的咨询方法。这时被试嵌套在咨询师中，然后再嵌套在不同的咨询方法中。在这些例子中，班级、咨询师的效应是随机的，而教学方法、咨询方法的效应是固定的。

本章主要观点

· 虚无假说是备择假说的无差别形式，是一组有关不同处理总体参数的精确假说。统计假说是一种推论形式，使研究者可以基于不完整的信息检验研究假说的真伪。

·在经验科学研究中，一般是通过“推翻”虚无假说，间接“接受”备择假说，而不是直接“证实”备择假说，因此“证伪”是经验科学研究中的一个重要特征。

·方差分析是将总变异分解为由实验处理带来的系统变异和由被试和实验随机误差带来的变异的过程。变异分析和 F 检验是方差分析对实验处理效应进行估计的基本方法。

·使用方差分析去检验理论假说时，有两组假设是需要满足的，即 F 分布的基本假设和实验设计模型及其假设。每一种实验设计都有一个特定的实验设计模型，它揭示了实验中一个观测值的构成，即影响一个观测值的所有变异源。实验设计模型为不同的实验设计提供了分解平方和的方法。

·从样本推论总体参数是需要某些特定的假设的。固定效应实验设计模型和随机效应实验设计模型提供了关于总体推论的假设。

思考题

1. 方差分析是如何检验实验中的处理效应是否存在的?

2. 总变异是如何分解为处理效应和误差变异的？平方和分解的基本原理是什么?

3. 为什么实验研究中，研究者一般检验虚无假说，而不是检验备择假说?

4. 实验设计模型中，固定效应模型和随机效应模型对总体推论的作用是什么?

5. 在什么情况下，方差分析使用固定效应模型、随机效应模型或混合模型?

6. 在使用方差分析去检验理论假说时，什么假设是需要满足的？为什么满足这些假设是非常重要的?

7. 有哪些方法可以测量一组数据的变异？哪些方法对推论统计是重要的?

8. 什么是Ⅰ型错误？什么是Ⅱ型错误？两种错误对研究结论产生什么影响?

第十章
多重比较：对比

在多数情况下，对一组实验数据进行一个完全的方差分析往往只完成了数据分析工作的一半，因为方差分析中主效应和交互作用的检验显著仅表明某种差异存在，要确定差异的性质意义，需要进行其他的检验。当方差分析表明一个主效应（当平均数大于2）显著时，研究者可能需要在各平均数之间作进一步的比较，即多重比较检验。依据实验的目的、性质、条件不同，研究者可能提出的问题是多种多样的，平均数之间比较的形式也是多种多样的。有时，研究者可能在实验之前已根据某些理论假设确定了作一组特定的比较，或者研究者只感兴趣于其中的几对平均数之间的比较。有时，研究者可能感兴趣于所有可能的平均数之间的比较，或者期望在实验完成之后从所有的平均数之间的比较中寻找差异。本章中，我们将介绍研究平均数之间差异的技术——多重比较。

第一节　多重比较的概念

一、多重比较的使用

在实验数据的统计检验中，研究者需要确定拒绝一个虚无假说的可能性，即确定Ⅰ型错误率。如果数据满足方差分析的三个基本假设，即每个分数是独立于其他分数的，每个处理分数的总体分布是正态的，及变异分布是同质的，则方差分析中的Ⅰ型错误率是控制在α水平的。

研究者常常首先使用全方差分析，对因素实验中的主效应、交互作用的显著性进行检验。如果在一个实验中，主效应的F值显著，我们拒绝了虚无假说，接受了备择假说，表明了主效应的存在。但是哪些自变量水平之间的差异是真正存在的，哪些是不存在的？通常在自变量水平大于2

时（$p>2$），通过接受或拒绝一个全虚无假说不能提供对主效应结果的完整的解释。在很多情况下，研究者还需要对一些特定的、更详细的假说进行检验，这些细致的检验往往对得出结论可能是更有用的。平均数之间的比较就是用于检验这样的一些特殊假说。例如，当一个研究要探讨生字密度对阅读理解的影响，有三种生字密度水平：5∶1（A1），10∶1（A2），20∶1（A3）。全方差分析得到生字密度主效应显著，表明生字密度对阅读理解的影响是显著的，拒绝了虚无假说。然而 F 显著不能直接告诉研究者可能的备择假说是什么，是 $\mu_1 \neq \mu_2 \neq \mu_3$，$\mu_1 \neq \mu_2 = \mu_3$，或 $\mu_1 = \mu_2 \neq \mu_3$，$\mu_1 = \mu_3 \neq \mu_2$，还是其他。如果研究者更希望知道哪些生字密度水平的变化对阅读理解有更大的影响，就需要进一步作多重比较，比较 5∶1 与 10∶1，10∶1 与 20∶1，5∶1 与 20∶1 等各个不同生字密度水平上阅读理解的差异。

（一）多重比较中的累积错误

当全方差分析中的主效应差异显著时，需要进行额外的检验，就是多重比较。而额外的多重比较检验，带来的一个重要问题是Ⅰ型错误的增加(increase in type Ⅰ errors)。我们做一个实验时，经常选择一个 α 水平来控制Ⅰ型错误的可能性。如果设置 $\alpha=0.05$，表明有 5%的可能性当总体平均数之间没有差异时，我们拒绝了虚无假说。假定我们将同一个实验重复很多次，每个实验中，有 0.05 的概率当虚无假说为真时我们犯Ⅰ型错误。从另一个角度，也就是说如果我们做 20 次实验，我们犯Ⅰ型错误的次数或者频率为 0.05×20。那么如果我们做 100 次实验，我们可能犯Ⅰ型错误次数或者频率为 0.05×100。很明显，随着实验数量的增加，我们可能犯Ⅰ型错误的数量也在增加。在一个实验中，当一个自变量的水平数大于 2($p>2$) 时，我们经常要进行多重比较，即在平均数之间作独立的比较。这种情况带来同样的问题，进行比较的数量越多，当比较的虚无假说为真时，我们会犯越多的Ⅰ型错误。例如，一个实验中有 10 组平均数进行比较，当研究者设置每个比较的 t 检验为 $\alpha=0.05$ 时，实际上累积误差已经导致Ⅰ型错误达到 $\alpha=0.58$。

（二）每个比较的错误率和实验的错误率

在多重比较检验中，我们需要区分两种错误。第一种错误是每个比较的Ⅰ型错误率（error rate per comparison，PC），它指研究者选择设置的控制Ⅰ型错误的α水平。如果我们在一个实验中，每个比较设置的Ⅰ型错误为$\alpha=0.05$，这时我们对每一个比较犯Ⅰ型错误的可能性是0.05。第二种错误是每个实验的错误率（error rate per experiment）或实验错误率（experimentwise，EW）。如果研究者在一个实验中需要进行多个平均数的比较，整个实验犯Ⅰ型错误的可能性就是实验错误率。检验错误率最常用的概念是每个实验的错误率。实验错误率中的Ⅰ型错误率指在一个实验中，一组比较中犯一个或多个Ⅰ型错误的可能性。实验错误率不是由研究者直接设置的，而与每个比较设置的Ⅰ型错误α水平以及比较的数量有关（Hays，1988）。实验错误率和每个比较的Ⅰ型错误之间的关系是：

$$\alpha_{EW}=1-(1-\alpha_{PC})^{c}$$

其中，α_{EW}指实验错误率，α_{PC}指每个比较的错误率，c指独立比较的个数。

我们可以看到，随着独立比较数目c的增加，实验错误率迅速增加。例如，在一个实验中，当PC错误率设置为$\alpha=0.05$，实验中有三个比较，即$c=3$，EW错误率是：

$$\alpha_{EW}=1-(1-0.05)^{3}=1-(0.95)^{3}=0.143$$

从上例可以看出，实际的实验错误率已经高出了我们预想设置的Ⅰ型错误率$\alpha=0.05$。根据两种错误率之间的关系，如果将每个比较的Ⅰ型错误，或PC错误率设置得更严格，有可能将实际的实验错误率控制在我们预想的Ⅰ型错误率$\alpha=0.05$。例如当把PC错误率设置为$\alpha=0.01$水平，当$c=3$时，EW错误率就可以控制在$\alpha=0.05$之内：

$$\alpha_{EW}=1-(1-0.01)^{3}=1-0.99^{3}=0.030$$

当c的数目较小时，

$$\alpha_{EW}=c\times\alpha$$

因此，对上例的EW估算可以用以下公式：

$$\alpha_{EW}=3\times0.05=0.15$$

以上公式的使用一般用于独立的比较。但有时，我们的研究不仅仅只关心独立的比较。关于什么是独立的比较，什么是不独立的比较，我们将在本章以下的几节中加以介绍。

从上面的讨论中可以看到，如果我们在α水平进行一个单一的统计显著性检验，则估计Ⅰ型错误率是 α。然而如果同时对同一组研究的数据进行若干个显著性检验，每个检验都定在 α 水平，就会出现累积错误。总错误率会超出我们设置的 α 水平，即拒绝假说的可能性。因此，我们需要确定一个为每个比较选择合适的 α' 水平的方法。

一个最简单的方法是把每个多重比较的错误率设置为 $\alpha'=\alpha$，即无论进行多少个检验，每个检验均在 α 水平，这时是将一个实验中的多个显著性检验看成与一个实验中的一个显著性检验是没有区别的。从以上的例子中可以看到，这显然是不合适的。另一个方法是将实验中的一组检验看成一个家族，限定这个家族的Ⅰ型错误。例如，一个实验（或家族）中有 c 个统计检验，我们可以设置实验错误率 EW 为 $\alpha'=\alpha/c$。这是最广泛被接受的实验错误率的设定方法。使用这种方法来确定 α'，可以保证犯Ⅰ型错误的可能性限定在我们设置的 α 水平。

二、多重比较的种类

在实验数据分析中，全方差分析了提供一个对虚无假说的总的检验。

$$\mu_1=\mu_2=\cdots=\mu_p$$

当一个自变量水平数大于 2（$p>2$），并且其处理效应的 F 检验显著时，它告诉研究者在平均数之间至少有一对或一组平均数存在差异。对研究者来说，如果还希望进一步确定哪些平均数之间存在差异，需要进一步进行多重比较检验，能完成这样的检验的技术有事先的正交对比、事先的非正交对比和事后的非正交比较等。下面分别介绍计划的或事先的比较（planned or priori comparisons/contrasts）和事后比较（posteriori or post-hoc comparisons/contrasts）、正交对比（orthogonal contrasts）和非正交对比（nonorthogonal contrasts）等概念。以上我们涉及两个概念：比较（comparisons）和对比（contrasts）。比较泛指所有的多重比较，而对比特指其中一些可以进行特定计划和设计的比较，主要指事先的，如事先的正交对比、事先的非正交对比。

（一）计划的或事先对比

假定当设计一个实验时，研究者已有一组特定的关于平均数之间差异的假设，他对其中一些平均数差异比较感兴趣，而且这些特别感兴趣的比较是在实验之前根据理论假说或前人的文献结果确定的，这就是计划的事先比较。计划的比较是在实验实施之前确定的，保证了比较的选择是独立于数据收集的。我们举例来说明，研究者要探讨两种新的英语教学法——语音教学法（A1）和词素教学法（A2），是否比传统教学法（A3）更加优越。研究者希望通过教学实验来确定，在接受语音教学法、词素教学法和传统教学法的三组学生中，语音教学法与传统教学法是否有差别，词素教学法与传统教学法是否有差别。因此，事先确定进行两个比较，这就是一组计划的比较。

通常在有三组处理平均数的实验中，可能的比较数量至少是六个，用虚无假说的方式表示如下：

(1) H_0：$\mu_1-\mu_2=0$

(2) H_0：$\mu_1-\mu_3=0$

(3) H_0：$\mu_2-\mu_3=0$

(4) H_0：$\mu_1-\frac{1}{2}(\mu_2+\mu_3)=0$

(5) H_0：$\mu_2-\frac{1}{2}(\mu_1+\mu_3)=0$

(6) H_0：$\mu_3-\frac{1}{2}(\mu_1+\mu_2)=0$

在有计划的比较的实验中，实验者对所有的平均数之间的比较不感兴趣，而是事先确定一些平均数之间的比较。所以计划的比较是事先的比较，即比较的确定是基于理论或前人经验的，是在实验数据收集之前确定的。例如，在上例中，研究者关心虚无假说中的比较（2）和比较（3），即语音教学法组与传统教学法组之间是否有差别，词素教学法组与传统教学法组之间是否有差别。这时，研究者计划检验的虚无假说是：

(2) H_0：$\mu_1-\mu_3=0$

(3) H_0：$\mu_2-\mu_3=0$

进行事先比较的统计显著性检验之前，进行全方差分析的统计显著性检验不一定是必需的。当只进行一个计划的事先比较，F 检验的显著性是没有问题的，Ⅰ型错误的可能性是被限定在 α 水平的。如果一个实验中有多个有计划的比较，犯Ⅰ型错误的危险增加，研究者需要控制Ⅰ型错误的

概率在 α 水平。

（二）事先的正交对比和非正交对比

研究者在实验设计时已有一组特定的关于平均数之间差异的假设，要通过实验去检验。当研究者对同一组数据提出两个或两个以上关于比较的问题时，有时我们希望知道这两个问题之间是否相互独立，评价比较之间是否独立的问题就是对比的正交性。这就是事先的正交对比和非正交对比（priori orthogonal/nonorthogonal contrasts）。非正交对比是指两个比较的问题是不相互独立的。正交对比是指两个比较的问题是相互独立的。

当一个研究中有 $p>2$ 个平均数时，会形成多个比较。在多数的比较中包含了冗余信息，即各个比较之间不是相互独立的。当预先计划的两个或几个比较之间是相互不独立的，对这样的一组假说的检验叫事先的非正交对比。在上面的例子中，如果研究者关心虚无假说中的比较（2）和比较（3），即语音教学法与传统教学法之间是否有差别，词素教学法与传统教学法之间是否有差别，我们可以将比较（1）$\mu_1-\mu_2$ 改写为用另外两个比较——比较（2）和比较（3）的表达形式，即：

$$\mu_1-\mu_2=(\mu_1-\mu_3)-(\mu_2-\mu_3)$$

这表明 $\mu_1-\mu_2$ 中包含了另外两个比较 $\mu_1-\mu_3$ 和 $\mu_2-\mu_3$ 的信息，因此比较之间不是相互独立的。这是一组非正交的比较。

在另一些情况下，研究者计划进行的两个或几个比较之间是相互独立的，对这样的一组假说的检验叫事先的正交对比。例如，研究者对新的英语教学法的优越性的兴趣还可以通过下列的比较来回答：新的英语教学方法，包括语音教学法和词素教学法，与传统教学法之间是否有差别；新的英语教学方法中，语音教学法与词素教学法之间是否有差别。这时研究者感兴趣的是虚无假说中的比较（1）和比较（6）。

（1）H_0：$\mu_1-\mu_2=0$

（6）H_0：$\mu_3-\frac{1}{2}(\mu_1+\mu_2)=0$

这组比较是正交的比较。正交对比中的各个比较之间是相互独立的。两个比较之间相互独立是指当我们知道第一个对比是显著时，却不能预期第二个对比是否显著。对一组事先正交的比较进行检验，可以用最少的比较回答研究者感兴趣的问题。我们将在本章第二节详细介绍正交和非正交对比的判断方法。

（三）事后的非正交比较

有计划的比较是在实验之前确定的，无计划或事后的比较指实验数据收集后，并看到结果后确定要进行的比较，实验者在实验实施前没有特殊的假设。这样的比较只有在全方差分析显著后才能进行。由于不是事先计划的，事后比较全部是非正交的比较（posteriori nonorthogonal comparisons）。事后比较的主要形式是对所有可能的处理平均数进行成对比较，其目的是要最大限度地发现研究数据中的有用信息。发现一个有意思的比较可能为设计一个新的实验奠定基础。因此，这样的检验结果经常可以导致进一步的研究。例如，在英语教学法的研究中，研究者希望了解所有三种教学法结果之间的关系，即通过教学实验来确定，语音教学法与词素教学法是否有差别［比较（1）］，语音教学法与传统教学法是否有差别［比较（2）］，词素教学法与传统教学法是否有差别［比较（3）］。因此需要进行三个比较。这时研究者计划检验的虚无假说是：

$$(1)\ H_0: \mu_1 - \mu_2 = 0$$

$$(2)\ H_0: \mu_1 - \mu_3 = 0$$

$$(3)\ H_0: \mu_2 - \mu_3 = 0$$

由于事后比较一般要穷尽所有可能的成对比较，带来的一系列问题是：随着实验中平均数数量的增加，比较的数量迅速增加，而比较的数量越多，犯Ⅰ型错误的可能性增加。

因此，事后比较中Ⅰ型错误的累积问题是更严重的。我们将在第十一章详细介绍各种事后检验对Ⅰ型错误校正的原理和方法。

第二节　对比分析

一、对比的概念

对比（contrast）的目的是要回答研究中一个或若干个特殊的、聚焦的有关某种理论模式结果的问题。有时对这种聚焦问题的检验是比全方差分析检验更有力的研究工具。全方差分析 F 检验，或自由度大于 1 的 F 检验，主要进行总体的变异分析。但这种检验能回答的常常是一个弥散的平均数之间是否存在差异的问题。当实验中自变量的处理水平大于 2 时，或自由度大于 1 时，F 检验对“具体的差异是什么”的问题是无法回答的。

由于对比通常是指研究者在实验之前根据理论假说或文献确定的比较，因此主要指计划的事先比较。对比是一个在实验研究和数据分析中非常有用的工具，对于研究者得出研究结论、发展和修正理论都是非常有用的。一般来说，对比分析中，计划进行的比较是基于理论假说或前人的研究结果的。因此，对比分析可以修正研究者在收集和分析数据之前的考虑，计算理论预期和实际结果之间的一致程度。对比是很多统计检验方法的重要组成部分（Koutstaal & Rosenthal，1994）。

（一）对比的系数

在对比分析中，研究者理论预期的模式是可以由一组数字权重表示的，这些权重可被赋予任何值，仅需要保证在一组比较中权重的总和为零。理论预期通过权重的赋值确定平均数是否参加比较以及每个平均数的比重，进一步定义一组特殊的比较。具体地说，我们在进行平均数的多重比较时，需要给每个参加比较的平均数以权重，权重是以系数来表示的。假如有两个平均数$\overline{X_1}$、$\overline{X_2}$，我们要比较两个平均数之间是否有差别，可以表示为：

$$\overline{X_1}-\overline{X_2}=1\times\overline{X_1}+(-1)\times\overline{X_2}$$

其中$\overline{X_1}$、$\overline{X_2}$是参加比较的平均数，1 和 -1 是比较的权重或系数。

这个比较检验的虚无假说是：

$$H_0：\mu_1-\mu_2=0$$

我们还以上面的例子来进一步说明对比的概念。我们有三组处理平均数，第一组（语音教学法）和第二组（词素教学法）是两种不同的实验教学条件，而第三组（传统教学法）是控制教学条件。我们可以考虑的两种有意义的比较是：

(1) 将实验组 $[(\overline{X_1}+\overline{X_2})/2]$ 和控制组（$\overline{X_3}$）相比较，以检验实验教学法与传统教学法是否有差异；

(2) 将语音组（$\overline{X_1}$）和词素组（$\overline{X_2}$）相比较，以检验两种不同的实验教学法——语音教学法和词素教学法之间是否有差异。

第一个比较可以看出实验设计中实验条件的一般影响，或者说可以回答实验教学法是否比传统教学法优越的问题。第二个比较可以揭示两个不同实验条件之间的差别。这两种比较就是上一节中提到的比较（6）和比较（1），它们可以用系数的方法分别表示为：

(6) $\overline{X_3}-\dfrac{\overline{X_1}+\overline{X_2}}{2}=1\times\overline{X_3}+\left(-\dfrac{1}{2}\right)\times\overline{X_1}+\left(-\dfrac{1}{2}\right)\times\overline{X_2}$

(1) $\overline{X_1}-\overline{X_2}=1\times\overline{X_1}+(-1)\times\overline{X_2}+0\times\overline{X_3}$

两组比较检验的虚无假说是：

$$H_0: \mu_3-(\mu_1+\mu_2)/2=0$$

$$H_0: \mu_1-\mu_2=0$$

使用系数，我们可以方便地表示平均数之间的各种比较。系数的思想不仅可以用于比较平均数两两之间的差异，还可以扩展到多于两个的平均数之间的比较。因此，对比可以用一组对应于各自平均数的有序的系数表示，系数表达为 C_1，C_2，…，C_i。对比的一般公式表达式是：

$$\begin{aligned}I&=C_1\overline{X_1}+C_2\overline{X_2}+\cdots+C_p\overline{X_P}\\&=\sum C_i\overline{X_i}\end{aligned}$$

其中 I 为比较或对比，C_1，C_2，…，C_i 为比较的系数，$\overline{X_1}$，$\overline{X_2}$，…，$\overline{X_i}$ 为参与比较的平均数。在每个对比中，系数需满足两个要求：(1) 至少有两个系数是非零的；(2) 系数的总和是零。其中，当公式中两个系数的绝对值为 1，其他系数为 0 时所进行的比较叫做成对比较，也就是平均数之间两两相比。当公式不符合两个系数的绝对值为 1，其他系数为 0 时，叫做非成对比较。上面的（1）是成对比较，而（6）是非成对比较。

（二）系数矩阵

在一个实验中，研究者往往不仅对一个比较感兴趣，而是对一组比较感兴趣。以上面的例子为例，研究者是对“实验教学法（语音教学法和词素教学法）与控制教学法是否有差别”和“语音教学法与词素教学法之间是否有差别”这样两个比较感兴趣。这一组比较可以用更简化的系数矩阵的方式表示。它们系数的表示方式如下：

C_1	C_2	C_3
1	$-\frac{1}{2}$	$-\frac{1}{2}$
0	1	−1

其中，C_1、C_2、C_3 分别表示语音教学法、词素教学法和控制教学法的比较系数。在第一个比较中，$-\frac{1}{2}$、$-\frac{1}{2}$、1 分别表示语音教学法、词素教学法和控制教学法参加比较的权重，回答实验教学法（语音教学法和词素教学法）与控制教学法是否有差别的问题。在第二个比较中，1、−1、0 则可以回答语音教学法与词素教学法之间是否有差别的问题。

如果研究者关心的是另一组问题，例如研究者关心“语音教学法与传统教学法是否有差别，语素教学法与传统教学法是否有差别，以及实验教学法与控制教学法是否有差别”这样一组三个对比时，系数的表示方式如下：

C_1	C_2	C_3
−1	1	0
−1	0	1
−1	$\frac{1}{2}$	$\frac{1}{2}$

我们可以看出，当研究者关心的问题不同时，会使用不同的比较，设立不同的虚无假说，系数矩阵的表示也是不相同的。

假定实验中有更多的处理平均数，我们可以进行更加复杂的比较。例如，在一个有五组处理平均数的实验中，研究者感兴趣于将第二组和第五组的平均数与第三组和第四组的平均数进行比较，可以表示如下：

$$\mathrm{I}=0\times\overline{X_1}+\frac{1}{2}\times\overline{X_2}+\left(-\frac{1}{2}\right)\times\overline{X_3}+\left(-\frac{1}{2}\right)\times\overline{X_4}+\frac{1}{2}\times\overline{X_5}$$

用系数可以表示为：0、$\frac{1}{2}$、$-\frac{1}{2}$、$-\frac{1}{2}$、$\frac{1}{2}$。系数 0 表示相应的平均数（$\overline{X_1}$）不参加比较。

研究者还可以将第二组和第四组的平均数与第一组、第三组和第五组的平均数进行比较：

$$I=\left(-\frac{1}{3}\right)\times\overline{X_1}+\frac{1}{2}\times\overline{X_2}+\left(-\frac{1}{3}\right)\times\overline{X_3}+\frac{1}{2}\times\overline{X_4}+\left(-\frac{1}{3}\right)\times\overline{X_5}$$

用系数可以表示为$-\frac{1}{3}$、$\frac{1}{2}$、$-\frac{1}{3}$、$\frac{1}{2}$、$-\frac{1}{3}$。可以看出，对比的形式是非常灵活的，可以帮助研究者探讨、回答各种各样丰富的理论问题。

（三）系数的使用

用系数权重的方法表示的比较有什么优点呢？首先，由于可以任意合并一些平均数，使我们有可能进行一些更“一般”、更灵活的比较。因此，对比通常比多重成对比较更有实际意义，它使研究者可以去检验一个或几个高度特定的假说。对比是特别有效的发现和解释数据意义的工具。为了计算和表达方便，我们可以将对比的系数整数化。前面例子中的一组系数0、$\frac{1}{2}$、$-\frac{1}{2}$、$-\frac{1}{2}$、$\frac{1}{2}$，可以表示为0、1、−1、−1、1。两个对比提出的假说是同样的。

有计划事先的对比通常使用t检验公式来检验假说。我们还是举例来说明。假定研究者得到三组处理平均数，第一组是控制条件，第二组和第三组是两种不同的实验条件。我们希望知道控制组和实验组之间的差异，及两个实验组之间的差异。实验中得到的数据如下（见表10-1）：

表10-1　三组处理平均数的事先对比

处理条件	控制组	实验组1	实验组2
	X_1	X_2	X_3
平均数	16	18	20
比较			
1	1	$-\frac{1}{2}$	$-\frac{1}{2}$
2	0	1	−1

从表10-1中可以看出，控制组、实验组1和实验组2的平均数分别是16、18和20，在第一个比较中它们参加比较的权重分别是1、$-\frac{1}{2}$、$-\frac{1}{2}$，在第二个比较中它们参加比较的权重分别是0、1、−1。

在这个实验中，可检验的虚无假说是：

$$H_0: \mu_1-(\mu_2+\mu_3)/2=0$$

$$H_0: \mu_2-\mu_3=0$$

检验假说可以用 t 检验，当几个处理条件下数据变异是同质的，使用的公式如下：

$$t=\frac{\sum_{j=1}^{p}C_j\overline{X_j}}{\sqrt{MS_{\text{err}}\sum_{j=1}^{p}\frac{C_j^2}{n_j}}}$$

其中，MS_{err}是全方差分析中的误差项，C_j 是比较的系数，$\overline{X_j}$是参加比较的平均数，p 为自变量的水平数，n_j 是各组被试的数量。

总之，对比分析是关于平均数之间复杂组合的比较，它的目的是要回答一个或几个特殊的、从理论上关心的有关结果模式的问题。方差分析是检验一个全面的、整体的假说的显著性，而对比分析则是更针对特定假说的检验。在全方差分析的 F 检验，或自由度大于 1 的 F 检验中，经常进行总体的变异分析，这时得出的差异显著的结论仅能回答一个泛泛的平均数之间是否存在差异的问题。这种检验经常不是研究者最感兴趣的，研究者往往更感兴趣于具体在哪个或哪些平均数之间存在差异，存在什么样的差异。对比分析可以回答这样更细致的问题。因此，很多研究者发现，这种对“理论聚焦”问题的检验有时比“综合”的全方差分析 F 检验是更有力的研究工具。与多重成对比较（事后的）相比，对比分析有时更有实际意义，它使研究者有可能去检验一些特定的假说。并且，通过少量的计算，提供对这些检验效应大小的估计。对比是特别有效的发现和解释数据意义的工具。

二、正交对比

上一节中已经提到，当研究者对一组差异比较感兴趣时，带来一个问题：这一组比较之间是否相互独立。正交对比和非正交对比的差别涉及比较之间的独立性问题。当两个比较是正交时，它们提供了有关实验结果的互相独立的信息，即从一个比较中得到的信息与从另一个比较中得到的信息没有关系。换句话说，正交对比指一组系数中的数字（如 C_{a1}，C_{a2}，C_{a3}，…，C_{ap}）与另一组系数中的数字（如 C_{b1}，C_{b2}，C_{b3}，…，C_{bp}）是完全无关的。

（一）**正交对比的系数**

我们可以将感兴趣的问题或对比用系数的方式来表示。例如，如果对“语音教学法（A1）与传统教学法（A3）是否有差别，语素教学法（A2）与传统教学法（A3）是否有差别，以及实验教学法与传统教学法是否有差别”这样一组对比感兴趣，可以用系数表示如下：

C_1	C_2	C_3
1	0	−1
0	1	−1
$\frac{1}{2}$	$\frac{1}{2}$	−1

然而，如果对另外一组对比感兴趣，例如“实验教学法与传统教学法是否有差别，语音教学法与语素教学法是否有差别”，则是使用另外一组系数表示的：

C_1	C_2	C_3
$\frac{1}{2}$	$\frac{1}{2}$	−1
1	−1	0

当我们对同一组数据提问两个或两个以上问题时，有时我们希望知道这两个问题之间是否独立。评价对比是否独立的问题就是对比的正交性问题。判断两个或多个比较之间是否独立，可以利用系数公式来方便地确定。如对前一组对比的判断如下：

C_1		C_2		C_3
1		0		−1
0		1		−1
$\frac{1}{2}$		$\frac{1}{2}$		−1
0	+	0	+	(−1) =−1

如果我们将比较中每一列系数相乘，然后再将乘积相加，结果可以帮助我们判断对比的正交性问题。当得到的相加结果不是 0 的时候，我们可以知道这组比较之间是非正交的，这意味着几个比较提出的问题是相互不独立的。在第一例中，我们可以看出这是一组非正交的对比。

我们对后一组对比的判断如下：

C_1		C_2		C_3
$\frac{1}{2}$		$\frac{1}{2}$		-1
1		-1		0
$\frac{1}{2}$	+	$\left(-\frac{1}{2}\right)$	+	$0=0$

这时，当我们将比较中每一列系数相乘，然后将乘积再相加，得到的结果是 0 的时候，我们可以知道两个比较是正交的。这意味着两个比较提问的是相互独立的问题。相互独立的问题指，当我们知道一个问题的结论时，并不知道对另一个问题的结论。或者说，两个比较的正交性或独立性表示知道第一个对比是显著的，不能预期第二个对比是否显著。在第二例中，我们可以看出这是一组正交对比。

我们还可以用公式表示两个比较是正交的：

$$\sum C_{ai}C_{bi}=0$$

即当两个或多个比较是正交的，那么它们的系数乘积的总和应当等于 0。

（二）正交对比的数量

对于一组有 p 个水平的处理平均数，应当有几个正交对比呢？实际上，在 p 个平均数之间，不能超过 $p-1$ 个正交的对比，或者说正交对比的数量与处理的自由度相同，即 $p-1$。假如对于一个三个平均数的实验，可能的比较数量为六。而在六个可能的比较中，一组互相正交的对比只有两个，共有三组正交的比较，它们可以用系数的方式表示如下：

第一组： $1 \quad -\frac{1}{2} \quad -\frac{1}{2}$

$0 \quad 1 \quad -1$

第二组： $-\frac{1}{2} \quad 1 \quad -\frac{1}{2}$

$$\begin{array}{lrrr} & 1 & 0 & -1 \\ \text{第三组：} & -\frac{1}{2} & -\frac{1}{2} & 1 \\ & 1 & -1 & 0 \end{array}$$

研究者可能不一定对所有的 $p-1$ 个正交对比感兴趣。如果我们考虑前面提到的生字密度对阅读理解影响的研究，其中三种生字密度水平分别是：5∶1（A1），10∶1（A2），20∶1（A3），那么，以上的第二组正交对比就是没有意义的。因为它提出的问题是：儿童对生字密度为 5∶1 和 20∶1 的文章的阅读理解是否与生字密度为 10∶1 的文章的阅读理解有差别，这个问题在实践中可能是没有意义的。

当实验中有四个处理平均数时，一组相互正交的对比有三个，共有四组正交的比较。它们可以用系数的方式表示如下：

$$\begin{array}{lrrrr} \text{第一组：} & 1 & -1 & 0 & 0 \\ & 0 & 0 & 1 & -1 \\ & \frac{1}{2} & \frac{1}{2} & -\frac{1}{2} & -\frac{1}{2} \\ \text{第二组：} & 1 & 0 & -1 & 0 \\ & 0 & 1 & 0 & -1 \\ & \frac{1}{2} & -\frac{1}{2} & \frac{1}{2} & -\frac{1}{2} \\ \text{第三组：} & 1 & 0 & 0 & -1 \\ & 0 & 1 & -1 & 0 \\ & \frac{1}{2} & -\frac{1}{2} & -\frac{1}{2} & \frac{1}{2} \\ \text{第四组：} & 1 & -1 & 0 & 0 \\ & \frac{1}{2} & \frac{1}{2} & -1 & 0 \\ & \frac{1}{3} & \frac{1}{3} & \frac{1}{3} & -1 \end{array}$$

（三）正交对比的独立性

我们在前面曾经提到，非正交对比是指两个比较的问题是不相互独立的，而正交对比是指两个比较的问题是相互独立的。下面我们将从处理平方和的角度再看一看正交对比的独立性。假如在一个实验中，A 因素的主效应是显著的。A 因素有三个处理水平，得到三个处理平均数分别是 16、7 和 11。每组 5 个被试。进行多重比较时，各个比较的平方和与 A 因素处理平方和的关系是：

$$SS_{\mathrm{A}}=\sum SS_{\mathrm{Acomp}}$$

其中 SS_{Acomp} 为每个比较的平方和，在我们的例子里，可以写做：

$$SS_{\mathrm{A}}=SS_{\mathrm{Acomp1}}+SS_{\mathrm{Acomp2}}$$

如果我们对第一组与第二组、第三组的差异是否显著，以及第二组与第三组之间差异是否显著感兴趣，可以进行一组正交的比较（见表 10-2）。

表 10-2　三个处理水平的事先正交对比

	A1	A2	A3
平均数	16	7	11
被试数	5	5	5
总和	80	35	55
比较 1	1	$-\frac{1}{2}$	$-\frac{1}{2}$
比较 2	0	1	−1

利用各处理水平的总和计算平方和如下。

根据总和计算的公式：

$$SS_{\mathrm{Acomp}}=\frac{\left(\sum_{j=1}^{p}C_jA_j\right)^2}{n_j\sum_{j=1}^{p}C_j^2}$$

其中 C_j 是比较系数，A_j 是参加比较的各处理水平的总和，p 为自变量的水平数，n_j 是各组被试的数量。

$$SS_{\mathrm{Acomp1}}=\frac{\left[1\times80+\left(-\frac{1}{2}\right)\times35+\left(-\frac{1}{2}\right)\times55\right]^2}{5\times\left[1^2+\left(-\frac{1}{2}\right)^2+\left(-\frac{1}{2}\right)^2\right]}=163.33$$

$$SS_{\text{Acomp2}}=\frac{[0\times80+1\times35+(-1)\times55]^2}{5\times[0^2+1^2+(-1)^2]}=40$$

表 10-3　事先正交对比的方差分析表

来源	平方和	自由度	均方	F
处理 A	203.33	2		
比较 1	163.33	1	163.33	29.70***
比较 2	40	1	40	7.27*
误差	66.00	12	5.50	
合计	269.33	14		

这时，可以看到，当一组比较是正交时，SS_A 正好分解为比较 1 的平方和 SS_{Acomp1} 和比较 2 的平方和 SS_{Acomp2} 相加的和（见表 10-3）。然而，如果我们感兴趣于第一组与第二组的差异是否显著，以及第一组与第三组之间差异是否显著，这时进行的是一组非正交的比较（见表 10-4）。

表 10-4　三个处理水平的事先非正交对比

	A1	A2	A3
平均数	16	7	11
被试数	5	5	5
总和	80	35	55
比较 1	1	−1	0
比较 2	1	0	−1

利用各处理水平的总和计算平方和如下。

$$SS_{\text{Acomp1}}=\frac{[1\times80+(-1)\times35+0\times55]^2}{5\times[1^2+(-1)^2+0^2]}=202.5$$

$$SS_{\text{Acomp2}}=\frac{[1\times80+0\times35+(-1)\times55]^2}{5\times[1^2+0^2+(-1)^2]}=62.5$$

这时，会看到，SS_{Acomp1} 和 SS_{Acomp2} 相加的和会大于 SS_A，即：

$$202.5+62.5=265.0$$

表 10-5　事先非正交对比的方差分析表

来源	平方和	自由度	均方	F
处理 A	203.33	2		
比较 1	202.5	1	202.5	36.82***
比较 2	62.5	1	62.5	11.36**
误差	66.00	12	5.50	
合计	269.33	14		

从方差分析表中可以看出两个非正交比较之间有变异的重叠。在一个研究中，选择哪种比较主要取决于我们要探讨的问题。当我们选择进行一组正交比较，这组正交比较中应当含有我们感兴趣的某个或某些比较，但不一定是所有的比较。另外，在进行实验设计时，并不是必须进行正交对比分析的设计。例如，当我们感兴趣于几个实验组各自与控制组相比较的差异时，或在启动实验中我们感兴趣于各个启动条件与控制条件的差异所得到的启动效应时，所进行的对比往往是非正交的。然而，这是研究者的理论兴趣所在，即使是非正交的对比，研究者也只能选择这样的比较。

与非正交对比相比，正交对比的使用有以下几个优点。第一，每个对比的解释是完全独立于与其正交的其他对比的，因此在对一组问题的回答中，对一个问题的回答不受其他问题的影响。第二，由于正交对比中对比之间互相独立，因此它是用最小数量的对比抽取最大量的有用信息，信息之间没有重叠或冗余。如果有 $p-1$ 个独立信息，$p-1$ 个正交对比使用了所有的信息，而非正交对比需要多于 $p-1$ 个对比所使用的信息。例如，在语音、词素和传统教学法的研究中，当研究者关心“实验教学法与传统教学法是否有差别，语音教学法与词素教学法之间是否有差别”时，或关心“语音教学法与传统教学法是否有差别，语素教学法与传统教学法是否有差别，以及实验教学法与传统教学法是否有差别”这些问题时，两组比较所回答的问题是类似的，然而前者是正交对比，可以用更少的比较回答类似的问题。

全方差分析的基本思想是，如果全方差分析显著，至少其中一个比较检验是显著的。全方差分析 F 检验的公式：

$$F=MS_A/MS_E$$

我们进行一组正交对比，就像进行一个全方差分析。一组正交对比的平方和 $\sum SS_{Acomp}$ 与全方差分析的处理平方和 SS_A 是相同的。一组正交对比的自由度（$p-1$），与一个全方差分析的自由度（$p-1$）是相同的。因此，如果一组正交对比检验显著，则方差分析肯定是显著的。从这个角度说，全方差分析相当于一组正交比较。

$$F=\sum SSC_j/MS_E$$

但在一组非正交对比中，当 $\sum SS_{Acomp}>SS_A$ 时，可能出现至少一个对比显著，而全方差分析不显著的情况。这种情况下，这个对比的显著性可能是不真实的，或者说可能与累积错误有关。因此，当我们进行非正交对比时，更安全的方法是首先进行全方差分析显著性检验，然后进行平均数的多重比较检验，找出其中一个或多个显著的平均数之间的差异。

（四）正交对比：趋势分析

当实验中自变量和因变量均为定量的变量时，有时自变量的变化和因变量的变化呈现出一定的规律性。随着自变量水平的量的增加，处理效应平均数稳定地上升或下降的现象被称为实验结果的线性变化。而如果随着自变量水平的量的增加，处理效应平均数的变化是多方向的，则可能反映了实验处理效应的非线性变化趋势。趋势分析（trend analysis）主要指对研究者关于实验处理效应为线性或非线性趋势理论假设的正确性的检验。

下面我们举例说明对比在实验研究结果的趋势分析中的应用。为了计算方便，我们可以将对比的系数整数化。例如，一个对比$\left(1，-\frac{1}{2}，-\frac{1}{2}\right)$可以表示为（2，－1，－1），这两个对比提出的假说是同样的。假设我们想要探讨工作压力与工作成绩的关系。我们选取四组精细零件生产工人，告诉所有的工人每生产 100 件零件，可接受的报废数量为 10 件。但给四组工人的另一部分指导语是不同的。告诉第一组工人，他们不会因为超过报废数量的标准而被扣工资；告诉第二组工人，如果超过报废数量标准就要扣掉四分之一的工资；告诉第三组工人，如果超过报废数量标准就要扣掉一半工资；告诉第四组工人，如果超过标准就扣掉全部的工资。可见，随着对工人由于超过报废率所扣工资比率的提高，他们工作的压力水平也就越大。我们用最后的各组生产合格率作为衡量的指标。在这个领域的前人研究中已提出三种理论。一种理论认为随着压力水平的不断增加，工作的成绩会不断地下降，因此认为第一组工人的合格率最高，其余组随着扣工资比率的提高，合格率会随之降低。这种理论预期实验处理效应为线性变化。另一种理论认为，随着压力的不断增加，工作的成绩会不断地提高，那么第一组的合格率最低，其余组的合格率会随着压力的增加不断提高。这种理论也预期实验处理效应为线性变化。还有一种理论认为，压力的增加在开始阶段可以促进工作成绩，但是当压力提高到一定程度后，就会降低工作的成绩，也就是说，第二组的合格率应该高于第一组，第三组可能和第二组差不多，而第四组可能因为其压力过大，合格率会低于第三组。可以看到，第三种理论预期实验处理效应为非线性变化。

如何使用趋势分析的方法检验理论假设的正确性？首先，我们需要将理论假设的语言表达形式转换成数量化形式的对比系数。有许多方法可以将这些语言的描述翻译成更加数量化形式的对比系数，一个很有用的途径是按以下四个步骤选择系数：

（1）对每种处理条件下产生理想的因变量观测平均数值，形成理论预期的结果模式；

（2）预计这些理想值的平均数值的总平均数，即预期的总平均；

（3）将每种预期条件下的平均数减去预期的总平均数；

（4）简化数字，以便进行最简单的计算。

以上述实验为例，三种理论对实验处理效应的预期可以表示成以下的系数矩阵（见表10-6），其中第一个对比（A）表明了生产合格率随着工作压力增加而线性下降的趋势，第二个对比（B）表明了生产合格率随压力增加线性上升的趋势，而第三个对比（C）表明了合格率随压力增加而先上升、后下降的非线性趋势。这三个比较将能够检验工人实际生产零件合格率符合哪种理论预期。需要注意的是每个比较中的系数之和为0。

表 10-6　三种理论预期的比较系数

	无惩罚	扣四分之一工资	扣一半工资	扣全部工资
线性下降（A）	+3	+1	−1	−3
线性上升（B）	−3	−1	+1	+3
非线性（C）	−1	+1	+1	−1

在实验中，第一步，我们可以收集在不同压力条件下工人的产品合格数量。表 10-7 中是每种条件下五位工人生产合格产品的数量。

表 10-7　四组工人产品合格数量的原始数据（单位：件）

实验组			
无惩罚	扣四分之一工资	扣一半工资	扣全部工资
79	91	97	90
85	95	91	80
70	96	90	85
91	92	90	83
86	89	92	82

第二步，我们可以得到四种条件下工人的平均合格率、总数量，并与三组比较的系数相结合（见表 10-8）。

表 10-8　四组工人的平均合格率及比较系数

	实验组			
	无惩罚	扣四分之一工资	扣一半工资	扣全部工资
平均合格率	82.2	92.6	92	84
人数	5	5	5	5
总数量	411	463	460	420
线性下降（A）	+3	+1	−1	−3
线性上升（B）	−3	−1	+1	+3
非线性（C）	−1	+1	+1	−1

第三步，对实验结果进行对比的检验。如果已知全方差分析的误差均方值，可以用 t 检验的方法，直接采用以下公式：

$$t=\frac{\sum_{j=1}^{p}C_j\overline{X}_j}{\sqrt{MS_{\text{err}}\sum_{j=1}^{p}\frac{C_j^2}{n_j}}}$$

具体计算如下：

$$t_{\text{A}}=\frac{3\times82.2+1\times92.6+(-1)\times92+(-3)\times84}{\sqrt{24\times\left[\frac{3^2}{5}+\frac{1^2}{5}+\frac{(-1)^2}{5}+\frac{(-3)^2}{5}\right]}}=-0.49$$

$$t_{\text{B}}=\frac{(-3)\times82.2+(-1)\times92.6+1\times92+3\times84}{\sqrt{24\times\left[\frac{(-3)^2}{5}+\frac{(-1)^2}{5}+\frac{1^2}{5}+\frac{3^2}{5}\right]}}=0.49$$

$$t_{\text{C}}=\frac{(-1)\times82.2+1\times92.6+1\times92+(-1)\times84}{\sqrt{24\times\left[\frac{(-1)^2}{5}+\frac{1^2}{5}+\frac{1^2}{5}+\frac{(-1)^2}{5}\right]}}=4.199$$

查 t 值表表明，只有第三个对比 t_{C} 达到了 $p<0.001$ 的差异统计显著性，说明实验结果支持第三种理论，或者说趋势分析表明实验处理效应是非线性变化的。

我们也可以用 F 检验的方法进行趋势分析。利用表 10-8 中各处理水平的总和计算平方和，使用以下公式：

$$SS_{\text{AcompA}}=\frac{[3\times411+1\times463+(-1)\times460+(-3)\times420]^2}{5\times[3^2+1^2+(-1)^2+(-3)^2]}=5.76$$

$$SS_{\text{AcompB}}=\frac{[(-3)\times411+(-1)\times463+1\times460+3\times420]^2}{5\times[(-3)^2+(-1)^2+1^2+3^2]}=5.76$$

$$SS_{\text{AcompC}}=\frac{[(-1)\times411+1\times463+1\times460+(-1)\times420]^2}{5\times[(-1)^2+1^2+1^2+(-1)^2]}=423.2$$

表 10-9　趋势分析的方差分析表

来源	平方和	自由度	均方	F
处理（工作压力）	432.2	3	144.07	6.00
线性下降（A）	5.76	1	5.76	0.24
线性上升（B）	5.76	1	5.76	0.24
非线性（C）	423.2	1	423.2	17.63**
误差	384.0	16	24	

查 F 值表表明，只有第三个对比 SS_{AcompC} 达到了 $p=0.001$ 的差异统计显著性（见表 10-9）。F 检验的结论与 t 检验的结论是一致的。

第三节 计划的或事先比较的 SPSS 常用计算方法

一、事先非正交对比的 SPSS 操作

我们在前两节中已经介绍了计划的事先比较的计算公式，包括进行正交和非正交对比的检验方法。在本节中，我们将介绍如何使用 SPSS 软件进行计划的事先比较的显著性检验。事先的对比主要使用的是 t 检验公式：

$$t=\frac{\sum_{j=1}^{p}C_j\,\overline{X}_j}{\sqrt{MS_{\text{err}}\sum_{j=1}^{p}\frac{C_j^2}{n_j}}}$$

Contrasts 在 SPSS 中也有相应的窗体操作，但是只有在 One-Way 里面其操作更为灵活方便。下面举例说明非正交对比的计算。事先非正交对比指对比是研究者在实验开始之前根据理论或前人文献确定的一组比较，所设定的几个对比之间是相互不独立的。

例如，在一个儿童延迟抄写的研究中，研究者要探讨小学儿童的汉字正字法意识的发展。实验中的汉字自变量有五种水平：(1) 熟悉的独体字；(2) 熟悉的合体字；(3) 不熟悉的合体字，但字的部件是熟悉的；(4) 不熟悉的合体字，字的部件也是不熟悉的；(5) 随机笔画组成的图形。如果我们感兴趣于考察儿童在延迟抄写真字与随机笔画组成的图形之间的差别，可以比较延迟抄写前四种字和延迟抄写第五种图形的成绩之间的差异。在 SPSS 中的操作见下页图，在 Coefficients 后面的框里依次按序填上每种条件对应的权重系数。在这里我们要比较前面四种条件与第五种的差异，所以前面四个的系数都设为 1，第五个设为 −4。填好后，按 “Continue”，然后就可以运行了。

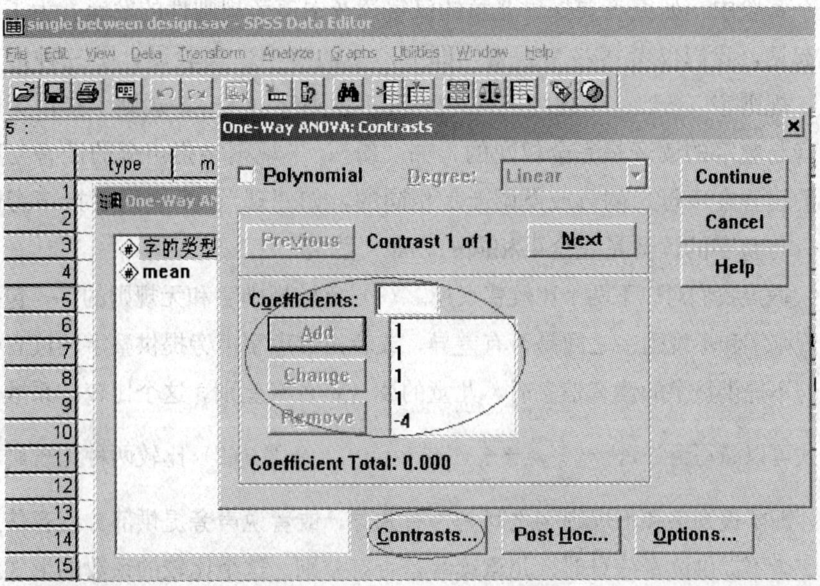

我们来看看结果输出，表 10-10 中 Contrast Coefficients 部分显示的是上图输入的对比系数，可以检查一下是否正确。表 10-10 中 Contrast Tests 部分是对这一个对比的检验，前面说了它用到的是 t 检验。可以看到，延迟抄写前四种字的成绩与延迟抄写第五种图形的成绩确实是有明显差异的。

表 10-10　事先非正交对比检验的结果输出

Contrast Coefficients

Contrast	字的类型				
	1.00	2.00	3.00	4.00	5.00
1	1	1	1	1	-4

Contrast Tests

		Contrast	Value of Contrast	Std. Error	t	df	Sig. (2-tailed)
MEAN	Assume equal variances	1	1.0200	0.2024	5.040	30	0.000
	Does not assume equal	1	1.0200	0.2873	3.550	6.861	0.010

二、事先正交对比的 SPSS 操作

我们再以另一组实验数据为例，看看事先的正交对比在 SPSS 中如何实现，同时我们也比较一下事先计划的比较和事后的多重比较的差异。在

这个实验中，研究者要探讨儿童的汉字读音中声旁规则性的发展。为了简单起见，我们仅考察一个因素，即形声字的类型。实验设计了三种形声字：规则字（A1）、半规则字（A2）和不规则字（A3）。规则字指声旁的读音与整字的读音是完全相同的，如“纷”；半规则字指声旁的读音与整字的读音在声母、韵母或声调上是相同的，如“现”；不规则字指声旁的读音与整字的读音是完全不相同的，如“猜”。

假设我们对以下两个比较感兴趣。（1）比较规则字和无规则的字，包括半规则字和不规则字之间是否有差异，或者说形声字声旁提供整字的读音信息与不提供整字的读音信息时，儿童的读音是否有差别。这个比较的系数的形式可以简写为：1，$-\frac{1}{2}$，$-\frac{1}{2}$，或 2，−1，−1。（2）比较两种无规则的字，即半规则字和不规则字之间是否有差异，或者说声旁提供部分读音信息与完全不提供读音信息时，儿童读音是否有差别。这个比较的系数的形式可以简写为：1，−1。当同时关心这两个对比时，这是一组正交的比较。

首先，在 SPSS 中输入数据，并按实验设计排列好。字的类型在这里是被试内因素。这里的被试内因素的 Contrast 需要在 Syntax 窗体中编写。数据格式及 Syntax 句法如下图。

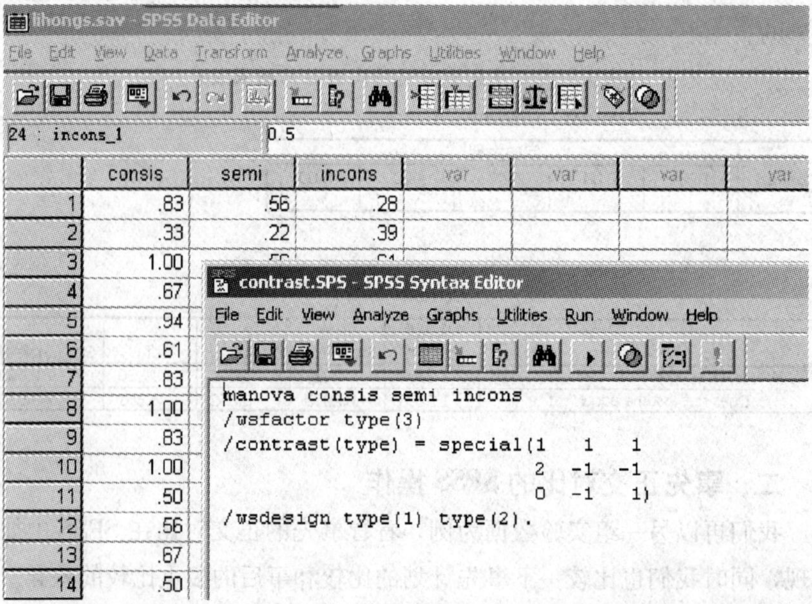

结果输出如下（见表10-11）。

表10-11　事先正交对比检验的结果输出

```
Tests of Between-Subjects Effects.

Tests of Significance for T1 using UNIQUE sums of squares
Source of Variation          SS      DF       MS         F  Sig of F

WITHIN+RESIDUAL            7.78      60      .13
CONSTANT                  46.59       1    46.59    359.13      .000

- - - - - - - - - - - - - - - - - - - - - - - - - - - - - - - - - - - - - - - -

Estimates for T1
--- Individual univariate .9500 confidence intervals

CONSTANT

 Parameter     Coeff.  Std. Err.    t-Value     Sig. t Lower -95%  CL- Upper

      1  .873912703     .04611  18.95083   .00000     .78167       .96616

- - - - - - - - - - - - - - - - - - - - - - - - - - - - - - - - - - - - - - - -

* * * * * * A n a l y s i s   o f   V a r i a n c e -- design   1 * * * * * *

Tests involving 'TYPE(1)' Within-Subject Effect.

 Tests of Significance for T2 using UNIQUE sums of squares
 Source of Variation          SS      DF       MS         F  Sig of F

 WITHIN+RESIDUAL            2.36      60      .04
 TYPE(1)                    3.35       1     3.35     84.99     .000
- - - - - - - - - - - - - - - - - - - - - - - - - - - - - - - - - - - - - - - -
 Estimates for T2
 --- Individual univariate .9500 confidence intervals

 TYPE(1)
```

第十章　多重比较：对比

```
Parameter     Coeff.  Std. Err.    t-Value     Sig. t Lower -95%  CL- Upper

     1   .234240822     .02541    9.21896    .00000    .18342    .28507

- - - - - - - - - - - - - - - - - - - - - - - - - - - - - - - - - - - - - - -

******Analysis  of  Variance -- design  1******

Tests involving 'TYPE(2)' Within-Subject Effect.

 Tests of Significance for T3 using UNIQUE sums of squares
 Source of Variation          SS      DF       MS        F  Sig of F

 WITHIN+RESIDUAL            1.11      60      .02
 TYPE(2)                     .20       1      .20    10.62      .002

- - - - - - - - - - - - - - - - - - - - - - - - - - - - - - - - - - - - - - -
 Estimates for T3
 --- Individual univariate .9500 confidence intervals

 TYPE(2)

Parameter     Coeff.  Std. Err.    t-Value     Sig. t Lower -95%  CL- Upper

     1   -.05667158     .01739   -3.25926    .00184   -.09145   -.02189

- - - - - - - - - - - - - - - - - - - - - - - - - - - - - - - - - - - - - - -
```

从输出中我们可以看到两个比较的结果。其中，比较（1），即 type(1)，是指规则字与无规则的字（即半规则字和不规则字）的差异比较，对应于句法中的 2，−1，−1。其检验结果是：$F(1, 60)=84.99$，$p=0.000$，说明规则字与无规则的字的成绩差异在统计上是显著的。比较(2)，即 type(2)，是指两种无规则的字之间的差异比较，对应于句法中的 0，−1，1。其检验结果是：$F(1, 60)=10.62$，$p=0.002$，说明同样半规则字和不规则字的差异也是统计上显著的。总之，这一组正交对比的结果表明，儿童读规则字的正确率高于读没有规则的字的正确率，读半规则字的正确率高于读不规则字的正确率。结果细致地揭示了儿童的汉字读音中声旁规则性的作用。

本章主要观点

·当全方差分析中的主效应差异显著时，需要进行额外的检验，即多重比较。然而额外的多重比较检验带来的一个重要问题是Ⅰ型错误的增加。

·在多重比较检验中，我们需要区分每个比较的Ⅰ型错误率和每个实验的错误率或实验错误率。如果研究者在一个实验中需要进行多个平均数的比较，整个实验犯Ⅰ型错误的可能性就是实验错误率。

·完成多重比较检验的技术包括计划的或事先的正交对比、事先的非正交对比和事后的非正交比较等。计划的或事先的比较是指比较的确定是基于理论或前人经验的，是在实验数据收集之前确定的。无计划或事后的比较是指实验数据收集后，并看到结果之后确定要进行的比较，实验者在实验实施前没有特殊的假设。

·当研究者对同一组数据提出两个或两个以上关于比较的问题时，还需要了解这两个问题之间是否相互独立。评价比较之间是否独立的问题就是对比的正交性问题。非正交对比是指两个比较的问题是不相互独立的。正交对比是指两个比较的问题是相互独立的。

·对比是一个在实验研究和数据分析中非常有用的工具。对比分析中，比较是基于理论假说或前人的研究结果的。它使研究者可以去检验一个或几个高度特定的假说。对比是特别有效的发现和解释数据意义的工具。

·随着自变量水平的量的增加，处理效应平均数稳定地上升或下降的现象被称为实验结果的线性变化。而如果随着自变量水平的量的增加，处理效应平均数的变化是多方向的，则可能反映了实验处理效应的非线性变化趋势。趋势分析主要指对研究者关于实验处理效应为线性或非线性趋势理论假设的正确性的检验。

思考题

1. 什么是多重比较？为什么要进行多重比较检验？多重比较给推论

统计带来的问题是什么？

2. 什么是多重比较中的累积错误？什么是每个比较的错误率，什么是实验错误率，这两者的关系是什么？

3. 多重比较有哪些种类？不同种类的比较通常使用哪些检验方法？

4. 什么是事先比较？在什么情况下使用事先比较？

5. 什么是正交比较？正交比较有什么优点？如何判断一组比较是不是正交的？

第十一章
多重比较：事后比较

无计划或事后比较是在方差分析 F 检验之后，根据数据结果模式，对感兴趣的平均数之间差异进行评估，而研究者在实验实施前没有特殊的假设。例如，从实验结果中看到 A1、A2 和 A3 水平的平均数有差异，我们想知道它们之间哪些差异是显著的，这就是事后比较。事后比较的主要形式是进行所有可能的处理平均数的成对比较，目的是希望最大限度地获得研究数据中的有用信息。事后比较通常需要进行大量、穷尽的成对比较，实验处理中的每个平均数都会被包含进多个与其他平均数的比较。因而，事后比较同样面临的一个重要问题是：实验错误率会随着比较的数量增加而增加。

我们想象设计一个实验，事先没有有关检验平均数之间差异的假说，而希望有一种方法能找出可能导致处理主效应显著的来源，最好的方法是穷尽所有可能的成对的平均数差异检验。由于比较数量的增加会带来更大的犯Ⅰ型错误的可能性，我们需要使用一些方法技术来解决Ⅰ型错误累积的问题。所有事后检验技术都是通过减小拒绝区域来解决这个问题。其基本想法是，如果减小拒绝区域，我们更难以拒绝虚无假说，就会犯较少的Ⅰ型错误，实验错误率就会下降。

第一节　几种事后成对比较方法

当我们对一个实验处理的主效应没有事先的理论假设时，最好的办法是检验所有可能的平均数之间的差异。这增加了发现有意义的差异的可能性，但也增加了犯Ⅰ型错误的可能性。统计学家已经发展了各种检验和统计方法，对多重比较中的累积错误进行校正。有三条解决问题的途径：一个极端的途径是不考虑实验错误率，或者说对统计结果不进行任何校正，最小显著差异检验属于这种性质；另一个极端的途径是进行非常严格的校正，Scheffe 检验是这种性质的，这种方法通过有效减小每个比较的错误率，以控制实验错误率。处于两者中间的途径则是调整的大小依赖于被比较的平均数的数量，Tukey-HSD 检验和 Newman-Keuls 检验属于这一类。

一、几种常用的事后比较检验方法

（一）最小显著差异检验

最小显著差异检验（least significant difference test，简称 LSD 检验），其特点是对全方差分析显著后所作的比较不作任何校正。进行 LSD 检验的前提是要求全方差分析显著，或虚无假说被拒绝，然后进行包含若干组无特殊假设的事后比较。如果全方差分析不显著，不能进行进一步的多重比较检验。进行成对比较的检验方法可以使用多重 t 检验，任何一个比较的显著性可以由以下公式计算。但需要注意的是，当方差齐性检验表明各组误差变异不同质的时候，不能进行此检验。

当参加比较的两组被试相等时，可以使用的公式如下：

$$t=\frac{\overline{X_1}-\overline{X_2}}{\sqrt{\frac{2MS_{\text{err}}}{n}}}$$

其中$\overline{X_1}$、$\overline{X_2}$是参加比较的平均数，MS_{err}是全方差分析中的误差项，n 是每组的被试数。

当两组被试不相等时，可以使用的公式如下：

$$t=\frac{\overline{X_1}-\overline{X_2}}{\sqrt{MS_{\text{err}}\left(\frac{1}{n_1}+\frac{1}{n_2}\right)}}$$

其中 n_1、n_2 是两个不等组的被试数。

还可以用一种更简单、直接的方法，直接计算出两个平均数的差，然后查临界值表：

$$\text{LSD}=t\sqrt{\frac{2MS_{\text{err}}}{n}}$$

LSD 检验对实验错误率不作任何控制，或者说将每个比较的错误率和实验错误率等同起来，忽略累积错误。它使用与计划的事先比较同样的检验方法进行事后比较的检验。唯一不同的是：LSD 检验需要在全方差分析的 F 检验显著后进行，而事先计划的比较则不一定必须检验全方差分析是否显著。

还有一些对实验错误率调整的比较检验方法，尝试对累积错误进行校正。Tukey-HSD 检验、Newman-Keuls 检验和 Scheffe 检验都属于这一类。

（二）Tukey-HSD 检验

Tukey-HSD 检验是一种 q 检验。它的基本假定是，如果有 j 个独立的样本，每个样本有一个平均数 $\overline{X_j}$，将这些平均数按大小排列。进行成对比较的检验方法可以使用多重 q 检验。

当参加比较的两组被试相等时，q 检验使用的公式如下：

$$q=\frac{\overline{X_1}-\overline{X_2}}{\sqrt{\dfrac{MS_{err}}{n}}}$$

其中 $\overline{X_1}$ 通常指参加比较中数量较大的平均数，$\overline{X_2}$ 通常指参加比较中数量较小的平均数，MS_{err} 是全方差分析中的误差项，n 是每组的被试数。

当参加比较的两组被试不相等时，可以使用的公式如下：

$$q=\frac{\overline{X_1}-\overline{X_2}}{\sqrt{\dfrac{MS_{err}}{2}\left(\dfrac{1}{n_1}+\dfrac{1}{n_2}\right)}}$$

其中，MS_{err} 是全方差分析中得到的误差项。当各组被试数相等时，n 是样本数。当各组被试数不相等时，可以用 $\dfrac{2(n_1\times n_2)}{n_1+n_2}$ 代替 n，其中 n_1 是平均数较大组的样本数，n_2 是平均数较小组的样本数。

Tukey-HSD 检验也可以用一种更简单、直接的方法，即直接计算出两个平均数的差，然后查临界值表。

当参加比较的两组被试相等时，使用的公式如下：

$$\mathrm{HSD}_{\overline{X_1}-\overline{X_2}}=q\sqrt{\frac{MS_{err}}{n}}$$

当两组被试不相等时，使用的公式如下：

$$\mathrm{HSD}_{\overline{X_1}-\overline{X_2}}=q\sqrt{\frac{MS_{\mathrm{err}}}{2}\left(\frac{1}{n_1}+\frac{1}{n_2}\right)}$$

当我们检验所有成对平均数之间的差异时，可以直接查 q 分布的临界值表。如果一对平均数的绝对差异（$\overline{X_1}-\overline{X_2}$）等于或大于 HSD，我们就可以拒绝平均数相等的假说。用这种方法，进行多个比较和一个比较是相同的，也就是说当我们查表中的 q 值时，错误率是等于我们所用的 α 的。在 Tukey-HSD 检验中，有两个重要的参数：参加比较的组数和 MS_{err} 的自由度。

下面我们举一个例子来说明 Tukey-HSD 检验的过程。研究者要探讨文章生字密度对学生阅读理解的影响。这是一个单因素完全随机实验。全方差分析表明，阅读理解随着文章中生字密度的增加而下降，即生字密度的主效应是显著的。研究者进一步感兴趣于哪些生字密度不同［如生字密度 5∶1(A1)、10∶1(A2)、15∶1(A3) 和 20∶1(A4)］的文章的阅读理解分数之间存在差异。研究者在实验前对四种生字密度可能对学生阅读理解产生的影响没有特别的假说，而是在方差分析中发现生字密度的效应非常显著，因而需要进一步检验全部可能的成对平均数之间的差异。要检验的假说是：

(1) H_0：$\mu_1-\mu_2=0$

(2) H_0：$\mu_1-\mu_3=0$

(3) H_0：$\mu_1-\mu_4=0$

(4) H_0：$\mu_2-\mu_3=0$

(5) H_0：$\mu_2-\mu_4=0$

(6) H_0：$\mu_3-\mu_4=0$

从全方差分析中，我们已知组内均方和（$MS_{\mathrm{err}}=2.813$）、自由度（$df=28$）、组的数目（$p=4$）和每组的被试数（$n=8$）等信息。当方差分析表明生字密度的主效应显著后，可首先将各处理水平的平均观测值按从小到大排列等级（见表 11-1）。

表 11-1　平均数等级排列表

等级	1	2	3	4
平均数	$\overline{X_2}=3.88$	$\overline{X_1}=4.38$	$\overline{X_3}=7.00$	$\overline{X_4}=10.00$

然后利用两两平均数之间的差数作表。

表 11-2　平均数之间差数的绝对值及 q 检验的显著性

	$\overline{X_2}$ (3.88)	$\overline{X_1}$ (4.38)	$\overline{X_3}$ (7.00)	$\overline{X_4}$ (10.00)
$\overline{X_2}$		0.50	3.12**	6.12**
$\overline{X_1}$			2.62	5.62**
$\overline{X_3}$				3.00**

下一步，我们可以直接用各对平均数的差异与查表所得的临界值进行比较。查 q 值表得到，当 $df=28$，$p=4$ 时，$q_{0.01}$ 是 4.80，通过公式 $q_{0.01}\sqrt{\frac{MS_{err}}{n}}=2.842$ 的计算，可得到 HSD 的临界值是 2.842。从表 11-2 中可以看到，差值大于临界值 2.842 的有四组，即 $\overline{X_2}$ 与 $\overline{X_3}$，$\overline{X_2}$ 与 $\overline{X_4}$，$\overline{X_1}$ 与 $\overline{X_4}$，$\overline{X_3}$ 与 $\overline{X_4}$，即这四对平均数之间的比较是在 0.01 水平显著的。

需要注意的是，Tukey-HSD 检验对所有可能的比较使用了单一的临界值，检验的目的是对所有可能的比较控制实验错误率。它将所有的比较看成是相同的，即对所有的比较使用相同的调整方式。

（三）Newman-Keuls 检验

Newman-Keuls（SNK）检验使用与 Tukey-HSD 检验同样的技术进行事后多重比较，即先将平均数按大小排列，计算各对平均数之间的差异。但与 Tukey-HSD 检验不同的是，它不是用同样的标准检验所有的差异，而是采用阶梯方法（stairstep）。Newman-Keuls 检验假定各组平均数是按大小排列的，为了进行所有可能的成对比较，先将相邻的平均数进行比较，然后将相隔一个的平均数进行比较，再将相隔两个的平均数进行比较，最后比较最大与最小的平均数。不同阶梯上各个比较之间的差异检验会在不同的 α 水平上进行。因此，与 Tukey-HSD 检验相比，Newman-Keuls 检验更容易拒绝虚无假说。

Newman-Keuls 检验的重要特点是通过调整将每一个比较的Ⅰ型错误置于特定的 α 水平。当 $r=2$ 时，没有校正；当 $r>2$ 时，使用校正。通过校正，使得每个比较，甚至极端组的比较，都被调整在 α 水平。这在很大程度上减小了错误率。

我们继续使用上面的例子来说明。首先将各处理水平的平均观测值按从小到大排列等级。

表 11-3　平均数等级排列表

比较等级（r）	1	2	3	4
平均数	$\overline{X_2}=3.88$	$\overline{X_1}=4.38$	$\overline{X_3}=7.00$	$\overline{X_4}=10.00$

然后利用两两平均数之间的差数作表。

表 11-4　平均数之间差数的绝对值及 q 检验的显著性

	$\overline{X_2}$ (3.88)	$\overline{X_1}$ (4.38)	$\overline{X_3}$ (7.00)	$\overline{X_4}$ (10.00)
$\overline{X_2}$		0.50	3.12**	6.12**
$\overline{X_1}$			2.62**	5.62**
$\overline{X_3}$				3.00**

根据上面介绍的 q 检验公式：

$$\overline{X_1}-\overline{X_2}=q\sqrt{\frac{MS_{\text{err}}}{n}}$$

可以求出各等级的两两平均数相比较时的 0.01 水平显著的临界值。在 Newman-Keuls 检验中，也有两个重要的参数：比较等级 r 和 MS_{err} 的自由度。比较等级 r 指在平均数等级排列表（见表 11-3）中两个平均数相邻的情况。当两个平均数相邻时，如将 $\overline{X_2}$ 与 $\overline{X_1}$，$\overline{X_1}$ 与 $\overline{X_3}$，$\overline{X_3}$ 与 $\overline{X_4}$ 相比较时，$r=2$。当两个平均数中间相隔一个平均数时，如将 $\overline{X_2}$ 与 $\overline{X_3}$，$\overline{X_1}$ 与 $\overline{X_4}$ 相比较时，$r=3$。当两个平均数中间相隔两个平均数时，如将 $\overline{X_2}$ 与 $\overline{X_4}$ 相比较时，$r=4$。根据比较等级 r 和误差平方和的自由度（$df=28$），查表 q 可知：

$r=2$ 时，$q_{0.01}=3.89$；

$r=3$ 时，$q_{0.01}=4.45$；

$r=4$ 时，$q_{0.01}=4.80$。

进一步可以算出各等级的两两平均数相比较时的 0.01 水平显著的临

界值：

$r=2$ 时，$q_{0.01}\sqrt{\dfrac{MS_{err}}{n}}=2.307$；

$r=3$ 时，$q_{0.01}\sqrt{\dfrac{MS_{err}}{n}}=2.639$；

$r=4$ 时，$q_{0.01}\sqrt{\dfrac{MS_{err}}{n}}=2.842$。

将各对平均数差异与相应比较等级的临界值相比，如果两个平均数之间差异大于该临界值，则该平均数比较是统计显著的。在本例子中可以看到：

当 $r=2$ 时，其临界值为 2.307，则

$\overline{X_1}-\overline{X_2}=0.05$　平均数之间差异小于临界值（$0.05<2.307$）

$\overline{X_3}-\overline{X_1}=2.62$　平均数之间差异大于临界值（$2.62>2.307$）

$\overline{X_4}-\overline{X_3}=3.00$　平均数之间差异大于临界值（$3.00>2.307$）

当 $r=3$ 时，其临界值为 2.639，则

$\overline{X_3}-\overline{X_2}=3.12$　平均数之间差异大于临界值（$3.12>2.639$）

$\overline{X_4}-\overline{X_1}=5.62$　平均数之间差异大于临界值（$5.62>2.639$）

当 $r=4$ 时，其临界值为 2.842，则

$\overline{X_4}-\overline{X_2}=6.12$　平均数之间差异大于临界值（$6.12>2.842$）

从 Newman-Keuls 检验结果中可以看出，除了$\overline{X_1}$与$\overline{X_2}$外，其余五对平均数的比较均是统计显著的（$p<0.01$）。如果我们将 Newman-Keuls 检验与 Tukey-HSD 检验的结果相比较会发现，对同样的一组数据，Tukey-HSD 检验中有四对平均数之间的比较差异显著，而 Newman-Keuls 检验中有五对平均数之间的比较差异显著。因此可以说，与 Tukey-HSD 检验相比，Newman-Keuls 检验更容易拒绝虚无假说。Tukey-HSD 检验使用了更严格的检验标准。

（四）Scheffe 检验

Scheffe 检验的前提是全方差分析显著。当全方差分析中的主效应显著，可以用 Scheffe 检验。Scheffe 检验可以用在各种事先检验和事后检验中，包括成对检验和非成对检验，还可以用于当各组被试不相等的情况。

Scheffe 检验使用的是 F 分布。当进行事后检验时，F 检验的公式是：

$$F=\frac{(\overline{X_1}-\overline{X_2})^2}{MS_{\text{err}}\left(\frac{1}{n_1}+\frac{1}{n_2}\right)}$$

其中 $\overline{X_1}$、$\overline{X_2}$ 指参加比较的平均数，MS_{err} 是全方差分析中的误差项，n 是每组的被试数。

在 Scheffe 检验中，两个重要的参数同样是参加比较的组数和 MS_{err} 的自由度。临界值的查表的方法如下：

$$F_c=(K-1)[F_a(K-1,N-K)]$$

其中 K 是参加比较的组数，N 是总样本数，F_a 是根据自由度查表得到 F 值，F_c 是校正后的 F 值。

Scheffe 检验还可以用于事先比较检验，F 检验的公式是：

$$F=\frac{\left(\sum_{j=1}^{p}C_j\overline{X_j}\right)^2}{MS_{\text{err}}\sum_{j=1}^{p}\frac{C_j^2}{n_j}}$$

其中 $\overline{X_j}$ 是参加比较的平均数，C_j 是比较系数，n_j 是各组被试的数量，MS_{err} 是全方差分析中得到的误差项。

临界值的查表方法如下：

$$F_c=F_a(1,N-K)$$

其中 K、N、F_a 和 F_c 的含义与事后检验时相同。

我们举例来说明 Scheffe 检验的方法。假如我们的实验中有三组平均数，总样本数是 83 个数据。当进行一个事后比较检验（注意：该事后比较包括对三组平均数之间所有可能的两两比较，$K=3$）时，查 F 表可知：

当 $\alpha=0.05$ 时，$F(2,80)=3.11$；

当 $\alpha=0.01$ 时，$F(2,80)=4.88$。

根据临界值查表的公式 $F_c=(K-1)[F_a(K-1,N-K)]$，其临界值应当是：

当 $\alpha=0.05$ 时，$F(2,80)=2\times3.11=6.22$；

当 $\alpha=0.01$ 时，$F(2,80)=2\times4.88=9.76$。

如果我们对同样的这组数据进行一个事先比较检验，根据临界值查表

公式 $F_c = F_a(1, N-K)$，可知临界值应当是：

当 $\alpha = 0.05$ 时，$F(1, 80) = 3.96$；

当 $\alpha = 0.01$ 时，$F(1, 80) = 6.96$。

需要注意的是，在事先比较检验中使用 Scheffe 检验的前提是：当在一个含有多组平均数的实验中，研究者只对一个或少数几个成对或非成对比较进行事先检验。

可以看到，Scheffe 检验使用了非常严格的校正，而且随着参加比较的平均数的增加，临界值迅速提高。因此，与 Tukey-HSD 检验相比，Scheffe 检验更不容易拒绝虚无假说，或者说其检验力远远不如前者。与 ANOVA 类似，Scheffe 使用 F 取样分布，因此需要遵循 F 检验的前提。我们还可以看到，用 Scheffe 检验进行事先比较检验和事后比较检验的严格程度是不相同的。与事先比较相比，Scheffe 检验对事后比较进行了更加严格的校正，因为它假设事先比较的数量要少于事后比较。

（五）Bonferroni-Dunn 检验

Bonferroni-Dunn 检验的特点是在使用 t 检验时考虑控制实验错误率。在第十章已经提到，在一个实验中，随着独立比较的数目增加时，实验错误率迅速增加。

我们知道，

$$\alpha_{EW} = c \times \alpha_{PC}$$

可以将公式改写为：

$$\alpha_{PC} = \alpha_{EW} / c$$

从公式中可以看出，我们可以通过控制 α_{PC}，以便将 α_{EW} 限定在一个合适的水平，从而控制实验错误率。假如我们设 $\alpha_{EW} = 0.05$，实验中有五个计划的比较，每一个 α_{PC} 应当设置为 $0.05/5 = 0.01$。这时实验中的 α_{PC} 和 α_{EW} 都被限定在我们预想的可以接受的Ⅰ型错误之内。

用 Bonferroni-Dunn 检验表可以查出其显著性。SPSS 软件中也会自动给出显著性结果。需要注意的是：当各组变异齐性时，选择使用合并变异（pooled variance，equal variances assumed）；当各组变异不齐性时，选择不要合并变异（equal variances not assumed）。

二、几种事后检验方法的比较

上面介绍的几种事后检验方法，通过不同的途径，对多重比较中的累积错误进行校正，以便将实验错误率控制在合适的水平。当参与比较的平均数数目增加时，不同的事后检验方法校正的程度有多大的差别？我们举例来说明。从表 11-5 中的举例中，可以看出在上述的几种事后检验方法中，当多重比较中的平均数数目达到 10 个时，LSD、Tukey-HSD 和 Scheffe 检验对所有的成对比较的检验标准是恒定的。LSD 检验使用的是最小临界值（1.98），相当于没有校正。Tukey-HSD 检验使用的是最大临界值（3.22），即使用了严格的校正。而 Newman-Keuls 检验考虑了比较是在平均数的邻近组之间（$r=2$）进行的还是在不邻近组之间（$r>2$）进行的。随着 r 的增加，Newman-Keuls 检验的临界值从 1.98 增加到 3.22，对不邻近组的平均数比较使用了更严格的校正。Tukey-HSD 检验相当于 Newman-Keuls 检验中当平均数比较是在最不邻近的组之间进行的。Scheffe 检验则设置了最严格的校正。

表 11-5　几种事后检验方法的临界值比较

r	2	3	4	5	6	7	8	9	10
LSD	1.98	1.98	1.98	1.98	1.98	1.98	1.98	1.98	1.98
Newman-Keuls	1.98	2.38	2.60	2.77	2.90	3.00	3.08	3.16	3.22
Tukey-HSD	3.22	3.22	3.22	3.22	3.22	3.22	3.22	3.22	3.22
Scheffe	4.20	4.20	4.20	4.20	4.20	4.20	4.20	4.20	4.20

三、选择多重比较的检验方法

在研究中如何选择使用多重比较的检验方法？可以说，没有哪一种多重比较检验方法是最优的，或者说没有一种方法在任何情况下都比其他检验方法更加有效。选择一种合适的检验方法，主要与研究者要控制的Ⅰ型错误率有关，同时也与研究者选择成对比较或复杂对比有关。

一般来说，选择多重比较的检验方法需要考虑以下的因素。

第一，研究中平均数的数量。如果只有两个平均数（$p=2$），我们可以方便地使用 t 检验或单因素方差分析的 F 检验，不涉及多重比较的问题。当平均数多于两个（$p>2$）时，则需要考虑进行多重比较检验。

第二，关于平均数比较的假说是事先的还是事后的。如果要检验一个关于多个平均数之间比较的事先计划的假说，可以使用对比的方法。另外还需要考虑检验的是一组正交的比较还是一组非正交的比较，进一步选用相应的统计方法。事先比较的检验主要是用 t 检验的方法。

第三，如果在全方差分析显著后进行一个关于多个平均数之间的事后检验，Tukey-HSD 检验、Newman-Keuls 检验和 Scheffe 检验都是可选用的。相比之下，当研究者只关心成对比较时，Tukey-HSD 检验和 Newman-Keuls 检验是较好的选择，因为 Scheffe 检验更加严格，不容易达到显著。但 Scheffe 检验的优点是，它不仅可以用于成对比较的检验，也可以用于非成对比较的检验，或者用于成对与非成对比较检验混合的情况。

另外，随着一个研究中比较数量的增加，Ⅰ型错误增加。实验错误率和每个比较错误率的关系是：

$$\alpha_{EW}=c\times\alpha_{PC}$$

从关系公式可以看出，如果我们想保持实验的总错误率 α 在某个水平，可行的方法有两个方面：一个是减少比较的数量 c，另一个是减小每个比较的错误率（α_{PC}）。这就是各种多重比较校正技术所试图做的。

我们需要记住的是，两类错误对经验科学发展的影响是不同的。减小Ⅰ型错误的结果会导致Ⅱ型错误的增加。增加Ⅱ型错误，使研究者更可能看不到实验数据中真实存在的差异。但是如果我们减少Ⅱ型错误，增加Ⅰ型错误，我们可能增加了发现某些小的、研究者感兴趣的“真”效应的机会。我们需要对两类错误对科学实验的影响各是什么的问题有更深入的认识，以便在两类错误之间进行平衡。研究者通常比较重视Ⅰ型错误，希望设置更严格的拒绝区域，以减少虚报的错误。在科学研究的过程中，Ⅰ型错误通常是可以在重复实验中得到纠正的。在一个活跃的研究领域，当我们重复了他人的实验并得到同样的实验结果时，我们可以非常自信“拒绝假说”的决定是正确的。因为在这种独立的验证中，我们的结果是“错误”的概率是很小的。另外，重复实验经常不是完全精确的重复，而是会集中操作一些关键的特征，随着实验的重复，我们就会认识到原实验中的不正确的结果。或者说，在原实验中对虚无假说的不正确的拒绝经常会在重复实验中得到纠正，因为如果后来的许多研究者的独立实验都无法重复原实验的结果，就会质疑原实验所报告的显著差异，从而纠正原实验中的Ⅰ型错误。

第二节　事后比较的SPSS常用计算方法

在一个自变量的水平数大于2的研究中，方差分析主效应显著之后，采用多重比较检验确定差异发生在哪两个水平之间时，可能增大Ⅰ型错误。因此，出现了许多对Ⅰ型错误累积的校正方法，方法多达18种以上。SPSS软件中常用的方法有LSD检验、Sheffe检验、Bonferroni-Dunn检验、Tukey-HSD检验、Newman-Keuls检验等。

LSD检验等同于进行多个成对 t 检验，它没有控制犯Ⅰ型错误的概率。Bonferroni-Dunn检验在比较的数目不太多的情况下是很好的，在比较数目较多的时候会增大Ⅱ型错误。除了Bonferroni-Dunn检验，Scheffe检验则是最保守的检验之一，它控制整个实验中的比较犯Ⅰ型错误的概率始终在5%内。Scheffe检验既可以作成对比较，也可以作非成对的对比，但是在SPSS中只提供了成对比较的方法。下面我们举例介绍几种事后的多重比较的SPSS操作。

一、事后的多重比较的SPSS操作

在SPSS One-Way提供的18种事后比较（unplanned comparisons/posteriori tests/post hoc）中，主要分两大类：方差齐性满足时的14种和方差齐性不满足时的4种比较方法。它们大体提供了两种格式的信息。有些只是区分同质组，如Student Newman-Keuls（S-N-K）检验、Tukey's-b检验；有些只作多重比较，如LSD检验、Bonferroni-Dunn检验；有些是两种都提供，如Tukey-HSD检验、Scheffe检验。常用的有LSD检验、Sheffe检验、Bonferroni-Dunn检验、Tukey-HSD检验、S-N-K检验等。

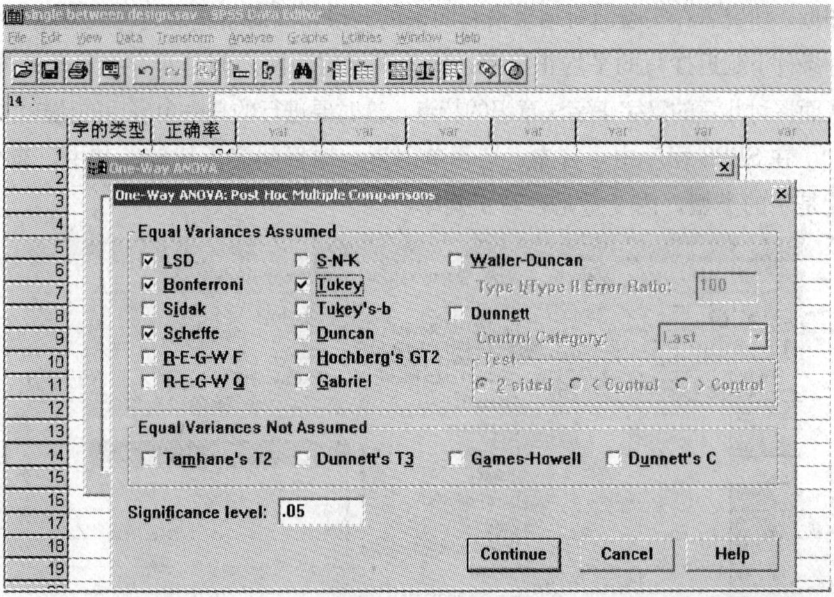

事后比较采用的统计方法主要有三种：q 检验、t 检验和 F 检验。Tukey-HSD 检验、Newman-Keuls 检验、Duncan's New Multiple 检验等事后检验主要使用 q 检验。LSD 检验、Bonferroni-Dunn 检验、Dunnett 检验等主要使用 t 检验。Scheffe 检验主要使用 F 检验。

三种统计方法的计算公式如下：

$$t=\frac{\overline{X_1}-\overline{X_2}}{\sqrt{MS_{\text{err}}\left(\frac{1}{n_1}+\frac{1}{n_2}\right)}} \quad q=\frac{\overline{X_1}-\overline{X_2}}{\sqrt{\frac{MS_{\text{err}}}{2}\left(\frac{1}{n_1}+\frac{1}{n_2}\right)}} \quad F=\frac{(\overline{X_1}-\overline{X_2})^2}{MS_{\text{err}}\left(\frac{1}{n_1}+\frac{1}{n_2}\right)}$$

纯粹的 t 检验只考虑了两组的观测值的个数，没有考虑共有多少组平均数参加比较，而 q 检验同时考虑到了两者。LSD 检验相当于纯粹的 t 检验，并没有其他辅助校正，所以它犯 I 型错误的概率会较大，特别是在作多组两两比较的时候，这个问题尤其严重。而其他两种检验，Bonferroni-Dunn 检验和 Dunnett 检验，则对其进行了一定的校正。

我们仍然举第十章中的一个实验作为例子。研究者要探讨小学儿童汉字正字法意识的发展，研究中使用延迟抄写任务。实验中设计了五种条件：(1) 熟悉的独体字；(2) 熟悉的合体字；(3) 不熟悉的合体字，但字的部件是熟悉的；(4) 不熟悉的合体字，字的部件也是不熟悉的；(5) 随机笔画组成的图形。研究者在实验前对结果没有明确的假设，因而希望通过比较儿童在各种条件下延迟抄写的平均正确率，检验平均数两两之间是否存在显著差异，从而探讨儿童的汉字正字法意识的特点。这时要进行的是一个事后的比较。

在 SPSS 程序中，首先，选择单因素、项目间多重比较。其中，自变量是字的类型，因变量是抄写正确率。

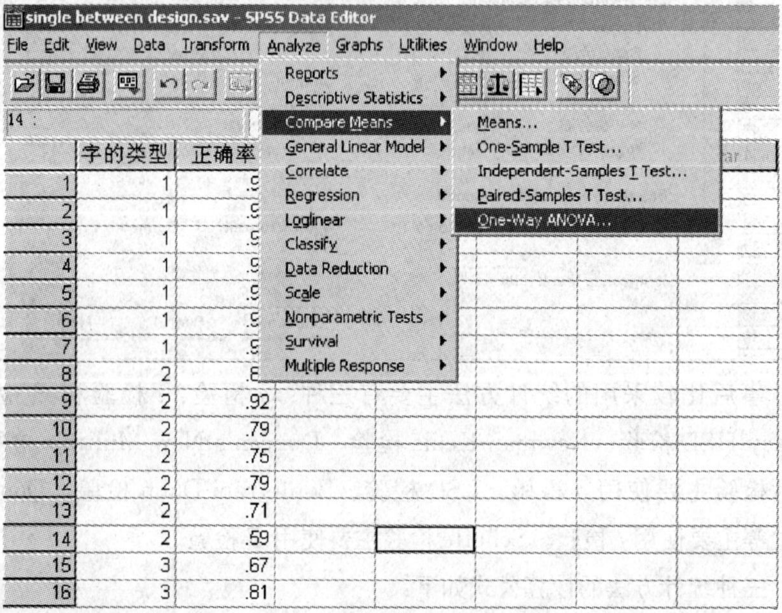

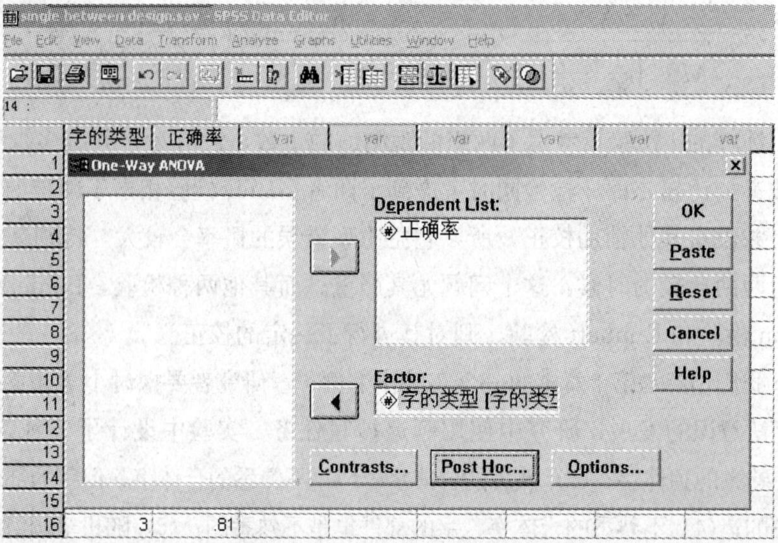

对儿童的汉字正字法意识实验的例子，使用 Tukey-HSD 检验进行成对比较的输出结果如下（见图 11-1）。

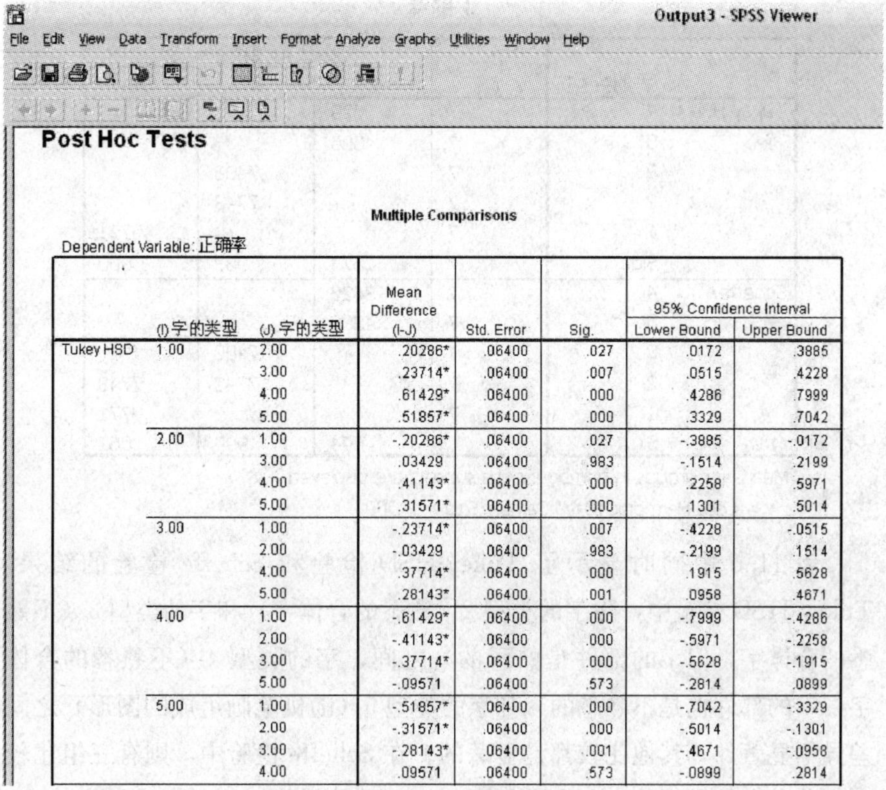

Multiple Comparisons

Dependent Variable: 正确率

	(I) 字的类型	(J) 字的类型	Mean Difference (I-J)	Std. Error	Sig.	95% Confidence Interval Lower Bound	95% Confidence Interval Upper Bound
Tukey HSD	1.00	2.00	.20286*	.06400	.027	.0172	.3885
		3.00	.23714*	.06400	.007	.0515	.4228
		4.00	.61429*	.06400	.000	.4286	.7999
		5.00	.51857*	.06400	.000	.3329	.7042
	2.00	1.00	-.20286*	.06400	.027	-.3885	-.0172
		3.00	.03429	.06400	.983	-.1514	.2199
		4.00	.41143*	.06400	.000	.2258	.5971
		5.00	.31571*	.06400	.000	.1301	.5014
	3.00	1.00	-.23714*	.06400	.007	-.4228	-.0515
		2.00	-.03429	.06400	.983	-.2199	.1514
		4.00	.37714*	.06400	.000	.1915	.5628
		5.00	.28143*	.06400	.001	.0958	.4671
	4.00	1.00	-.61429*	.06400	.000	-.7999	-.4286
		2.00	-.41143*	.06400	.000	-.5971	-.2258
		3.00	-.37714*	.06400	.000	-.5628	-.1915
		5.00	-.09571	.06400	.573	-.2814	.0899
	5.00	1.00	-.51857*	.06400	.000	-.7042	-.3329
		2.00	-.31571*	.06400	.000	-.5014	-.1301
		3.00	-.28143*	.06400	.001	-.4671	-.0958
		4.00	.09571	.06400	.573	-.0899	.2814

图 11-1 Tukey-HSD 成对比较的输出结果

从图 11-1 的结果可以看出，Tukey-HSD 检验中共进行了 10 个成对比较，除了两个比较，即字的类型 2（熟悉的合体字）和字的类型 3（不熟悉的合体字，但字的部件是熟悉的），以及字的类型 4（不熟悉的合体字，字的部件也是不熟悉的）和字的类型 5（随机笔画组成的图形）之间差异不显著外，其他的比较都是显著的。

图 11-1 和表 11-6 中两种形式的结果是等价的，在 Homogeneous Subsets 里，它把组间差异在 0.05 水平上不显著的组归为一个分组（subset），并将差异最大的两组的差异显著性标在相应的小组里。

表 11-6 Tukey-HSD 检验和 Scheffe 检验的输出结果

Homogeneous Subsets

正确率

	字的类型	N	Subset for alpha = .05		
			1	2	3
Tukey HSD[a]	4	7	.3629		
	5	7	.4586		
	3	7		.7400	
	2	7		.7743	
	1	7			.9771
	Sig.		.573	.983	1.000
Scheffe[a]	4	7	.3629		
	5	7	.4586		
	3	7		.7400	
	2	7		.7743	.7743
	1	7			.9771
	Sig.		.694	.990	.063

Means for groups in homogeneous subsets are displayed.

a. Uses Harmonic Mean Sample Size = 7.000.

表 11-6 中同时显示了 Tukey-HSD 检验和 Scheffe 检验的结果。Tukey-HSD 检验中，除字的类型 2（熟悉的合体字）和字的类型 3（不熟悉的合体字，但字的部件是熟悉的）之间，字的类型 4（不熟悉的合体字，字的部件也是不熟悉的）和字的类型 5（随机笔画组成的图形）之间差异不显著外，其他比较都是显著的。在 Scheffe 检验中，则有三组比较不显著：字的类型 2（熟悉的合体字）和字的类型 3（不熟悉的合体字，但字的部件是熟悉的）之间，字的类型 4（不熟悉的合体字，字的部件也是不熟悉的）和字的类型 5（随机笔画组成的图形）之间，以及字的类型 1（熟悉的独体字）和字的类型 2（熟悉的合体字）之间差异不显著，其他比较都是显著的。

在 SPSS 中，被试间（项目间）因素的多重比较都可以通过选项“post-hoc”来实现，只是在具体选择哪种方法上要根据自己的实验目的而定，究竟实验设计是需要尽量控制Ⅰ型错误还是需要尽量减少Ⅱ型错误。从上面的计算中，我们可以再一次看到几个多重比较之间的关系：相对于 Tukey-HSD 检验，Scheffe 检验使用了更严格的标准。读者自己还可以尝试其他方法，结果会发现：LSD 检验是最宽松的检验，它对因多个比较而增加的Ⅰ型错误不作任何校正。Scheffe 检验是最严格的，特别是当多个比较是非正交的时候，它会严重降低统计检验力。有人（Petrinovich & Hardyck，1969）建议：当进行成对比较时，Tukey-HSD 检验是较好的方法，它既有较好的检验力，也能控制Ⅰ型错误；当进行数目较少的正交比较时，Bonferroni-Dunn 检验是很好的选择；当想作任意的多个比较的时候，Scheffe 检验是较适合的选择。

需要注意的是，被试内（项目内）因素的多重比较在 SPSS 的“post-hoc”里面是没有的。它把这项功能放到了“options”里面，见下图。

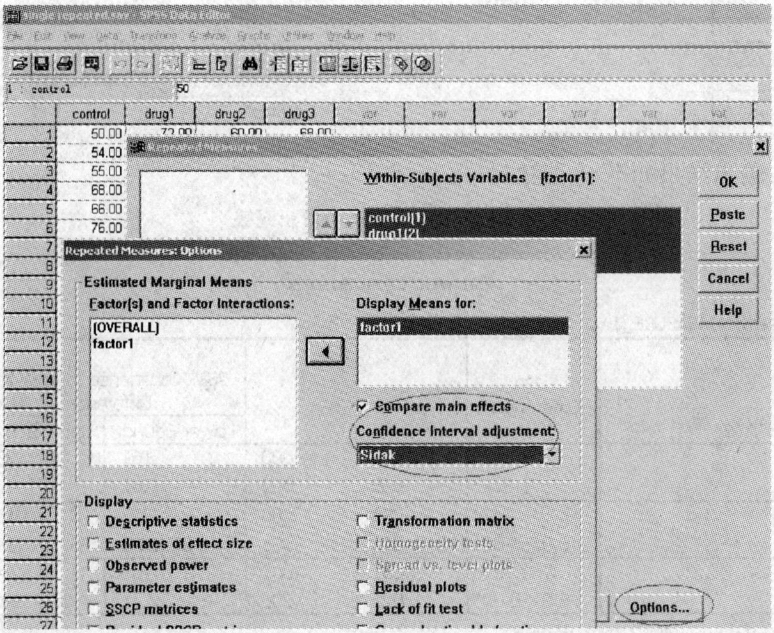

我们还是以第十章中的实验数据为例看事后的比较在 SPSS 中如何实现。在关于儿童的汉字读音中声旁规则性发展的实验中，我们考察的因素，即字的类型，有三个水平：规则字、半规则字和不规则字。我们事先没有特定的假设，希望通过穷尽所有的比较，探讨各种字之间是否有差异。这是一组事后的比较。

在 SPSS 程序中，我们进行事后的多重比较，也可以使用前面提到的 Compare main effects 来做（如下图），我们选用 Sidak。

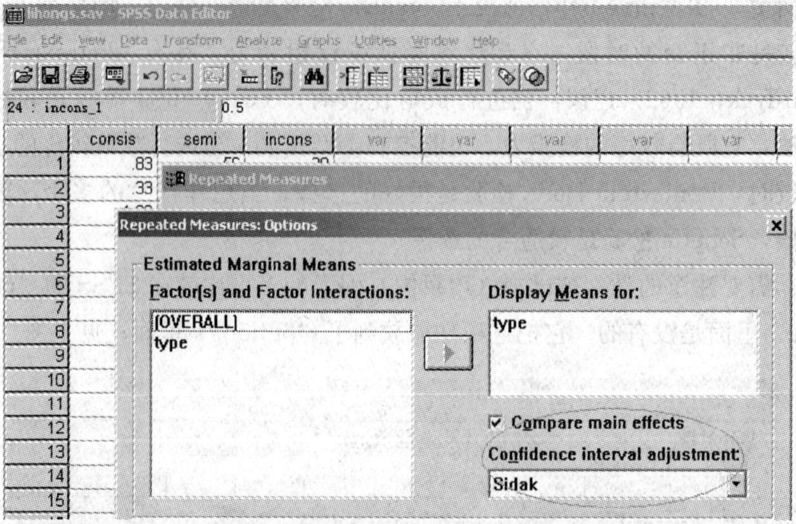

输出结果如下（见表11-7）。

表11-7　事后检验的输出结果

Pairwise Comparisons

Measure: MEASURE_1

(I) TYPE	(J) TYPE	Mean Difference (I-J)	Std. Error	Sig.[a]	95% Confidence Interval for Difference[a]	
					Lower Bound	Upper Bound
1	2	.247*	.035	.000	.161	.332
	3	.327*	.032	.000	.248	.406
2	1	-.247*	.035	.000	-.332	-.161
	3	8.015E-02*	.025	.006	1.975E-02	.141
3	1	-.327*	.032	.000	-.406	-.248
	2	-8.015E-02*	.025	.006	-.141	-1.975E-02

Based on estimated marginal means

*. The mean difference is significant at the .05 level.

a. Adjustment for multiple comparisons: Sidak.

在事后比较中，我们只能进行两两成对比较，共进行了三个比较。可以看到：规则字和半规则字之间的差异是显著的（$p=0.000$）；规则字（1）和不规则字（3）之间的差异是显著的（$p=0.000$）；半规则字（2）和不规则字之间的差异也是显著的（$p=0.006$）。如果与第十章中的事先比较的统计检验显著性相比，事先正交对比中有两个比较的结果是显著的，即规则字和不规则字之间的差异是显著的（$p=0.000$），半规则字和不规则字之间的差异是显著的（$p=0.002$）。可以看出，在这个实验中，事后比较检验比事先检验多进行了一个比较，然而，两种比较方法得到的结果是类似的。

除了单因素组间设计，其他的实验设计，比如单因素重复测量、多因素实验设计等，它们的比较在 SPSS 里也提供了一些选项，但是相对不灵活。用得比较多的是其中的 Simple，它只能作两两比较，提供了两种模式。一种是后面的各种条件都与第一种条件进行比较，即 Reference Category 选 First；另一种是前面各种条件都与最后一种条件进行比较，即 Reference Category 选 Last。这样的比较在包含几个实验组与一个控制组的实验设计中是很有用的，它提供了几个实验组与同一个控制组分别比较的方法。其他几种比较方法在此不作叙述。

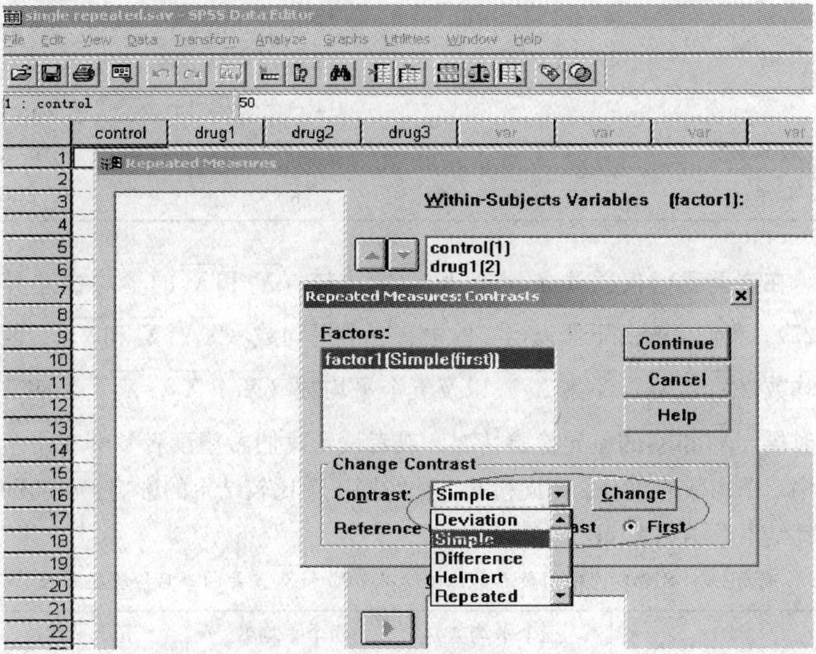

二、各种事后比较检验方法的异同

前面提到，各种 post-hoc 在处理累积错误上的标准是不一样的，而累积错误的问题随着实验中平均数的数目的增加而变得越来越严重。下面我们拟采用不同组数比较的 post-hoc 来看看各种检验的结果差异情况。

在一个单因素完全随机实验中，有五个处理水平，即A1，A2，A3，A4，A5，各处理条件下都是八个被试，平均数和标准差的情况如表11-8。我们举例来比较一下，当一个实验中平均数的数目不同、使用不同的检验方法时结果的差异。

表11-8 六种处理条件下被试的原始数据

处理条件	A1	A2	A3	A4	A5
1	3	8	10	15	18
2	5	7	14	18	19
3	4	9	14	16	20
4	8	6	12	17	20
5	6	7	13	18	21
6	4	8	15	19	19
7	5	5	12	20	22
8	4	7	14	15	23
平均数	4.88	7.13	13.00	17.25	20.25
标准差	1.55	1.25	1.60	1.83	1.67

在这里我们仅关注条件$\overline{X}_1$和$\overline{X}_2$的比较（$\overline{X}_1$和$\overline{X}_2$的平均数差异为2.25）。我们考察一下假设当实验中有三个平均数（$\overline{X}_1$、$\overline{X}_2$和$\overline{X}_3$）、四个平均数（$\overline{X}_1$、$\overline{X}_2$、$\overline{X}_3$和$\overline{X}_4$）以及五个平均数（$\overline{X}_1$、$\overline{X}_2$、$\overline{X}_3$、$\overline{X}_4$和$\overline{X}_5$）的时候，$\overline{X}_1$和$\overline{X}_2$的差异检验情况。或者说，我们希望读者了解在一个实验中，平均数的数目、不同检验方法对同一个比较结果的影响。检验的显著性结果总结见表11-9。

表11-9 数量不同平均数参加比较情况下$\overline{X}_1$和$\overline{X}_2$差异的事后检验显著性

	三个平均数	四个平均数	五个平均数
LSD	0.006**	0.008**	0.008**
Tukey-HSD	0.016*	0.037*	0.056
Sidak	0.018*	0.046*	0.075
Bonferroni-Dunn	0.018*	0.047*	0.077
Scheffe	0.021*	0.063	0.117

从表11-9中可以看到，无论在三个、四个还是五个平均数的情况下，对$\overline{X_1}$和$\overline{X_2}$差异的LSD检验显著性基本是不变的。可以明显看到，运用LSD检验在对两个平均数的差异进行检验时，是不考虑其他的平均数的情况的。或者说，在一个实验中，无论有几个平均数之间的比较，对某一个比较来说，LSD检验的结果是不变的。然而，在其他四种检验中，可以明显看到随着实验中平均数比较数目的增加，同一个比较的检验显著性下降。其中Scheffe检验是最严格的，当实验中存在四个平均数或五个平均数时，$\overline{X_1}$和$\overline{X_2}$的差异都变得不显著了（$p=0.063$，$p=0.117$）。Bonferroni-Dunn检验和Sidak检验其次，当实验中存在五个平均数时，$\overline{X_1}$和$\overline{X_2}$的差异变得不显著（$p=0.077$，$p=0.075$）。相对来说，Tukey-HSD检验比较容易显著一些，当实验中存在五个平均数时，$\overline{X_1}$和$\overline{X_2}$的差异变得边缘显著（$p=0.056$）。而LSD检验是最容易显著的，当实验中存在五个平均数时，$\overline{X_1}$和$\overline{X_2}$的差异仍然是非常显著的（$p=0.008$）。从这个表中，我们可以清楚地看到，为了控制实验Ⅰ型错误率，各种检验方法对比较进行了不同程度的校正。

三、事先对比和事后比较的优缺点

从以上的例子和讨论中，我们可以看到，事先对比的优越性表现在以下两个方面。(1) 事先对比是对某种理论、假说的直接检验，往往是在理论的指导下进行的。使用事先对比促使实验者在实验设计阶段对实验结果、预期有全面深入的思考，通过设置特定虚无假说直接提问感兴趣的问题，得到的检验结果能更好地从理论上进行解释。(2) 由于事先对比用最少的比较获得了对研究者感兴趣的理论问题的检验，因此累积错误的问题相对比较小。由于在对Ⅰ型错误进行校正的同时也会降低检验力，因而与事后比较相比，事先对比增加了检验力，容易发现平均数之间实际存在的差异。鉴于以上特点，在可能的情况下，研究者往往采用事先对比，并根据关心问题的特点选用正交的或非正交的对比。

然而，在很多研究中，研究者在事前并没有明确的理论假设，而是需要根据统计检验的结果模式发现存在的差异或发展理论，这时事后比较也是非常有效的。事后比较通过穷尽所有的成对比较，发现和解释差异，从而导致新结果的发现。在事后比较技术中，统计学家已经对Ⅰ型错误进行了校正，并且可以方便地使用现成的SPSS软件进行计算，因此事后比较也是研究者最常使用的方法。

本章主要观点

· 对多重比较中的累积错误进行校正，有三条解决问题的途径：对统计结果不进行任何校正；对统计结果进行非常严格的校正；处于两者中间的途径则是校正的程度依赖于被比较的平均数的数量。

· LSD检验的特点是对全方差分析显著后所作的比较不作任何校正。Tukey-HSD检验的目的是对所有可能的比较控制实验错误率，它对所有的比较使用相同的严格的校正。Newman-Keuls检验的校正使得每个比较，甚至极端组的比较，都被调整在 α 水平。与Tukey-HSD检验相比，Newman-Keuls检验更容易拒绝虚无假说。Scheffe检验使用了非常严格的校正，而且随着参加比较的平均数的增加，临界值迅速提高。

· 选择一种合适多重比较的检验方法，与研究者要控制的Ⅰ型错误率有关，同时也与研究者选择成对比较或复杂对比有关。

· 选择多重比较的检验方法需要考虑的因素包括：研究中平均数的数量，研究中关于平均数比较的假说是事先的还是事后的，以及研究检验成对还是非成对比较。当研究者只关心成对比较时，Tukey-HSD检验和Newman-Keuls检验是较好的选择。Scheffe检验可以用于成对比较、非成对比较、成对与非成对比较混合的情况。

· 从实验错误率和每个比较错误率的关系公式可以看出，要保持实验的总错误率 α 在某个水平，可以通过两个途径：一个是减少比较的数量；另一个是减小每个比较的错误率。这就是各种多重比较校正技术所试图做的。

思考题

1. 什么是事后比较？在什么情况下使用事后比较？为什么事后比较

的累积错误问题更加严重？

2. 事后比较有哪些常用的统计检验方法？这些方法是通过什么途径进行累积错误校正的？

3. LSD 检验的特点和过程是什么？

4. Tukey-HSD 检验和 Newman-Keuls 检验的特点和过程分别是什么？

5. Scheffe 检验的特点和过程是什么？

6. Bonferroni-Dunn 检验的特点和过程是什么？

7. 各种事后多重比较方法的优缺点各是什么？如何选择合适的多重比较方法？

第十二章 复杂的实验设计和数据分析

前面的章节已经介绍了如何通过实验设计来减少实验误差的方法。然而在心理、教育、社会研究中，研究者经常会遇到一些更复杂的情况，导致我们使用普通的实验设计和方差分析技术无法分离出一些在实验中产生影响的无关变异，需要使用一些更复杂的实验设计和统计方法。本章介绍的嵌套实验设计、协方差分析将对解决这样的问题有所帮助。

第一节 嵌套实验设计

在本书的前几章中，我们已经了解了各种实验设计的一些重要原则。例如，我们知道，要得到真实的处理效应，在非重复测量或被试间实验设计中，重要的前提是能够随机分配被试，以保证在施测前接受不同实验处理的各组被试的差异可以忽略不计。在重复测量或被试内实验设计中，重要的前提是当一个被试接受多次实验处理时，不同自变量水平的先后施测对同一被试不产生长期影响效应。但是在心理、教育、社会研究中，研究者经常会遇到这两个条件都不能满足的情况。一些研究中，实验处理的实施具有学习、记忆效应，因此不适宜进行重复测量实验设计。例如，在比较两种教学方法的研究中，实施第一种教学方法会对第二种教学方法的效果产生影响，因此比较两种教学方法的效应不可能通过在一个被试身上施测而得到，只能进行被试间实验设计。然而，许多心理、教育、社会研究又常常是在一些固定的社会团体中进行的。如教学实验经常是在特定的班级中进行的，药物实验经常是在特定的医院、病房中进行的。在实践中，班级、车间、病房都是固定的社会团体，将这样团体中的成员随机分配给各个实验处理有时是不可能的。因此，使用一般的完全随机实验设计也是有困难的。在这样的情况下，嵌套实验设计（nested design）是解决上述问题的途径之一。还有一些情况下，实验设计中一些无关因素可能影响因变量的测量，但它们不是研究者感兴趣的。嵌套实验设计对解决这种问题也会有所帮助。

嵌套实验设计与前面几章介绍的实验设计不同。在前面介绍的多因素实验设计中，因素的水平之间是交叉的，即一个因素的每个水平与另一个因素的所有水平相结合。例如，在一个 2×3 两因素完全随机实验设计中，有 A1B1、A1B2、A1B3、A2B1、A2B2、A2B3 共六个处理水平的结合。在这样的实验设计中，我们可以观察、计算两个或多个因素的交互作用，所以也可以称这类实验设计为交叉实验设计。然而，在嵌套实验设计中，一个因素的每个水平仅出现在另一个因素的某个水平上。例如，在一个两因素嵌套实验设计中，可能有的处理水平包括 A1B1、A1B2、A1B3、A2B4、A2B5、A2B6。虽然也是六个处理水平的结合，但我们可以明显看出这六个处理水平的结合与交叉实验设计中的六个处理水平的结合是不一样的。在嵌套实验设计中，事先假设两个因素之间不存在交互作用。我们通过一个两因素完全随机设计和一个两因素嵌套设计分配被试的图解来看它们的差别。

表 12-1　两因素完全随机设计和两因素嵌套设计分配被试的图解

两因素完全随机设计被试分配方案			两因素嵌套实验设计被试分配方案		
	A1	A2		A1	A2
B1	√	√	B1	√	
			B2	√	
B2	√	√	B3	√	
			B4		√
B3	√	√	B5		√
			B6		√

注：√表示在该处理水平的结合中分配了被试。

从图解中可以看到，在一个两因素完全随机设计中，A 因素的两个水平与 B 因素的三个水平相结合，共有六种处理水平的结合，被试被随机分配给这些实验处理的结合。然而，在一个两因素嵌套设计中，B 因素的 B1、B2、B3 三个水平仅出现在 A1 水平，而 B 因素的另外三个水平 B4、B5、B6 仅出现在 A2 水平。这时，我们说 B 因素是被嵌套在 A 因素中的。因此，嵌套设计是指在因素实验设计中，至少一个因素的水平是被局限在另一个因素的水平中的。例如，如果B因素的每个水平仅出现在A因素的一个水平中，B就是嵌套于A的，可写作B(A)。

在本章中，我们将介绍嵌套实验设计经常适用的两种情况。第一种是被试组在实验处理条件中的嵌套，在这种情况下，被嵌套的因素通常指实验中使用的固定团体，嵌套设计的目的主要是分离出无关变量——团体效应，以便精确地估价实验处理的效应。第二种是控制因素或无关因素在实验处理条件中的嵌套。在这种情况下，被嵌套的因素通常指实验中的无关变量。当实验中的无关变量可能影响因变量的测量，因而与实验处理效应相混淆时，嵌套设计可以帮助分离出无关变量的效应。

一、被试组在处理条件中的嵌套

在有些实验中，将一些固定团体的被试组分配给不同的处理条件是更方便和更理想的选择。行为研究中，研究者经常需要从一个更大的总体中抽取成组的被试，如从学校中抽取整班级的学生，从城市的不同医院中抽取整病房的病人，从不同的工厂中抽取整车间的工人。例如，要探讨教学方法的效应，更好的实施方案是分配不同班级的学生接受不同的教学方法。这时，对被试进行固定团体的施测比进行随机分配的小组施测更方便。在这种情况下，如果实验处理是两种或多种教学方法，将两个或多个固定团体被试组分配给每一个实验处理条件，就叫做被试组在实验处理条件中的嵌套设计。

有时，也许不一定是需要团体测试被试，而只是因为来自一个团体的被试接受了某一种特殊的实验处理，而来自其他团体的被试接受了其他的实验处理。例如，来自一个医院的病人接受了某一种药物的治疗，而来自其他医院的病人接受了其他药物的治疗。也就是说，来自每个医院的病人仅接受了一种药物的处理，这时，医院是被嵌套在药物治疗的处理条件中的。

（一）两因素完全随机嵌套实验设计

最简单的嵌套设计中含一个自变量和一个团体变量，研究条件通常有以下的特点。

(1) 研究是在固定的团体中进行的。由于不能随机分配被试给各个实验处理，研究中有两个可能影响因变量的因素，一个是自变量，另一个是无关变量——固定的团体。假设两个因素之间没有交互作用。

(2) 研究中一个因素的水平是嵌套在另一个因素的水平之中的。如果自变量有两个水平，无关变量有六个水平，实验中共有六个处理的结合。

实验设计的基本方法是，将被嵌套因素（团体）的各个水平随机分配给另一个因素（实验处理）的水平中。例如，在表 12-2 中，把 B 因素的六个水平随机分配给 A 因素的两个水平，即随机分配三个团体接受 A1 水平的处理，另外的三个团体接受 A2 水平的处理。这时，每个团体中的被试不再进行随机分配。

例如，在一个教学实验中，要考察三种教学方法对学生学习效果的影响。有六个班的 144 名学生参加了实验。一种实施的方法是在自然班级中对学生进行教学方法的实验，每个班 24 名学生接受一种教学方法。另一种做法是将六个班中每个班的 24 名学生随机分成三组，对每组学生进行一种教学方法实验。让我们来比较两种方法：

表 12-2　嵌套设计的被试分配

	教学方法(A)	1	2	3
班级(B)	1	24		
	2	24		
	3		24	
	4		24	
	5			24
	6			24

表 12-3　完全随机设计的被试分配

	教学方法(A)	1	2	3
班级(B)	1	8	8	8
	2	8	8	8
	3	8	8	8
	4	8	8	8
	5	8	8	8
	6	8	8	8

可以看出，前一种方法在实施上更方便，做法也更加接近自然。在一些研究情境下，尤其是教育、社会等研究中，嵌套实验设计是唯一的选择。从表中可以看出，在一个完全随机嵌套设计中，只有部分因素水平的结合被测量了，因此不能计算交互作用。如果团体的数量是 q，每个团体的被试数是 n，且各团体人数是平衡的，则实验需要的总被试量是 $N=qn$。

两因素完全随机嵌套设计可检验的假说是：

$$(1) \qquad H_0: \alpha_j=0$$

即A因素的处理效应等于0；

$$(2) \qquad H_0: \sigma_b^2=0$$

即团体效应等于0。

它的实验设计模型是：

$$Y_{ij}=\mu+\alpha_j+\beta_{k(j)}+\varepsilon_{i(jk)}$$

$$(i=1, 2, \cdots, n; \ j=1, 2, \cdots, p; \ k=1, 2, \cdots, q)$$

其中 μ 为总体平均数或真值，α_j 为A因素的水平的处理效应，$\beta_{k(j)}$ 为嵌套在A因素水平 j 中的B因素第 k 个水平的效应，$\varepsilon_{i(jk)}$ 为误差变异。

从实验设计模型中可以看出，交互作用在这里是不出现的。$\beta_{k(j)}$ 或团体变异是无关变异。团体变量被包含在实验设计中，因为研究者假设它可能影响因变量的观测值，但它本身不是研究者感兴趣的变量。

（二）三因素完全随机嵌套实验设计

更复杂的嵌套实验设计涉及两级的固定团体。例如，被试取样来自不同的学校中不同的班级。三因素完全随机嵌套设计适用于下列研究条件。

（1）研究是在固定的团体中进行的，由于上下两级团体都可能影响因变量的观测值，因此实验中实际上含一个自变量和两个无关变量。假设自变量和无关变量之间没有交互作用。

（2）研究中的一个因素（高一级团体，如学校）是嵌套在另一个因素（实验处理）的水平中的，第三个因素（低一级团体，如班级）是既嵌套在高一级团体（如学校）又嵌套在实验处理中的。

例如，在一个激励方式的实验中，要考察新的激励方式与传统激励方式对职工工作效率的影响。有四个工厂中八个车间的160名职工参加了实验。一种实施的方法是在自然的工厂、车间中对职工进行激励方式的实验，每个车间接受一种激励方式（新的激励方式或传统激励方式）。另一种做法是将每个车间中的20名职工随机分成两组，对每组进行一种激励方式的实验。

嵌套实验的基本方法是首先将高一级团体（如工厂）的四个水平随机分配给实验处理因素，即随机分配四个工厂接受不同的激励方式的处理。这时低一级团体的八个水平随之被分配给了不同的实验处理，即两个工厂的四个车间接受新的激励方式的处理，另两个工厂的四个车间接受传统激励方式的处理。每个低一级团体内的被试不再进行随机分配。

让我们来比较两种方法：

表 12-4　嵌套设计的被试分配

		激励方式(A) 1	2
工厂(B)	车间(C)		
1	1	20	
1	2	20	
2	3	20	
2	4	20	
3	5		20
3	6		20
4	7		20
4	8		20

表 12-5　完全随机设计的被试分配

		激励方式(A) 1	2
工厂(B)	车间(C)		
1	1	10	10
1	2	10	10
2	3	10	10
2	4	10	10
3	1	10	10
3	2	10	10
4	3	10	10
4	4	10	10

可以看出，在实际的实验实施中，第一种研究实施方法或嵌套设计方法是更可行的。

三因素完全随机嵌套设计可检验的假说是：

$$(1)\quad H_0: \alpha_j=0$$

即A因素的处理效应等于0；

$$(2)\quad H_0: \sigma_b^2=0$$

即高一级团体效应等于0；

$$(3)\quad H_0: \sigma_c^2=0$$

即低一级团体效应等于0。

它的实验设计模型是：

$$Y_{ij}=\mu+\alpha_j+\beta_{k(j)}+r_{l(jk)}+\varepsilon_{i(jkl)}$$

$(i=1, 2, \cdots, n; j=1, 2, \cdots, p; k=1, 2, \cdots, q; l=1, 2, \cdots, r)$

其中 μ 为总体平均数或真值，α_j 为A因素水平的处理效应，$\beta_{k(j)}$ 为嵌套在A因素 j 水平中的B因素第 k 个水平的效应或高一级团体的效应，$r_{l(jk)}$ 为嵌套在A因素 j 水平和B因素 k 水平中的C因素第 l 个水平的效应或低一级团体的效应，$\varepsilon_{i(jkl)}$ 为误差变异。

从实验设计模型中可以看出，交互作用在三因素嵌套实验设计中是不出现的，这也是使用嵌套设计的一个前提条件。

二、无关因素在实验处理条件中的嵌套

一般嵌套实验设计多用于固定被试团体在实验处理条件中的嵌套，有时嵌套实验设计还可以用于分离实验中的其他无关因素，因此也有其他无关变量在实验处理条件中的嵌套。这样的设计经常出现在下列的情况，实验中有些无关变量不是研究者感兴趣的，但它们可能影响因变量的测量，与实验处理效应混淆。嵌套设计也可以帮助分离出这样的无关变量的效应。例如，在一个实验中，研究者要比较学生对说明文和叙述文的阅读理解，为了增加实验的可靠性和推广力，研究者可能在每种文章类型中使用多篇文章，而不是一篇文章。使用多篇文章带来的一个问题是，这些文章在其他特征上的差异，如熟悉性，可能也会影响学生的阅读理解，但是研究者并不对文章中哪篇更容易或更难阅读感兴趣，因此文章在其他特征上

的差异只是一个控制因素或无关因素，可以将它们嵌套在文章类型中。这种嵌套设计的方式如下：

表 12-6　嵌套设计的文章分配

	文章类型	说明文	叙述文
文章		1	
		2	
		3	
		4	
			5
			6
			7
			8

（一）两因素完全随机嵌套实验设计

我们来看一个嵌套实验设计的例子。研究者要考察练习强度对于学习困难儿童学习生字的影响。实验中，研究者单独教孩子学习不熟悉的汉字。不同的实验组中儿童的原有水平相当，按照不同的训练强度学习。因变量是学生最终掌握的生字的数量。A 因素是学习强度，有高度(A1)、中度(A2)、轻度(A3) 三个水平。由于训练场地的限制，只能分三天的上午、下午和晚上三个时间段进行。但是，不同的训练时间是否也会影响处理效应？由于训练时间是一个研究者不感兴趣的无关变量，为了分离出不同训练时间的效应，研究者把时间段设为 B 因素。共 27 名儿童参加了实验，研究者将每个实验处理条件下参与训练的九名儿童随机分为三组，每组三人，每个组的儿童在同一时间进行训练，因此每一组内的被试接受的实验处理是完全相同的，在不同时间段接受不同的实验处理的儿童有 B1 到 B9 共九个水平。分配被试的例子如下。

表 12-7 嵌套设计的训练时间和被试分配

	训练强度	A1	A2	A3
按时间段的被试分组				
		B1		
		B2		
		B3		
			B4	
			B5	
			B6	
				B7
				B8
				B9

实验实施后，在不同时间段接受不同强度训练的儿童组掌握生字数量的结果如下：

表 12-8 按时间段分组学习强度不同的儿童掌握生字的数量

被试分组	B1	B2	B3	B4	B5	B6	B7	B8	B9	Σ
学习强度	$n=3$									
A1	24	18	21							63
A2				15	14	16				45
A3							6	12	12	30
Σ										138

为了方便起见，我们只根据表 12-8 中学习强度不同的被试组掌握生字数量总和计算平方和：

$$
\begin{aligned}
SS_{\mathrm{A}} &= \frac{\sum_{j=1}^{p} \mathrm{A}^2}{nq_{(j)}} - \frac{T^2}{npq_{(j)}} \\
&= \frac{63^2 + 45^2 + 30^2}{3 \times 3} - \frac{138^2}{3 \times 3 \times 3} \\
&= 766 - 705.33 \\
&= 60.67
\end{aligned}
$$

其中 A 是每个学习强度条件下掌握生字数量的总和，T 是所有学习强度条件下掌握生字数量的总和，n 是每种学习强度下每个时间段的被试数量，p 是学习强度的水平数量，$q_{(j)}$ 是嵌套在每种学习强度下的时间段。

$$SS_{\mathrm{B(A)}}=\sum_{j=1}^{p}\frac{\sum_{k=1}^{q(j)}(\mathrm{AB})^2}{n}-\frac{\sum_{j=1}^{p}\mathrm{A}^2}{nq_{(j)}}$$
$$=\frac{24^2+18^2+\cdots+12^2+12^2}{3}-\frac{63^2+45^2+30^2}{3\times 3}$$
$$=780.67-766$$
$$=14.67$$

其中 AB 是每个被试组在某个学习强度条件下掌握生字数量的总和。$SS_{\mathrm{B(A)}}$ 是总变异中由嵌套在 A 因素中的 B 因素引起的变异，在嵌套设计中是一种无关变异。

$$SS_{总变异}=\sum_{j=1}^{p}\sum_{k=1}^{q(j)}\sum_{i=1}^{n}(\mathrm{ABS})^2-\frac{T^2}{npq_{(j)}}$$
$$=808.70-\frac{138^2}{3\times3\times3}$$
$$=808.70-705.33$$
$$=103.37$$

其中 ABS 是每个被试在某个学习强度条件下掌握生字数量的原始分数。已知被试的原始分数的总平方和是 808.70。

$$SS_{\mathrm{E}}=SS_{总变异}-SS_{\mathrm{A}}-SS_{\mathrm{B(A)}}$$
$$=103.37-60.67-14.67$$
$$=28.03$$

表 12-9　两因素完全随机嵌套实验的方差分析表

变异来源	SS	df	MS	F
A	60.67	2	30.335	19.482**
B(A)	14.67	6	2.445	1.57
误差	28.03	18	1.557	
合计	103.37	26		

方差分析结果表明，学习强度的效应是显著的，即增加练习强度对学习困难儿童学习生字有较大的帮助。结果还表明，不同训练时间的效应是不显著的。

（二）三因素完全随机嵌套实验设计

当实验中含有两个自变量和一个无关变量时，如何进行嵌套实验设计？我们举例来说明。研究者要探讨生字的结构特征和语义特征对于儿童学习和记忆的影响。实验中包括两个研究者感兴趣的自变量：每一个字表中的生字的结构特征（A 因素）和语义特征（B 因素），每个因素有两个水平。结构特征有繁(A1)、简(A2) 两个水平；语义特征有熟悉(B1)、生僻(B2) 两个水平。实验中还有一个因素是字表中汉字的系列顺序（C 因素）。由于字表中汉字的系列顺序可能会影响儿童的学习和记忆，因而是一个需要控制的无关变量。研究者设计了 20 个不同的随机顺序，并将系列顺序嵌套在四个处理条件水平的结合中。这样实验中有三个变量：两个研究者感兴趣的自变量和一个嵌套控制变量，其中自变量 A 和 B 各有两个水平，无关变量 C 有 C1 至 C20 共 20 个水平。有 200 名儿童参加了实验，每个处理条件水平结合下都有 50 名儿童参加，按照不同的系列顺序分组，分为 5 组，每组 10 人。

表 12-10　嵌套设计的汉字特征和被试分配

结构特征（A）和语义特征（B）	A1B1	A1B2	A2B1	A2B2
刺激的随机顺序	C1			
	C2			
	C3			
	C4			
	C5			
		C6		
		C7		
		C8		
		C9		
		C10		

续表

结构特征（A）和语义特征（B）	A1B1	A1B2	A2B1	A2B2
			C11	
			C12	
			C13	
			C14	
			C15	
				C16
				C17
				C18
				C19
				C20

实验实施后各组儿童学习和记忆汉字数量的结果见表 12-11。表12-12 中是在各种处理水平的结合中儿童学习和记忆汉字的数量。

表 12-11　各组儿童对不同特征的汉字的学习记忆数量

	C1	C2	C3	C4	C5	C6	C7	C8	C9	C10	C11	C12	C13	C14	C15	C16	C17	C18	C19	C20
$n=10$																				
A1B1	55	60	58	76	44															
A1B2						39	38	37	39	38										
A2B1											91	96	75	78	84					
A2B2																57	42	43	54	63

表 12-12　不同结构特征（A）和意义特征（B）汉字的学习和记忆

	A1	A2	$\sum$
B1	293	424	717
B2	191	259	450
$\sum$	484	683	1167

为了方便起见，我们只根据表 12-11 和表 12-12 中接受不同系列顺序字表的儿童组对不同特征的汉字的学习和记忆数量总和计算平方和：

$$SS_A = \frac{\sum_{j=1}^{p} A^2}{qr_{(jk)}n} - \frac{T^2}{pqr_{(jk)}n}$$

$$= \frac{484^2 + 683^2}{2 \times 5 \times 10} - \frac{1\ 167^2}{2 \times 2 \times 5 \times 10}$$

$$= 7\ 007.45 - 6\ 809.445$$

$$= 198.005$$

其中 A 是每个结构特征条件下汉字学习数量的总和，T 是所有特征条件下汉字学习数量的总和，n 是每组的被试数量，p 是结构特征的水平数量，q 是意义特征的水平数量，$r_{(jk)}$ 是每种处理水平结合中的汉字系列顺序的种类数。

$$SS_B = \frac{\sum_{k=1}^{q} B^2}{qr_{(jk)}n} - \frac{T^2}{pqr_{(jk)}n}$$

$$= \frac{717^2 + 450^2}{2 \times 5 \times 10} - \frac{1\ 167^2}{2 \times 2 \times 5 \times 10}$$

$$= 7\ 165.89 - 6\ 809.445$$

$$= 356.445$$

其中 B 是每个意义特征条件下汉字学习数量的总和。

$$SS_{AB} = \sum_{j=1}^{p} \frac{\sum_{k=1}^{q} AB^2}{r_{(k)}n} - \frac{T^2}{pqr_{(k)}n} - SS_A - SS_B$$

$$= \frac{293^2 + 424^2 + 191^2 + 259^2}{5 \times 10} - \frac{1\ 167^2}{2 \times 2 \times 5 \times 10} - 198.005 - 356.445$$

$$= 7\ 383.74 - 6\ 809.445 - 198.005 - 356.445$$

$$= 19.845$$

其中 AB 是每个结构特征和意义特征结合条件下汉字学习数量的总和。

$$SS_{C(AB)} = \sum_{j=1}^{p} \frac{\sum_{k=1}^{q} \sum_{l=1}^{r(jk)} (ABC)^2}{n} - \sum_{j=1}^{p} \frac{\sum_{k=1}^{q} (AB)^2}{r_{(k)}n}$$

$$= \frac{55^2 + 60^2 + \cdots + 54^2 + 63^2}{10} - \frac{293^2 + 424^2 + 191^2 + 259^2}{5 \times 10}$$

$$= 7\ 500.9 - 7\ 383.74$$

$$= 117.16$$

其中 ABC 是每个字表的儿童组在某个结构特征和意义特征结合条件下汉字学习数量的总和。$SS_{C(AB)}$ 是总变异中由嵌套在 A、B 因素中的 C 因素引起的变异，在嵌套设计中是一种无关变异。

$$SS_{总变异} = \sum_{j=1}^{p}\sum_{k=1}^{q}\sum_{l=1}^{r_{(jk)}}\sum_{i=1}^{n}(\mathrm{ABCS})^2 - \frac{T^2}{pqr_{(jk)}n}$$
$$= 8\,438.18 - 6\,809.445$$
$$= 1\,628.735$$

其中 ABCS 是每个被试在某个字表、汉字结构特征和意义特征结合条件下汉字学习数量的原始分数。已知被试的原始分数的总平方和是 8 438.18。

$$SS_E = SS_{总变异} - SS_A - SS_B - SS_{AB} - SS_{C(AB)}$$
$$= 1\,628.735 - 198.005 - 356.445 - 19.845 - 117.16$$
$$= 937.28$$

表 12-13 三因素完全随机嵌套实验的方差分析表

变异来源	*SS*	*df*	*MS*	*F*
A	198.005	1	198.005	38.03**
B	356.445	1	356.445	68.45**
A×B	19.845	1	19.845	3.81*
C(AB)	117.16	16	7.323	1.41
误差	937.28	180	5.207	
合计	1 628.735	199		

方差分析的结果表明，汉字的结构特征和语义特征的主效应是显著的，两个因素的交互作用也是显著的，即生字的结构特征和语义特征对于儿童的学习和记忆有重要影响。实验中每个字表的汉字的系列顺序的效应是不显著的。

嵌套实验设计的重要用途在于，它使研究者可能在自然状态下利用固定团体进行某些研究，同时可以通过实验设计与统计分离出固定团体之间的差异带来的变异，从而使研究者的探索范围可扩展到一些传统实验设计无法涉及的领域，同时，又不降低研究的精度。嵌套实验设计还可以用于分离实验中的无关变量带来的变异。使用嵌套设计的前提是假设自变量与无关变量之间没有交互作用。如果事先我们知道它们之间存在交互作用，这种实验设计是不合适的。读者如果希望更深入了解无关因素在实验处理条件中的嵌套的数据分析方法的原理，还可以将本节的内容与《心理与教育研究中的多因素实验设计》（舒华，1994）一书中有关固定被试团体在实验处理条件中的两因素嵌套设计和三因素嵌套设计的数据分析方法相比较。近年来还发展了一些新的统计方法，如多层分析（multilevel analysis），来解决多层嵌套数据的问题（张雷等，2002）。

第二节　协方差分析

前面的章节中介绍了许多如何通过实验设计来减少实验误差，以便获得对处理效应的无偏估计的方法。实验控制能够以各种方式减少实验误差，如随机分配被试给各实验处理条件，对被试进行匹配以形成同质区组，改善因变量测量等。减少实验误差的另一个途径是使用统计控制，通过统计分离出实验中潜在的偏差源，这些偏差是很难或者不可能通过实验控制消除的。

本节介绍的一种统计控制是协方差分析（analysis of covariance），它将回归分析和方差分析相结合，可以测量除自变量外的一个或多个协变量的影响。协变量指在实验中未被控制，但被认为是影响因变量的变异源。通过协方差分析，可以分离出协变量的影响。这种方法的优点是：可以通过分离协变量的影响减少实验误差，增加检验力；同时，减少由无关变量引起的实验单元间差异导致的偏差。

一、协方差的应用

协方差分析主要是提供一种对实验结果的调整。在这种实验中，被试之间事先存在的差异或实验处理组之间在其他方面事先存在的差异可能会影响实验的结果，因此调整这些差异，对减少误差变异，提高实验的敏感性是非常必要的。协方差分析对实验结果调整程度的大小依赖于选择的协变量与因变量之间的相关。

协方差分析经常用于以下的研究情景。

（1）有些研究中使用固定的被试组，如在教育、工业研究中经常有这样的情况：将固定的被试团体分配给不同的实验处理条件。例如，要研究四种教学方法的效应，为了让实验结果更接近自然，一般不是将学生随机分配给不同的教学条件，而是在四个自然的班级中进行不同教学方法的实验。如果在教学之前，四个班级之间存在学习能力或其他类似特征的差异，这些额外的变量会影响对处理效应的估计。

(2) 在实验中，虽然被试是随机分配的，但各实验处理组的被试在实验开始时仍然可能在某个无关变量上存在差异。例如，一个实验要估计不同药物对白鼠的刺激泛化的效应。在实验开始时，白鼠被随机分配进各个实验组，让它们学习按键反应。如果各组需要不同的训练次数以建立稳定的按键反应，表明各组之间存在着学习能力的不同。实验者可能在研究结论中发现，刺激泛化的量与建立稳定的按键反应需要的训练量是相关的，各组白鼠的刺激泛化分数可能是受学习能力影响的。

(3) 除自变量、被试变量之外，可能还存在另外的变量影响因变量结果，这些变量是在实验开始以后出现的。例如，在四种教学方法的研究中，还有些变量可能影响对因变量的测量，如四个班级的学生在本班教室学习的小时数。学校的教室日常安排的差异可能对一个教室的学生比对另外一个教室的学生提供了更多的教室学习时间，这个变量也可能影响学习成绩。由于对学生的学习时间很难进行实验控制，一个可行的办法是记录下学生每天在教室的学习时间，然后利用这个信息在因变量中作适当调整。在这个例子中，教室学习时间这个伴随变量是在教学实验开始后出现，但在教学效果测验前起作用的，因而这个伴随变量也可能影响对实验结果的估计。

统计控制和实验控制在减少偏差、增加精度上不是互相排斥的，有时用实验控制很方便，而在另一些情况下用统计控制更加方便。一般来说，在可能的情况下首先考虑使用实验控制，统计控制通常是在很难或无法进行实验控制的情况下使用的。

二、协变量的选择

协方差分析中的协变量（concomitant variables）是需要小心选择的，重要的原则是：协变量调整消除的变异应当与自变量的变化无关。协方差分析可以与我们介绍过的实验设计相结合。选择协变量要考虑的因素如下。

(1) 实验中含一个或多个被认为影响因变量但与自变量的变化无关的额外变异源。

(2) 对这些额外变异源进行实验控制是不可能的。

(3) 有可能测量这个（些）无关变异，它（们）独立于处理效应。独立于处理效应是指以下情况：①无关变量是在处理水平实施之前获得的；②无关变量的观察是在实验处理实施后，但在实验处理影响因变量前获得的；③可以假定无关变量是不受实验处理影响的。例如，在上述的四种教学方法的研究中，选择将教室的学习时间设为协变量的前提是：假设各班教室学习时间量与分配的教学方法是相对独立的。

协变量选择的主要标准是：协变量与因变量高相关。在多数情况下，协变量的分数是在实施实验处理前获得的。例如，可以对所有实验参加者实施一个某种类型的前测以获得协变量的分数，或者协变量的分数可能来自被试已经有的一些记录，如成就分数、智力测验分数、年级成绩平均等是常用的协变量分数。一些相对恒定的被试能力，如阅读能力、短时记忆能力，常常被选做协变量。因为我们假设这些相对恒定的被试能力（如阅读能力）是不受实验处理（如教学方法）的影响的。但将被试的一些暂时倾向，如焦虑、自我等，作为协变量，可能是不合适的。协方差分析结论的正确性依赖于协变量与实验处理的信息的独立性，因此下结论要非常小心。

还有一些情况下，协变量的分数是在实验处理实施后，但在实验处理影响因变量前获得的，这只有当确认实验处理和协变量分数相对独立时才是可行的。如上面所举的研究四种教学方法的例子，选取四个班级的学生在教室学习的小时数作为协变量，记录学生每天的学习时间是在教学开始后，但在因变量测量之前进行的。能够利用这个信息在因变量中作调整，是基于假设学生在教室的学习时间量是不受学生所分配的实验处理——教学方法的类型——的影响的。

在实验过程中采集的协变量分数的合适性是一个非常重要的问题，重要的是要保证协变量的变异是独立于处理效应的。我们再举两个记忆研究实验的例子，其中一个研究中选取的协变量是合适的，而另一个研究中选取的协变量是不合适的。在第一个研究中，研究者探讨在若干恒定的训练后的遗忘过程。选择五个独立的被试组，各进行 10 次训练。然后在训练结束 2 分钟、20 分钟、1 小时、6 小时、24 小时后进行测验。研究者发现使用恒定的训练次数，在 10 次训练后不是所有的被试达到同样的行为水平。前人的研究表明，训练结束时的学习程度与后来的延迟回忆量是正相关的。由于被试在固定次数训练后会存在学习程度上明显的差异，最终的学习分数或学习程度可以作为遗忘过程研究中的一个协变量。我们假设所有的被试在实验实施前水平是相同的。

在另一个研究中，假定五个独立被试组接受难度不同材料的训练，各进行 10 次训练。训练结束后，所有被试在 24 小时后接受测验。与第一个研究不同的是，五组被试学习的材料是难度不同的。这时，有两个变量会影响 10 次训练后被试达到的行为水平：一个是材料的难度，另一个是被试的个体差异。因此，不同被试在学习程度上的差异既包含了组内的差异，又包含组间的差异。虽然已知被试学习后的行为差异与延迟回忆的分数是高相关的，但在这种情况下，仍然将最终的学习分数或学习程度作为协变量进行协方差分析是不合适的。因为作为协变量的最终学习分数或学习程度，不仅与被试的个体差异有关，而且与实验处理有关，通过协方差分析调整这种系统差异是不可能的。

在教育研究中，分配学校中不同班级的学生接受不同的实验处理是更方便的，但是这些固定的被试团体经常在一些与实验中因变量有关的重要特征上是有差异的。如各班级的智力分数、年级平均分数等经常是不相同的。通常情况下，这些被试的有关信息在实验开始前就是存在的，因此协方差分析是一个可能校正各被试组差异的有效方法。然而在很多情况下，协方差分析是不适用的。例如，当这些固定团体原来不是随机分配的，或他们接受的实验处理不相同时，协方差分析就是不适用的。

三、协方差分析的原理

协方差分析是通过相应的协变量分数，对因变量分数进行的统计调整。有两种基本的调整：对每一个实验处理组中被试的无关变量的偶然误差的调整；对实验处理组的偶然误差的调整。第一个调整是针对个体的，基于每个被试偏离其所在被试组平均数的标准差。第二个调整对于一个被试组内的所有被试是恒定的，基于每个被试组平均数偏离总平均数的标准差（Kirk，1982）。

在下列情况下，协方差分析是十分有用的。

（1）调整误差项：假定协变量的组平均是相等的，但组内被试之间有差异，在这种情况下，协方差分析会减小误差项的大小，使处理组之间的差异更明显，产生一个更大的 F 值。当然，随机分配给各实验处理条件的被试组获得相同平均的可能性是零，这样除了对个体误差在协变量上误差项的校正，协变量还校正了处理组的差异。

（2）当协变量和因变量的平均差异方向相同时的调整：在有些情况下，某些实验处理的差异包含了实验开始之前已存在的差异，对这些差异的调整将导致减小处理效应的平方和。

（3）当协变量和因变量的平均差异方向相反时的调整：在另一些情况下，由于处理效应预期被试组在因变量的一个方向上有差异，而协变量预期被试组在因变量的另一个方向上有差异，从而导致因变量测量的处理效应被减小。在这种情况下，调整会加大处理效应的平方和，即当分离了实验前存在的差异，实验处理表现出是更有效的。

协方差分析的调整的基本逻辑是：协方差模型的关键是线性回归系数，系数指出了协变量和因变量相关的直线斜率，回归线反映了可以从协变量相应分数预测的因变量分数。在方差分析中，离散分数形成计算的基本成分。在协方差分析中，我们仍然对离散分数感兴趣，但这时是残差标准差，它是与控制变量没有相关的变异，即与控制变量的线性效应无关的变异。协方差分析可以看成方差分析的一个特例，其中对因变量的测量分数作了调整，以解决在某些已知与因变量相关的预期变量上存在个体差异的问题。

协方差分析的实验设计模型：

$$Y_{ij}=\mu+\alpha_j+\beta_w(X_{ij}-\overline{X_{..}})+\varepsilon_{i(j)}$$

$$(i=1,\ 2,\ \cdots,\ n;\ j=1,\ 2,\ \cdots,\ p)$$

其中 Y_{ij} 是被试 i 在处理水平 j 中的分数，μ 是总体平均数，α_j 是水平 j 的处理效应，β_w 是线性回归系数，X_{ij} 是被试 i 在处理水平 j 中的协变量分数，$\overline{X_{..}}$ 是协变量的总平均数，$\varepsilon_{i(j)}$ 是误差变异。

我们举例来说明协方差分析的使用。研究者想探讨儿童在学习多个汉字家族时，是分散学习好还是集中学习好。所谓的汉字家族，是指含有同一个声旁的形声字所组成的集合，如果这个声旁能够独立成字，则该声旁也是这个家族的成员之一，如“伴”“绊”“拌”“判”“半”同属一个家族。分散学习指的是把属于多个家族中的多个汉字随机呈现，让学生学习。集中学习是指把属于同一个家族的汉字放在一起让学生进行学习，学完了一个家族的汉字，再学习另一个家族的汉字。由于客观教学实践的限制，这两种教学方法只能在两个自然班级中进行，每个班随机接受一种教学方法。在教学结束后，进行一个完全相同的汉字注音测验，以考察教学效果。虽然所选择的汉字及其家族全部都是儿童没有学习过的，但考虑到儿童原有的识字量可能会影响测验结果，在实验开始前，对每个学生进行了一个识字量测验。

这是单因素的被试间实验设计，教学方法（A）是自变量，有两个水平（分散学习和集中学习），识字量测验的分数（X）是协变量，汉字注音测验的分数（Y）是因变量。为了计算方便，假设每个自然班中有八个学生。我们将分别通过手工计算和 SPSS 软件计算说明协方差的分析方法。

四、协方差分析的手工计算

为了更清楚地介绍协方差分析的计算过程（Kirk，1982），我们根据表 12-14 中每个被试的原始分数进行计算。

表 12-14　原始数据表

	A_{X1}	A_{Y1}	A_{X2}	A_{Y2}
	10	15	7	14
	6	1	8	9
	5	4	7	16
	8	6	3	7
	9	10	6	13
	4	0	8	18
	9	7	6	13
	12	13	8	6
$\sum$	63	56	53	96

其中 A_{X1} 和 A_{X2} 是每个学生的识字量测验分数，A_{Y1} 和 A_{Y2} 是每个学生的汉字注音测验的分数。

首先根据原始分数计算各种总和：

$$\sum_{i=1}^{n}\sum_{j=1}^{p}Y_{ij} = 15+1+4+\cdots+6 = 152$$

$$\frac{\left(\sum_{i=1}^{n}\sum_{j=1}^{p}Y_{ij}\right)^2}{np} = \frac{152^2}{8\times 2} = 1\,444$$

$$\sum_{i=1}^{n}\sum_{j=1}^{p}Y_{ij}^2 = 15^2+1^2+\cdots+6^2 = 1\,876$$

$$\sum_{j=1}^{p}\frac{\left(\sum_{i=1}^{n}Y_{ij}\right)^2}{n} = \frac{56^2}{8}+\frac{96^2}{8} = 1\,544$$

$$\sum_{i=1}^{n}\sum_{j=1}^{p}X_{ij} = 10+6+\cdots+8 = 116$$

$$\frac{\left(\sum_{i=1}^{n}\sum_{j=1}^{p}X_{ij}\right)^2}{np} = \frac{116^2}{8\times 2} = 841$$

$$\sum_{i=1}^{n}\sum_{j=1}^{p}X_{ij}^2 = 10^2+6^2+\cdots+8^2 = 918$$

$$\sum_{j=1}^{p}\frac{\left(\sum_{i=1}^{n}X_{ij}\right)^2}{n} = \frac{63^2}{8}+\frac{53^2}{8} = 847.25$$

$$\frac{\left(\sum_{i=1}^{n}\sum_{j=1}^{p}X_{ij}\right)\left(\sum_{i=1}^{n}\sum_{j=1}^{p}Y_{ij}\right)}{np} = \frac{116\times 152}{8\times 2} = 1\,102$$

$$\sum_{i=1}^{n}\sum_{j=1}^{p}X_{ij}Y_{ij} = 10\times 15+6\times 1+\cdots+6\times 8 = 1\,184$$

$$\sum_{j=1}^{p}\frac{\left(\sum_{i=1}^{n}X_{ij}\right)\left(\sum_{i=1}^{n}Y_{ij}\right)}{n} = \frac{63\times 56}{8}+\frac{53\times 96}{8} = 1\,077$$

然后进行各种平方和的计算：

$$T_{YY}=\sum_{i=1}^{n}\sum_{j=1}^{p}Y_{ij}^{2}-\frac{\left(\sum_{i=1}^{n}\sum_{j=1}^{p}Y_{ij}\right)^{2}}{np}=1\ 876-1\ 444=432$$

其中 T_{YY}是未调整的因变量的总平方和。

$$A_{YY}=\sum_{j=1}^{p}\frac{\left(\sum_{i=1}^{n}Y_{ij}\right)^{2}}{n}-\frac{\left(\sum_{i=1}^{n}\sum_{j=1}^{p}Y_{ij}\right)^{2}}{np}=1\ 544-1\ 444=100$$

其中 A_{YY}是未调整的组间平方和。

$$S_{YY}=\sum_{i=1}^{n}\sum_{j=1}^{p}Y_{ij}^{2}-\sum_{j=1}^{p}\frac{\left(\sum_{i=1}^{n}Y_{ij}\right)^{2}}{n}=1\ 876-1\ 544=332$$

其中 S_{YY}是未调整的组内平方和。

$$T_{XX}=\sum_{i=1}^{n}\sum_{j=1}^{p}X_{ij}^{2}-\frac{\left(\sum_{i=1}^{n}\sum_{j=1}^{p}X_{ij}\right)^{2}}{np}=918-841=77$$

其中 T_{XX}是协变量的总平方和。

$$A_{XX}=\sum_{j=1}^{p}\frac{\left(\sum_{i=1}^{n}X_{ij}\right)^{2}}{n}-\frac{\left(\sum_{i=1}^{n}\sum_{j=1}^{p}X_{ij}\right)^{2}}{np}=847.25-841=6.25$$

其中 A_{XX}是协变量的组间平方和。

$$S_{XX}=\sum_{i=1}^{n}\sum_{j=1}^{p}X_{ij}^{2}-\sum_{j=1}^{p}\frac{\left(\sum_{i=1}^{n}X_{ij}\right)^{2}}{n}=918-847.25=70.75$$

其中 S_{XX}是协变量的组内平方和。

$$T_{XY}=\sum_{i=1}^{n}\sum_{j=1}^{p}X_{ij}Y_{ij}-\frac{\left(\sum_{i=1}^{n}\sum_{j=1}^{p}X_{ij}\right)\left(\sum_{i=1}^{n}\sum_{j=1}^{p}Y_{ij}\right)}{np}=1\ 184-1\ 102=82$$

其中 T_{XY}是协变量和因变量的共变平方和。

$$A_{XY}=\sum_{j=1}^{p}\frac{\left(\sum_{i=1}^{n}X_{ij}\right)\left(\sum_{i=1}^{n}Y_{ij}\right)}{n}-\frac{\left(\sum_{i=1}^{n}\sum_{j=1}^{p}X_{ij}\right)\left(\sum_{i=1}^{n}\sum_{j=1}^{p}Y_{ij}\right)}{np}$$

$$=1\ 077-1\ 102=-25$$

其中 A_{XY}是组间共变平方和。

$$S_{XY}=\sum_{i=1}^{n}\sum_{j=1}^{p}X_{ij}Y_{ij}-\sum_{j=1}^{p}\frac{\left(\sum_{i=1}^{n}X_{ij}\right)\left(\sum_{i=1}^{n}Y_{ij}\right)}{n}=1\,184-1\,077=107$$

其中 S_{XY} 是组内共变平方和。

$$T_{adj}=T_{YY}-\frac{T_{XY}^2}{T_{XX}}=432-\frac{82^2}{77}=344.68$$

其中 T_{adj} 是调整后的因变量的总平方和。

$$A_{adj}=T_{adj}-S_{adj}=344.68-170.18=174.5$$

其中 A_{adj} 是调整后的因变量的组间平方和。

$$S_{adj}=S_{YY}-\frac{S_{XY}^2}{S_{XX}}=332-\frac{107^2}{70.75}=170.18$$

其中 S_{adj} 是调整后的因变量的组内平方和。

下面我们通过对同一组数据分别进行协方差分析和普通的方差分析，来对比一下两种统计方法的异同。首先，如果我们使用识字量测验的成绩为协变量来调整因变量分数，协方差分析发现两种教学方法之间的差异是非常显著的（见表 12-15）。表中 A_{adj} 是用协变量调整后的组间变异，S_{adj} 是用协变量调整后的组内变异。

表 12-15　协方差分析表

变异来源	SS	df	MS_{adj}	F
组间（A_{adj}）	174.5	$p-1=1$	174.5	13.33**
组内（S_{adj}）	170.18	$np-p-1=13$	13.091	
合计	344.68	$np-2=14$		

然而，如果使用未调整的因变量分数，简单的方差分析发现两种教学方法之间的差异仅仅达到边缘显著（见表 12-16）。表中 A_{YY} 是未调整的组间变异，S_{YY} 是未调整的组内变异。

表 12-16　方差分析表

变异来源	SS	df	MS	F
组间（A_{YY}）	100	$p-1=1$	100	4.217
组内（S_{YY}）	332	$p(n-1)=14$	23.714	
合计	432	$np-1=15$		

五、协方差分析的 SPSS 软件计算

（一）数据格式

在上述探讨儿童汉字学习方法影响的研究中，只包含一个自变量，即教学方法。它是一个被试间变量（用 A 表示），有两个水平（用 1 和 2 表示，分别代表分散学习和集中学习），识字量测验的分数是协变量（用 X 表示），汉字注音测验的分数是因变量（用 Y 表示）。在 SPSS 数据窗口中的格式如下：

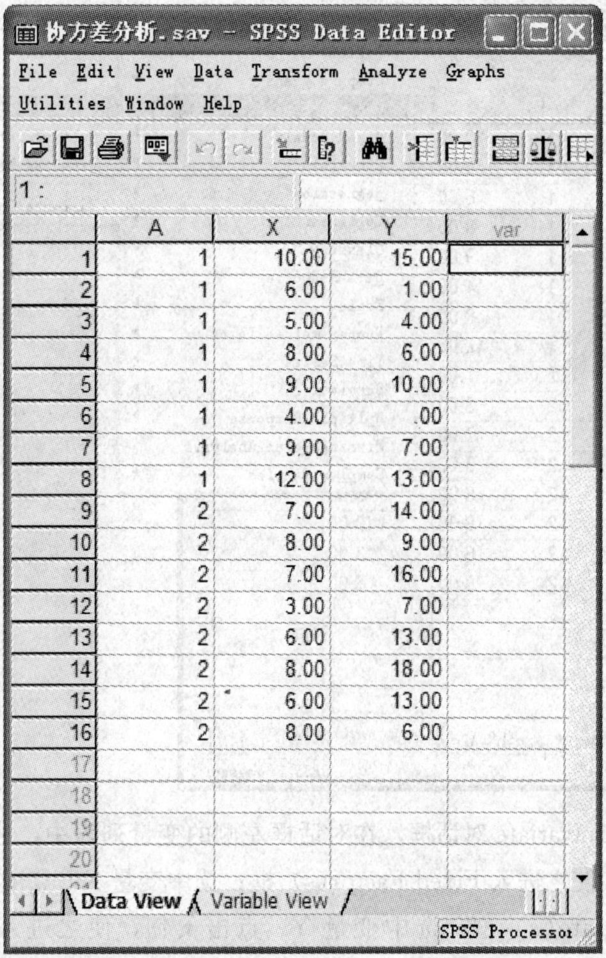

	A	X	Y	var
1	1	10.00	15.00	
2	1	6.00	1.00	
3	1	5.00	4.00	
4	1	8.00	6.00	
5	1	9.00	10.00	
6	1	4.00	.00	
7	1	9.00	7.00	
8	1	12.00	13.00	
9	2	7.00	14.00	
10	2	8.00	9.00	
11	2	7.00	16.00	
12	2	3.00	7.00	
13	2	6.00	13.00	
14	2	8.00	18.00	
15	2	6.00	13.00	
16	2	8.00	6.00	
17				
18				
19				
20				

需要注意的是，由于所有的被试都参加了识字量测验和汉字注音测验，因此，每个被试都有两个成绩，应该安排在同一行。而教学方法是被

试间变量，各有 8 个学生参加了分散学习和集中学习，因此，共有 16 个被试参加实验，一共有 16 行数据。

（二）数据分析

激活 Analyze 菜单，选 General Linear Model 中的 Univariate... 命令项。

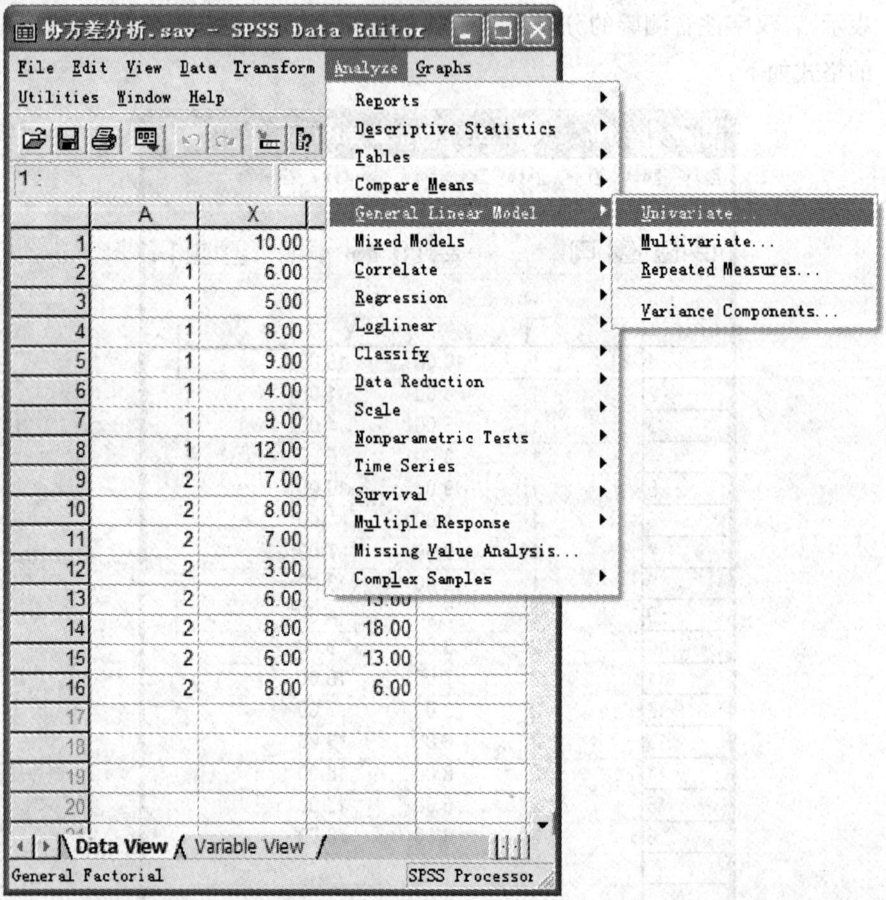

弹出 Univariate 对话框，在对话框左侧的变量列表中，选中变量 A，点击▶钮，使之进入 Fixed Factor(s) 框；选中变量 X，点击▶钮，使之进入 Covariate(s) 框；选中变量 Y，点击▶钮，使之进入 Dependent Variable 框。

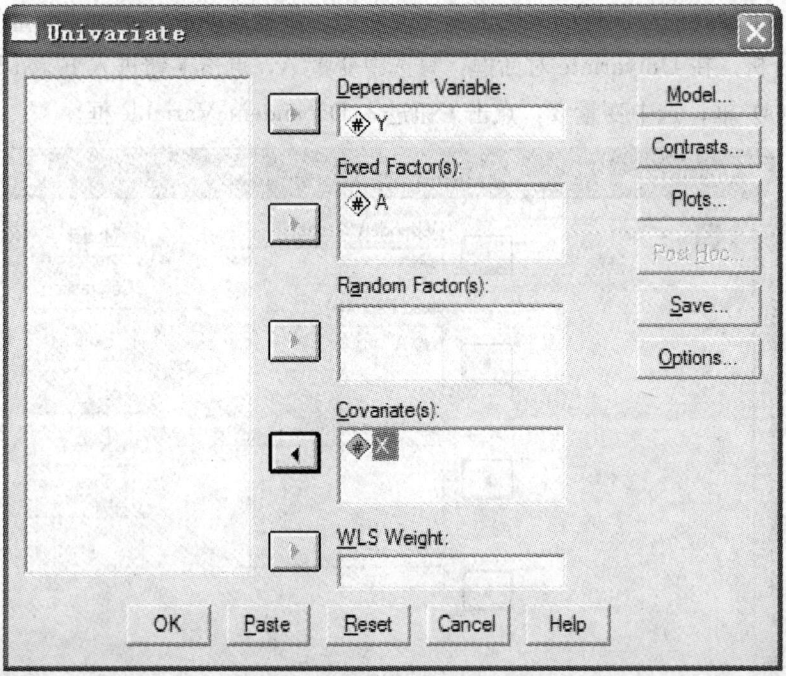

点击 OK 钮，开始协方差分析。输出结果如下。

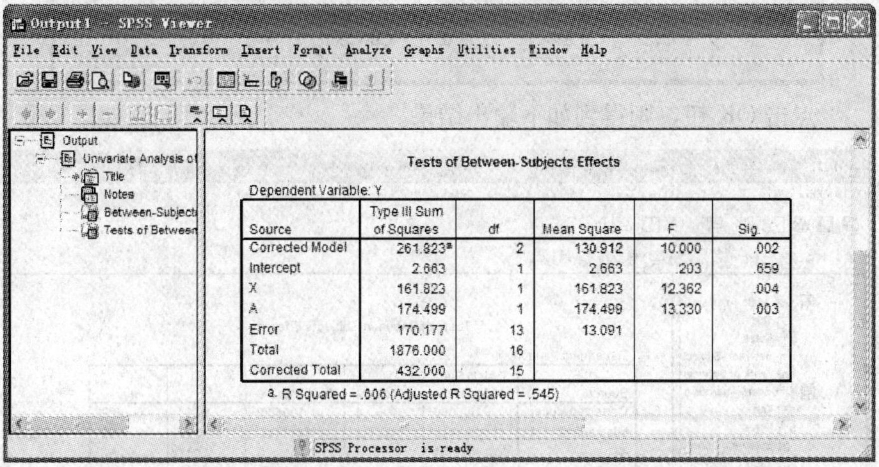

Tests of Between-Subjects Effects

Dependent Variable: Y

Source	Type III Sum of Squares	df	Mean Square	F	Sig.
Corrected Model	261.823[a]	2	130.912	10.000	.002
Intercept	2.663	1	2.663	.203	.659
X	161.823	1	161.823	12.362	.004
A	174.499	1	174.499	13.330	.003
Error	170.177	13	13.091		
Total	1876.000	16			
Corrected Total	432.000	15			

a. R Squared = .606 (Adjusted R Squared = .545)

图 12-1　使用调整的因变量分数的协方差分析输出结果

这一结果与我们手工计算的结果完全一致，显示在使用识字量测验的成绩为协变量来调整因变量分数时，两种教学方法之间的差异是非常显著的，$F(1, 13)=13.330$，$p=0.003$。

下面我们对同样的数据进行不使用识字量测验的成绩作为协变量的方差分析。在 Univariate 对话框，只选中变量 A，点击 ▶ 钮进入 Fixed Factor(s) 框；选中变量 Y，点击 ▶ 钮进入 Dependent Variable 框。

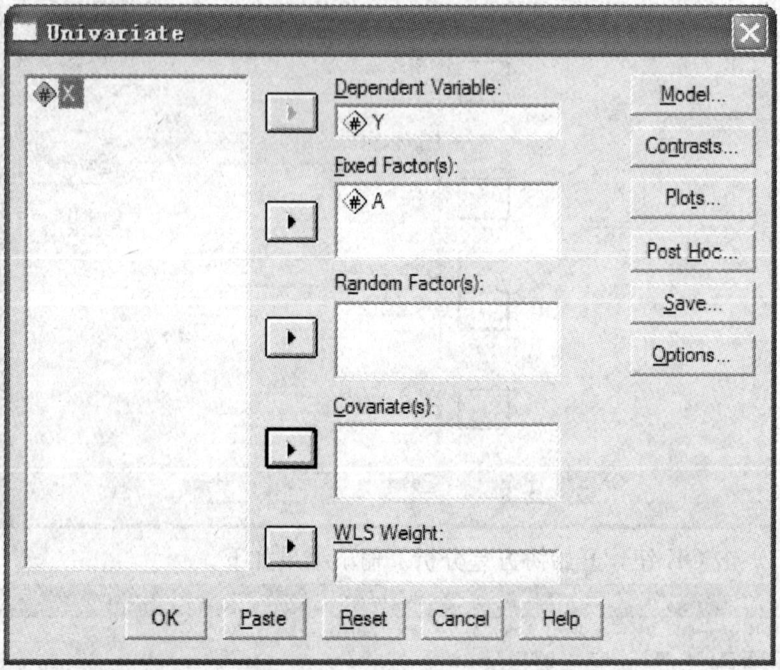

点击 OK 钮，则得到如下输出结果。

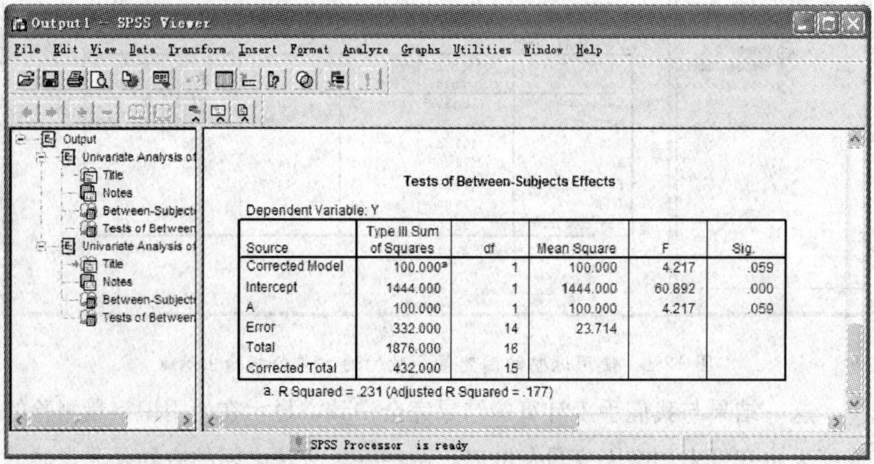

Tests of Between-Subjects Effects

Dependent Variable: Y

Source	Type III Sum of Squares	df	Mean Square	F	Sig.
Corrected Model	100.000a	1	100.000	4.217	.059
Intercept	1444.000	1	1444.000	60.892	.000
A	100.000	1	100.000	4.217	.059
Error	332.000	14	23.714		
Total	1876.000	16			
Corrected Total	432.000	15			

a. R Squared = .231 (Adjusted R Squared = .177)

图 12-2　使用未调整的因变量分数的协方差分析输出结果

这一结果与我们手工计算的结果也完全一致，显示如果不把识字量测验的成绩作为协变量，而使用未调整的因变量分数，则两种教学方法之间的差异仅仅达到边缘显著 $F(1, 14)=4.217$，$p=0.059$。

在没有考虑识字量测验作为协变量时，这个实验仅是一个单因素两水平的被试间设计，因此，可以直接使用 Compare Means 中的 One-Way ANOVA 分析。

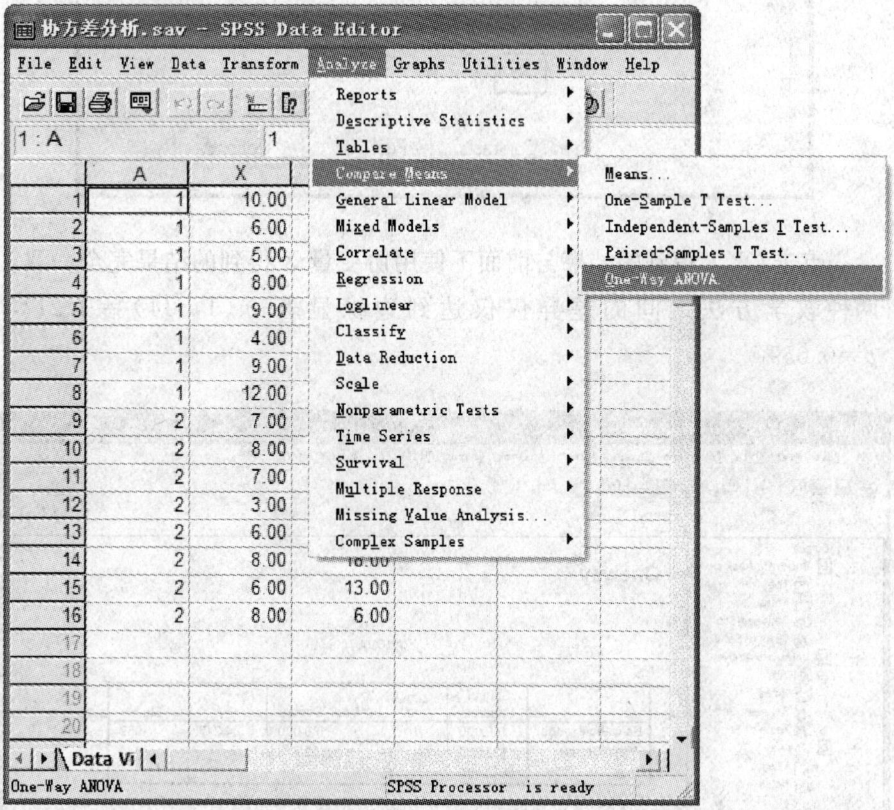

原始数据输入时，将汉字注音测验的成绩 Y 作为因变量放入 Dependent List 中，将教学方式 A 作为自变量放入 Factor 中。

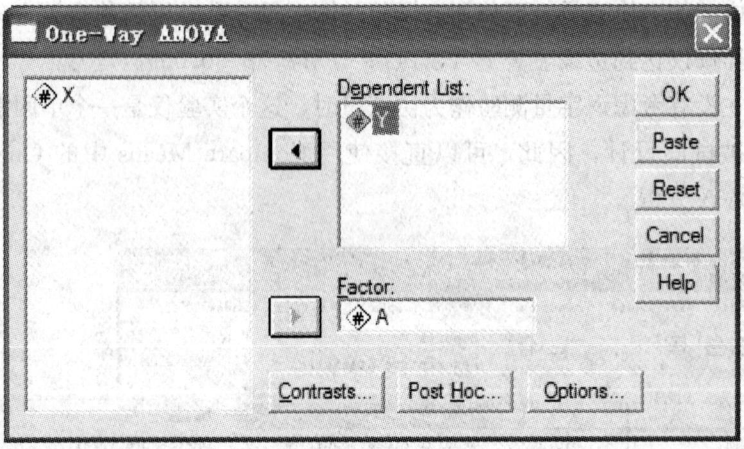

点击 OK，得到的结果与前面不使用协变量 X 得到的结果完全一致，两种教学方法之间的差异仅仅达到边缘显著 $F(1, 14)=4.217$，$p=0.059$。

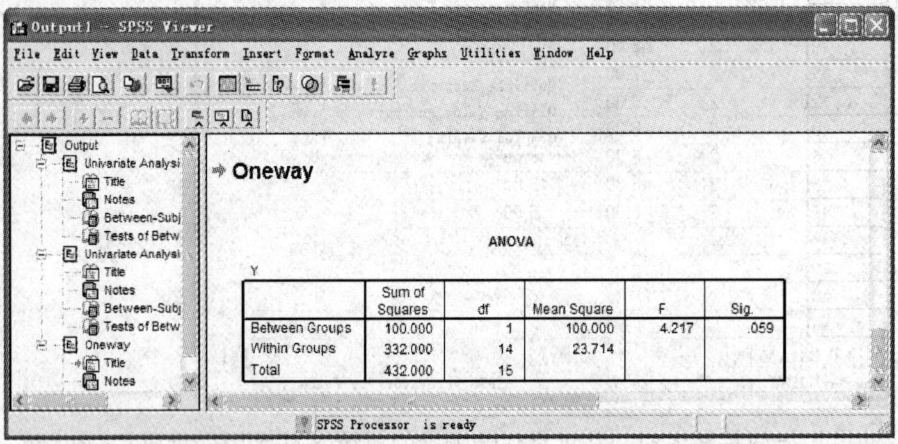

图 12-3 方差分析输出结果

以上举例说明了 One-Way ANOVA 分析和 General Linear Model 分析的基本数学原理是一样的，只不过 One-Way ANOVA 分析是 General Linear Model 分析的一个特例，适用于只有一个自变量的情况。

（三）协变量和因变量的平均差异的不同方向的调整举例

在协方差分析的原理部分提到协变量的调整有两种情况：当协变量和因变量的平均差异方向相反时，调整会加大处理效应的平方和；当协变量和因变量的平均差异方向相同时，调整将导致减小处理效应的平方和。在上面的例子中，我们可以看到在使用识字量测验成绩作为协变量之后，两种教学方法之间的差异从边缘显著变成了非常显著。这是由于在进行实验之前，分散学习班学生的识字量测验成绩高于集中学习班，而在教学干预之后，集中学习班学生的汉字注音成绩高于分散学习班，协变量 X 和因变量 Y 的平均差异方向是相反的。两个班在两个测验上的平均数见表 12-17，其中 X 是识字量测验的分数，Y 是汉字注音的分数。

表 12-17　两班学生的识字量测验和汉字注音的分数

	X	Y
A1	7.875	7.0
A2	6.875	12.0

因此，我们可以理解在这种情况下，使用协变量分离出了实验之前存在的反方向的差异，使得实验处理表现得更为有效。

在另一种情况下，协变量和因变量的平均差异方向是相同的。例如，我们仍使用上例中的数据，只是把每个集中学习班学生的识字量测验成绩加上 3（用 XX 表示），使得集中学习班学生的识字量测验成绩和汉字注音成绩都高于分散学习班，数据如下：

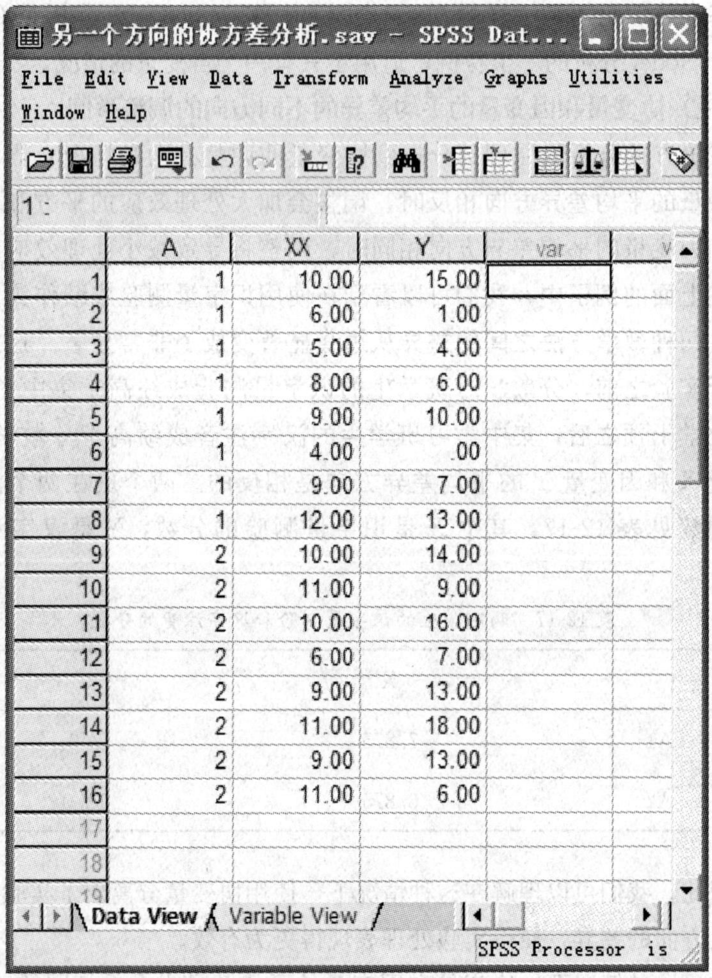

使用与上例完全相同的协方差分析，即教学方法是一个被试间变量（用A表示），有两个水平（用1和2表示，分别代表分散学习和集中学习），识字量测验的分数是协变量（用XX表示），汉字注音测验的分数是因变量（用Y表示），得到以下结果。

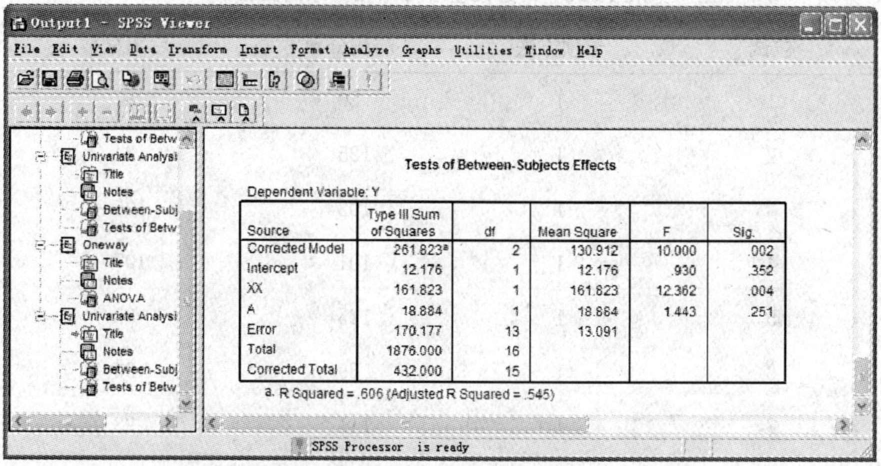

Tests of Between-Subjects Effects

Dependent Variable: Y

Source	Type III Sum of Squares	df	Mean Square	F	Sig.
Corrected Model	261.823[a]	2	130.912	10.000	.002
Intercept	12.176	1	12.176	.930	.352
XX	161.823	1	161.823	12.362	.004
A	18.884	1	18.884	1.443	.251
Error	170.177	13	13.091		
Total	1876.000	16			
Corrected Total	432.000	15			

a. R Squared = .606 (Adjusted R Squared = .545)

图 12-4 协方差分析的输出结果

从图 12-4 中我们看到，$F(1, 13)=1.443$，$p=0.251$，两种教学方式之间的差异连边缘水平都达不到了。其原因在于，当把每个集中学习班学生的识字量测验成绩加上 3 后，集中学习班学生在教学前的识字量测验成绩和教学后的汉字注音成绩都高于分散学习班。在这种情况下，实验处理的差异包含了实验开始之前已存在的差异，使用协变量分离出了实验之前就已经存在的同方向的差异，使得实验处理的效果变得不明显了。

（四）协方差分析的调整原理举例

我们再举一个例子说明协方差分析的调整原理。研究者试图比较两种对儿童进行早期干预方法的有效性。首先，随机分配两组儿童进入两个干预项目，每组 10 个儿童。在进行干预前和实施干预后，对两组儿童分别进行了智力测验。在这个实验中，因变量是实施干预后的智力测验分数（后测分数）。考虑到儿童可能在原有智力测验上存在差异，将干预前的智力测验分数（前测分数）作为协变量。实验得到的原始数据如下：

表 12-18　两组儿童智力测验的原始数据

被试	干预方法	前测分数	后测分数
1	1	80	87
2	1	125	124
3	1	103	105
4	1	101	107
5	1	125	93
6	1	89	93
7	1	111	93
8	1	116	127
9	1	110	118
10	1	95	106
11	2	101	103
12	2	125	121
13	2	105	109
14	2	104	116
15	2	111	123
16	2	110	139
17	2	125	135
18	2	68	101
19	2	101	121
20	2	95	97

我们用两种方法对数据进行计算。第一种方法，不考虑儿童在原有智力测验上可能存在的差异，只用实施干预后的智力测验分数（后测分数）作为因变量，进行方差分析检验（见表 12-19）。结果表明，两种干预方法的效应是不显著的，$F(1,\ 18)=3.17$，$p>0.05$。

表 12-19　方差分析表（基于后测分数）

来源	SS	df	MS	F	p
干预	627.20	1	627.20	3.17	0.092
误差	3 564.60	18	198.03		

第二种方法，我们考虑儿童可能在原有智力测验上存在的差异，将干预前的智力测验分数（前测分数）作为协变量，进行协方差分析检验（见表 12-20）。结果表明，两种干预方法的效应是显著的，$F(1, 17)=5.28$，$p<0.05$。

表 12-20　协方差分析表（用前测分数做协变量）

来源	SS	df	MS	F	p
干预	690.23	1	690.23	5.28	0.035
回归	1 342.41	1	1 342.41		
误差	2 222.19	17	130.72		

为什么两种计算得出的结论会不相同？让我们比较一下两个实验设计模型。

方差分析的实验设计模型是：

$$Y_{ij}=\mu+\alpha_j+\varepsilon_{i(j)}$$

$$(i=1,\ 2,\ \cdots,\ n;\ j=1,\ 2,\ \cdots,\ p)$$

协方差分析的实验设计模型是：

$$Y_{ij}=\mu+\alpha_j+\beta_w(X_{ij}-\overline{X_{..}})+\varepsilon_{i(j)}$$

$$(i=1,\ 2,\ \cdots,\ n;\ j=1,\ 2,\ \cdots,\ p)$$

可以看出，与基于后测分数的方差分析相比，在协方差分析中，前测分数与后测分数关系的调整导致一部分可以从协变量预测因变量的变异被从误差变异中分离出来，减小了误差变异，使干预的效应显示出来。

本章主要观点

· 嵌套实验设计经常适用的两种情况：一种是被试组在实验处理条件中的嵌套，实验设计的目的主要是分离出团体效应；另一种是控制因素或无关因素在实验处理条件中的嵌套，实验设计旨在分离出与实验处理效应相混淆的无关变量的效应。

・嵌套实验设计的一个重要用途是使研究者可能在自然状态下利用固定团体进行某些研究，同时可以通过实验设计与统计分离出固定团体之间的差异带来的变异，从而使研究者的探索范围可扩展到一些传统实验设计无法涉及的领域，同时又不降低研究的精度。

・嵌套实验设计也可以用于分离实验中的无关变量带来的变异。当实验中有些无关变量可能影响因变量的测量，并与实验处理效应相混淆时，通过无关变量在实验处理条件中的嵌套设计可以帮助分离出这样的无关变量的效应。

・协方差分析是通过统计控制减少实验误差的一个途径，其基本方法是通过统计分离出实验中潜在的偏差源，而这些偏差是很难或者不可能通过实验控制消除的。

・协变量指在实验中未被控制但被认为是影响因变量的变异源。协方差分析是将回归分析和方差分析相结合，测量除自变量外的一个或多个协变量的影响，并分离出协变量的效应。

・选择协变量要考虑的因素包括：实验中含有一个或多个影响因变量但与自变量的变化无关的额外变异源，对这些额外变异源进行实验控制是不可能的，这个（些）无关变异是独立于处理效应的。协变量选择的主要标准是协变量与因变量高相关。

思考题

1. 什么是嵌套实验设计？嵌套设计与交叉设计的区别是什么？在什么情况下需要使用嵌套设计？

2. 将被试组嵌套在处理条件中的实验设计的主要目的是什么？其实验设计和方差分析方法是什么？

3. 将无关因素嵌套在处理条件中的实验设计的主要目的是什么？其实验设计和方差分析方法是什么？

4. 什么是协方差分析？在什么情况下需要使用协方差分析？

5. 什么是协变量？如何选择协变量？

6. 协方差分析的原理是什么？协方差分析和方差分析的差别是什么？

第十三章 实验数据的整理与处理

心理学是一门实验的科学，其重要特点是需要在收集数据的基础上获得结论。因此，客观、可靠的数据是心理学研究的根本。没有可靠的数据，所有的研究结论就失去了根基。本章中，我们将介绍一些常用的数据整理和处理的方法。

第一节　原始数据的整理

整理数据是了解研究结果、进行进一步统计的重要步骤。获得原始数据（raw data）后，研究者需要按照规范，或者说按照相应研究群体可接受的方式对数据进行整理和处理。这些规范可能包括：如何处理极端数据，如何对待“不符合假说”的数据等。收集的数据中经常可能会含有极端数据，即某些数据的数值远远大于或小于平均值。如何对待这样的极端数据？有些人会根据自己的经验去除一些“远远大于平均数”“远远小于平均数”或“不可能”的数值。然而，如果任意去除极端数据，不同研究者的标准可能是不同的，从而使实验之间的结果无法进行比较。又如，实验中还经常会发现一些“特别”的被试，他们的反应与其他被试的反应有很大的差别。例如，有些被试在一些反应时任务中犯错误的比率比其他被试高得多。哪些被试是“特别被试”，需要从总数据中去除他们的数据？如果研究者根据个人的经验任意去掉一些被试的数据，也可能因为研究者去除标准的不同，从而导致得到不同的结果和结论。以上两种“任意”处理数据的方式，很可能会导致实验结论的不同。下面我们介绍一些整理原始数据的方法。

一、极端数据的去除或替代

原则上，我们尽量使用所有的有效数据来进行统计分析。但是根据样本分布，在进行统计检验分析之前，往往需要先将那些被认为不是来自于该样本总体的数据剔除掉。在经验操作上，可以按照平均数加减三个标准差的原则来处理。在这个范围之外的数据，我们称之为极端数据，统计上有理由认为它不是来自抽样样本所代表的总体，需要对这部分数据进行特殊的处理。

处理的方法有两个：一个是用平均数替代；另一个是用上限或下限对应的边缘数值替代。这两种替代的假设是不同的。前者假设该极端数据不反映任务难度、加工深度等任何信息，仅仅是一个“意外”，这种情况下就可以用样本平均数来代替。而后者则认为该极端数据传达了一定的信息，可能反映了加工难度太高或者太低等。获得的所有数据是一个连续体，只是该极端数据远远偏离了平均数，但是偏离的方向和距离是有意义的。这时可以用上限或下限对应的边缘数值来替代。

在 Excel 中，可以利用提供的 if 函数及其强大的复制、粘贴功能来实现这两类替代。例如，在一个反应时实验中，这两种替代都需要先计算某条件、某项目或某被试的相应的总的反应时平均数和标准差（不包括错误反应数据），然后计算标准所对应的上下限。需要注意的是：在 Excel 中的数据计算，空的单元格不参与，也可以理解为是用平均数替代。所以，如果用平均数替代的话，只需要把极端值替换为空的单元格即可。需要判断一个数值是否在范围上下限之内时，可用函数“＝if（or（b3＞上限，b3＜下限），“”，b3)”。如果用边缘数据替代，就用相应标准（比如三个标准差）对应的上下限数据来替代，即用函数“＝if(b3＞上限，上限，b3)”和“＝if（b3＜下限，下限，b3)”。

二、观察描述统计的结果

在进行统计检验之前，对研究者非常重要的是观察一组数据的分布情况以及平均数、标准差、基本相关等描述统计数据，这可以使研究者对应当如何进一步处理数据做到心中有数。有经验的研究者能从平均数和标准差上初步了解各组数据的差异模式，对统计检验的结果有一个初步的估价。

描述统计的结果是基于有效实验数据的。数据有效是相对于无效而言的。就常用的反应时数据而言，数据无效包括两个方面：一类是错误反应，因为错误反应和正确反应的心理加工过程可能是不同的，因此一般的反应时研究中所计算的有效数据只包括正确反应的反应时；另一类则是上面提到的极端数据，虽然是正确反应，但是它代表的心理含义可能与所要探讨的问题不同。所以，反应时研究中的描述统计是在进行了错误反应和极端数据处理后得到的。

在 Excel 中计算一组数据的平均数可以使用公式“＝average(*)”，标准差计算可以用公式“＝stdev(*)”，求中数用公式“＝median(*)”，求众数用公式“＝mode(*)”等。其中，* 表示数据区。当然，也可以用 SPSS 中描述统计功能得到这些信息。

观察描述统计结果有时候会告诉我们许多有用的信息。例如，我们做实验时经常会先做一个预实验，实际上是先测试一个小样本。如果预实验的结果表明实验设计是可行的话，再施测更多的被试，继续完成实验。如何通过观察小样本数据的描述统计特征估价实验设计是否可行？我们来看看下面的例子。

在一个启动实验（实验 1）中，有三种启动条件和一个控制条件，研究者先测试了 30 名被试。被试反应时的描述统计结果如下：

表 13-1　30 名被试在启动实验 1 中反应时数据（单位：ms）

	被试数	平均数	标准差	启动效应
启动 1	30	632	84	＋3
启动 2	30	633	83	＋2
启动 3	30	633	82	＋2
控制	30	635	69	

从表 13-1 中的启动实验 1 的反应时平均数结果可以看出，各种启动条件下的启动效应应当是不显著的。而且由于各种条件下的标准差差异较小，说明数据是比较稳定的，通过增加被试获得显著的启动效应的

可能性也比较小。在这样的情况下，测试更多的被试可能是没有效果的。

我们再看另外一个例子。在一个启动实验（实验 2）中，有三种启动条件和一个控制条件，研究者先测试了 34 名被试，被试反应时的描述统计结果如下。

表 13-2　34 名被试在启动实验 2 中反应时数据（单位：ms）

	被试数	平均数	标准差	启动效应
启动 1	34	761	130	＋3
启动 2	34	760	136	＋4
启动 3	34	775	125	－11
控制	34	764	120	

从表 13-2 中启动实验 2 的反应时平均数结果可以看出，启动 3 条件下有一定的抑制效应，虽然抑制效应可能还不够显著，但有一定的趋势（11 毫秒）。启动 1 和启动 2 条件下的效应很小。同时可以看到，各种条件下的标准差差异较大，表明数据可能不够稳定，通过增加被试有可能获得显著的启动或抑制效应。研究者继续增加被试至 75 人。从表 13-3 中可以看到，在 75 名被试的反应时平均数结果中，启动 3 条件下的抑制效应趋势加强了（20 毫秒），各种条件下的标准差差异减小了，表明数据更加趋于稳定。进一步的 F 检验结果表明，启动 3 条件下的抑制效应是统计上显著的。

表 13-3　75 名被试在启动实验 2 中反应时数据（单位：ms）

	被试数	平均数	标准差	启动效应
启动 1	75	751	107	－8
启动 2	75	743	104	0
启动 3	75	763	113	－20**
控制	75	743	103	

以上的例子告诉我们一组数据的平均数、标准差等描述统计信息的重要性。它可以帮助研究者了解初步结果的性质，确定进一步研究方向，或者考虑进一步的统计分析方法。

第二节 数据的转换

转换（transformation）是指对一组数据进行系统的转变。转换的过程中这组数据的某些特征改变了，而其他一些特征没有改变。在行为科学研究中，研究者有时需要在正式数据处理之前对原始数据进行转换，常见的原因可能包括：原始数据不能很好地满足 F 检验的需要，研究者希望获得误差变异的同质性，或者使原始数据接近正态分布，或者是希望减小误差变异等。在一些情况下，实验处理效应本身可能是存在的，但由于原始数据的变异非常大，误差变异过大而造成处理效应不显著。在这样的情况下，数据转换可能对提高实验的敏感性有帮助。还有一些情况下，当原始数据中有极端值，如在百分率数据中有大量的 1 和 0 的极端分数时，明显破坏了数据的正态分布，合适的数据转换会使数据趋于正态分布。一般来说，当处理水平的平均数和误差变异是百分率时，以及当误差变异的分布是同质时，可以使用数据转换。本节中，我们将介绍一些常用的转换方法。

一、几种数据转换的方法

（一）平方根转换

在某种数据中，处理水平的平均数和变异都是可表示为百分数的。当因变量是一个出现的可能性很小的小概率事件时，经常会出现符合泊松分布，如在一个简单的迷宫实验中，小白鼠在每个选择点上的错误数量。对这样的数据经常可以进行平方根转换（square-root transformation），转换后，数据通常可以趋于正态化并减小变异。

转换分数的公式：

$$Y'=\sqrt{Y}$$

其中 Y 是原始分数。如果 Y 小于 10，更合适的转换是：

$$Y'=\sqrt{Y+0.5}$$

或

$$Y'=\sqrt{Y}+\sqrt{Y+1}$$

转换后分数Y'的平均数和变异不再是可表示为百分数的，数据的变异变得更加同质。这些转换分数比原始分数更适合进行方差分析。我们举一个例子来说明平方根转换。在一个儿童汉字命名实验中，要对二、四、六年级儿童命名错误中的声旁错误和类比错误的比例进行分析。其中声旁错误指儿童用声旁去命名一个不规则字，如将“歧”读做 zhī（支），类比错误指儿童用一个带同声旁的熟悉字去命名一个不规则字，如将“歧”读做 jì（技）。这两种错误反映儿童对声旁和整字的关系有一定的认识，可以称做语音有关的错误。因变量是儿童汉字命名中语音有关错误的数量。由于不同年级、不同能力儿童的读音错误数量的差异非常大，导致数据的变异很大，正态性不好。从平均数数据的描述统计结果（表13-4）看，在二年级中，无论是能力高、中、低的儿童都很少犯语音有关的错误，而且不同能力儿童之间没有很大差异。四年级儿童犯语音有关错误的数量大大增加，而且不同能力儿童之间有很大差异。六年级儿童犯语音有关错误的数量仍然很高，但不同能力儿童之间的差异很小。数据表明在每个年级中，能力高、中、低儿童的汉字读音中语音有关错误变化的趋势似乎是不一致的。如果要探讨年级和能力对儿童的语音有关错误的影响，可以对数据进行 3（年级）×3（能力）两因素实验的方差分析。结果发现年级和能力的交互作用是不显著的。

表 13-4　不同年级、不同能力儿童平均读音错误数的原始数据

能力	年级		
	二	四	六
低	1.6	5.9	14.4
中	1.8	10.4	14.8
高	3.9	12.6	15.7

研究者尝试对原始数据进行了平方根转换（见表 13-5），转换数据使用的公式如下：

$$Y' = \sqrt{Y + 0.5}$$

表 13-5 中是转换前和转换后的数据，其中“年级”一栏的数字 1、2、3 为二、四、六年级的编码，“能力”一栏的数字 1、2、3 为能力低、中、高的编码，“原始”一栏的数字为儿童犯读音有关错误的数量，“平方根”一栏为对原始错误数进行平方根转换后的数字。

表 13-5　不同年级儿童读音错误数的原始数据和平方根转换数据

年级	能力	原始	$\sqrt{n+0.5}$	年级	能力	原始	$\sqrt{n+0.5}$	年级	能力	原始	$\sqrt{n+0.5}$
1	1	0	0.7	2	1	6	2.5	3	1	21	4.6
1	1	3	1.9	2	1	1	1.2	3	1	16	4.1
1	1	1	1.2	2	1	9	3.1	3	1	9	3.1
1	2	4	2.1	2	2	11	3.4	3	2	17	4.2
1	2	4	2.1	2	2	10	3.2	3	2	6	2.5
1	2	0	0.7	2	2	6	2.5	3	2	19	4.4
1	3	7	2.7	2	3	15	3.9	3	3	18	4.3
1	3	5	2.3	2	3	14	3.8	3	3	22	4.7
1	3	4	2.1	2	3	12	3.5	3	3	9	3.1
…	…	…	…	…	…	…	…	…	…	…	…

仔细观察表 13-5 中的数据可以看到，错误数的原始数据的全距（range）是非常大的，使用平方根转换后，转换数据的全距明显减小。我们再来看一看转换前后数据的描述统计的情况。从表 13-6 中可以看到，使用平方根转换后，描述统计表明，与原始数据的标准差相比，转换数据的标准差的差异明显减小。

表 13-6　不同年级、不同能力儿童读音错误数的原始和平方根转换数据的描述统计

年级	能力	原始数据		平方根转换数据		被试数
		平均数	标准差	平均数	标准差	
二年级	低	1.555 6	1.943 7	1.310 8	0.616 1	9
	中	1.800 0	1.612 5	1.416 4	0.561 1	15
	高	3.923 1	2.722 2	1.994 3	0.695 0	13
		2.486 5	2.340 7	1.593 7	0.677 4	37
四年级	低	5.923 1	5.057 4	2.319 9	1.062 1	13
	中	10.400 0	4.171 3	3.238 3	0.665 5	15
	高	12.583 3	3.260 2	3.591 5	0.448 5	12
		9.600 0	4.960 4	3.045 8	0.918 9	40
六年级	低	14.400 0	4.550 9	3.820 3	0.582 2	10
	中	14.812 5	4.861 0	3.854 4	0.697 5	16
	高	15.700 0	4.083 8	3.994 3	0.522 7	10
		14.944 4	4.471 8	3.883 8	0.609 1	36
总计	低	7.343 8	6.597 2	2.505 0	1.272 6	32
	中	9.130 4	6.635 3	2.858 5	1.221 4	46
	高	10.257 1	6.035 9	3.113 3	1.046 7	35
		8.973 5	6.486 9	2.837 3	1.198 3	113

我们分别用原始数据和转换数据进行了方差分析，结果见表 13-7。可以看到，如果使用原始数据进行方差分析时，年级与能力的交互作用是不显著的［$F(4, 104)=1.939$，$p=0.109$］。然而，如果对数据平方根转换后，使用转换数据进行方差分析时，年级与能力的交互作用是显著的［$F(4, 104)=2.533$，$p=0.045$］。

表 13-7 SPSS 方差分析输出结果

Tests of Between-Subjects Effects

Source	Dependent Variable	Type III Sum of Squares	df	Mean Square	F	Sig.
Corrected Model	Raw Number	3198.998	8	399.875	27.470	.000
	Sqrt Transformation	112.815	8	14.102	30.554	.000
Intercept	Raw Number	8838.328	1	8838.328	607.155	.000
	Sqrt Transformation	876.597	1	876.597	1899.292	.000
GRADE	Raw Number	2765.296	2	1382.648	94.982	.000
	Sqrt Transformation	96.172	2	48.086	104.186	.000
ABILITY	Raw Number	194.793	2	97.397	6.691	.002
	Sqrt Transformation	8.278	2	4.139	8.968	.000
GRADE * ABILITY	Raw Number	112.893	4	28.223	1.939	.109
	Sqrt Transformation	4.677	4	1.169	2.533	.045
Error	Raw Number	1513.923	104	14.557		
	Sqrt Transformation	48.000	104	.462		
Total	Raw Number	13812.000	113			
	Sqrt Transformation	1070.500	113			
Corrected Total	Raw Number	4712.920	112			
	Sqrt Transformation	160.815	112			

（二）log 转换

如果在某种数据中，处理水平的平均数和标准差是可表示为百分数的，log 转换（logarithmic transformation）可能也是一种合适的选择。

log 转换的转换分数公式是：

$$Y' = \log_{10} Y$$

其中，Y 是指原始分数。当有些原始分数的值很小或者是 0 的时候，可以使用另一个公式：

$$Y' = \log_{10}(Y+1)$$

有些研究发现，当因变量是反应时测量，数据呈现正偏态分布时，log 转换是很有用的，能使正偏态的反应时数据很好地正态化。我们举一个例子来说明 log 转换。在一个研究中，研究者用眼动技术探讨语音、字形在汉语阅读中的作用，即通过改变关键词的形、音特征，观察被试阅读中眼动指标的变化。实验中要求被试正常阅读计算机屏幕上呈现的短文，例如："我刚从国外回到家的时候，家里的燃料是木炭，后来烧的是煤粉捏的大煤球，不但灰大烟大，而且碎纸、劈柴、洋火，样样不能离。"每个短文中有一个关键词，在这段短文中关键词是"烧"。研究者设计了四种实验条件：原词（如"烧"）、同音而形不相似的词（如"捎"）、形似而不同音的词（如"绕"）、不同音形也不相似的词（如"唱"）。因变量记录的是被试的眼动数据，包括首次注视时间、总注视时间、回扫次数等。由于原始数据的正态分布不够好，研究者对数据进行 log 转换。从"首次注视时间"（表 13-8）和"总注视时间"（表 13-9）的表中可以观察到，进行 log 转换后，数据的标准差明显减小了。

表 13-8 首次注视时间的原始数据和 log 转换数据的平均数和标准差（单位：ms）

关键词	原始数据	log 转换数据
原词	214(81)	2.30(0.16)
同音而形不相似的词	234(145)	2.31(0.23)
形似而不同音的词	224(93)	2.32(0.16)
无关控制词	220(87)	2.31(0.15)

表 13-9 总阅读时间的原始数据和 log 转换数据的平均数和标准差（单位：ms）

关键词	原始数据	log 转换数据
原词	293 (181)	2.40 (0.24)
同音而形不相似的词	332 (242)	2.43 (0.28)
形似而不同音的词	328 (276)	2.43 (0.25)
无关控制词	420 (327)	2.51 (0.30)

我们再来看一看 log 数据转换后数据正态分布的情况。图 13-1 中是首次注视时间的原始数据的频率分布，图 13-2 中是首次注视时间的 log 转换数据的频率分布，可以明显看出 log 转换数据的分布更加接近正态分布。

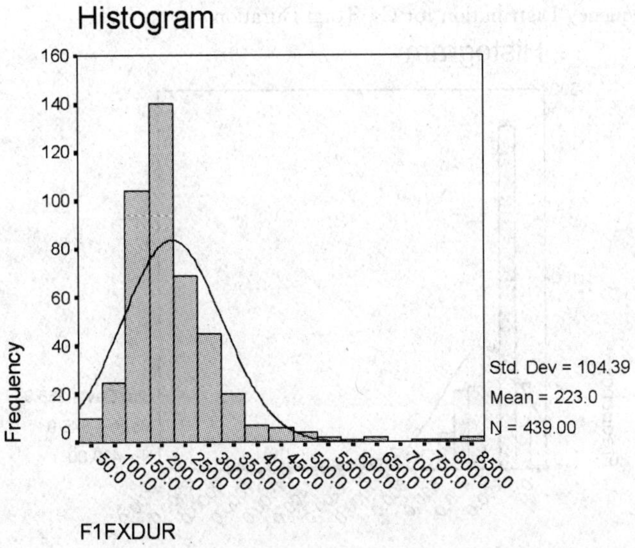

图 13-1　首次注视时间的原始数据的频率分布

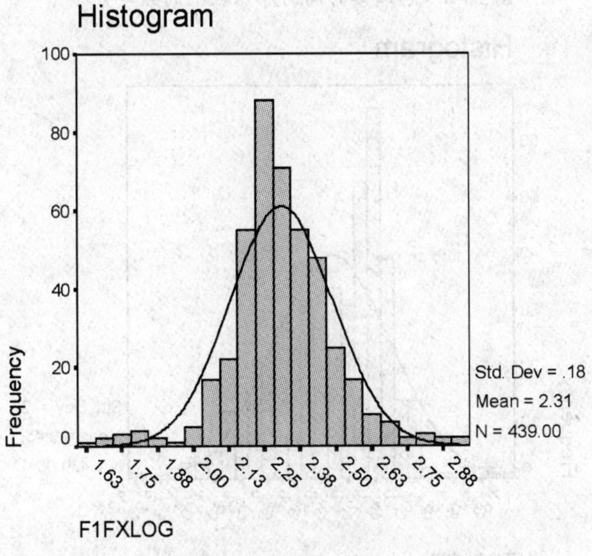

图 13-2　首次注视时间的 log 转换数据的频率分布

log 数据转换后，总阅读时间的数据正态分布情况有类似的变化。图 13-3 中是总阅读时间的原始数据的频率分布，图 13-4 中是总阅读时间的 log 转换数据的频率分布，同样可以看到 log 转换数据的分布更加接近正态分布。

Frequency Distribution for C：Total Duration

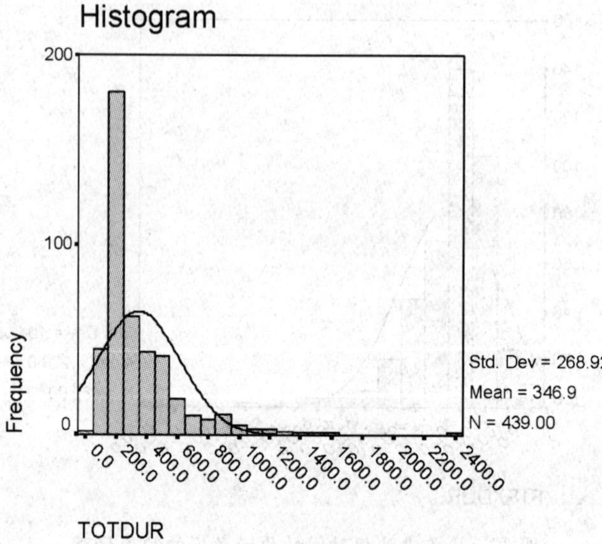

图 13-3　总阅读时间的原始数据的频率分布

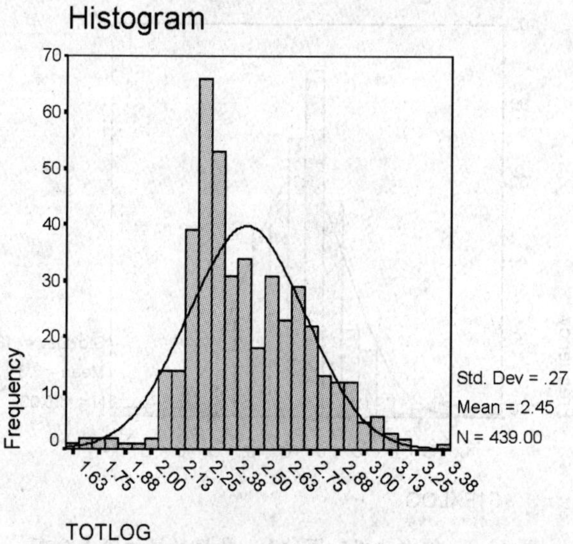

图 13-4　总阅读时间的 log 转换数据的频率分布

（三）角度转换

角度转换（angular transformation）一般用于当数据中各处理水平的平均数和变异是可表示为百分数的，同时数据分布中有极值的时候。例如，因变量测量是在不同处理中的正确反应数，当施测的数量固定时，由于被试能力的差异，可能出现两项极值，即出现百分之百的正确率，或百分之零的正确率。在这种情况下，对数据进行角度转换是合适的。

角度转换分数的公式：

$$Y'=2\arcsin Y^{\frac{1}{2}}$$

其中，Y 是指原始分数。当因变量测量分数被表示为百分数时，Y 的值一般是从 0.001 到 0.999。当数据中出现极值时，即 $Y=0$ 和 $Y=1$ 时，巴特利特（Bartlett）提出：当 $Y=0$ 时，可以用 $\frac{1}{2n}$ 或 $\frac{1}{4n}$ 来替换 0；当 $Y=1$ 时，可以用 $1-\frac{1}{2n}$ 或 $1-\frac{1}{4n}$ 替换 1。其中，n 是百分数所基于的观察的数量。我们再举一个例子对数据的角度转换进行说明。在一个儿童汉字命名实验中，要对二、四、六年级儿童对汉字的命名情况进行分析，因变量是命名正确率。由于不同年级、不同能力儿童的命名正确率差异非常大，导致原始数据中有 1 和 0 的极值出现，数据的正态性不好，研究者尝试对数据进行角度转换（Shu，Anderson & Wu，2000）。

转换数据使用的公式是：$Y'=2\arcsin Y^{\frac{1}{2}}$。转换时对数据中一些 0 和 1 极值用 $\frac{1}{2n}$ 和 $1-\frac{1}{2n}$ 进行了替换。表 13-10 中是该实验的原始数据和角度转换数据。

表 13-10　不同年级儿童读音正确率的原始数据和角度转换数据

年级	能力	原始	角度	年级	能力	原始	角度	年级	能力	原始	角度
1	1	0.2	0.93	2	1	0.3	1.16	3	1	0.7	1.98
1	1	0.4	1.37	2	1	0.4	1.37	3	1	0.9	2.5
1	1	0.0	0.00	2	1	0.6	1.77	3	1	0.6	1.77
1	2	0.5	1.57	2	2	0.7	1.98	3	2	0.9	2.5
1	2	0.2	0.93	2	2	0.6	1.77	3	2	0.7	1.98
1	2	0.9	2.50	2	2	1	3.14	3	2	0.8	2.21
1	3	1.0	3.14	2	3	0.9	2.5	3	3	0.9	2.5
1	3	0.9	2.50	2	3	1	3.14	3	3	1	3.14
1	3	0.6	1.77	2	3	0.8	2.21	3	3	0.9	2.5
…	…	…	…	…	…	…	…	…	…	…	…

表 13-10 中是转换前和转换后的数据，其中“年级”一栏的数字 1、2、3 为二、四、六年级的编码，“能力”一栏的数字 1、2、3 为能力低、中、高的编码，“原始”一栏的数字为儿童的汉字命名正确率，“角度”一栏为对原始正确率进行角度转换后的数字。表 13-11 中是转换前和转换后对数据进行描述统计分析的结果。

表 13-11　不同年级、不同能力儿童读音正确率的原始和角度转换数据的描述统计

年级	能力	原始数据		角度转换数据		被试数
		平均数	标准差	平均数	标准差	
二年级	1	0.333 3	0.250 0	1.102 1	0.713 9	9
	2	0.466 7	0.303 9	1.444 1	0.784 6	15
	3	0.915 4	0.121 4	2.745 1	0.482 5	13
	总计	0.591 9	0.340 2	1.818 0	0.962 8	37
四年级	1	0.253 8	0.194 1	0.958 5	0.551 7	13
	2	0.500 0	0.210 4	1.598 2	0.549 3	15
	3	0.691 7	0.210 9	2.068 2	0.605 0	12
	总计	0.477 5	0.266 5	1.531 3	0.710 6	40
六年级	1	0.530 0	0.254 1	1.635 1	0.562 8	10
	2	0.693 8	0.194 8	2.002 4	0.434 7	16
	3	0.860 0	0.135 0	2.510 2	0.493 8	10
	总计	0.694 4	0.230 5	2.041 4	0.579 5	36
总计	1	0.362 5	0.252 4	1.210 3	0.655 4	32
	2	0.556 5	0.256 2	1.688 5	0.637 2	46
	3	0.822 9	0.184 8	2.445 9	0.592 4	35
	总计	0.584 1	0.294 2	1.787 7	0.789 4	113

从图 13-5 和图 13-6 中可以看到，对数据进行了角度转换后，数据的正态分布更好，更加适于进行方差分析。

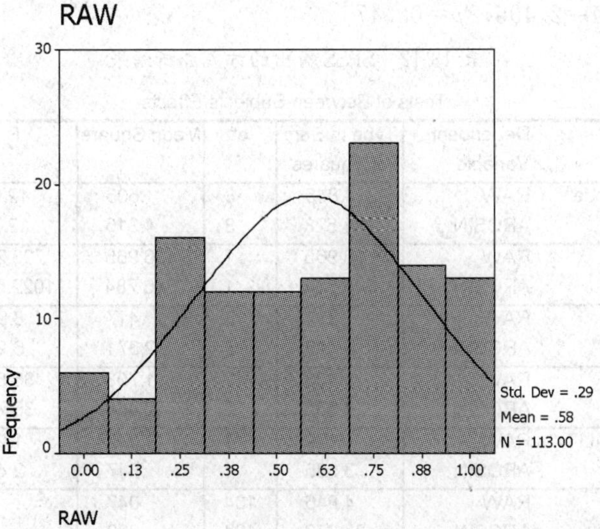

图 13-5　读音正确率的原始数据的频率分布

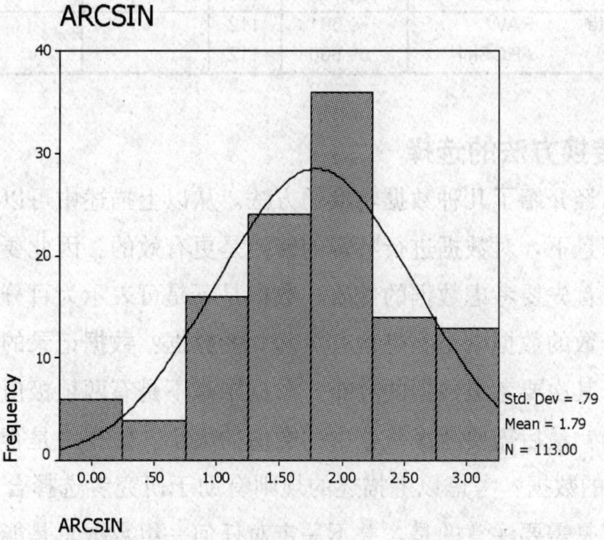

图 13-6　读音正确率的角度转换数据的频率分布

分别用原始数据和角度转换数据进行了方差分析，结果见表 13-12。结果表明，如果使用原始数据进行方差分析时，年级与能力的交互作用是不显著的 [$F(4, 104)=1.978$，$p=0.103$]。然而，如果对数据角度转换后，使用转换数据进行方差分析时，年级与能力的交互作用是显著的

[$F(4, 104)=2.496$, $p=0.047$]。

表 13-12　SPSS 输出的方差分析结果

Tests of Between-Subjects Effects

Source	Dependent Variable	Type III Sum of Squares	df	Mean Square	F	Sig.
Corrected Model	RAW	4.845	8	.606	12.998	.000
	ARCSIN	34.528	8	4.316	12.726	.000
Intercept	RAW	36.965	1	36.965	793.282	.000
	ARCSIN	346.784	1	346.784	1022.509	.000
GRADE	RAW	.834	2	.417	8.950	.000
	ARCSIN	4.742	2	2.371	6.991	.001
ABILITY	RAW	3.406	2	1.703	36.548	.000
	ARCSIN	24.935	2	12.468	36.762	.000
GRADE * ABILITY	RAW	.369	4	.092	1.978	.103
	ARCSIN	3.386	4	.847	2.496	.047
Error	RAW	4.846	104	.047		
	ARCSIN	35.272	104	.339		
Total	RAW	48.240	113			
	ARCSIN	430.934	113			
Corrected Total	RAW	9.691	112			
	ARCSIN	69.800	112			

二、转换方法的选择

我们已经介绍了几种数据转换的方法。从以上描述中可以看到，在某种特定的情景下，对数据进行特定的转换是更有效的。因此要选择合适的转换方法，首先要考虑数据的性质。数据是不是可表示为百分数的？在可表示为百分数的数据中是不是含有 1 和 0 的数据？数据记录的是错误数还是反应时？其次要考虑数据的分布。数据中是不是有两项极值？是不是正偏态分布的？最后需要考虑数据中的数值的大小。数据中是否含有大量的 0 或接近 0 的数据？考虑以上描述的规则有助于研究者选择合适的数据转换方式。但是需要注意的是，并不一定对任何一组数据总是能找到一种合适的转换方法。

选择合适的数据转换方式的另一种途径是尝试使用每一种转换得到每一个处理水平的最大分数和最小分数，然后确定每个水平内数据的全距，计算最大值与最小值的比率，产生最小比率的转换是可以考虑选择的合适的转换。这种选择方法主要适用于当研究者关心如何减小误差变异的时候。

我们通过举例来说明选择转换方法的过程。如果我们有一组数据，希望找出对该组数据合适的转换方法。原始数据中有三个处理水平，每一个水平有五名被试接受了实验处理。

表 13-13　三种处理条件下的原始数据

A1	A2	A3
4	7	13
1	5	7
5	3	8
4	6	11
3	8	7

可以看到，这组数据的原始数据变异是比较大的，如果想要找到合适的转换方法，以减小变异，可以进行下列的尝试。第一步，先找到每一个处理水平的最大分数和最小分数。在这组原始数据中，三个处理水平的最大分数分别是 5(A1)、8(A2)、13(A3)，三个处理水平的最小分数分别是 1(A1)、3(A2)、7(A3)。第二步，确定每个处理水平内的全距，分别为 5－1＝4(A1)，8－3＝5(A2)，13－7＝6(A3)。第三步，计算出全距最大值与最小值的比率，在原始数据中的比率为 6÷4＝1.5（见表 13-12）。第四步，我们分别计算平方根转换分数和 log 转换分数，找到每一个处理水平的最大分数和最小分数，计算出最大值与最小值的比率。从表 13-12 中可以看到，平方根转换后，每个处理水平内的全距分别为 2.35－1.22＝1.13(A1)，2.92－1.87＝1.05(A2)，3.67－2.74＝0.93(A3)，全距最大值与最小值的比率为 1.13÷0.93＝1.22。log 转换后，每个处理水平内的全距分别为 0.78－0.30＝0.48(A1)，0.95－0.60＝0.35(A2)，1.15－0.90＝0.25(A3)，全距最大值与最小值的比率为 0.48÷0.25＝1.92。比较原始分数、平方根转换分数和 log 转换分数的全距比率，得到比率最小的转换方法是最合适的转换。从表 13-14 中可以看出，对该组数据进行平方根转换可能是相对更合适的。

表 13-14　选择原始数据转换方法的比较

	处理水平			$\frac{全距_{最大}}{全距_{最小}}$
	A1	A2	A3	
原始分数				
最大分数（L）	5	8	13	
最小分数（S）	1	3	7	$\frac{6}{4}=1.5$
全距	4	5	6	
平方根转换				
$\sqrt{L+0.5}$	2.35	2.92	3.67	
$\sqrt{S+0.5}$	1.22	1.87	2.74	$\frac{1.13}{0.93}=1.22$
全距	1.13	1.05	0.93	
log 转换				
$\log(L+1)$	0.78	0.95	1.15	
$\log(S+1)$	0.30	0.60	0.90	$\frac{0.48}{0.25}=1.92$
全距	0.48	0.35	0.25	

为什么我们可以对原始数据进行数据转换？我们知道，心理学实验研究中选择什么指标做因变量常常是研究者任意确定的。不同的实验可能选择不同的因变量指标，有时在同样的实验设计中选择不同的因变量指标都是可能的。例如，一个关于句子加工过程中词汇语义违反的研究，研究者可能用反应时做因变量指标，也可能使用眼动的首次注视时间、回扫次数等做因变量指标。如果数据呈正偏态分布，或者数据变异较大导致方差分析不显著是与人为选择测量量表的类型有关的话，那么数据的变异较大、正偏态分布等状况是可以通过数据转换或改变测量量表得到改善的。合适的数据转换会使数据更适合于进行方差分析，以增加 F 检验显著的可能性。然而，通过数据转换增加 F 检验显著的可能性只适合于当实验的处理效应本身是存在的情况。如果处理效应本身是不存在的，任何种类的数据转换都是没有作用的。另外，获得显著的处理效应主要是依靠好的实验设计和实施，通过数据转换来改善方差分析结果的可能性是非常有限的。

一旦对一组数据选择了合适的转换方法，数据就会在一个新的量表下进行分析，所有有关处理效应的推论是在新量表的角度下产生的。在多数行为研究情景下，基于 log 转换的分数、基于平方根转换的分数所作的推论和基于未经转换的分数所作的推论的意义是不变的。

第三节　不等组实验数据的分析

在方差分析实验中，研究者一般会对不同处理条件下的被试数量进行控制，确保在各个处理条件下的被试数量相等，但有时也会出现在不同的处理条件下被试数量不相等的情况。这种情况的产生可能有多种原因，一个常见的原因是由于实验中不同的处理条件下使用自然的、固定团体，如使用在班级、车间等固定团体中的被试，而这些固定团体中的被试数量可能是不相等的。例如，在比较不同教学方法的研究中，很难做到将学生随机分配进各种教学条件，因此研究者常常保持在原有的班级中进行各种教学或测验，但每个班级的学生数量可能是不相等的。另外，在一些固定团体的研究、长期追踪研究中可能由于生病、转学或不能完成测验等与任务无关的原因导致被试的缺失，从而造成各种条件下被试不相等的情况。再有，有时在实验完成后可能对数据进行再分析，根据实验中的新发现对处理水平进行重新定义，而不是使用原实验设计中的处理水平分组，这时也会出现不等组的情况。我们在本节中重点讨论由于各种情况导致的各个实验处理条件下被试数量不相等时的数据分析，这与第六章中介绍的不等组设计的概念是不同的。

我们应当如何处理不等组的实验数据？现实中经常有两种选择。

(1) 在每种条件下选取同样数量的被试或同样数量的实验材料进行数据分析。但选取哪些被试、哪些材料参加数据分析，根据什么原则保留或舍弃部分被试或数据，这在如何操作上存在问题。

(2) 使用合适的统计处理。例如，使用不等组的数据处理，可以避开数据取舍的问题。

本节中将介绍处理不等组数据的两种统计方法：无权重的分析（unwighted）和权重的分析（wighted）。使用这两种统计方法处理不等组数据时不需要去除数据，以便达到等组的目的。但是，进行不同处理条件下的不等组被试的数据分析有一些重要的前提。例如，各种处理条件下被试数量不相等的原因应与分配实验处理条件无关。在一般的实验设计中，我们强调随机分配被试进入各个实验处理条件。随机分配被试的好处是保证在每一个实验处理条件下被试数量是相等的，被试是同质的。然而，在不等组情况下这种好处可能被削弱或消失，实验结果的科学性可能会受到影响。

一、单因素实验中的不等组数据计算

无权重的分析和权重的分析是两种处理不等组数据时使用的统计方法。使用无权重或权重方法分析不相等被试组数据的唯一差别是平方和 SS 的计算。在无权重的分析中，每个处理平均数对确定平方和 SS 有同等的贡献。而在有权重的分析中，每个处理平均数对确定平方和 SS 的贡献与每个组被试的数量有关。或者说，每个处理平均数对 SS_{A} 的影响是由在某种条件下被试数量的比例所决定的。这样，有权重的分析中，数量大的被试组在分析中会比数量小的被试组计数得更多，贡献更大。而在无权重分析中，数量大的被试组和数量小的被试组的贡献是相同的。这个方法适用于每个组（单元）中含有至少一个被试。使用无权重或权重分析的前提是假定不等组的出现是与实验处理条件分配无关的。

下面我们将介绍用权重分析或无权重分析不相等被试组的两种公式。首先我们看一下当被试组相等时的处理平方和的计算公式。根据公式

$$SS = \sum_{i=1}^{n}(X_i - \overline{X})^2$$

被试组相等时使用的公式如下：

$$SS_{\mathrm{A}} = n\sum_{j=1}^{p}(\overline{A_j} - \overline{T})^2$$

其中 $\overline{A_j}$ 表示每个实验处理组的平均数，$\overline{T}$ 表示总平均数，p 表示自变量的水平数，n 表示每组被试的数量。

当被试组是不相等的时候，使用权重分析的处理平方和的计算公式如下：

$$SS_A = \sum_{j=1}^{p} n_j(\overline{A_j} - \overline{T})^2$$

其中 n_j 表示各不等组的被试数量。

比较以上两个公式，可以看到主要变化是被试数 n 的计算不同。在等组数据的分析中，可以使用以上任意一个公式计算，因为两种方法计算的结果是相同的。而在不等组数据的分析中，只能用第二个公式，因为只有第二个公式中有合适的方式表示各组的被试数量 n_j。

可以看到，无权重分析的公式和相等被试组的公式是相同的。下面我们举两个例子来说明当被试是不等组时，权重分析和无权重分析两种计算方法的异同。

在一个单因素完全随机实验中（见表 13-15，例 1），自变量有 A1、A2、A3 三个水平，由于某种特殊的与实验处理条件分配无关的原因，每种处理水平下的被试数是不相等的：第一组 15 人，第二组 10 人，第三组 25 人。三个组的因变量原始总分数分别为 45、10 和 100，三组平均数分别为 3、1 和 4。研究者要探讨的问题是：三组平均数存在显著差异吗？

下面我们分别用权重分析和无权重分析方法进行计算，并观察两种计算方法对结果的影响。

表 13-15　两个实验例子的处理平均数数据

	例 1			例 2		
	A1	A2	A3	A1	A2	A3
总分数	45	10	100	30	25	60
被试数	15	10	25	10	25	15
平均数	3	1	4	3	1	4

首先，我们用权重分析的方法计算处理效应 SS_A。

第一步，用加权平均数（weighted mean）方法，进行总平均 $\overline{T}$ 的计算：

$$\overline{T} = \frac{(3\times15)+(1\times10)+(4\times25)}{15+10+25} = \frac{155}{50} = 3.1$$

第二步，进行 SS_A 的计算：

$$SS_A = \sum_{j=1}^{p} n_j (\overline{A_j} - \overline{T})^2$$
$$= 15 \times (3-3.1)^2 + 10 \times (1-3.1)^2 + 25 \times (4-3.1)^2$$
$$= 64.5$$

然后，我们再用无权重分析的方法计算处理效应 SS_A。

第一步，用调和平均数（harmonic mean）方法，进行 n 的计算：

$$n = \frac{1}{\frac{1}{3} \times \left(\frac{1}{15} + \frac{1}{10} + \frac{1}{25}\right)} = 14.52$$

第二步，进行总平均 $\overline{T}$ 的计算：

$$\overline{T} = \frac{3+1+4}{3} \approx 2.67$$

第三步，进行 SS_A 的计算：

$$SS_A = n \sum_{j=1}^{p} (\overline{A_j} - \overline{T})^2$$
$$= 14.52 \times [(3-2.67)^2 + (1-2.67)^2 + (4-2.67)^2]$$
$$= 67.81$$

结果可以看到，两种方法计算的处理效应 SS_A 是不相同的，主要原因是与被试不等组有关。关于加权平均数和调和平均数计算的细节，请见《现代心理与教育统计学》（张厚粲和徐建平，2004）。

那么，哪种计算受不等组的影响更大呢？不等组问题是如何影响处理效应的计算呢？我们通过另外一组数据（例 2）的计算来观察权重分析和无权重分析对计算结果的影响。

我们有另外一组数据，也是一个单因素完全随机实验（见表 13-15，例 2），自变量有三个水平，每种处理水平下的被试数也是不相等的：第一组 10 人，第二组 25 人，第三组 15 人。三个组的因变量原始总分数分别为 30、25 和 60，三个组的平均数同样是 3、1 和 4。研究者感兴趣的是同样的问题：这三组平均数存在显著差异吗？

我们同样用权重分析和无权重分析方法进行计算，并观察两种计算方法对结果的影响。

首先用权重分析方法计算 SS_A。

总平均 $\overline{T}$ 的计算：

$$\overline{T}=\frac{(3\times10)+(1\times25)+(4\times15)}{10+25+15}=2.3$$

SS_A 的计算：

$$\begin{aligned}SS_A &= \sum_{j=1}^{p} n_j(\overline{A_j}-\overline{T})^2\\ &= 10\times(3-2.30)^2+25\times(1-2.30)^2+15\times(4-2.30)^2\\ &= 42.25\end{aligned}$$

然后用无权重分析方法计算 SS_A。

n 的计算：

$$n=\frac{1}{\frac{1}{3}\times\left(\frac{1}{10}+\frac{1}{25}+\frac{1}{15}\right)}=14.52$$

总平均 $\overline{T}$ 的计算：

$$\overline{T}=\frac{3+1+4}{3}\approx2.67$$

SS_A 的计算：

$$\begin{aligned}SS_A &= n\sum_{j=1}^{p}(\overline{A_j}-\overline{T})^2\\ &= 14.52\times[(3-2.67)^2+(1-2.67)^2+(4-2.67)^2]\\ &= 67.81\end{aligned}$$

从计算结果中我们再次看到，两种方法计算的处理效应 SS_A 是不相同的。如果我们比较用权重和无权重两种方法计算例 1 和例 2 的数据可以发现，在两个实验例子中总样本数是相同的，三种处理条件的平均数是相同的。但是在两个举例中分配给三种处理条件的三组被试数（n_1，n_2，n_3）变化了，与各组被试相对应的总分数变化了。这些变化在无权重分析两组数据时没有影响：在两个例子的计算中，$n=14.52$ 和 $\overline{T}\approx2.67$ 都是不变的，处理效应（$SS_A=67.81$）也是相同的。而在权重分析中，两个例子中由于在三种处理条件下被试数变化以及相应总分数的变化，计算得到不同的结果，分别得到 $\overline{T}=3.1$（例 1）和 $\overline{T}=2.3$（例 2），从而导致例 1（$SS_A=64.5$）和例 2（$SS_A=42.25$）的处理效应有很大差异。从两个结果的比较中可以看到，无权重分析是不受取样大小、分布影响的，而权重分析是受取样大小、分布的影响的。或者说无权重分析假设，虽然各组被试数不相等，但每个组对处理效应的贡献是相同的。而权重分析假设，每个组对处理效应的贡献是受各组被试数量影响的。

二、两因素实验中的不等组数据计算

我们再举一个两因素实验的例子（例 3）。实验中有 A 和 B 两个因素，每个因素有两个水平。在四个处理结合上被试的数量不同，分别为 3、3、3、2。被试的不等组会对处理效应的计算产生影响吗？当在两因素实验中有不等被试组时，首先要确定进行无权重还是有权重的平均数分析。这时需要考虑的关键问题是：我们是希望处理效应受各组不同样本大小的影响还是希望每个组对处理效应的贡献是相同的，即处理效应不受各组样本大小的影响？通常情况下，人们会选择无权重分析，因为通常我们的实验检验假说中并不关心不等取样组的效应。下面我们主要介绍两因素实验中有不等被试组时，无权重的平均数分析过程。该实验的数据如下（见表 13-16）。

表 13-16　两因素实验举例（例 3）的原始数据

	A1B1	A1B2	A2B1	A2B2
	9	6	5	4
	8	4	4	2
	7	2	3	
总分数	24	12	12	6
被试数	3	3	3	2

首先，我们要计算平均数数据。

表 13-17　两因素实验无权重分析的平均数数据

	A1	A2	$\sum$
B1	8	4	6
B2	4	3	3.5
$\sum$	6	3.5	4.75

然后，计算我们再使用无权重分析计算 SS_A、SS_B 和 SS_{AB}。

$$\overline{T}=\frac{8+4+4+3}{4}=\frac{19}{4}=4.75$$

$$n=\frac{1}{\frac{1}{4}\times\left(\frac{1}{3}+\frac{1}{3}+\frac{1}{3}+\frac{1}{2}\right)}=2.67$$

$$\begin{aligned}SS_A&=n\sum_{j=1}^{p}(\overline{A_j}-\overline{T})^2=2.67\times2\times[(6-4.75)^2+(3.5-4.75)^2]\\&=2.67\times2\times(1.56+1.56)\\&=16.66\end{aligned}$$

$$\begin{aligned}SS_B&=n\sum_{k=1}^{q}(\overline{B_k}-\overline{T})^2=2.67\times2\times[(6-4.75)^2+(3.5-4.75)^2]\\&=2.67\times2\times(1.56+1.56)\\&=16.66\end{aligned}$$

$$\begin{aligned}SS_{AB}&=n\sum_{j=1}^{p}\sum_{k=1}^{q}(\overline{AB_{(jk)}}-\overline{T})^2-SS_A-SS_B\\&=2.67\times[(8-4.75)^2+(4-4.75)^2+(4-4.75)^2+(3-4.75)^2]-\\&\quad SS_A-SS_B\\&=2.67\times(10.56+0.56+0.56+3.06)-SS_A-SS_B\\&=2.67\times14.74-SS_A-SS_B\\&=39.35-16.66-16.66\\&=5.93\end{aligned}$$

其中$\overline{A_j}$表示 A 因素每个处理组的平均数，$\overline{B_k}$表示 B 因素每个处理组的平均数，$\overline{T}$ 表示总平均数，p 表示 A 因素的水平数，q 表示 B 因素的水平数，n 表示各不等组被试的平均数量。

表 13-18　两因素实验无权重分析的方差分析表

变异来源	SS	df	MS	F	p
A	16.66	1	16.66	8.33	0.023
B	16.66	1	16.66	8.33	0.023
AB	5.93	1	5.93	2.97	0.127
误差	14	7	2.00		
合计	53.25	10			

从方差分析表中可以看到，A 因素和 B 因素的主效应都是显著的。

最后，我们使用 SPSS 软件计算例 3 的数据。描述统计（见表 13-19）的结果输出如下：

表 13-19 SPSS 输出的描述统计结果

A	B	Mean	Std. Deviation	N
1.00	1.00	8.0000	1.0000	3
	2.00	4.0000	2.0000	3
	Total	6.0000	2.6077	6
2.00	1.00	4.0000	1.0000	3
	2.00	3.0000	1.4142	2
	Total	3.6000	1.1402	5
Total	1.00	6.0000	2.3664	6
	2.00	3.6000	1.6733	5
	Total	4.9091	2.3433	11

例 3 的数据的方差分析结果（表 13-20）输出如下：

表 13-20 SPSS 输出的方差分析结果

Source	Type III Sum of Squares	Df	Mean Square	F	Sig.
Corrected Model	40.909	3	13.636	6.818	.017
Intercept	240.667	1	240.667	120.333	.000
A	16.667	1	16.667	8.333	.023
B	16.667	1	16.667	8.333	.023
A * B	6.000	1	6.000	3.000	.127
Error	14.000	7	2.000		
Total	320.000	11			
Corrected Total	54.909	10			

将手工计算和计算机计算的结果进行比较，可以看出，SPSS 计算使用的是无权重分析方法。这种方法较少受各组被试数不相等的影响。

三、不等组数据对 *F* 值的影响

我们从上面举例的结果和分析中看到，当实验数据是不等组的时候，随着实验中各种处理条件下被试数目的变化，权重分析方法计算的处理平方和会产生变化。然而，无权重分析方法的处理平方和较少受各组被试数量不相等的影响。由于我们对各种处理条件下被试数量变化对处理效应的

影响不感兴趣，相比之下，无权重分析方法计算有较多的优势，因此更多的研究者处理数据时使用无权重分析方法。但是，不等组被试问题真的不会对处理效应带来影响，以至于我们可以忽略不计吗？需要指出的是，实际上不等组被试的数据最终是会对处理效应带来影响的，其影响主要表现在误差变异方面。我们可以举一个例子说明它的影响。表 13-21 中的几组数据分析是来自等组或不等组被试的实验。例如在实验 1 中，被试是等组的，每个处理条件下三个被试。在实验 2、实验 3、实验 4 中，被试都是不等组的。尤其在实验 4 中，四个处理条件下的被试数量相差很远，分别为 1、1、1 和 9 个被试。从表中可以看到，随着各个处理条件下被试数量差异的增大，无权重分析方法计算的 n 减小。即使当数据中保持处理效应 MS_A 不变，由于 n 的数值减小，引起误差均方 MS_E 增大，F 值减小，最终导致 p 值的显著性降低。

表 13-21　不等组数据引起的 F 值的变化

实验	各组被试数	N	MS_A	MS_E	F（3，8）	p
1	3，3，3，3	3.00	9.00	0.833	10.80	0.012
2	2，2，4，4	2.67	9.00	0.938	9.59	0.015
3	1，1，5，5	1.67	9.00	1.500	6.00	0.040
4	1，1，1，9	1.29	9.00	1.944	4.63	0.064

从以上的举例分析中我们可以明确地看到，不等组被试问题会对处理效应带来影响，以至对我们的实验结论带来影响。因此，我们在实验中应当尽可能避免被试不等组问题。

第四节　统计检验力

进行数据处理重要的目的是检验假说，获得显著性的证据。一个固定效应模型的 F 检验的检验力（power）是指拒绝虚无假说的可能性。检验力的知识对估计一个实验的区分度、确定使用样本的大小是非常有用的。

一、实验的敏感性与误差变异

实验的敏感性对研究者是非常重要的。如果一个实验中研究者期望的处理效应不显著时，其原因可能是：(1) 处理效应确实不存在；(2) 实验设计不够敏感，无法检验出处理效应。我们曾经在“方差分析概论”一章说过，完全随机实验设计中，误差变异的估计是基于接受相同实验处理的被试之间存在的差异，然后把不同被试组的误差变异合并形成组内平方和。可以说，组内平方和是“纯粹”的对误差变异的估计。然而，组间平方和则不是一个对处理效应的“纯粹”的估计。由于实验处理是实施于不同的被试组，组间平方和实际不仅包含了处理带来的效应，同时也包含了无法区分出来的误差变异。实验的处理效应、主效应或交互作用是否显著是通过 F 值计算的。F 值的分子是处理效应，其中包含了无法区分出来的误差变异，而分母是误差变异。

$$F=\frac{\text{处理效应}}{\text{误差变异}}$$

一个实验的敏感性与误差变异的大小是什么关系？从 F 值的计算可以看出，对于一定量的处理效应，误差变异增加将导致 F 值的减小，意味着减小了拒绝虚无假说的概率。相反，减小误差变异将导致 F 值的增大，意味着增加获得显著性的概率。因此，可以说误差变异的减小可以增加实验的敏感性。在心理学研究中，误差有三种主要来源：随机变异、未控制因素的变异或无关变异、被试个体误差。这些误差都会反映在被试的因变量分数中。下面我们将细致分析这三种误差变异。

（一）随机变异

随机变异主要指实验中的一些随机误差。很多因素会影响被试的因变量分数，如设备的稳定性、主试的指导语和操作、环境因素（如照明、噪声、温度等）都可能有变化。这些因素在某种程度上都会影响实验中测量的行为，导致被试与被试之间的变异，影响实验误差的估计。我们通常会发现，即使在同样的实验处理条件下，每个被试的因变量分数也不是完全相同的，误差变异的来源之一是以上所说的这些随机变异。减小误差的方法包括小心调整设备、训练主试、使用专门的实验室等。如果某些因素难以控制，或者我们对这些因素特别感兴趣，我们也可以将其放入自变量，以便研究它们的影响。

（二）未控制因素的变异或无关变异

未控制因素的变异或无关变异主要指实验中有些因素会影响因变量分

数，但这些因素没有在实验设计时被包括在自变量中。例如，在一个记忆实验中，研究者在每天不同的时间（上午、下午、晚上）测试不同的被试，测试时间的不同可能会影响被试的行为。但研究者对测试时间对被试行为的影响并不感兴趣，因而测试时间并没有被包含在自变量之内。这时，测试时间就成为一个无关变量。无关变量也会导致被试与被试之间的变异，影响对实验误差的估计。减小误差的方法包括使用实验设计的方法在这些无关变量上进行匹配，如随机区组设计、拉丁方设计等，以便分离出无关变异的影响。也可以将无关变量中的某些因素放入自变量，以便研究它们的影响。

（三）被试个体误差

行为科学研究中误差变异的主要来源是被试的个体误差。被试的许多特点，如性别、受教育程度、气质、性格、态度等，都可能使得被试在完成实验任务的行为上是不同的。当将他们被随机分配到不同的处理条件，这种被试之间的差异就成为重要的误差变异的来源。可以较好地减小被试变异的方法包括：将被试分为区组或匹配被试、使用重复测量实验设计、进行协方差分析等。

将被试分为“同质”组可以减小实验误差，其原理是因为同质组中被试的变异会小于不同质组的被试变异。基本的方法是：对被试进行前测，或利用已有的测量，将被试分为区组，使区组内的被试尽量在一个或多个与因变量测量有关的特征上相似，而区组间的差异尽可能大。每个区组中的被试随机分配给不同的实验处理条件。这种设计通过分离区组变异、限定组内变异，达到减小误差变异的目的。

重复测量设计与随机区组设计的思想是相似的，由于一个被试接受所有的实验处理，因此匹配更加完善，更好地减小了被试变异。一般来说，在重复测量的混合实验的方差分析中，与被试内因素有关的误差变异一定会小于与被试间因素有关的误差变异，误差减小的原因是由于在前者中，被试个体误差被从误差变异的估计中分离了出去，而后者中还保留着被试的个体误差。当然，重复测量设计会导致学习、记忆等问题变得不可忽视，不是在任何情况下都可以使用。

协方差分析主要是提供一种对实验结果的调整，这种实验中被试之间事先存在的差异可能会影响因变量的观测值，因此通过调整对误差的估计和处理效应的估计，可以减少误差变异。协方差分析对实验结果调整程度的大小依赖于选择的协变量与因变量之间的相关。

二、检验力和 F 检验

（一）Ⅰ型和Ⅱ型错误的关系

一个实验的敏感性的量化指标是它的检验力。检验力指当备择假说为真时，拒绝虚无假说的可能性。或者说，检验力表示对虚无假说的统计检验得出“现象存在”结论的可能性。也可以说，检验力是当虚无假说为假，作出正确决策的可能性。

我们进行的方差分析中，要估计的统计假说是处理效应等于零（虚无假说）。我们决定拒绝或者不拒绝虚无假说是基于 F 值。而 F 值可能导致错误的推论。如果没有处理效应，我们拒绝了虚无假说，就犯了Ⅰ型错误（也叫 α 错误）。如果处理效应存在（虚无假说为假），而我们不能拒绝虚无假说，就犯了Ⅱ型错误（也叫 β 错误）。在行为科学研究中，Ⅱ型错误表示对处理效应的视而不见的错误，它否定了一个事实上存在的效应或关系。

检验力可表示为：

$$检验力=1-\beta$$

检验力通常定义为当虚无假说为假时，拒绝虚无假说的可能性。随着Ⅱ型错误的可能性减小，检验力增加，测验的敏感性提高。换一种说法，检验力是不犯Ⅱ型错误的可能性。即当处理效应存在时，没有忽略它的可能性。

（二）Ⅰ型和Ⅱ型错误的控制

我们通常将 α 水平设置成一个固定值，通过选择 F 分布的拒绝区（α 水平），可以控制Ⅰ型错误的大小。然而，Ⅱ型错误（检验力）大小的控制通常不是这样直接的。一般研究者不是通过增大 F 分布的拒绝区，以便减小Ⅱ型错误，而是在设置固定的 α 水平后，通过其他途径增加实验的检验力。通常考虑的因素和使用的方法如下。

（1）取样大小：每种实验条件下观察的数量增加，检验力增加。

（2）未控制的变量或无关变异：当分离出未控制的变量或无关变异源，检验力增加。

（3）处理效应：处理效应的大小增加，检验力增加。

确定一个实验的检验力水平是很有用的。如果在一个实验里，我们已经估计了变异的来源，并且不能拒绝虚无假说，在放弃这个实验之前，我们应当估计实验的敏感性，以察觉处理效应实际存在的可能。我们可能假设实验中得到的差异是真正的差异，但由于处理效应本身很小，我们目前的实验设计或方法可能不能拒绝虚无假说。在这种情况下，虽然我们的实验中不能肯定处理效应的存在，但是我们可能也没有完全放弃备择假说，因为目前的结果还可能是由于实验设计对处理间差异相对不敏感造成的。一个后期检验力的确定可以引导研究者作进一步的研究选择：放弃现在的研究，或选用更敏感的实验。

在计划实验和解释统计不显著的结果的时候，对检验力的理解是非常重要的，它可以帮助研究者进一步分析结果不显著的原因和如何改进实验设计。但是通常的困难在于如何找到一种途径去确定检验力的值，更重要的问题是如何确认什么是合理的备择假说。在方差分析中，实验实施前确认合理的备择假说等于能够事先说出要进行的研究中处理效应的大小，但大多数研究者在实施实验之前是无法作出对检验力的估计的。

假定我们能够作出一个研究中处理效应大小的可靠估计，这对我们有什么好处呢？如果我们可以事先估计出研究中处理效应的大小，我们就可以检验自己实验的敏感性，确定可接受的处理效应的最小值。例如，我们可以比较估计的最小处理效应值和研究中实际得到的处理效应的实际值，从而确定处理效应是否真正存在。另外，我们也可以估计实验的误差变异，从而确定 F 值的不显著是否来源于实验的不敏感。再者，我们还可以通过预实验估计我们的实验所需要的检验力。

在一个实验中，我们总是期望增加实验的敏感性或检验力。但是达到多大的检验力是合适的？根据Ⅰ型错误和Ⅱ型错误的关系，由于研究者一般保持 α 在 0.05 置信区间水平，检验力的增加有一个实际的限定。我们需要使用其他方法增加检验力，如增加取样的数量、减小无关的变异、增加期望的处理效应等，其中最容易操作的是增加被试的取样数量。

（三）取样大小的确定

假定在一个实验研究中，我们可以估计处理效应的大小、误差变异的大小以及我们要达到的检验力，那么我们就可以确定为达到实验预期的敏感度所需要的取样大小。检验力分析对研究者的意义在于：在研究的计划阶段，它可以帮助确定要达到预定的可能存在的处理效应值所需要的被试数量；在研究的结果分析阶段，它对已完成的研究进行估计，确定在预定的α水平上没有发现显著的处理效应是否可能主要是由于被试的数量不够。

我们经常发现，在不同内容、不同方法的实验中，研究者使用的被试数量是不同的。研究者在实验设计时经常将检验力问题包含在其考虑中，特别是对有经验的研究者，当他们在某个领域进行了一段研究后，他们对实验设计的一般敏感性有一个“直觉”。一般的原则是，在处理效应较大的实验（如正常组与障碍组比较实验）或误差变异较小的实验（如字词启动实验）中可以使用较少的被试，在处理效应较小或误差变异较大的实验（如句子加工实验、眼动实验）中使用较多的被试。例如，在一般的成人的字词启动反应时实验中，通常处理的效应比较小，但被试的误差变异也比较小。每个版本中使用 20～30 个被试，即可以得到显著的启动效应。下面，我们举几个例子来说明被试取样大小对实验结果的影响。

通常不同年龄儿童行为实验的处理效应较大，但由于儿童个体差异也较大，要得到稳定可靠的效应，仍需要较多被试。例如，在一个考察儿童学习和记忆不同类型形声字读音的实验中，研究者对儿童学习和记忆的正确率进行了分析（见表 13-22）。其中，类型 1 为规则—一致字（即声旁读音与整字读音完全相同，且含有该声旁的所有字的读音都相同），类型 2 为规则—不一致字（即声旁读音与整字读音完全相同，但含有该声旁的所有字的读音不完全相同），类型 3 为声旁不知字（即声旁是儿童不熟悉、不知道读音的）。

从表 13-22 可以看到，当被试取样大小不同时，统计结果也不同，这将直接影响研究的结论。当被试取样分别为 10 个、20 个、40 个儿童时，三种取样情况下都得到显著的字的类型的主效应。但多重比较结果显示，取样大小会影响某些字的类型之间的关系效应。对于类型 1 与类型 3、类型 2 与类型 3 之间的多重比较，三种取样情况下的结果是稳定的：儿童对第一类汉字的学习和记忆显著高于对第三类汉字的学习和记忆。同样，儿童对第二类汉字的学习和记忆显著高于对第三类汉字的学习和记忆。然而，取样大小影响了类型 1 与类型 2 的比较结果。当只取 10 个被试时，儿童学习和记忆第一类汉字的正确率显著低于第二类汉字。而当被试取样增加到 20 个和 40 个时，儿童学习和记忆第一类与第二类汉字之间的差异消失。表明在少数取样情况下得到的效应并不稳定可靠。

表 13-22　三种取样情况下多重比较的结果

被试数/人	平均数（经 arcsin 校正）	F	p	Newman-Keuls 检验
	类型 1＝1.169	50.714	0.000 0	类型 1＜类型 2
10	类型 2＝1.446			类型 1＞类型 3
	类型 3＝0.603			类型 2＞类型 3
	类型 1＝1.266	120.526	0.000 0	类型 1＞类型 3
20	类型 2＝1.361			类型 2＞类型 3
	类型 3＝0.507			
	类型 1＝1.313	232.429	0.000 0	类型 1＞类型 3
40	类型 2＝1.311			类型 2＞类型 3
	类型 3＝0.431			

在儿童反应时实验中，由于条件限制，通常可使用的被试数会少于一般的行为实验（如纸笔测验）。但由于儿童反应时变异较大，相对于成人反应时实验，儿童反应时实验仍然需要稍多一些的被试。例如，在快速命名实验中考察儿童形声字读音的规则性、一致性效应及其发展，研究者对三个年级的儿童命名规则—一致字、规则—不一致字、不规则—不一致字的命名反应时进行分析。其中，规则—一致字（类型 1）与规则—不一致字（类型 2）的反应时差异代表一致性效应，规则—不一致字（类型 2）与不规则—不一致字（类型 3）的差异代表规则性效应。

3（年级）×3（字的类型）的方差分析显示，字的类型的主效应显著，且与年级存在交互作用。不同取样情况下进行的多重比较结果见表 13-23。当被试取样较少时，如各年级被试分别为 10 个或 15 个儿童时，尽管平均数显示出一定的效应趋势，但三年级的规则性效应、一致性效应以及四年级的一致性效应都未能达到显著水平。而在各年级被试增至20人的情况下，这两种效应才稳定出现。

表 13-23　三种取样情况下的多重比较结果

各年级被试数/人	年级	平均数/ms	F	p	Newman-Keuls 检验
10	三	类型 1=590	1.76	0.182	
		类型 2=586			
		类型 3=616			
	四	类型 1=577	5.60	0.006	类型 2<类型 3（规则性效应）
		类型 2=596			
		类型 3=635			
	六	类型 1=639	27.62	0.000	类型 1<类型 2
		类型 2=673			（一致性效应，p=0.10）
		类型 3=764			类型 2<类型 3（规则性效应）
15	三	类型 1=665	2.42	0.098	
		类型 2=640			
		类型 3=691			
	四	类型 1=650	3.81	0.026	类型 2<类型 3（规则性效应）
		类型 2=676			
		类型 3=712			
	六	类型 1=641	17.27	0.000	类型 1<类型 2（一致性效应）
		类型 2=686			类型 2<类型 3（规则性效应）
		类型 3=771			
20	三	类型 1=688	8.70	0.000	类型 2<类型 3（规则性效应）
		类型 2=667			
		类型 3=750			
	四	类型 1=652	7.22	0.001	类型 1<类型 2（一致性效应）
		类型 2=686			类型 2<类型 3（规则性效应）
		类型 3=731			
	六	类型 1=665	19.85	0.000	类型 1<类型 2（一致性效应）
		类型 2=708			类型 2<类型 3（规则性效应）
		类型 3=793			

在成人反应时实验中，通常误差变异较小，使用较少的被试就可以发现稳定的处理效应。当实验是项目内设计的（详见第八章），刺激材料的版本（version）较多时，考虑到整体实验规模，可适当减少各版本测试的被试量，每个版本取 10～12 个被试往往就能够得到比较可靠的效应。当实验中版本很少（如只有两个）时，可适当增加取样数量。例如，使用重复测量的实验设计，在启动命名实验中考察同音词及语义相关效应，研究者对不同启动条件下的目标词命名反应时进行分析。实验中的目标词在各种处理条件下是相同的，启动词 1 为目标词的同音词，启动词 2 为目标词的语义相关词，启动词 3 为控制条件（与目标词没有任何联系的词）。前两种启动词与控制条件的反应时差异代表同音启动及语义启动相应。

采用拉丁方设计将实验材料分为三组，形成三个版本。如果每个版本取 10 个被试，则整个实验有 30 个人的数据参与被试分析；若每个版本取 20 个被试，则整个实验有 60 个人的数据参与被试分析。如表 13-24 所示，两种取样条件下得到的实验效应完全相同，表明较少的被试（每个版本 10 人）能够反映出稳定的处理效应。

表 13-24　两种取样情况下的多重比较结果

被试数/人	平均数/ms	F	p	Newman-Keuls 检验
10×3	启动词 1＝665	8.442	0.000 6	启动词 1＜启动词 3
	启动词 2＝676			启动词 2＜启动词 3
	启动词 3＝718			
20×3	启动词 1＝635	15.456	0.000 0	启动词 1＜启动词 3
	启动词 2＝646			启动词 2＜启动词 3
	启动词 3＝675			

成人句子加工实验或眼动实验虽然也同样是反应时实验，但由于这类实验的处理效应较小或误差变异较大，通常需要较多的被试。例如，使用重复测量的实验设计，在移动窗口阅读条件下考察中文阅读中的字形及句法违反效应，研究者对不同违反条件下的关键词阅读反应时进行分析。关键词 1 为句子中的正确单字动词，关键词 2 为同音动词，关键词 3 为同音、不同词类的词（非动词）。关键词 2、3 分别与正确动词的阅读反应时

差异代表两种违反效应（字形违反，及“字形＋词类”违反）。

采用拉丁方设计将实验材料分为三组，形成三个版本。如果每个版本取 10 个被试，则整个实验有 30 个人的数据参与被试分析。如果将每个版本的被试增加到 16 个人，则整个实验有 48 个人的数据参与被试分析。表 13-25 显示，当每个版本只有 10 个人时，关键词类型效应不显著，两种违反都没有引起阅读反应时的显著增加。而当各版本的人数增加至 16 人时，关键词的类型效应达到边缘显著，且“词类＋字形”违反效应也边缘显著。因此在这类实验中，保证足够的被试取样对于实验结果至关重要。在很多前人的研究中，每个版本需要 20 人或更多的被试才能得到比较稳定的处理效应。

表 13-25　两种取样情况下的多重比较结果

被试数/人	平均数/ms	F	p	Newman-Keuls 检验
10×3	关键词 1＝269	0.297	0.745 9	
	关键词 2＝275			
	关键词 3＝277			
16×3	关键词 1＝268	2.639	0.076 2	关键词 1＜关键词 3
	关键词 2＝281			（$p<0.1$）
	关键词 3＝294			

进行检验力分析是任何一个实验计划中必须的一个步骤，估计检验力就是我们在某种程度上控制Ⅱ型错误。这就是说，我们需要在实验实施前进行一个关于处理效应，以及误差大小的合理估价。然而，在很多情况下，尤其是对我们不熟悉的研究，对这些信息作事先的、可靠的估计几乎是不可能的。研究者常用的一种可行的方法是做一个微型实验或者预实验以提供这样的估计。靠预实验中提供的信息我们可以确定我们的实验所需要的检验力，确定实验所需要的被试数量。有时我们会发现增加被试的代价太大，是很难实行的。我们还可以考虑通过其他方法增加检验力。例如，在实验实施中加大控制，选择能使处理效应达到最大化的自变量水平，选择一个更敏感的实验设计，或者选用一个能进行协方差分析的协变量等。统计学家已经提供了多种设计和分析数据的方式，但要看我们怎样

有效地使用它们。

（四）检验力和独立重复

假定我们将同样的实验重复若干次，每次都不能拒绝虚无假说，然而，每次都重复得到同样的结果模式。在这种情况下，我们应当如何看待这样的结果模式？我们知道，F 检验是不考虑这些独立实验中数据的一致性的。那么，有多大的可能性我们在偶然概率上获得同样的结果模式？答案是：几乎是不可能的。其实当这些实验是独立进行的，并独立重复了实验结果，即使统计结果不显著，其结果也可能向研究者提供了非常重要的信息，甚至可以说比某些实验一次获得的 F 显著性提供了更多的东西。

为什么独立重复实验是需要的？我们将区分两种重复实验，一种是计划作为实验一部分的独立重复，另一种是没有计划的。人们将重复实施若干次实验纳入自己的研究计划，其中一个可能的原因是，他一次可能只能施测少量的被试。例如，在动物学习实验中，每个动物要进行过度训练，持续几周。另外，在教学方法的研究中，可能教学要持续一个学期，实验持续时间长可能使研究者一次不能施测大量被试。再如，有限的空间使一次施测的被试有限。在上述情况下，研究者在设计实验时便将重复实施若干次实验纳入其研究计划。重复实验的另一个原因是研究者可能想通过重复实验考察多个无关因素的作用，如实验者的施测、测验房间、动物的批次、测验时间、不同的学校和班级等对实验结果的影响。因为上述任何一个因素在同一实验内可能是恒定的，但在重复实验时都可能改变。在重复实验时改变这样的因素，使实验之间无关因素的差异尽可能大，对研究者是一件好事。这种方法的好处是移去了变异的误差源，这些误差源在没有重复实验时可能是难以控制的。对更多的研究者来说，重复实验不是预先计划好的，而是研究者希望通过重复或部分重复前人的实验，观察处理效应是否在不同的研究里可以得到重复，以检验前人研究结论的正确性。

（五）增加检验力

以上可以看出，检验力分析的主要目的是确定要达到预定的可能存在的处理效应值所需的被试数量，或者说确定在预定的 α 水平上没有发现处理效应是否可能主要由于被试数量不够。检验力的水平依赖于几个因素：(1) 用来确定显著性水平的统计方法；(2) 选择的 α 水平；(3) 实验中使用的样本大小；(4) 要研究的处理效应量的大小。因此，增加检验力一个方法是增加处理效应量，另一个方法是减小误差变异。

下面介绍一种确定处理效应量的大小的方法［eta(η) 的计算］和一种增加检验力的方法（区组方法）。

例如，研究者要探讨一种新的治疗方法的疗效。在一个完全随机实验设计中，研究者首先选取了 10 个病人，并随机分配 10 个病人接受两种治疗方法：新的治疗方法和传统治疗方法，接受每种治疗方法的病人各半。研究者还可以使用随机区组实验设计。在这种设计中，研究者首先将 10 个病人按其焦虑程度分为五组，每组中的两个病人随机分配接受两种治疗之一。两种实验设计及数据结果与分析如下：

表 13-26 完全随机设计

	治疗	控制
	10	12
	6	8
	4	7
	2	3
	1	2
$\sum$	23	32
$\overline{X}$	4.6	6.4

表 13-27 随机区组设计

焦虑程度	治疗	控制	$\sum$
很高	10	12	22
高	6	8	14
中	4	7	11
低	2	3	5
很低	1	2	3
$\sum$	23	32	
$\overline{X}$	4.6	6.4	

表 13-28　完全随机方差分析表

变异来源	SS	df	MS	F	p	eta
组间	8.1	1	8.1	0.56	0.48	0.26
组内	116.4	8	14.6			

表 13-29　随机区组方差分析表

变异来源	SS	df	MS	F	p	eta
处理	8.1	1	8.1	23.14	0.009	0.92
区组	115.0	4	28.6	82.14	0.000	0.99
残差	1.4	4	0.35			

比较两种实验设计的数据计算，可以看到，即使在原始数据完全相同的情况下，两种方差分析的结果也是很不相同的。使用完全随机方差分析表明两种治疗方法的差异是不显著的，$F(1, 8)=0.56$，$p=0.48$。然而使用随机区组方差分析表明，两种治疗方法是差异显著的，$F(1, 4)=23.14$，$p=0.009$。为什么两种方差分析的结果会出现如此大的差异？从表 13-28 和表 13-29 中可以看到，表中的组间或处理均方是相同的，然而误差变异非常不同，完全随机方差分析表中的误差均方是 14.6，而随机区组方差分析表中误差均方是 0.35。

我们再来看一下两个实验的处理效应量的大小。eta 是衡量处理效应量大小的一个指标（Rosenthal & Rosnow，1991），它可以用以下公式计算：

$$\text{eta}=\sqrt{\frac{SS_{组间}}{SS_{组间}+SS_{组内}}}$$

在完全随机实验中，处理效应量大小的计算是：

$$\begin{aligned}\text{eta}&=\sqrt{\frac{8.10}{8.10+116.40}}\\&=0.26\end{aligned}$$

在随机区组实验中，处理效应量大小的计算是：

$$\text{eta}=\sqrt{\frac{8.10}{8.10+1.40}}$$

$$=0.92$$

区组效应的计算：

$$\text{eta}=\sqrt{\frac{115.0}{115.0+1.40}}$$

$$=0.99$$

如果研究者希望增加完全随机实验设计的有效性，可以通过增加被试数量的方法。以上面的实验为例，已知随机区组实验的处理效应量大小为0.92。如果我们希望使用完全随机实验达到相同的处理效应量，所需要的被试数量计算如下：

$$\text{reps}=\frac{MS_{组内}\times 区组数量}{MS_{残差}}=\frac{14.6\times 5}{0.35}\approx 208.6$$

计算表明要在完全随机实验设计中增加统计检验的显著性，如果保持处理效应量的大小不变，需要在完全随机实验设计中增加到 209 个被试，以达到随机区组实验设计中 10 个被试得到的统计显著性。

另一种方法，我们也可以通过增加处理效应的方式，增加完全随机设计的统计检验显著性。如果保持被试数量不变，需要将完全随机实验设计中的处理效应增加到 337.9，以达到随机区组实验设计中处理效应为 8.1 时得到的显著性，则增加处理效应的计算为：

$$SS=208.6\times(4.6-5.5)^2+208.6\times(6.4-5.5)^2=337.93$$

表 13-30　完全随机方差分析表

	SS	df	MS	F
组间	337.93	1	337.93	23.15
组内	116.40	8	14.60	

本章主要观点

· 转换是指对一组数据进行系统的转变。在行为科学研究中，需要对原始数据进行转换的原因可能包括：原始数据不能很好地满足 F 检验的需要，原始数据的变异大，因而影响对处理效应的估计。常用的数据转换方法包括平方根转换、log 转换、角度转换等。

· 选择合适的转换方法，要考虑原始数据的性质、分布及数值的变异情况等。

·可以对原始数据进行数据转换的原理是，如果数据呈正偏态分布或者数据变异较大导致方差分析不显著，是与人为选择因变量测量量表的类型有关的话，那么数据的变异较大、正偏态分布等状况是可以通过数据转换或改变测量量表得到改善的。

·处理不等组数据的两种统计方法是无权重的分析和权重的分析。在无权重的分析中，每个处理平均数对确定平方和 SS 有同等的贡献。而在有权重的分析中，每个处理平均数对确定平方和 SS 的贡献与每个组被试的数量有关。使用无权重或权重分析的前提是假定不等组的出现是与实验处理条件分配无关的。

·实验的敏感性的量化指标是检验力。检验力指当备择假说为真时，拒绝虚无假说的可能性。或者说，检验力是当虚无假说为假，作出正确决策的可能性。

·增加实验的检验力通常使用的方法包括：增加每种实验条件下观察的数量，分离出未控制的变量或无关变异源，增大处理效应。

·在计划实验和解释统计不显著的实验结果的时候，对检验力的理解是非常重要的，它可以帮助研究者进一步分析结果不显著的原因和如何改进实验设计。

思考题

1. 如何处理极端数据、缺失数据等问题？

2. 什么是数据转换？为什么要进行数据转换？有哪些常用的数据转换方法？

3. 如何选择合适的数据转换方法？

4. 不同处理条件下被试的数量不相等，对推论统计可能有哪些影响？

5. 什么是处理不等组数据的无权重的分析？什么是权重的分析？

6. 什么是检验力？有哪些途径可以提高检验力？

第十四章 方差分析与多重回归模型

前面的章节中，我们主要介绍了各种实验设计及其与方差分析统计方法的结合。方差分析是在实验设计课程中最常介绍的统计方法。在使用这种统计方法时，对实验设计中的自变量有一些比较严格的要求。

第一，自变量的水平应当是分类的，而且水平的数量是有限的。即使当一些自变量的水平本身是数量化的、连续的，也需要将它们转换成分类的。例如，要探讨字词频率对汉字命名反应时的影响，汉字频率是一个连续变量，可能从每百万次语料中出现 0 次到每百万语料中出现数千次。对这样的自变量，需要首先将其变为一个分类变量，如将汉字频率的变量定义为高频和低频，将若干个不同频率范围的字归入两个类别，如高频字的范围为每百万字 500～1 000 次，低频字的范围为每百万字 1～10 次。一般情况下，我们不能直接使用每一个汉字的频率作为自变量的水平，以探讨汉字频率变化对命名反应时的影响。

第二，在使用方差分析的实验设计中，自变量与自变量之间是互相独立的，一般是通过实验设计使两个因素的处理水平相互正交。例如，研究者要探讨记忆编码方式与提取方式对记忆成绩的影响，编码方式分为简单重复编码（A1)、语音编码（A2）和语义编码（A3）三种方式，提取方式分为再认（B1）和回忆（B2）两种方式。这是一个 2×3 的实验设计，处理水平的结合有 A1B1、A1B2、A2B1、A2B2、A3B1 和 A3B2。其中六个单元之间是相互独立的，一般情况下，研究者会在每个单元中使用同样数量的实验项目。

第三，在使用方差分析的实验设计中，自变量及其水平都是有限的。一方面，如果自变量的数量多于五个，多次交互作用是很难解释的。例如，研究者要探讨图片命名一致性、可表象性、熟悉性、线条复杂性、口语获得年龄对图片命名反应时的影响，如果使用方差分析方法，获得的五次交互作用往往是非常难以解释的。如果研究者得到一个显著的五次交互作用，可能需要还原成简单简单简单简单效应，才能清楚地解释这个五次交互作用的含义。另一方面，如果自变量的水平数量很多，也会带来结果难以解释的问题。例如，要探讨字词频率对汉字命名反应时的影响，如果直接使用每一个汉字的频率作为自变量的水平，实验设计和结果解释都是难以完成的。

方差分析对实验设计中的变量有比较严格的要求，而很多心理、教育、社会实验很难满足这样的要求，因而在一定程度上限制了它的使用。多重回归是一种比方差分析更加一般的数据处理途径，它可以与更加灵活的实验设计相结合，探讨多个自变量与一个因变量之间的关系。在固定效应模型中，任何固定效应的方差分析都可以写成回归模型分析的形式。然而，回归模型不一定可以用方差分析代替。

本章介绍回归模型与实验设计的关系，从一般线性模型的角度看回归模型与方差分析模型的异同。

第一节　实验设计与多重回归模型分析

一、与多重回归模型分析相结合的实验设计的特点

近年来，在发展心理、教育心理、社会心理等许多领域，研究者越来越多地在实验研究中使用多重回归模型（multiple regression model）分析数据，它的优点如下。

（1）多重回归模型中自变量之间可以存在相关，而且不需要通过实验设计的方法将两个因素完全独立。例如，要研究儿童智力与口语能力对阅读理解成绩的影响，智力（A）与口语能力（B）可能本身是存在相关的。在方差分析中，研究者需要通过实验设计来获得两个独立的因素。例如，研究者利用智力测验和口语词汇测验选取了四组儿童：（1）智力高、口语能力高；（2）智力高、口语能力低；（3）智力低、口语能力高；（4）智力低、口语能力低。每组各 50 名儿童参加实验。

表 14-1 智力和口语能力不同的四组儿童

	智力高（A1）	智力低（A2）
口语能力高（B1）	50	50
口语能力低（B2）	50	50

从表 14-1 中可以看出，通过设计四个处理水平的结合，得到的两个因素对阅读理解的影响是完全独立的。然而在实际中，我们不容易得到智力低、口语能力高的被试。即使这四种类型的儿童都可以找到，他们在现实中的分布可能也很不均匀。在多重回归模型中，可以比较好地解决这样的问题。研究者可以按照自然的情况对被试进行编码，不需要两个因素完全独立，被试在各种条件下也不需要是等组的。甚至某种条件下的被试可能是缺失的。

（2）多重回归模型中自变量的水平可以是分类的，也可以是连续数量的，水平的数量也是没有严格限定的。在一个回归模型中有七八个自变量，甚至十几个自变量是非常普遍的。自变量如果是智力，可以直接使用每个被试的智力分数作为智力水平的编码，而不需要区分为高智力、低智力或其他的分类。多重回归模型分析更加关心的是各种因素的主效应的相对影响，或者是某一个因素是否独立对因变量产生影响。虽然多重回归模型中也可以计算交互作用，但是对交互作用的解释，特别是对多次交互作用，或对含连续自变量的交互作用的解释也是比较困难的。

（3）多重回归模型尤其可以用于无法进行严格实验设计的情况下。在方差分析中，一般要求各处理条件下的被试数、项目数是相等的。然而在多重回归模型中，实验处理结合的单元可以是不平衡的。

我们举一个例子来说明多重回归模型的优越性。例如，研究者要探讨在文章阅读过程中的字词识别特点。研究中使用移动窗口技术呈现文章，每次呈现一个词。被试的任务是自定步速阅读。计算机记录文章中每一个词的平均阅读时间（毫秒）作为因变量。阅读的文章是八篇科学短文。在文章阅读过程中，影响词的阅读时间的因素可能有许多，研究者选取的自变量有六个因素：字的笔画数（词中字的平均笔画数）、词频、词的长度（词中的字数）、词的概念重要性、句子界限、文章难度（舒华等，1996）。

可以看出，要研究比较自然状态下的文章阅读加工过程，是几乎不可能使用方差分析统计方法的。第一，当科学短文选定后，文章中所包含的字词、句子的特性随之而定。研究者要分析的是被试对文章中所有词的阅读时间，一旦文章确定了，就不可能对字词作进一步严格的选择、设计了。第二，六个自变量中有些自变量水平是分类的，如词的长度可以分为单字词、双字词、多字词。词的概念重要性可以分为科学概念名词、一般概念词。句子界限可以分为词在句子中间、在逗号尾、在句号尾或在段落尾。文章难度可以分为科普文章、专业技术文章。然而，还有些自变量水平是连续的，如字的笔画数可以在1～15笔画之间变化。词频可以在每百万0～1 000次之间变化。第三，如果记录和分析真实文章中所有的字词，而不是个别目标词的阅读时间，明显不可能做一个整齐的3（单字词、双字词、多字词）×2（科学概念名词、一般概念词）×4（句子中间、逗号尾、句号尾、段落尾）×2（科普文章、专业技术文章）×2（字的平均笔画数多、字的平均笔画数少）×2（高频词、低频词）的实验设计。或者说如果选用真实的短文，不可能保证各个处理结合单元中的词数是平衡的。

使用多重回归模型进行分析，研究者按照自然的情况对被试进行了编码，即对六个自变量中词的长度、词的概念重要性、句子界限、文章难度使用分类编码，对字的笔画数、词频使用连续编码，数据分析得出了很有意义的结果。结果表明，在字词水平的特性上，字的平均笔画数的效应是不显著的，词频（$p<0.01$）和词的长度（$p<0.01$）的效应是显著的。描述统计的平均数分析表明，较低频词（680毫秒）比较高频词（539毫秒）阅读时间长。多字词（644毫秒）比双字词（564毫秒）和单字词（521毫秒）阅读时间长。在语篇水平，词的概念重要性（$p<0.01$）、句子界限（$p<0.01$）、文章难度（$p<0.01$）的效应是显著的。平均数分析显示，科学概念名词（658毫秒）比一般概念词（547毫秒）的阅读时间长。与句子中间词（545毫秒）相比，在逗号尾（673毫秒）、句号尾（724毫秒）或段落尾（881毫秒）的词的阅读时间要长得多，表明在逗号尾、句号尾或段落尾的词的阅读时间还包含了进行句子整合或文章整合的时间。在科普文章中词的平均阅读时间是（514毫秒），而在专业技术文

章中词的平均阅读时间是（626 毫秒），表明阅读过程中词的阅读时间受到文章水平特征的影响。回归分析还发现了一些显著的交互作用。句子界限和词频的交互作用（$p<0.01$）是显著的。进一步的平均数分析表明，在句子中间时，较低频词（643 毫秒）比较高频词（520 毫秒）阅读时间长得多，而较低频词与较高频词阅读时间的差距在逗号尾［682－620＝62（毫秒）］和句号尾处［767－748＝19（毫秒）］大大减少。可以看出，在回归分析中，即使可以使用水平是连续的自变量（如词频），但是当用文字对主效应和交互作用进行解释时，还是倾向于用分类定义（较高频词、较低频词）来叙述。

二、方差分析与多重回归模型的关系

以前一般认为，回归分析（regression analysis）是在相关分析的基础上建立数学表达式，来确定变量之间关系的模型。研究结果可以得到变量之间的相关，但不能作出因果解释。以前大多数关于回归分析和方差分析的讨论更多地强调它们在探讨自变量和因变量关系上存在的差异。在本章的介绍中，我们将可以看到，方差分析是回归分析的一种特例，与实验设计相结合的回归分析也可以在一定程度上探讨因果关系。重要的问题在于实验设计。实验研究中探讨变量间因果关系的核心问题是操纵、改变自变量，并观察其对因变量的影响。因此，与方差分析类似，如果实验中没有操纵、改变自变量，或自变量均为不可操纵的因素，如年龄、性别等，回归分析探讨的是相关关系。而如果在研究中包含了自变量的操纵，回归模型分析数据也是可以探讨因果关系的。

在一个方差分析研究情景下，实验者对在何种程度上一个或多个定量的或定性的自变量的变异可以解释定量的因变量的变异感兴趣。在方差分析的实验研究中，自变量是事先确定的，每个自变量水平或者是被操纵的，或者是事先选择的。然而，在方差分析中，虽然自变量可以是定量的，但实际上，由于方差分析特点的限定，实验设计时定量的自变量会被转化为分类的变量，因此不能作出有关定量自变量与因变量之间关系的实质的假设。或者说，方差分析方法忽略了自变量水平之间量的差异的大小，以及自变量水平的量与因变量变异之间关系的实质。与方差分析相比，回归模型分析在探讨定量自变量水平与因变量变异之间的关系上有一定的优势。

回归模型分析有预测和解释两种功能：预测功能主要关心自变量对因变量的预测程度；解释功能主要关心由实验处理引起的因变量变化的百分数与误差引起的因变量变化相比是否差异显著，其思想与在方差分析中平方和分解的思想是一致的。后者是本书关心的重点。

第二节　回归分析的预测功能

在一个回归分析的研究中，实验者对一个或多个定量的自变量与定量的因变量之间关系的大小感兴趣，换句话说，实验者想知道自变量的变异在何种程度上可以预测或解释因变量的变化。在回归分析的预测和解释两种功能中，第一种功能是大家比较熟悉的，即当研究者对于自变量对因变量的预测程度感兴趣时，研究者更关心所有自变量的变异在多大程度上可以预测因变量的变化。在这一节中，我们举例简要介绍回归分析的预测功能。将回归分析用于预测时，研究者期望找到反映自变量与因变量之间关系规律性的数学表达式，基本方法是根据一组数据，确定自变量与因变量之间定量的直线关系，然后对这个关系进行可靠程度的检验，所得到的可靠的关系式可以用来进行预测（程书肖和李仲来，1988；冯伯麟，2005）。

我们知道，在一元线性回归中，回归方程的公式是：

$$\hat{Y}=a+bX$$

其中 X 和 Y 分别代表自变量与因变量；$\hat{Y}$ 是对应于 X 的因变量的估计值；a 是直线在 Y 轴上的截距，或者说当 X 等于 0 时的 Y 值；b 是直线的斜率，或回归系数，表示当 X 变化一个单位，Y 将变化 b 个单位。

如果能通过收集的一组数据计算出 a 和 b 的值，回归方程就建立了。我们介绍一个用于预测的回归方程的研究例子。文章的易懂性评定是心理学家和教育学家共同关注的问题。文章的易懂性实际上是指文章阅读的难度，它通常是一个比较主观的指标。如果能够建立一个易懂性评定公式，客观地评价各种文章的难度，可以为学校课本中课文选定、课外读物的编写、语文考试中阅读文章的选择等提供客观的检测指标和快捷的评定方法。在一个汉语文章易懂性的研究中，研究者关心特定语文水平的汉语读者在阅读文章时，影响读者成功地阅读理解内容的各种因素（孙汉银，1985）。易懂性公式就是从文章中选出一些对阅读理解有重要影响并且能够量化的因素作为自变量，以读者的理解分数作为因变量而建立的回归方程。利用回归方程可以便捷地计算出一篇文章的难度水平。

研究者分析了影响汉语易懂性的因素。他首先在报纸、杂志、课本和书籍等材料中随机挑选了20篇字数在250个字左右的段落，其中说明文2篇，政论性文体5篇，科普读物2篇，散文5篇，记叙文6篇。被试为初中二年级学生，共150人。将20篇材料随机排列，用完形填空（cloze procedure）的形式，每隔五个词删除一个词，并要求被试进行完形填空。被试写出的完全合乎标准答案的词占总的被删除词的比率作为正确率。用正确率的百分位数作为因变量，或文章的理解分数。实验中共有13个可能影响阅读理解分数的因素，将其作为自变量：X_1＝总笔画数；X_2＝多笔画字数；X_3＝难字总数；X_4＝难词总数；X_5＝以逗号为起点的句子总数；X_6＝以句号为起点的句子总数；X_7＝字均笔画数；X_8＝难字百分比；X_9＝难词百分比；X_{10}＝句均字数（逗号）；X_{11}＝句均词数（逗号）；X_{12}＝句均字数（句号）；X_{13}＝句均词数（句号）。然后利用多元回归中的逐步分析后退法（backward）或逐步递减法计算最佳的回归方程。

第一步，研究者让全部13个自变量都进入易懂性公式，得到的公式是：

$$\begin{aligned}Y=&71.554\,96+0.017\,89X_1-0.906\,79X_2+0.212\,34X_3-\\&0.000\,351\,779X_4-2.073\,37X_5-1.064\,65X_6+\\&23.013\,32X_7-1.283\,2X_8-2.722\,30X_9-7.519\,13X_{10}-\\&0.352\,35X_{11}-4.758\,18X_{12}+6.262\,53X_{13}\end{aligned}$$

计算结果表明，该公式能够解释文章理解分数全部变异的80.768%，但方程不显著。

第二步，研究者删除了X_4（难词总数），得到的公式是：

$$\begin{aligned}Y=&71.549\,05+0.017\,89X_1-0.906\,77X_2+0.212\,3X_3-\\&3.073\,27X_5-1.064\,66X_6+23.015\,39X_7-1.283\,13X_8-\\&2.722\,97X_9-7.517\,59X_{10}-0.354\,05X_{11}-4.758\,15X_{12}+\end{aligned}$$

$6.262\ 47X_{13}$

计算结果表明，该公式可以解释全部变异的 80.768%，但方程不显著。

第三步，研究者继续删除 X_{11}（以逗号为起点的句均词数），方程仍然不显著。

第四步，研究者删除 X_3（难字总数）时，该公式能解释全部变异的 80.758%，方程显著。

第五步，删除 X_6（以句号为起点的句子总数），该公式能解释全部变异的 80.478%，方程显著。

第六步，删除 X_1（总笔画数），该公式能解释全部变异的 79.72%，方程显著。

第七步，删除 X_8（难字百分比），该公式能解释全部变异的 78.845%，方程显著。

第八步，删除 X_2（多笔画字数），该公式能解释全部变异的 76.487%，方程显著。

第九步，删除 X_5（以逗号为起点的句子总数），该公式能解释全部变异的 71.107%，方程显著。

第十步，删除 X_{10}（以逗号为起点的句均字数），得到的公式是：

$$Y=-7.006\ 85+14.345\ 87X_7-2.137\ 91X_9-3.387\ 99X_{12}+4.003\ 71X_{13}$$

该公式能解释全部变异的 71.080%，方程显著。

第十一步，由于 X_{12} 与 X_{13} 之间相关度很高（$r=0.968\ 8$），若强制性删除 X_{12} 之后，该公式只能解释全部变异的 50.843%，方程显著。

第十二步，若保留 X_{12}，强制性删除 X_{13}，该公式能解释全部变异的 57.691%，方程显著。

可以看出，数据分析所得的方程中，效果最好的是第十个方程，其中公式中保留的四个因素是字均笔画数、难词百分比、句均字数（句号）、句均词数（句号）。这四个因素的结合可以预期阅读理解分数中 71% 的变异，或者说汉语易懂性公式中字均笔画数（X_7）、难词百分比（X_9）、句均字数（句号）（X_{12}）和句均词数（句号）（X_{13}）四个因素的结合可以大体评价一篇汉语文章的难度。文章中难词的百分比、以句号为单位的句子中的字数、词数对阅读文章难度有重要影响，表明词是现代汉语中阅读理解的基本单元。同时人们在阅读时需要对汉字进行识别，所以字均笔画数对理解分数的影响力仍然是很大的。

易懂性公式预测的准确性如何，或者说公式的预测效度如何？实验结束之后，研究者选择了另外 20 篇文章（其中说明文 2 篇，政论性文体 2 篇，科普读物 2 篇，小说 2 篇，散文 4 篇，记叙文 8 篇)，请中小学教育专家、中小学语文教师和编辑人员进行文章适读水平的评价，所得到的适读水平与易懂性公式中吻合度最高的是：

$$Y=16.30274+10.2539X_7-1.67258X_9-0.71427X_{12}$$

可以看到，专家评价得出的公式与易懂性公式非常接近，两个公式中均包含了字均笔画数（X_7）和难词百分比（X_9）两个因素。稍有不同的是，易懂性公式中句均字数（句号）和句均词数（句号）均包括在内，而专家评价的公式中只保留了句均字数（句号）（X_{12}）。

通过上面的例子可以看到，利用回归方程可以便捷地计算出一篇文章的难度水平。在这样的研究中，研究者对探讨对因变量预测程度最好的自变量及其组合感兴趣。

第三节 多重回归模型与方差分析实验设计模型

回归方程的第二种功能是本章中要重点介绍的，即用回归分析解释自变量与因变量的关系时，研究者更关心不同的自变量是如何影响因变量的，每个自变量或自变量之间的交互作用可以解释因变量变化的程度如何。当使用回归分析的解释功能时，回归分析和方差分析是非常接近的。当回归分析研究中的自变量或部分自变量的水平是被研究者操纵改变的，或者是事先选择的，回归分析研究同样可以探讨自变量与因变量之间的因果关系。所以，研究要得到因果结论，重要的不是使用方差分析或回归分析处理数据，而是在于实验设计中是否包含可操纵改变的自变量，或者是否可以使研究者在一组固定的 X 值的结合上观察因变量 Y 值。回归分析中自变量可以是定量（quantitative）的，也可以是定性（qualitative）的，如性别、治疗的种类；定量的自变量可以是连续的，也可以是分类的。在很多研究情况下，回归分析可以与更加灵活的实验设计相结合。在一些实验情境下，回归分析是唯一的选择。

这一节中我们将简要介绍回归模型的解释功能，即用回归分析探讨自变量的主效应或自变量之间的交互作用可以解释因变量变化的程度。我们通过将回归模型和方差分析实验设计模型的矩阵表达相比较，了解矩阵表示在两种模型中是相同的。这种比较会使我们更清楚地理解为什么说当关注回归分析的解释功能时，回归分析和方差分析是非常接近的（Kirk，1982）。

在一元线性回归中，回归方程的公式是：

$$\hat{Y}=a+bX$$

当研究中有多个自变量时，我们对多个自变量 X_1，X_2，X_3，…，X_k 共同对因变量 Y 的线性影响感兴趣，这叫做多重回归分析。在一个研究中，通常需要进行 n 次观测，得到 n 组观测数据。假设数据如下：

$$X_{11}，X_{12}，\cdots，X_1，Y_1$$

$$X_{21}，X_{22}，\cdots，X_2，Y_2$$

……

$$X_{n1}，X_{n2}，\cdots，X_{nk}，Y_n$$

多重回归可以从 n 组观测数据出发，建立因变量 Y 与自变量 X_1，X_2，X_3，…之间的线性关系。

多重回归模型的公式是：

$$Y_i=\beta_0+\beta_1X_{i1}+\beta_2X_{i2}+\cdots+\varepsilon_i\ (i=1，2，3，\cdots，n)$$

公式中 Y_i 是第 i 个实验单元（或被试）的因变量观测值，n 表示 n 组观测数据或被试数。可以看到，Y 的观察值由两部分组成：恒定的预期项 $\beta_0+\beta_1X_{i1}+\beta_2X_{i2}+\cdots$ 和随机误差项 ε_i。其中误差项 ε_i 反映了因变量观测值 Y 中不能被自变量解释的部分。由于误差项是随机变量，因此 Y 也是随机变量。模型中 X_{i1}，X_{i2}，…是自变量的值，β_1，β_2，…是模型中自变量 X_i 的偏回归系数（partial regression coefficient）。一个偏回归系数指当其他自变量不变时，它所说明的自变量变异引起的因变量的变异。ε_i 是误差项，它是一个平均数为 0，变异为 σ^2 的随机变量。当模型中只有一个自变量时，是简单回归模型（simple regression model）。当模型中有两个或多个自变量时，是多重回归模型（multiple regression model）。注意，X 是矩阵的一系列指示变量值，这种矩阵叫做结构矩阵（structural matrix）。

如果我们将公式 $Y_i=\beta_0+\beta_1X_{i1}+\beta_2X_{i2}+\cdots+\varepsilon_i$ 展开，代入（$i=1$，2，3，…，n），公式可以写做：

$$Y_1=\beta_0+\beta_1X_{11}+\beta_2X_{12}+\cdots+\beta_kX_{1k}+\varepsilon_1$$
$$Y_2=\beta_0+\beta_1X_{21}+\beta_2X_{22}+\cdots+\beta_kX_{2k}+\varepsilon_2$$
$$\cdots\cdots$$
$$Y_n=\beta_0+\beta_1X_{n1}+\beta_2X_{n2}+\cdots+\beta_kX_{nk}+\varepsilon_n$$

公式也可以以矩阵的方式表示：

$$\begin{bmatrix}Y_1\\Y_2\\Y_3\\\vdots\\Y_n\end{bmatrix}=\begin{bmatrix}1 & X_{11} & X_{12} & X_{13} & \cdots & X_{1k}\\1 & X_{21} & X_{22} & X_{23} & \cdots & X_{2k}\\1 & X_{31} & X_{32} & X_{33} & \cdots & X_{3k}\\\vdots & & & & & \vdots\\1 & X_{n1} & X_{n2} & X_{n3} & \cdots & X_{nk}\end{bmatrix}\begin{bmatrix}\beta_0\\\beta_1\\\beta_2\\\vdots\\\beta_k\end{bmatrix}+\begin{bmatrix}\varepsilon_1\\\varepsilon_2\\\varepsilon_3\\\vdots\\\varepsilon_n\end{bmatrix}$$

公式还可以抽象地表示为：

$$Y=X\times\beta+\varepsilon$$

我们还记得第九章中介绍的单因素完全随机实验设计模型的写法：

$$Y_{ij}=\mu+\alpha_j+\varepsilon_{i(j)}$$
$$(i=1,\ 2,\ \cdots,\ n;\ j=1,\ 2,\ \cdots,\ p)$$

模型中的 Y_{ij} 表示实验中第 i 个被试在第 j 个处理水平上的观测值。μ 表示总体平均数，它是未知的，但可以用样本的总平均数 $\overline{Y}_{..}$ 来估价。α_j 表示水平 j 的处理效应，它是通过样本 $Y_j-\overline{Y}_{..}$ 来估价的。$\varepsilon_{i(j)}$ 表示误差变异，是用 $Y_{ij}-\overline{Y}_{.j}$ 来估价的。

如果我们展开单因素完全随机实验设计模型：

$$Y_{11}=\mu+\alpha_1+\qquad\qquad+\varepsilon_{1(1)}$$
$$Y_{21}=\mu+\alpha_1+\qquad\qquad+\varepsilon_{2(1)}$$
$$Y_{12}=\mu+\qquad\alpha_2+\qquad+\varepsilon_{1(2)}$$
$$Y_{22}=\mu+\qquad\alpha_2+\qquad+\varepsilon_{2(2)}$$
$$\cdots\cdots$$
$$Y_{1p}=\mu+\qquad\qquad\alpha_p+\varepsilon_{1(p)}$$
$$Y_{2p}=\mu+\qquad\qquad\alpha_p+\varepsilon_{2(p)}$$

其中，Y_{11} 和 Y_{21} 表示接受 α_1 水平的两个被试的观测值，Y_{12} 和 Y_{22} 表示接受 α_2 水平的两个被试的观测值。

我们还可以将公式用系数的方式表示：

$$Y_{11}=1\times\mu+1\times\alpha_1+0\times\alpha_2+\cdots+0\times\alpha_p+\varepsilon_{1(1)}$$
$$Y_{21}=1\times\mu+1\times\alpha_1+0\times\alpha_2+\cdots+0\times\alpha_p+\varepsilon_{2(1)}$$
$$Y_{12}=1\times\mu+0\times\alpha_1+1\times\alpha_2+\cdots+0\times\alpha_p+\varepsilon_{1(2)}$$
$$Y_{22}=1\times\mu+0\times\alpha_1+1\times\alpha_2+\cdots+0\times\alpha_p+\varepsilon_{2(2)}$$
……
$$Y_{1p}=1\times\mu+0\times\alpha_1+0\times\alpha_2+\cdots+1\times\alpha_p+\varepsilon_{1(p)}$$
$$Y_{2p}=1\times\mu+0\times\alpha_1+0\times\alpha_2+\cdots+1\times\alpha_p+\varepsilon_{2(p)}$$

进一步，可以将公式以矩阵的方式表示：

$$\begin{bmatrix} Y_{11} \\ Y_{21} \\ Y_{12} \\ Y_{22} \\ \vdots \\ Y_{2p} \end{bmatrix}=\begin{bmatrix} 1 & 1 & 0 & \cdots & 0 \\ 1 & 1 & 0 & \cdots & 0 \\ 1 & 0 & 1 & \cdots & 0 \\ 1 & 0 & 1 & \cdots & 0 \\ \vdots & \vdots & \vdots & & \vdots \\ 0 & 0 & 0 & \cdots & 1 \end{bmatrix}\begin{bmatrix} \mu \\ \alpha_1 \\ \alpha_2 \\ \vdots \\ \alpha_p \end{bmatrix}+\begin{bmatrix} \varepsilon_{1(1)} \\ \varepsilon_{2(1)} \\ \varepsilon_{1(2)} \\ \vdots \\ \varepsilon_{2(p)} \end{bmatrix}$$

最后可以抽象地表示为：

$$Y=X\times\alpha+\varepsilon$$

这样的矩阵也叫做结构矩阵。我们将多重回归模型的矩阵和完全随机实验设计模型的矩阵比较一下，可以看出，在线性模型的框架下，回归模型和实验设计模型是相同的。

当用回归分析解释自变量与因变量的关系时，与方差分析类似，研究者对每个自变量的主效应或自变量之间的交互作用的变异可以解释因变量变异的程度感兴趣。或者说，自变量主效应或交互作用引起的因变量变异与误差变异相比是否显著。这时，回归方程还可以写成以下形式：

$$\sum(Y_i-\overline{Y_.})^2=\sum(Y_i-\hat{Y}_i)^2+\sum(\hat{Y}_i-\overline{Y_.})^2$$

其中 $\sum(Y_i-\overline{Y_.})^2$ 表示观测值 Y 的总的变化平方和，是总平方和 SS_T；$\sum(\hat{Y}_i-\overline{Y_.})^2$ 表示回归方程估计值 $\hat{Y}_i$ 相对于总平均数 $\overline{Y_.}$ 的偏离，是回归

方程本身变化的平方和，又称做回归平方和 SS_R；$\sum (Y_i-\hat{Y}_i)^2$ 表示观测值 Y 相对于回归线的偏离，是可以预测的误差，又称做误差平方和 SS_E；

使用 F 检验时，总自由度是 $N-1$，回归自由度是 k，误差自由度是 $N-k-1$。其中 N 是被试或样本总数，k 是自变量的数量。

F 显著性检验的公式是：

$$F=\frac{SS_R/k}{SS_E/(N-k-1)}$$

当用解释的思想对回归模型进行检验，其目的是探讨每个自变量或自变量之间交互作用可以解释的变异占总变异的比例。可以使用下列公式：

$$R^2=\frac{\sum(Y_i-\overline{Y_.})^2-\sum(Y_i-\hat{Y}_i)^2}{\sum(Y_i-\overline{Y_.})^2}=\frac{SS_R}{SS_T}$$

其中，SS_R 是研究中预测因素（predictor）或自变量引起的变异。如果没有误差，预测因素或自变量引起的变异就是总变异，但这实际上是不可能的。R^2 表示预测因素或自变量引起的变异占总变异的比例。

本节简要描述了方差分析和回归分析的一般线性模型（general linear model），两种方法都包括建立矩阵。目前大多数计算机统计软件包在进行方差分析统计检验时都使用一般线性模型，因此熟悉这种途径对解释计算机的输出结果是很有帮助的。熟悉这种途径有助于帮助大家了解方差分析和回归分析的相似性，两种途径曾一度被研究者认为是截然不同的。在这一点上，一般线性模型特别吸引人，因为它把所有 ANOVA 实验设计模型和回归模型相融合。一般线性模型途径也提供了一个很好的方式使我们理解多变量研究，此外，还提供了对实验设计的基本概念的深入理解。

第四节　多重回归模型分析的实验举例

一、研究的问题与设计

这一节中，我们再通过一个研究举例来进一步说明使用解释功能时多重回归的特点。在一个关于儿童口语获得年龄的研究中（刘友谊，2006），研究者采用图片命名任务，通过回归分析检验获得年龄（AoA）、图片的名称一致性（NA）、概念一致性（CA）、概念熟悉性（Familiarity）、表象一致性（Image）、视觉复杂性（V_Complexity）和图片名称的词频[log(1+fre)]等因素对图片命名反应时（RT_Harm）的影响，研究者特别对 AoA 与其他图片指标，尤其是与词频的关系感兴趣（见表 14-2）。

实验材料为 141 幅图片，来自斯诺德格拉斯（Snodgrass）的图库(Snodgrass & Vanderwart，1980)。实验中有七个自变量。AoA 指标是通过成人在一个九点量表上的主观评定获得的（见表 14-2）。得到的量表值可以分 1～2、2～3、3～4、4～5、5～9 五个水平，分别对应 0～3.5 岁、3.5～4.5 岁、4.5～5.5 岁、5.5～6.5 岁和 6.5 岁以后五个年龄段，它是一个分类变量。词频来自孙宏林等人（孙宏林等，1997）的现代汉语研究语料库，以每百万次出现的次数为指标，是一个连续变量。图片名称一致性、概念一致性、概念熟悉性、表象一致性、视觉复杂性指标来自于舒华等人（1989）的评定结果，均为连续变量。因变量是被试命名 141 幅图片的反应时。可以看出，在这个实验中有几个特点：自变量的数量比较多，为七个；自变量有分类和连续两种，且多数自变量是连续变量；141 幅图片来自一个现有的图库。数据处理有两种选择：一个是用方差分析处理数据，另一个选择是使用多重回归处理数据。用方差分析处理数据首先需要将连续变量转换为分类变量，缩减水平的数量。但可以想象，转换后很难保证各个处理结合条件下图片项目的数量是相同的，也就是说，由于实验中的变量、变量的水平众多，很难将 141 幅图片数量平衡地分配在几十个处理结合中。但是，如果不能在各个处理条件下平衡地分配项目，就无法满足方差分析中的 F 分布的要求，进一步影响显著性检验的可靠性。

表 14-2　141 幅图片 AoA 的分布情况

量表值	对应年龄段	图片/幅	图片累积/幅	所占百分比/%	累积百分比/%
1～2	0～3.5 岁	35	35	24.8	24.8
2～3	3.5～4.5 岁	36	71	25.2	50.4
3～4	4.5～5.5 岁	32	103	22.6	73
4～5	5.5～6.5 岁	23	126	16.4	89.4
5～9	6.5 岁以后	15	141	10.6	100

因此，研究者选择使用多重回归处理数据。数据分析的思路如下：首先对七个自变量（指标）与一个因变量进行相关分析，初步探讨各自变量

与图片命名反应时之间的关系，以及各变量之间的关系。接着进行完全多重回归分析，以图片命名反应时为因变量，其他七个变量为自变量，建立回归方程，探讨影响命名反应时的预测性指标。最后，为了更好地考察所关心变量 AoA 的独特的作用，采用层次回归（hierarchical regression）的方法，将感兴趣的变量放在最后一步进入方程，考察在排除了其他变量的贡献的情况下，该变量对回归方程的贡献。如果该变量仍然有明显贡献，那么可以作结论，即该变量确实具有其他变量所不能替代的独特的作用。

表 14-3　七个自变量及命名反应时的相关矩阵

	RT_Harm	AoA	log(1+fre)	NA	CA	Familiarity	Image	V_Complexity
RT_Harm	1.000							
AoA	0.272**	1.000						
log(1+fre)	−0.254**	−0.508**	1.000					
NA	−0.428**	0.042	0.022	1.000				
CA	−0.330**	0.098	0.044	0.548**	1.000			
Familiarity	−0.406**	−0.251**	0.231**	0.053	0.265**	1.000		
Image	−0.208*	0.072	0.087	0.131	0.146	0.089	1.000	
V_Complexity	0.122	0.131	0.045	0.066	−0.002	−0.416**	0.007	1.000

从表 14-3 的相关矩阵中可以看到，除视觉复杂性外，其他变量，如 AoA、词频、名称一致性、概念一致性、熟悉性、表象一致性等都与命名反应时存在比较高的相关，其中名称一致性跟反应时相关最高（$r=-0.428$，$p<0.01$），熟悉性次之（$r=-0.406$，$p<0.01$）。另外，七个变量之间也存在一定的相关。特别是研究者关心的一些变量之间存在复杂的相关，如 AoA 和词频之间的相关达到−0.508。变量之间存在相关，会

导致它们各自独立对因变量的贡献变得不清楚，这将是希望通过层次回归解决的问题。

下面我们具体看看如何在 SPSS 中进行完全多重回归分析和层次回归分析。

二、多重回归模型分析的 SPSS 操作

（一）Enter 法

Enter 法是最简单一种估计回归方程式。它是将所选择的自变量全部进入建立的方程式中，是 SPSS 默认的方法。

研究者以图片命名反应时为因变量，AoA、词频、名称一致性、概念一致性、熟悉性、表象一致性和视觉复杂性七个因素为自变量，采用强行进入法（Enter 法）进行多重回归分析。所有变量在进行多重回归之前全部转化为标准分。

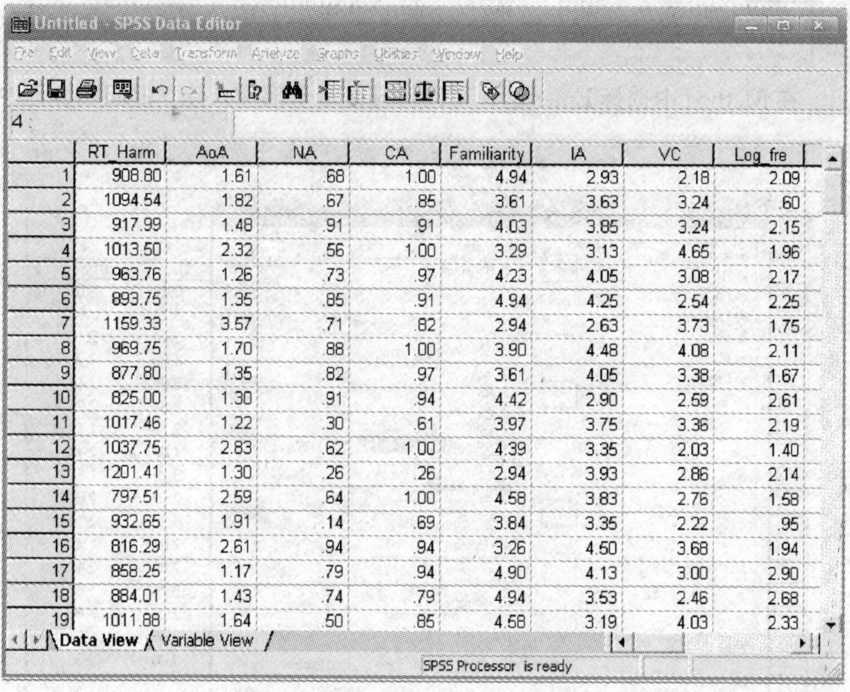

	RT_Harm	AoA	NA	CA	Familiarity	IA	VC	Log_fre
1	908.80	1.61	.68	1.00	4.94	2.93	2.18	2.09
2	1094.54	1.82	.67	.85	3.61	3.63	3.24	.60
3	917.99	1.48	.91	.91	4.03	3.85	3.24	2.15
4	1013.50	2.32	.56	1.00	3.29	3.13	4.65	1.96
5	963.76	1.26	.73	.97	4.23	4.05	3.08	2.17
6	893.75	1.35	.85	.91	4.94	4.25	2.54	2.25
7	1159.33	3.57	.71	.82	2.94	2.63	3.73	1.75
8	969.75	1.70	.88	1.00	3.90	4.48	4.08	2.11
9	877.80	1.35	.82	.97	3.61	4.05	3.38	1.67
10	825.00	1.30	.91	.94	4.42	2.90	2.59	2.61
11	1017.46	1.22	.30	.61	3.97	3.75	3.36	2.19
12	1037.75	2.83	.62	1.00	4.39	3.35	2.03	1.40
13	1201.41	1.30	.26	.26	2.94	3.93	2.86	2.14
14	797.51	2.59	.64	1.00	4.58	3.83	2.76	1.58
15	932.65	1.91	.14	.69	3.84	3.35	2.22	.95
16	816.29	2.61	.94	.94	3.26	4.50	3.68	1.94
17	858.25	1.17	.79	.94	4.90	4.13	3.00	2.90
18	884.01	1.43	.74	.79	4.94	3.53	2.46	2.68
19	1011.88	1.64	.50	.85	4.58	3.19	4.03	2.33

在 Regression 中选择 Linear 一项，然后弹出线性回归对话框。

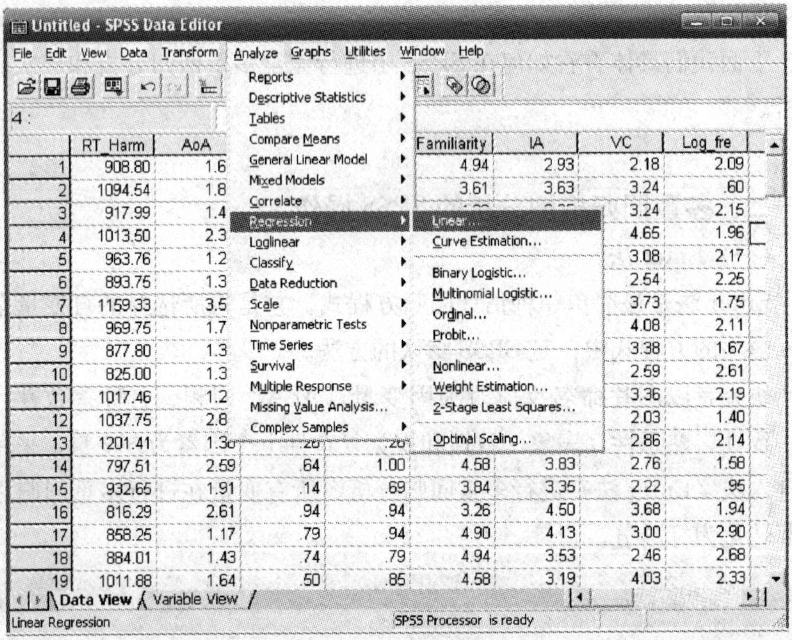

在 Method 中选择 Enter 法，可以将自变量全部进入建立的回归方程中。

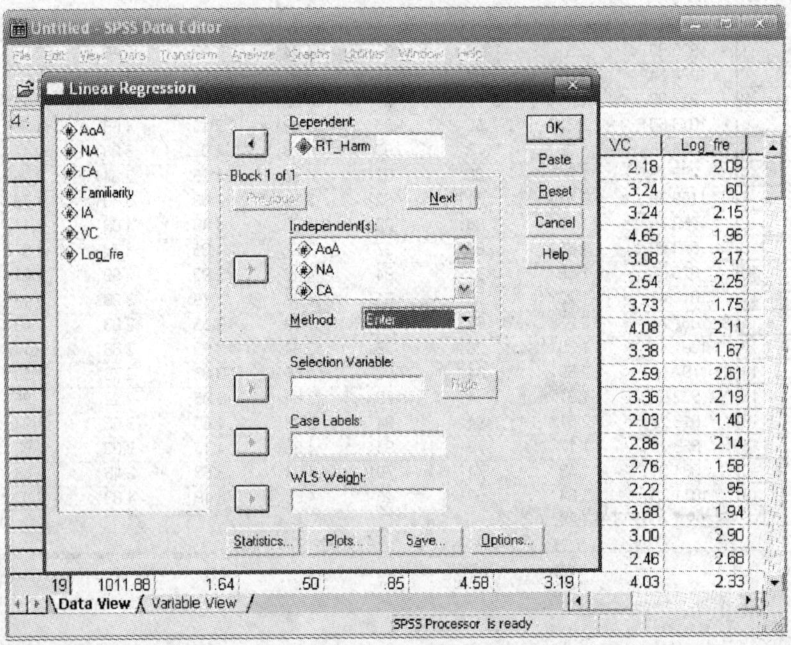

我们从图 14-1 中可以看到，使用 Enter 法，完全多重回归分析得出 $R^2=0.394$，表明七个变量能够解释命名反应时总变异的 39.4%。

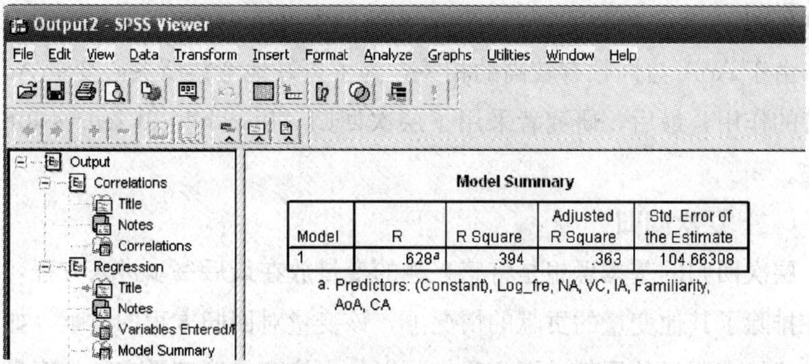

Model Summary

Model	R	R Square	Adjusted R Square	Std. Error of the Estimate
1	.628[a]	.394	.363	104.66308

a. Predictors: (Constant), Log_fre, NA, VC, IA, Familiarity, AoA, CA

图 14-1　多重回归模型的输出结果

进一步的显著性检验表明，自变量可解释的因变量变异与误差变异相比是统计上显著的，$F(7, 134)=12.375$，$p=0.000$，表明回归方程是有意义的（见图 14-2 下半部）。研究结果与国外使用其他语言进行的 AoA

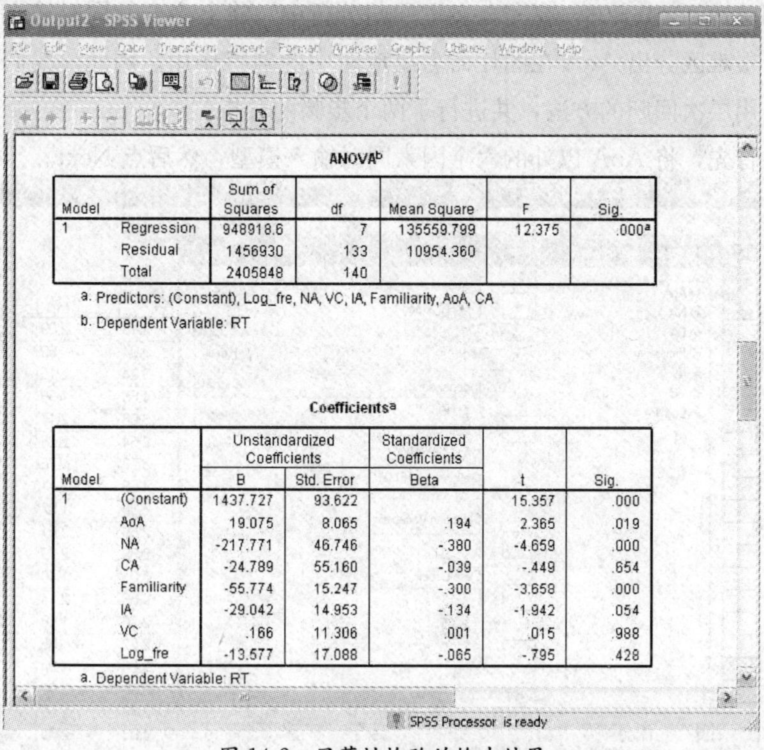

ANOVA[b]

Model		Sum of Squares	df	Mean Square	F	Sig.
1	Regression	948918.6	7	135559.799	12.375	.000[a]
	Residual	1456930	133	10954.360		
	Total	2405848	140			

a. Predictors: (Constant), Log_fre, NA, VC, IA, Familiarity, AoA, CA

b. Dependent Variable: RT

Coefficients[a]

Model		Unstandardized Coefficients B	Unstandardized Coefficients Std. Error	Standardized Coefficients Beta	t	Sig.
1	(Constant)	1437.727	93.622		15.357	.000
	AoA	19.075	8.065	.194	2.365	.019
	NA	-217.771	46.746	-.380	-4.659	.000
	CA	-24.789	55.160	-.039	-.449	.654
	Familiarity	-55.774	15.247	-.300	-3.658	.000
	IA	-29.042	14.953	-.134	-1.942	.054
	VC	.166	11.306	.001	.015	.988
	Log_fre	-13.577	17.088	-.065	-.795	.428

a. Dependent Variable: RT

图 14-2　显著性检验的输出结果

研究结果类似。系数分析还发现，在全部七种变量中，名称一致性、熟悉性和 AoA 三个变量对图片命名反应时有重要影响，但没有发现词频的作用（见图 14-2 上半部）。

由于 AoA 与词频有较高的相关，为了更好地考察所关心变量 AoA 的独特的作用，最后，研究者采用了层次回归（hierarchical regression）的方法。

（二）层次回归

层次回归的基本思想是将感兴趣的变量放在最后一步进入方程，以考察在排除了其他变量的贡献的情况下，该变量对回归方程的贡献。如果该变量仍然有明显的贡献，那么我们可以作出该变量确实具有其他变量所不能替代的独特作用的结论。这种方法主要用于，当自变量之间有较高的相关，其中某一个自变量的独特贡献难以确定的情况。在此项研究中，研究者主要关心 AoA 在图片命名反应时中的独特作用。但是由于 AoA 和词频的相关达到－0.508，在完全多重回归分析中，将七个变量同时输入模型时，很难区分出 AoA 在图片命名反应时中的独特作用。因此，我们进一步使用层次回归的方法，共进行了两个步骤的分析。

首先，将 AoA 以外的六个因素同时输入模型，然后点 Next。

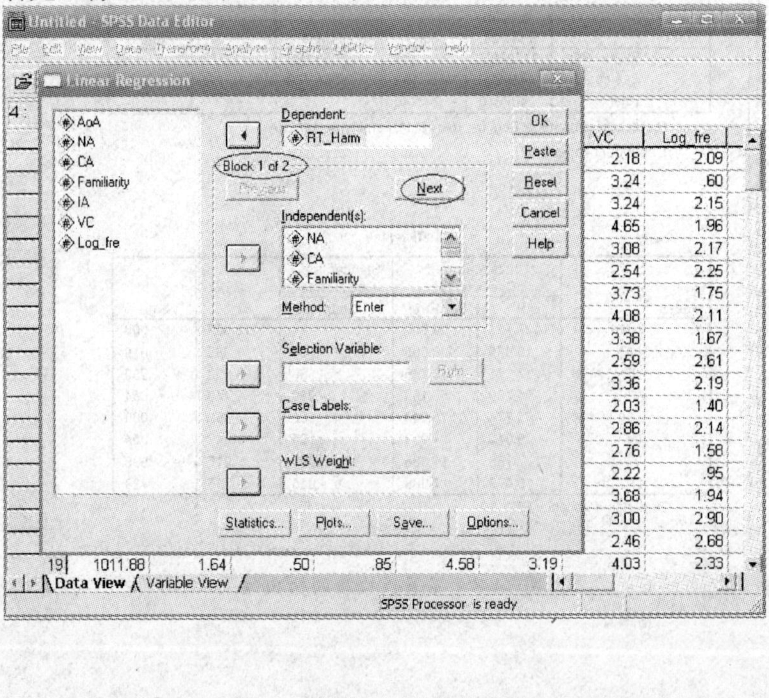

然后，把 AoA 输入自变量对话框中，并在 Statistics 选项中选择 R squared change 一项，可以观察到所关心的变量的独立作用。

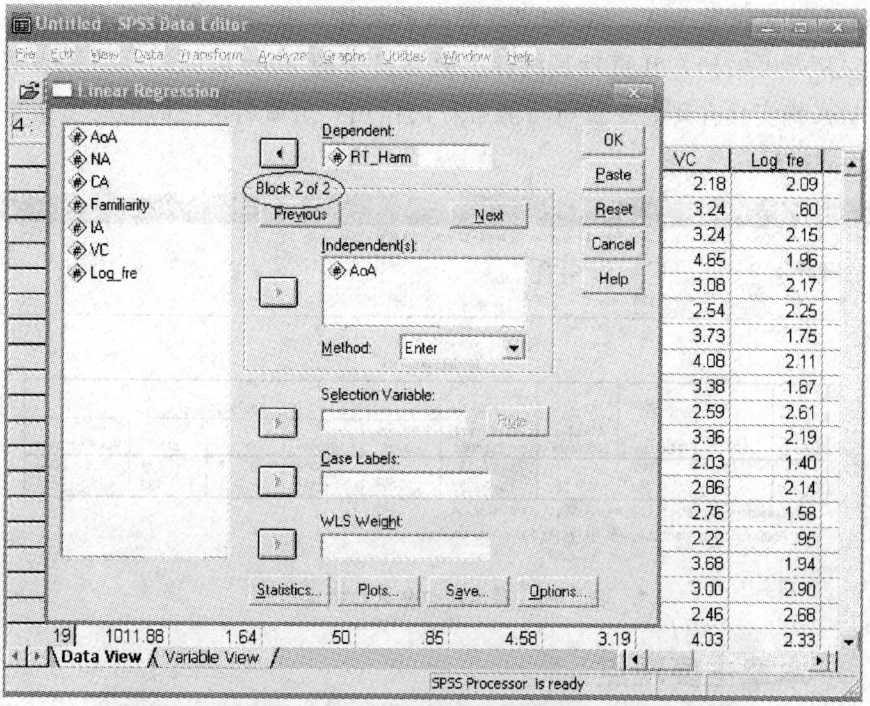

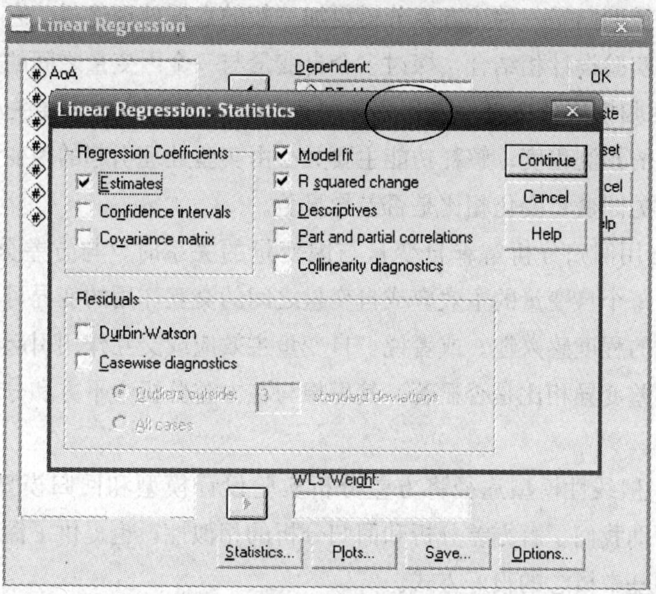

图 14-3 是模型输出的结果。层次回归分析结果发现，当将除 AoA 以外的六个因素先期输入模型，或控制了其他变量的影响，最后将 AoA 输入模型时，AoA（Model 2）对命名反应时的贡献仍然达到 2.5%（$\Delta R^2=0.025$），其贡献是统计上差异显著的（$p=0.019$）。结果表明 AoA 确实具有其他变量所不能解释的作用，是命名反应时的一个重要预测指标。

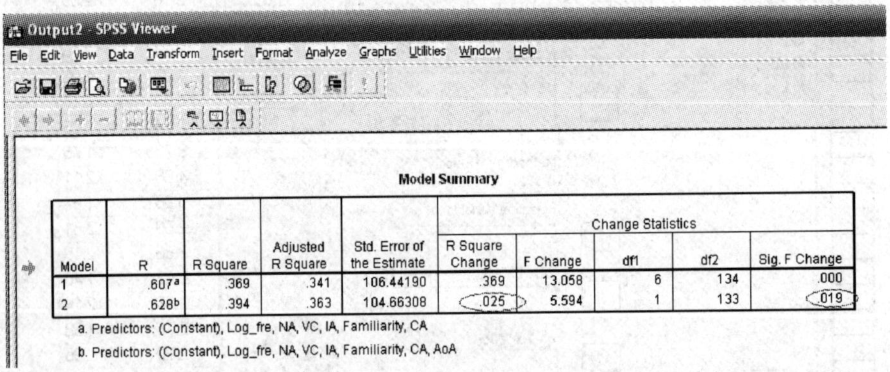

Model Summary

Model	R	R Square	Adjusted R Square	Std. Error of the Estimate	Change Statistics				
					R Square Change	F Change	df1	df2	Sig. F Change
1	.607[a]	.369	.341	106.44190	.369	13.058	6	134	.000
2	.628[b]	.394	.363	104.66308	.025	5.594	1	133	.019

a. Predictors: (Constant), Log_fre, NA, VC, IA, Familiarity, CA

b. Predictors: (Constant), Log_fre, NA, VC, IA, Familiarity, CA, AoA

图 14-3　层次回归分析的输出结果

本章主要观点

• 多重回归是一种比方差分析更加一般的数据处理途径，它可以与更加灵活的实验设计相结合，探讨多个自变量与一个因变量之间的关系。

• 回归模型分析有预测和解释两种功能：预测功能主要关心自变量对因变量的预测程度；解释功能主要关心由实验处理引起的因变量变化与误差引起的因变量变化相比是否差异显著。

• 当用回归分析解释自变量与因变量的关系时，与方差分析类似，研究者对每个自变量的主效应或自变量之间的交互作用的变异可以解释因变量变异的程度感兴趣。或者说，自变量主效应或交互作用引起的因变量变异与误差变异相比是否显著，其思想与在方差分析中平方和分解的思想是一致的。

• 一般线性模型途径将方差分析实验设计模型和回归模型相融合，有助于帮助我们了解方差分析和回归分析的相似性，也提供了深入理解实验设计的基本概念的很好方式。

· 层次回归的基本思想是将感兴趣的变量放在最后一步进入方程，以考察在排除了其他变量的贡献的情况下，该变量对回归方程的贡献。

思考题

1. 与多重回归模型分析相结合的实验设计的特点是什么？
2. 什么是回归分析的预测功能？什么是回归分析的解释功能？
3. 为什么可以说方差分析是回归分析的一个特例？
4. 层次回归分析主要可以回答什么样的问题？

第十五章 个案研究

前面的章节中介绍的实验研究的共同特点是使用多个被试的结果来分析心理机制，这类研究被称为组群研究。个案研究是通过对个案进行深入细致的探讨分析，从而比较深刻地认识一些特定现象的心理机制，因此也是心理学研究中的一种重要的方法。本章中，将结合认知神经心理学研究中语言障碍研究实例介绍个案研究的思想、方法及数据统计。

第一节 个案研究概述

前面的章节中介绍的研究的共同特点是，每种处理条件下选取多个被试，通过分析这些被试的平均值来考察实验处理的效应。这种以多个被试的结果来分析心理机制的研究被称为组群研究（group study）。使用多个被试的平均值来估计处理效应，其基本的思想是，许多心理机制、心理现象是人类共有的，处理效应平均数的分析可以使研究者更好地探讨人类心理的一般特点或典型机制。所以，组群研究一般适合以正常被试为对象的研究。在每种条件下使用多名被试的主要优点包括：可以使各个处理条件下的因变量平均值趋于稳定，可以计算组内的误差变异，可以减小实验中偶然因素带来的影响，因此得出的结果相对可靠，外部效度较高，结论能够被广泛地推广到其他个体等。所以，组群研究已经在心理学界得到普遍的应用。

然而，在有些情况下，组群研究的方法显示出一定的缺陷。首先，组群研究不适合对稀有现象的研究。研究者偶尔会发现一些稀有的个体，他们具有非常独特的心理特征，如果能够对其进行深入分析，将会得到非常有价值的成果。比如，一些病人因脑损伤使得其语义系统受到了损伤，但这种损伤并不波及语义系统中的所有知识，而是仅局限在某个（或某些）特定的语义类别上，如动物类的损伤（见表 15-1）。表 15-1 中可以看出，患者 EA 在动物图形的命名上表现出明显的障碍（34%），而在其他类型图片的命名上基本保持完好。这种现象便是语义范畴特异性损伤（semantic category-specific deficits）。语义范畴特异性损伤的存在表明，人脑内的语义知识的存储或加工可能是分为不同类别的。语义范畴是语义系统的一个重要的组织维度，由此提高了研究者对语义系统的内部结构进行深入细致探讨的热情。但这种现象十分罕见，发生率极低，几乎很难达到组群研究的被试量标准，所以我们研究它就不能使用常规的组群研究。

表 15-1　患者 EA 在命名不同语义类别图形的正确率

语义类别	正确率
动物	34%
人体器官	92%
衣物	100%
水果	100%
家具	100%
厨具	94%
乐器	80%
工具	83%
蔬菜	100%
交通工具	93%
其他	87%

（引自 Caramazza & Shelton，1998）

其次，有时组群研究也不适合研究个体变异较大的现象。即使有些研究的被试量似乎能够达到组群研究的要求，但仔细分析后发现，这些被试的个体差异极大，基于这些个体数据得出的平均数可能并不代表任何典型的心理机制。也就是说，如果用被试群体的平均值取代每名被试的表现，其实会出现很大偏差。例如，为了探讨汉语阅读障碍儿童（dyslexic children）的障碍机制，吴思娜等人（吴思娜等，2004）经过大量筛选得到了

15 名阅读障碍儿童。但进一步分析后发现，这些儿童间的个体差异非常大。尽管所有障碍儿童的语素意识测验得分均低于正常水平，但是他们在语音意识、同音判断和语义相关判断三个认知测验上出现了明显的分离，表明这些儿童还可细分为不同的阅读障碍亚类型（见图 15-1）。在这种情况下，如果将他们的数据平均起来处理，就很可能掩盖其真正的阅读障碍机制。很显然，如果我们要对上述现象进行深入细致的探讨，就不能采用传统意义上的组群研究，而只能利用要求被试量较少，甚至只有一名被试的研究，这就是通常所说的个案研究（case study）。

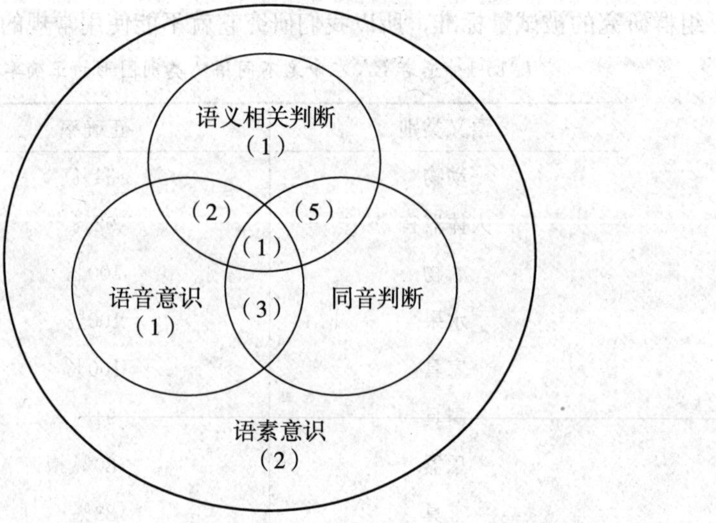

图 15-1　15 名阅读障碍儿童在四种缺陷中的分布情况（括号内的数字是儿童数）

（引自吴思娜等，2004）

个案研究不仅对描述一些稀少事件、个体差异大的心理现象非常重要，而且也对建立理论模型发挥了积极作用。比如，语言运动理论曾经认为语言信号译码能力依赖于听者说的能力，如果一个人不能说，他就不能理解别人的话。然而，伦贝里（Lenneberg，1962）描述了一个 8 岁男孩，他的语言运动技能受损，却可以清楚地理解别人说的话。这一个案强有力地反驳了语言运动理论的基础。再比如，精神分析理论来自于弗洛伊德（S. Freud）本人对个案的观察与思考，儿童发生发展理论是皮亚杰（J. Piaget）利用少量个体建立起来的，人类记忆的遗忘曲线是艾宾浩斯（H. Ebbinghaus）以自己为被试绘制出来的，条件反射是巴甫洛夫

(И. П. Павлов) 利用仅有的几条狗发现的。凡此种种，不胜枚举。这些重要的心理学研究成果主要是通过个案研究的方法获得的。

时至今日，个案研究已经受到了学者们越来越多的重视，在认知心理学、社会心理学、医学心理学等领域都得到广泛应用，研究成果不断涌现，甚至有些重要的国际心理学杂志开始主要刊载这方面的成果，如 *Cognitive Neuropsychology* 和 *Neurocase* 等。可以说，个案研究是组群研究的很好补充，它不仅丰富了心理学的研究手段，而且也为心理学理论模型的建立作出了非常大的贡献，许多重大的心理学成果就是利用这种方法得来的。

第二节　个案研究的思想和方法

一、个案研究的思想

虽然从诞生之日起，个案研究就得到了一些学者的认可，但同时也被很多人质疑。被质疑的一个主要方面是，个案研究使用的被试人数较少，这样得出的结论是否有代表性，能否将其结论推广到其他个体，能否通过个案研究获得一般性的结论。为了澄清这些疑问，下面不妨让我们以认知神经心理学（cognitive neuropsychology）的研究为例，来简要说明个案研究的基本思想。

在认知神经心理学研究中，个案研究是一种非常普遍的研究方法。它主要是基于对脑组织受损患者的细致测试，确定患者受损和保留的认知环节，从而对正常人的心理机制作出相对准确的探讨。举例来说，在临床上，一些脑损伤患者经常出现命名障碍，他们一般表现为在命名物体或图形时有困难，出现大量的命名错误。然而，这些命名障碍患者损伤的认知水平却可能是不同的。研究发现，如果损伤在语义环节，病人在命名图片时只出现语义错误（如将图片 chair 命名为 table）和无关错误。而对于语音输出词典选择性损伤的病人，他们命名图片时除了犯语义错误外，还可能包括语音相似错误（如将图片 cat 命名为 mat）和非词错误。这些来自特异性损伤患者的研究结果支持在人的言语产生中存在独立的语义系统和语音输出词典的理论模型（见图 15-2）。然而，由于正常人命名物体、图形的过程非常自动化，无论用反应时或错误率的方法都很难观测到语言产生的细微的加工环节，以得到非常有力的证据支持独立的语义系统和语音输出词典的理论模型。

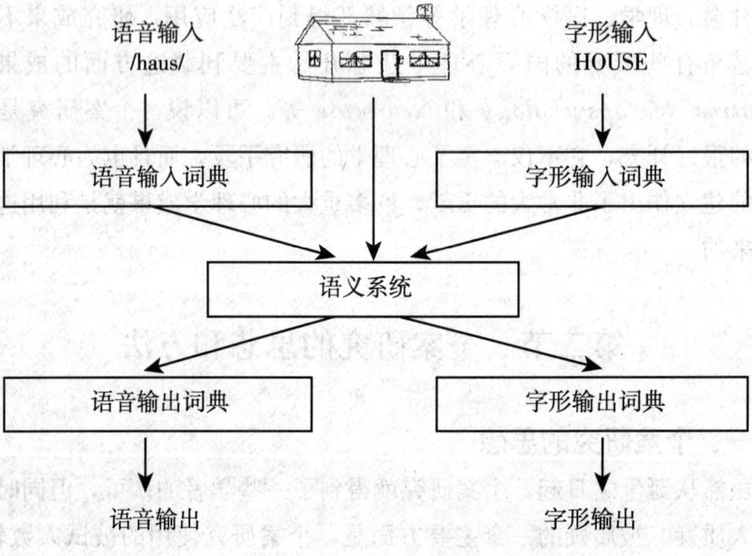

图 15-2　词典系统的功能结构简图

假设的建立对认知神经心理学个案研究尤为重要，研究者需要在假设的指引下，发展出适宜的测试方法，并对数据进行合理分析，正确推论，最后上升到建立理论或模型。认知神经心理学个案研究的前提假设之一就是功能结构无个体差异（uniformity of functional architecture across people），即对于不同的个体来说，他们基本的功能结构（内部的心理机制）是相同的。一名个体基本的功能结构可以类推到其他个体，所以一项个案研究的结论能够在一定程度上进行推广。例如，目前的研究表明，人类的心理词典系统（人脑中加工语言信息的系统）至少包含五个相互关联的部分：语音输入词典、字形输入词典、语义系统、语音输出词典和字形输出词典（见图 15-2）。听觉词汇理解时，听觉刺激首先激活语音输入词典中的语音输入信息，这些信息然后激活语义系统中的语义信息，从而实现对词汇的理解。口语词汇产生时，首先激活语义信息，然后激活相应的语音输出词典中的语音输出信息，这些信息得到进一步加工后，直到最终发出目标语音。视觉词汇理解和词形产生的过程也经历类似的过程。一般情况下，每个人的心理词典系统的结构是大体相同的，它不因种族、性别等的不同而存在差异。也就是说，如果我们能够通过对少数特殊被试的深入测试弄清楚该系统的结构和加工，就可能更好地认识人类的心理词典系统。

在有关认知神经心理学的个案研究中，一般需要进行严谨的实验设计，在每个测验中测试大量的项目，并对数据进行推论统计检验。其实，个案研究暗含的前提假设与组群研究的前提假设是类似的。组群研究的假设是，通过测试大量的被试，以及推论统计检验，使研究结论能够推广到更一般的情况。个案研究则是通过对一个被试测试大量的项目，以及推论统计检验，使研究结论能够推广到更一般的情况。从建立一个普遍的心理学模型或理论的角度，组群研究和个案研究也是互补的。如果一个模型或理论只能对组群研究的平均值加以解释，而对个案的行为不能合理说明，表明这个理论还存在缺陷，还需要进一步完善。一个比较科学的心理学理论应该既能解释组群研究的数据，也能解释个案研究的数据，不仅能解释正常人的行为，也能解释病人的行为。

二、个案研究的方法

个案研究具有自身的特殊性，人们在长期研究经验积累的基础上为它发展出了一些独特方法。下面仅介绍几种常用的方法：分离（dissociation）和相关（association）的方法、个案—对照组（case-control group）的方法。

（一）分离和相关的方法

分离和相关的方法在认知神经心理学中运用得比较普遍。在整个研究过程中，能够准确细致地确定患者的障碍环节和保留环节是这种研究方法的关键。研究者往往要对患者进行多种任务的施测，通过比较患者在不同任务中的作业成绩，着重分析患者表现出障碍的任务与其他任务之间的关系，以便确定患者的具体障碍所在，并上升到理论高度。这种关系被分为相关和分离两种，而分离又分为单分离（single dissociation）和双分离（double dissociation）。

1. 单分离

单分离的基本含义是在同一类控制变量下要求患者完成两种不同任

务，如果患者仅在其中一种任务上表现出障碍，或在其中一种任务上的障碍程度比在另一种任务上的障碍程度严重，则这两种任务之间表现为单分离。具体地说，当认为某患者在两个特定任务之间存在单分离时，首先要保证患者病前在这两种任务中均保持正常水平，而且两种任务间的材料因素（如熟悉性、出现频率等）和被试因素（智力、文化程度、年龄、病情稳定性等）也得到了控制，同时还要排除患者的障碍是由于认知水平之外的损伤造成（如不能书写是由于肢体瘫痪引起）的可能性，从而可以推断患者表现出的障碍可能主要是认知水平的，而与外周因素相关较小。在严格控制各种无关因素的情况下，如果患者仍表现为在一种任务上的障碍程度比在另一种任务上明显严重，便可以认为这两种任务之间具有单分离。出现单分离的最可能原因是两种任务的认知机制具有一定的独立性，作业成绩差的认知机制出现了更严重的障碍。所以，利用该方法有助于把认知环节进一步区分与细化，有助于区分两个独立的加工环节，使得人们对心理机制的认识更细致、更深入。

我们举一个例子来说明单分离方法的使用。例如，患者 HW（Caramazza & Hillis，1991）病前是一位语言功能正常的售货员，后因左脑顶叶中风出现了严重的口语产生障碍，包括朗读、图形命名均不能达到正常水平。通过皮博迪图词测验（Peabody Picture Vocabulary Test，简称 PPVT）的测查表明，她对词汇的听觉和视觉理解能力都正常。同时，如果不考虑少许拼写错误，她的书写结果也近乎正常。此外，她的短时记忆、非词典系统（如视力、听力等）也在正常范围。研究者初步得出结论，HW 的障碍仅局限在语音输出通道上，而且这种障碍的起因是来自词典系统本身，与非词典因素关联较小（参见图 15-2）。在初步的测试中，研究者还发现 HW 在口语产生时表现为动词产生比较困难，而名词产生相对容易，即可能存在动词特异性损伤（verb specific deficits）。为了进一步考察这一非常有意义的词类选择性损伤形式，研究者设计了如下更细致的测验。为了证实 HW 在口语产生时是否确实存在动词、名词差异，他们让 HW 完成图形命名任务。具体的做法是，首先选出 60 幅彩色图形，动词图形（也就是动作图形，如走）和名词图形（也就是实物图形，如狗）各 30 幅，并对动词图形和名词图形的名称在词长、词频等多种因素上进行了匹配。然后要求 HW 对所有的动词和名词图形进行命名任务，即说出每幅图形的名称。另外，为了比较 HW 在口语产生与书写任务上的差异，研究者也让 HW 对上述图形完成图形写名任务，要求她写出每幅图的名称。结果表明，在 30 幅名词图形中，HW 正确命名 16 幅，正确书写 29 幅。然而，在 30 幅动词图形中，她只正确命名 6 幅，正确书写 29 幅（见表 15-2）。结果中可以看到 HW 命名动词图形的成绩（20%）明显差于命名名词图形（53%）。这就是一个典型的单分离研究案例。研究者通过单分离发现了 HW 存在动词特异性障碍，而且发现她的动词特异性障碍仅仅局限于语音输出通道上。

表 15-2　HW 在两任务中名词、动词的正确率

	图形命名	图形写名
名词	53%（16/30）	97%（29/30）
动词	20%（6/30）	97%（29/30）
合计	37%（22/60）	97%（58/60）

然而，人们也经常质疑单分离现象的解释，认为患者在不同任务间作业成绩的差异可能不是来自认知环节之间的分离，而是由于一些外在因素（如材料性质不同，任务难度存在差异等）导致的结果。例如，对于 HW 这个例子来说，也可能因为动词材料本身比名词材料更抽象、更低频，因而导致 HW 在动词命名上成绩较差。这对单分离方法得出的结论提出了极大的挑战，然而单分离方法的局限又不容易直接对疑问加以反驳。另外一种思路，如果我们能够发现另外一类患者，对他们进行相同任务的施测，在严格控制了其他影响因素后，他们表现出与前一类患者截然相反的结果模式，那么就可以消除可能由于材料等人为因素带来的影响，从而确认分离是基于认知功能的，而不是人为因素造成的。这种在两种任务间交互补充的分离模式，即为双分离。

2. 双分离

双分离的基本含义为在同一类控制变量下要求患者完成两种不同的任务。第一位病人仅在其中一种任务上表现出障碍，或在其中一种任务上表现的障碍程度比在另一种任务上的障碍程度严重，而第二位病人在两种任

务之间的障碍模式与第一位截然相反，则这两种任务之间表现为双分离。

我们来看一个双分离的例子，例子中涉及两位患者：患者 HW 和患者 EBA（Hillis & Caramazza，1995）。研究者给患者 EBA 施测与患者 HW 完全相同的测试材料，发现 EBA 也存在口语产生障碍。但是进一步的分析发现，EBA 的结果是，在图形命名时，名词的正确率为 10%（3/30），动词的正确率为 70%（21/30），前者明显低于后者（$\chi^2_{(1)}=22.500$，$p<0.0001$），EBA 表现为名词特异性障碍。这样，她与 HW 的动词特异性障碍形成了双分离模式（见表 15-3）。EBA 的结果可以有力地反驳“患者 HW 在动词命名上的困难是因为动词材料本身比名词材料更抽象、更低频”的说法。基于这种双分离模式，可以进一步说明，动词命名和名词命名之间的分离是基于认知水平的分离，而不是材料难度等外部因素造成的结果。

表 15-3　患者 HW 和 EBA 在图形命名中动词、名词的正确率

	HW	EBA
名词	53%（16/30）	10%（3/30）
动词	20%（6/30）	70%（21/30）

让我们再举另外一个双分离的例子，患者 AS 和 IFA（Caramazza，et al.，2000）都存在复述困难。然而他们在复述任务中，构成了元音和辅音的双分离：患者 AS 表现为复述元音差，复述辅音较好；患者 IFA 表现为复述元音较好，复述辅音差。例如，如果把他们复述的各个词汇分解为单个的元音与辅音来记分，那么 AS 对元音和辅音的错误率分别为 26.9%（737/2 736）和 9.3%（318/3 434），前者明显高于后者（$\chi^2_{(1)}=335.668$，$p<0.0001$）；而 IFA 对元音和辅音的错误率分别为 5.3%（181/3 397）和 28.2%（1 173/4 159），前者明显低于后者（$\chi^2_{(1)}=665.232$，$p<0.0001$）。另外，如果让他们复述同一套具有 CVCVCVCV 结构的词（“C”和“V”分别表示这个词汇中该位置是辅音和元音），结果也同样发现，在整个词汇内部，患者 AS 复述元音很差，复述辅音较好，而患者 IFA 与其正好相反（见图 15-3）。由此说明，在复述这个心理加工过程中，元音、辅音确实可能在表征或加工的某个环节具有相对独立性。

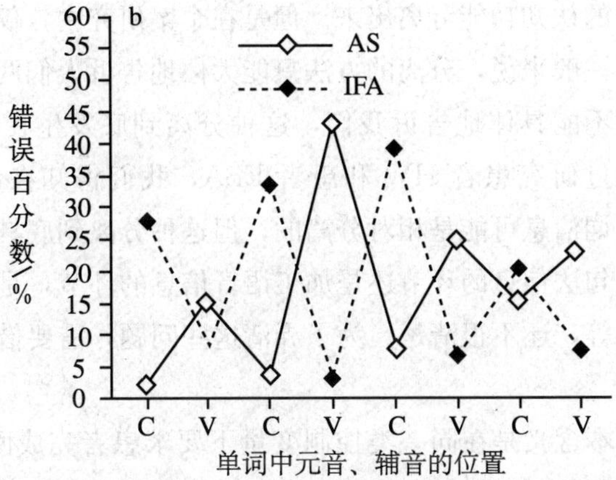

图 15-3 AS和IFA复述元音（V）和辅音（C）的错误率

（引自 Caramazza，et al.，2000）

此外，更有趣的是，双分离现象还可能发生在同一个患者身上。例如，患者 KSR（Rapp & Caramazza，2002）对相同的测验材料分别完成了口语产生和书写产生任务（图形命名、范畴流畅性、句子产生）。结果发现，患者 KSR 在口语产生时表现为名词特异性障碍，而在书写产生时却表现为动词特异性障碍（见表 15-4）。这个案例进一步说明在词典系统中，动词和名词信息是具有相对独立性的。

表 15-4 患者 KSR 在口语、书写产生中的调查结果

	口语产生	书写产生
动词	×	××
名词	××	×

注：×表示轻微损伤；××表示严重损伤。

从前面的分析可以看出，与单分离方法类似，双分离方法有助于区分两个相对独立的认知加工环节，可以帮助研究者进一步区分和细化认知环节。由于双分离方法利用双被试甚至是一个被试本身作控制，消除了可能由于材料等人为因素带来的影响，因此它要比单分离方法的结果更可靠、更有说服力。这种方法受到了研究者的高度重视。

3. 相关

分离的方法主要是通过考察两种任务的损伤不均衡，来帮助人们把一

些难以区分开的认知功能分离出来。但是在个案研究中，仅采用这种方法还远远不够。一般来说，分离的方法只能大体地告诉人们两个认知功能存在分离，但还不能具体地告诉我们，这种分离到底发生在哪个特定的环节。比如，通过研究患者 HW 和患者 EBA，我们得知在语音输出通道上，动词和名词信息可能是相对分离的，但这种分离到底具体发生在哪个环节，是加工句法信息的环节还是加工语音信息的环节，是存储机制还是加工过程受损等，还不很清楚。为了弄清这些问题，需要借助相关的方法加以解决。

相关的基本含义是在同一类控制变量下要求患者完成两种不同任务，如果患者在两种任务上均表现出障碍，则这两种任务之间表现为相关。出现相关的最可能原因是完成两种任务的认知功能具有一定的共享性，患者的这个共享机制出现了损伤。所以，利用相关的方法有助于找出两个功能之间共同的认知环节。

我们举例来说明相关方法。研究者要求患者 JJ 对一套动物和非动物图形进行口语命名。研究者事先对两类图形名称的词长、词频等指标进行了细致的匹配。结果发现，患者 JJ 对动物图形的命名正确率（42/46）远远高于对非动物图形的命名正确率（20/98）（$\chi^2_{(1)}=64.178$，$p<0.000\,1$），表明他在图形命名时存在动物类的选择性损伤（Caramazza & Hillis, 1991）。那么患者 JJ 的动物类损伤到底发生在语言加工系统的哪个环节呢？由于图形命名包含的主要环节包括视觉输入系统、语义系统、语音输出系统等（参见图 15-2），所以研究者下一步的基本思路为，如果损伤发生在语义系统，那么患者应该在需要语义系统参与的所有任务中，如图形写名、听觉图—词核证（听觉理解任务）、视觉图—词核证（视觉理解任务），都应该表现出动物类损伤。也就是说，如果患者 JJ 在所有这些任务上表现为动物类损伤，表明这些任务之间出现相关，患者的损伤是发生在完成各种任务所共同需要的认知环节——语义系统。但是，如果损伤发生在语音输出系统，则患者 JJ 应该在不包括语音输出的任务中，如图形写名、听觉图—词核证、视觉图—词核证，不表现为动物类的损伤，即语音输出任务与非语音输出任务在动物—非动物类项目上出现分离，而不是相关。研究者对患者 JJ 在上述任务上进行了测试，实际的测验结果表明，患者

JJ 在需要语义系统参与的任务上均表现为动物类的选择性损伤（见表 15-5）。由此说明，JJ 的动物类选择性损伤发生在语义系统。

表 15-5 患者 JJ 在不同通道任务上动物与非动物项目的正确率

语义类别	图形命名	图形写名	听觉图—词核证	视觉图—词核证
动物	91.3%	70.0%	91.3%	97.8%
非动物	20.4%	15.3%	60.2%	42.9%

实际上，从事个案研究时，只有把分离和相关的方法结合起来灵活应用，才可能对个案的具体模式作出比较清楚准确的认识。如果把两种方法割裂开来使用，往往会对结果的解释出现偏颇，甚至可能会得出错误结论。

分离和相关的方法具有的明显特点是，主要借助患者自身在完成不同任务之间，或通过患者与患者完成任务的相互比较，来推知患者某种认知功能的损伤或保留情况。还有一种方法也同样能达到类似的研究效果，那就是通过患者与正常对照组的相互比较，来确认患者的障碍模式，这就是下面要介绍的个案—对照组的方法。

（二）个案—对照组的方法

个案研究中，研究者感兴趣的问题往往是个案的一些相对异常的心理功能，探讨它们的起因、程度、发展等内部机制。个案—对照组的研究方法的基本思想和方法是，为个案设立一个正常对照组，个案和对照组除了在研究者要探讨的功能上可能存在差异外，在年龄、性别、受教育程度等其他无关因素方面尽量保持一致。这样，研究者可以通过个案和对照组被试在完成各种任务上的比较，揭示个案的异常的心理机制。在这类研究中，对照组选取是否恰当是至关重要的，因此选取过程一定要小心谨慎。下面我们举例来说明。

例如，在一项发展性阅读障碍研究中，栾辉等人（2002）对一名小学四年级的阅读障碍儿童 J 进行了深入的探讨。初步访谈发现，儿童 J 没有神经、行为、情绪的障碍，感觉、动作能力正常，但他的语言能力较差，包括口语表达、阅读和理解。进一步测试表明，J 的智力正常，言语智商为 102，但汉语识字量测验结果表明 J 的识字量很差，比同年级的儿童约低 1.7 个年级。为深入认识儿童J的障碍特点，研究者选择了5名正常儿童作为J的生理年龄对照组。这5名儿童与J来自相同的学校、班级，年龄、智力与J相类似。儿童J及其对照组的生理年龄和智商的详细资料见表 15-6。

表 15-6　个案与对照组的描述性资料

	儿童J	生理年龄对照组（$n=5$）
生理年龄	10岁8个月	10岁8个月（10岁1个月至10岁11个月）
RAVEN	＞75％	＞75％（50％～95％）
WISC-V	102	102（93～110）

研究者对J和对照组进行了一系列认知能力测验，尤其对他的语音意识和汉字命名进行了细致的测验。结果发现，在语音意识测验中，J的基本辨音能力正常，也能够完成一些基本的语音任务，如同音节判断、押韵判断等，能够完成在音节、韵律水平上的语音操作。但J在精细的语音加工，如音位删除、声调辨别任务上的正确率明显低于对照组儿童，表现出语音意识的缺陷（见表 15-7）。在这个研究中，通过与正常对照组的比较，揭示了儿童J存在的语音障碍的细节与特点。这些细节与特点对于以后的矫治和训练是十分重要的。

表 15-7　儿童J与对照组语音意识测验结果

类别	任务	方式	项目数	J 正确数	J 正确率	对照组 正确数	对照组 正确率（最小值～最大值）	差别 J—对照组
辨音	听写拼音	单音	12	9	0.75	10	0.87(0.75～1)	−0.12
		在词中	12	10	0.83	11	0.90(0.83～1)	−0.07
听觉记忆	语音重复		10	7	0.7	9	0.92(0.90～1)	−0.22
音节意识	判断同音节	真词	36	35	0.97	35	0.98(0.94～1)	−0.01
		假词	36	35	0.97	35	0.98(0.97～1)	−0.01
韵律意识	押韵判断	视觉呈现	36	32	0.89	36	0.99(0.94～1)	−0.1
音位意识	音位删除	听觉呈现	16	6	0.38	14	0.93(0.75～1)	−0.55*

续表

类别	任务	方式	项目数	J 正确数	J 正确率	对照组 正确数	对照组 正确率（最小值～最大值）	差别 J－对照组
挑异音	听觉呈现	声母	12	6	0.5	10	0.89(0.75～0.92)	－0.39
		韵母	12	6	0.5	9	0.87(0.58～0.83)	－0.37
		声调	8	2	0.25	7	0.72(0.88～1)	－0.47*
	视觉呈现	声母	12	11	0.92	12	1(1～1)	－0.08
		韵母	12	11	0.92	10	0.83(0.67～0.92)	0.09
		声调	8	3	0.38	8	0.98(0.88～1)	－0.6*

个案—对照组方法更多适用于一些典型的个案研究。在一些情况下，我们还可以针对包含少量被试的个案小组来匹配对照组，即个案（障碍）组—对照组方法。在有关老化、发展性障碍等领域的研究中，个案组和对照组之间的比较也是一种常用的方法。我们再举一个例子来说明。在一个有关汉语阅读障碍儿童的研究中，吴思娜等人（2004）采用了障碍组—对照组的方法。他们首先选出同时满足以下两个标准的儿童作为阅读障碍儿童：(1) 在标准化汉字识字量测验中至少低于正常 1.5 个年级；(2) 命名组词测验中至少低于正常儿童的 20%。这样，从测试的 211 名儿童中得到 15 名阅读障碍儿童。为了深入研究这 15 名儿童的障碍模式，研究者又从相同的学校、班级选出了 15 名正常儿童作为他们的对照组（其中一名学生中途转学，剩余 14 名作为对照组），两组儿童之间除了在识字量和命名组词能力上存在明显差异外，其他方面基本同质，如智力（依据瑞文推理测验）和年龄，详情见表 15-8。

表 15-8　阅读障碍儿童组与对照组的匹配情况

	障碍组（$n=15$）	对照组（$n=14$）
年龄/岁	11.6	11.7
瑞文推理测验得分	69%	72%
识字量/个	2 070.7	2 838.0**
命名组词的正确率	72%	94%**

研究者对障碍组和对照组在各个测验上的平均数之间的差异进行了分析（见表 15-9）。结果发现，障碍组儿童在语音意识和语素意识测验上的正确率都低于对照组儿童的正确率。障碍组儿童的语音通达和语义相关判断的反应时比对照组儿童更长，错误率更高。从描述统计结果可以看出，障碍组和对照组儿童在语素意识、语音意识、词典通达速度、语义相关判断的速度和错误率上都存在着差异。

表 15-9　两组被试各测验的描述统计

	障碍组	对照组
语音测验（正确率）	0.83（0.1）	0.92（0.06）
语素测验（正确率）	0.46（0.14）	0.77（0.05）
同音判断"是"反应（毫秒）	990（284）	728（117）
"否"反应（毫秒）	1 106（402）	861（153）
错误率	0.1（0.09）	0.1（0.08）
语义相关判断（毫秒）	1 377（380）	1 043（271）
错误率	0.26（0.15）	0.12（0.08）

注：括号内的数字为标准差。

一般来说，个案（障碍）组—对照组方法更关心的是，与正常群体相比，特殊群体的一些共性的特点，而在一定程度上忽略特殊群体中的个体差异。

三、个案研究的统计检验

在现代心理学研究中，个案研究不仅仅是简单地收集个别被试的数据，进行描述统计。要通过个案研究获得一般性的科学结论，也需要推论统计，而且推论统计在个案研究中是非常重要的，也是必需的。个案研究中如何进行统计检验？它的检验方法与一般组群研究的检验方法有何差别？为了说明这些问题，让我们先来了解一下个案研究中收集数据有什么特点，然后再具体介绍它的几种主要的检验数据的方法。

总体来看，个案研究中所收集的数据主要有三个特点。(1) 在大量个案研究中，研究者收集的数据是被试行为的正确数、错误数等，这些数据一般是计数数据（如5个、16个……）。(2) 在许多个案研究中，只有一两个被试，虽然研究中可以设计不同的实验处理条件，但一个被试的行为数据是很难得到正态或接近正态分布的。(3) 在许多情况下研究者使用个案（组）—对照组方法，这时需要将一个被试的行为数据和一个小组被试的行为数据相比较，或将一个实验组与对照组的数据进行对比。

可见，个案研究的数据有明显不同于一般组群研究的数据的特点。在很多研究中，组群研究的数据多是连续型随机变量，而且我们假定这些随机变量大体服从正态分布。为此，个案研究的检验方法与多个被试平均数的方法存在差别。目前人们发展出了多种检验个案研究结果的方法，其中最常用的是卡方检验（chi-square test）和 t 检验。下面就着重介绍一下这两种方法。

（一）卡方检验

卡方检验是处理离散数据的一种检验方法，属于一种非参数检验。它主要有两种用途：拟合度检验和独立性检验。前者是解决一个因素内两项或多项分类的实测值（实际测得的观察值）与有关总体的理论值（理论上的预期值）是否一致的问题。它适用于一个因素多项分类的计数数据。而后者是检验两个因素是否有独立性或有无相互关联。它适用于两个因素多项分类数据的检验，一般采用列联表来记录数据。如果两个因素分别含有 r 个和 c 个分类项目，则可以建立一个 $r\times c$ 的列联表（如 2×2，3×5，4×4）。其中 2×2 的列联表是最简单也是最常用的一种形式。由于它由四个数据格组成，所以人们通常也把它称为四格表。下面我们将通过举例的方式对这几种检验逐一介绍。在此之前先来了解一下卡方值的计算公式。

卡方检验主要考察实测值和理论值的吻合程度。实测值和理论值越吻合，则表明个体的实际表现与理论预期假设越接近。这种吻合程度可以通过卡方值的大小反映出来。卡方值的计算公式如下：

$$\chi^2=\sum\frac{(f_o-f_t)^2}{f_t}$$

其中，f_o 和 f_t 分别表示实测值和理论值。

另外，卡方检验过程中也需要求得自由度。具体做法是，在拟合度检验中，如果一个因素分为 k 个项目，则它的自由度是 $df=k-1$。在 $r\times c$ 列联表检验中，自由度是 $df=(r-1)(c-1)$。在四格表检验中，自由度是 $df=1$。下面我们更加详细地举例说明。

1. 拟合度检验

我们以前面提到的关于患者 HW 的研究为例。研究者发现 HW 在口语产生时表现为名词产生比较困难。HW 在命名 30 个名词图形的名称时，正确命名了 16 个图形名称，错误命名数目是 14 个。而与 HW 的年龄和受教育程度相似的对照组在命名这些名词图形的名称时，正确数与错误数的比例约为 9∶1。现在我们想检验一下 HW 的这种命名表现与其对照组是否一致，可采取如下步骤。

第一步，建立假设。

提出如下的虚无假设（H_0）和备择假设（H_1）：

H_0：HW 的命名正确与错误项目的比率为 9∶1；

H_1：HW 的命名正确与错误项目的比率不是 9∶1。

第二步，计算卡方值。

根据虚无假设 H_0，正确数与错误数的理论值分别为：

$f_{t正确}=30\times9\div10=27$，$f_{t错误}=30\times1\div10=3$

根据卡方值的计算公式，求得卡方值：

$$\chi^2=\frac{(16-27)^2}{27}+\frac{(14-3)^2}{3}=44.815$$

另外，它的自由度为 $df=2-1=1$。

第三步，统计检验。

根据 χ^2 值表查得，当自由度为 1，显著性水平 p 为 0.05 和 0.01 时，χ^2 值分别为 3.84 和 6.63（见 χ^2 值表）。然后再将实际计算出的 χ^2 值与之相比较。由于 $\chi^2=44.8>6.63$，则 $p<0.01$。按照统计决断规则，应该在 0.01 显著性水平上拒绝虚无假设 H_0 而接受备择假设 H_1。所以我们可得到的结论是，患者 HW 在命名名词图形时的命名正确项目数与错误项目数比例与其对照组是不一致的。

这里需要说明的是，如果有一个或多个理论值小于 5，则需要进行统计校正。

2. 独立性检验

(1) 列联表检验。列联表检验适用于两个因素多项分类数据的检验，我们举例来说明其检验过程。例如，有一位传导性失语症患者 FS，他存在明显的复述障碍。为了探讨 FS 在复述过程中是否存在词类效应，我们要求他复述了 160 个名词、166 个动词、135 个形容词和 100 个副词。分析结果时，我们把他的复述成绩按正误分为三种类型，分别为完全正确、部分正确、完全错误。结果如表 15-10 所示。

表 15-10 FS 复述各类词的正误成绩

正误	词类				合计
	名词	动词	形容词	副词	
完全正确	22	26	74	85	207
部分正确	56	53	52	59	220
完全错误	82	87	83	41	293
合计	160	166	209	185	720

如果我们现在想知道，FS 在复述上述四类词时，在三种正误类型分布上是否有差异，则相当于进行一个 4（词类：名词，动词，形容词，副词）×3（正误：完全正确，部分正确，完全错误）的列联表检验，可采用如下步骤。

第一步，建立假设。

H_0：FS 复述四种词类时，在三种正误类型上无差异；

H_1：FS 复述四种词类时，在三种正误类型上有差异。

第二步，计算卡方值。

从表 15-11 中可以看出，我们共得到了 12 个实测值（不包括合计栏目的数值）。按理论假设，每个实测值都对应一个理论值，它的算法是：

每一观察值的理论值＝所在横行项目总和×所在纵列项目总和÷所有项目总和

例如，名词完全正确的观察值为 22，它的理论值＝207×160÷720＝46。这样便可以依次求出每个实测值的理论值，结果见表 15-11，表中括号内的数值就是理论值。

表 15-11　FS 复述成绩的实测值和理论值（括号内）

正误	词类				合计
	名词	动词	形容词	副词	
完全正确	22 (46.000)	26 (47.725)	74 (60.088)	85 (53.188)	207
部分正确	56 (48.890)	53 (50.722)	52 (63.861)	59 (56.528)	220
完全错误	82 (65.111)	87 (67.553)	83 (85.051)	41 (75.285)	293
合计	160	166	209	185	720

然后根据卡方检验的公式，求出卡方值：

$$\chi^2=\frac{(22-46)^2}{46}+\frac{(26-47.25)^2}{47.725}+\cdots+\frac{(41-75.285)^2}{75.285}=73.75$$

自由度为 $df=(4-1)(3-1)=6$。

第三步，统计检验。

根据 χ^2 值表查得自由度为 6，显著性水平 p 为 0.05 和 0.01 时的 χ^2 值分别为 12.59 和 16.81。由于得到的 $\chi^2=73.75>16.81$，$p<0.01$。所以，应该在 0.01 显著性水平上拒绝虚无假设而接受备择假设，最终得到的结论是，FS 复述四种类型的词时，在三种正误类型的分布上存在显著差异。

(2) 四格表的检验。四格表是 2×2 的列联表，是列联表的一个特例，它的检验方法与列联表完全相同。

我们再以患者 HW 为例，她在命名图形时，在 30 幅动词图形中正确命名了 6 个，错误命名了 24 个。而在 30 幅名词图形中，正确命名了 16 个，错误命名了 14 个（见表 15-12）。如果我们想知道她命名动词图形和名词图形的正确和错误项目的分布模式上有无差异，也就是词类是否会影响她的命名表现，这就相当于要检验一个四格表：2（词类：动词、名词）×2（正误：正确、错误）。

首先，根据公式求得各实测值的理论值，结果见表 15-12，括号内的数据就是相应的理论值。随后根据表 15-12 中的结果，再求出卡方值：

$$\chi^2=\frac{(16-11)^2}{11}+\frac{(6-11)^2}{11}+\frac{(14-19)^2}{19}+\frac{(24-19)^2}{19}=7.177$$

它的自由度为 $df=1$。

表 15-12　HW 的图形命名成绩的实测值和理论值

正误	词类		合计
	名词	动词	
正确	16（11）	6（11）	22
错误	14（19）	24（19）	38
合计	30	30	60

根据 χ^2 值表查得自由度为 1，显著性水平 p 为 0.05 和 0.01 时的 χ^2 值分别为 3.84 和 6.63。由于 $\chi^2=7.177>6.63$，则 $p<0.01$，所以应该在 0.01 显著性水平上拒绝虚无假设而接受备择假设。因此结果表明，患者 HW 命名动词图形和名词图形的正确和错误项目的分布模式上是有差异的，她命名名词的正确率显著高于命名动词的正确率。

（二）*t* 检验

t 检验常用于个案（组）—对照组比较研究中。当两组被试的人数相似，并且每组人数大于 10，这时假设被试行为数据的分布是正态的或接近正态的，可以使用 *t* 检验比较两组之间的差异。

在前面提到的汉语阅读障碍儿童的研究中，吴思娜等人（2004）选择了两组儿童：15 名阅读障碍儿童和 14 名对照组儿童。对两组儿童进行了一系列的测试，其中包括语音测验、语素测验、汉字同音判断、汉字语义相关判断等，结果见表 15-13。

表 15-13　两组被试各测验的描述统计及显著性检验结果

	障碍组	对照组	*t* 值
语音测验（正确率）	0.83（0.1）	0.92（0.06）	-2.52^{*}
语素测验（正确率）	0.46（0.14）	0.77（0.05）	-7.93^{***}
同音判断“是”反应（ms）	990（284）	728（117）	3.1^{**}
“否”反应（ms）	1 106（402）	861（153）	2.07^{*}
错误率	0.1（0.09）	0.1（0.08）	n. s.
语义相关判断（ms）	1 377（380）	1 043（271）	2.89^{**}
错误率	0.26（0.15）	0.12（0.08）	2.86^{**}

注：n. s. 表示 $p>0.05$，* 表示 $p<0.05$，** 表示 $p<0.01$，*** 表示 $p<0.001$。

描述统计表明，两组儿童在完成各项测验任务上都是有差异的。但是，两组在哪些测验任务上存在的差异是显著的？研究者对障碍组和对照组在各个测验上的平均数之间的差异进一步进行 t 检验发现，在语音意识测验上，障碍组儿童的正确率显著低于对照组儿童（$t_{(27)}=2.52$，$p<0.05$）；在语素意识测验上，障碍组儿童的正确率显著低于对照组儿童（$t_{(27)}=-7.94$，$p<0.001$）。障碍组儿童的语音通达的"是"和"否"反应时（$t_{(27)}=3.1$，$p<0.01$；$t_{(27)}=2.07$，$p<0.05$）、语义相关判断的反应时（$t_{(27)}=2.89$，$p<0.01$）均显著慢于对照组儿童，语义相关判断的错误率显著高于对照组儿童（$t_{(27)}=2.86$，$p<0.01$）。结果表明，阅读障碍儿童的语素意识、语音意识显著落后于正常儿童，在词典通达速度上显著慢于正常儿童，更容易犯错误。

第三节　使用 SPSS 统计数据的方法

本节将结合上一节中的实验数据分析，说明如何应用 SPSS 软件系统进行卡方检验和 t 检验。

一、卡方检验

（一）拟合度检验

我们仍以患者 HW 的数据为例。她在命名名词图形时，正确和错误项目分别为 16 个和 14 个。现在我们想检验她的正确与错误项目数的比例是否符合 9∶1。

1. 定义变量、输入变量

首先，进入 SPSS 系统的数据编辑器，并打开 Variable View 窗口。然后定义两个变量"正误"和"成绩"，在数据类型 Type 一栏中，把正误（分类变量）和成绩（数值变量）分别定义为字符型数据（即 String）和数值型数据（即 Numeric），把小数位数（即 Decimals）都设为 0 个，如下图。

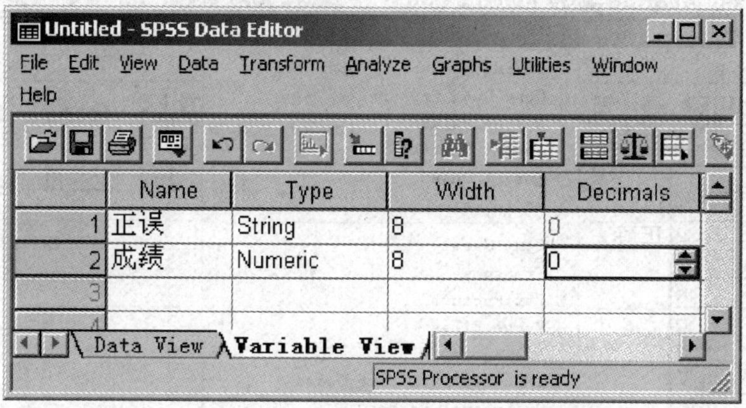

然后打开 Data View 窗口，在“正误”一栏中输入正确和错误及其对应的成绩。值得注意的是，这时的数据要按照数值由小到大的顺序依次输入。

2. 数据加权

对“成绩”一栏数据进行加权，做法是依次点击 Data、Weight Cases。

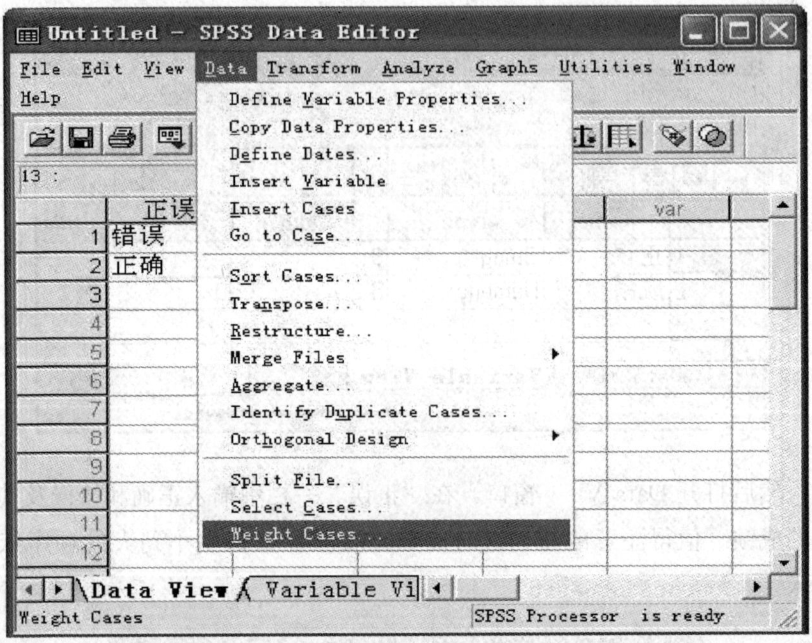

接下来，便会弹出如下对话框。随后点击 Weight cases by，将变量“成绩”选入到 Frequency Variable 光带，随后点击 OK 钮返回到 SPSS 的数据窗。需要注意的是，这里加权的只是实测值（成绩），而不是分类变量（正误）。

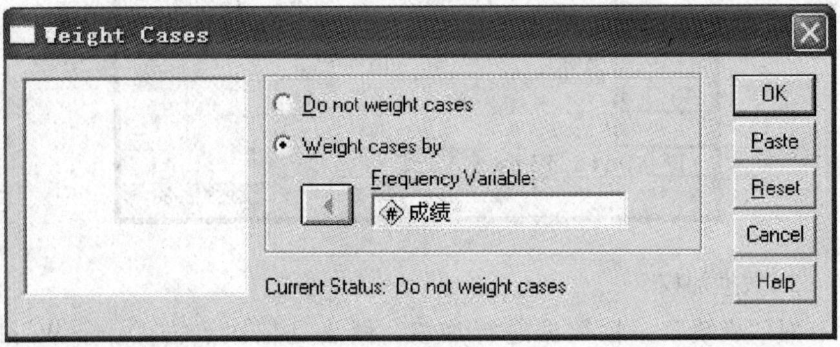

3. 数据检验

依次点击 Analyze、Nonparametric Tests、Chi-Square。

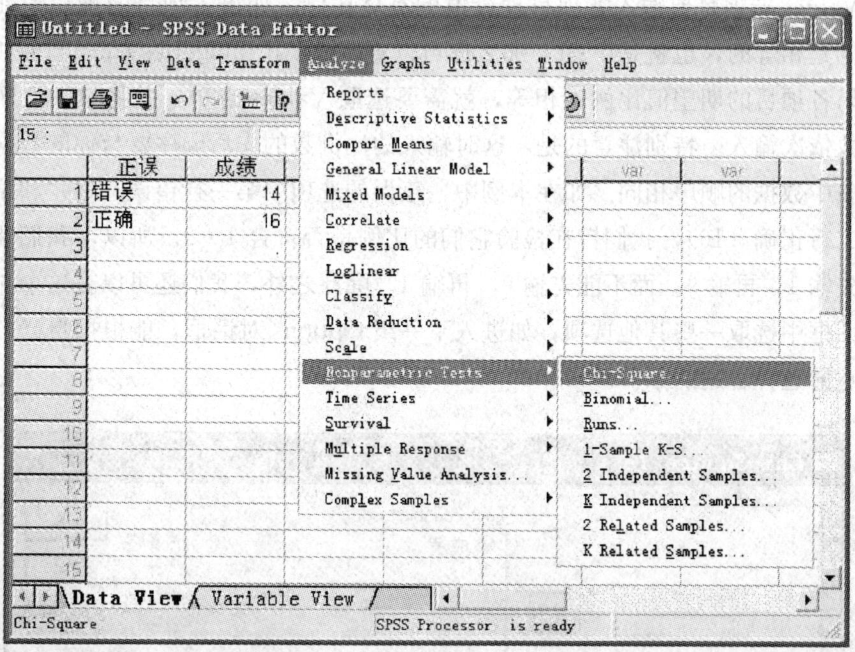

随后会弹出如下对话框。

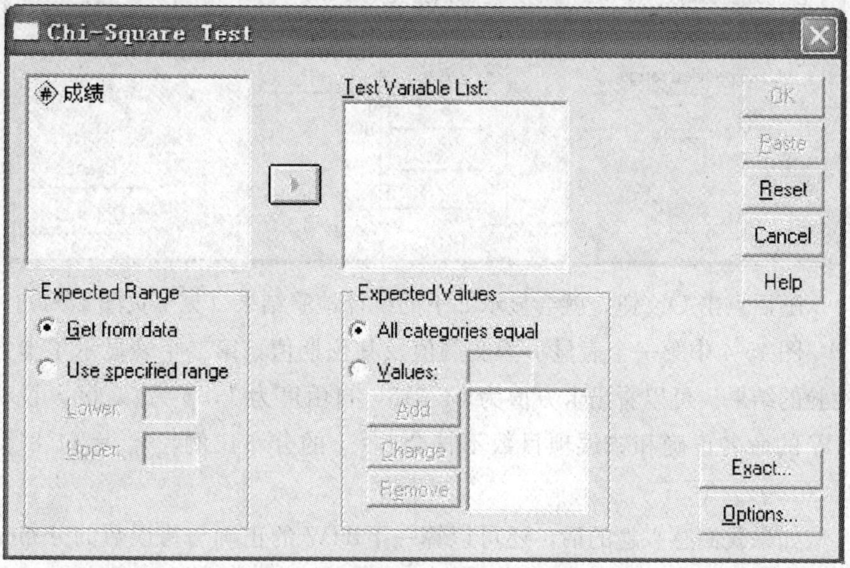

接下来，把“成绩”选入到 Test Variable List 选项，并在 Expected Values 一栏中选中 Values：依次输入 1 和 9。需要注意的是，Expected

Values 选项是要输入各项目理论值的具体比例。如果各项目的理论值比例是相等的，也就是 1∶1，那么你可以直接选 All categories equal。但如果各项目的期望值比例不相等，就需要选取 Values 选项，并将你的比例数依次输入。特别注意的是，这时输入的比例数的先后顺序要与你的数据表中数据的顺序相同。如在本例中，正误的选项中第一行错误（14）和第二行正确（16），我们旨在检验它们的比例是否符合 1∶9。所以，我们要先输 1，再输 9，而不能先输 9，再输 1。除此之外，我们还可以在这个对话框中选取一些其他选项，如进入下一级 Options 对话框，能根据自己的意愿选择合适的条件。

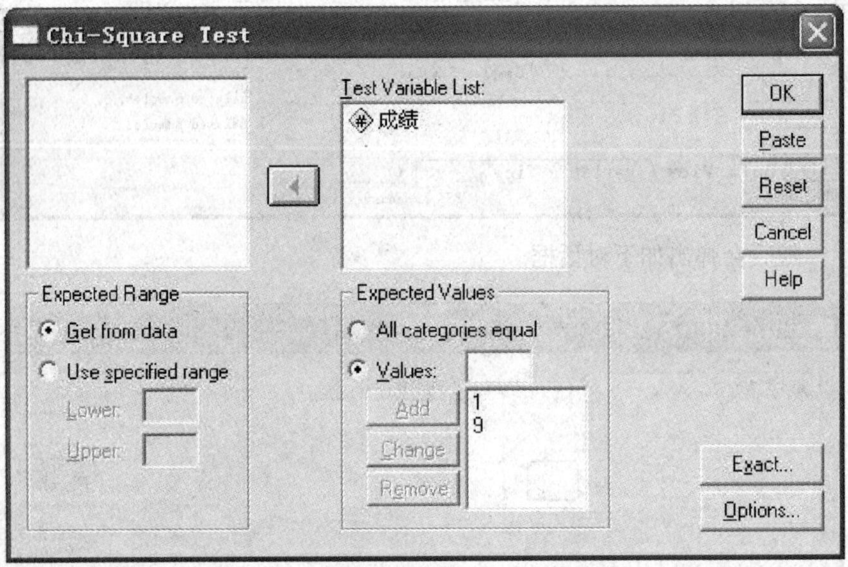

随后点击 OK 钮，就会显示如下的统计检验结果（见下页图 15-4）。

图 15-4 中第一个表显示了实测值及其预期值，第二个表显示了卡方检验的结果。可以看出卡方值为 44.815，自由度为 1，p 为 0.000，说明 HW 的命名正确和错误项目数不符合 9∶1 的分布比例，$\chi^2_{(1)}=44.815$，$p<0.001$。

如果我们感兴趣的话，还可以算一下 HW 的正确与错误数的分布是否符合 1∶1 的比例。检验结果发现 HW 的正确与错误数的分布是符合 1∶1的比例的，$\chi^2_{(1)}=0.133$，$p=0.715>0.05$（见下页图 15-5）。

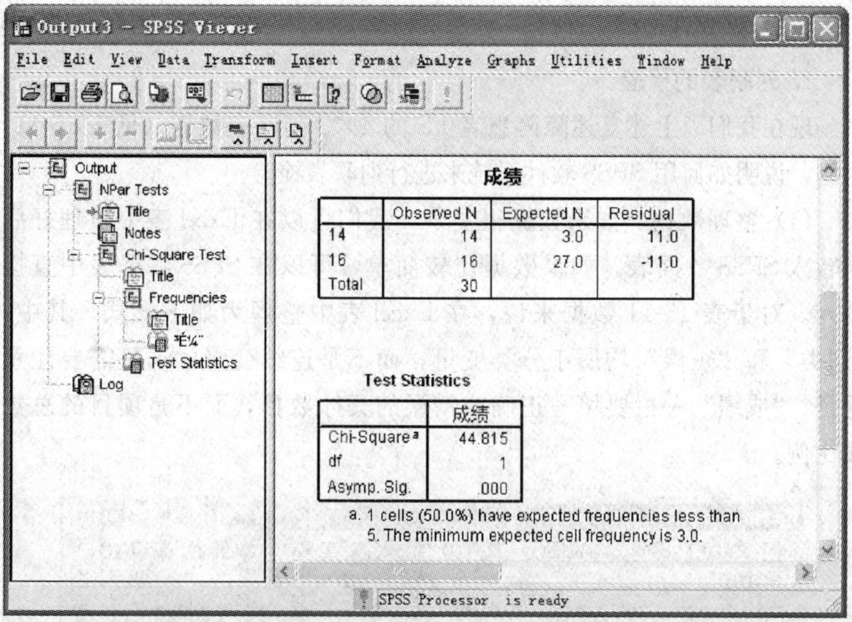

成绩

	Observed N	Expected N	Residual
14	14	3.0	11.0
16	16	27.0	-11.0
Total	30		

Test Statistics

	成绩
Chi-Square[a]	44.815
df	1
Asymp. Sig.	.000

a. 1 cells (50.0%) have expected frequencies less than 5. The minimum expected cell frequency is 3.0.

图 15-4　实测值与预期值（1∶9）的拟合度检验输出结果

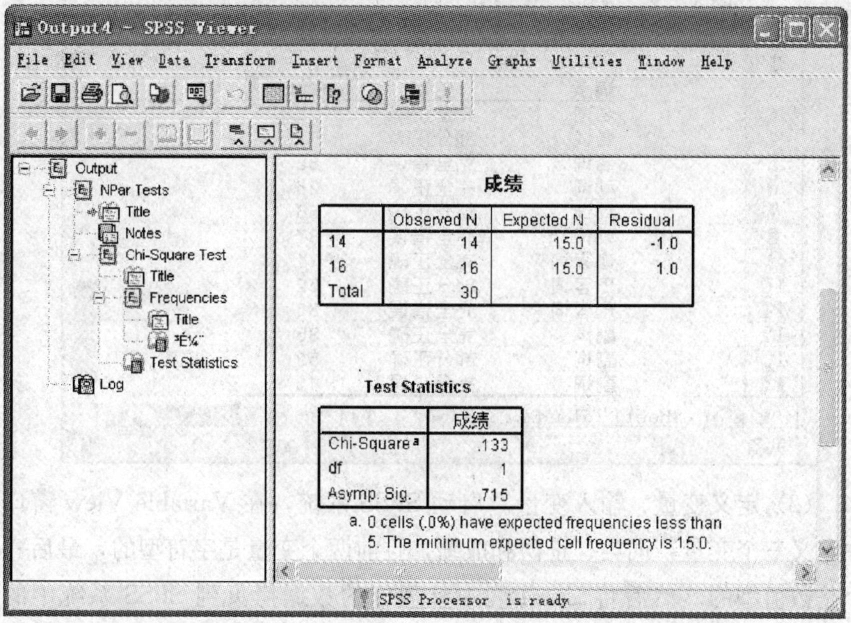

成绩

	Observed N	Expected N	Residual
14	14	15.0	-1.0
16	16	15.0	1.0
Total	30		

Test Statistics

	成绩
Chi-Square[a]	.133
df	1
Asymp. Sig.	.715

a. 0 cells (.0%) have expected frequencies less than 5. The minimum expected cell frequency is 15.0.

图 15-5　实测值与预期值（1∶1）的拟合度检验输出结果

（二）独立性检验

1. 列联表的检验

现在我们以上述复述障碍患者 FS 的 4×3 列联表数据（见表 15-11）为例，说明如何用 SPSS 软件系统来进行列联表检验。

（1）整理数据。如果数据很复杂，我们可以在 Excel 表中整理好后再转入 SPSS 数据表。如果数据比较简单，可以在 SPSS 数据表中直接输入。对于表 15-11 数据来说，在 Excel 表中整理为如下形式。其中，“词类”和“正误”均属于分类变量，而不是连续变量。这里需要注意的是，“成绩”一栏要填写正确或错误的具体数目，而不是项目的总数或比例。

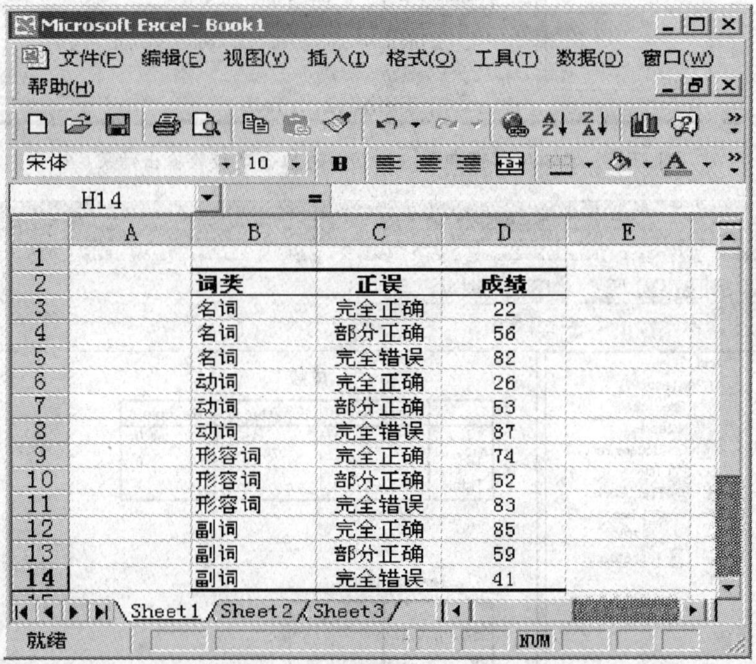

词类	正误	成绩
名词	完全正确	22
名词	部分正确	56
名词	完全错误	82
动词	完全正确	26
动词	部分正确	53
动词	完全错误	87
形容词	完全正确	74
形容词	部分正确	52
形容词	完全错误	83
副词	完全正确	85
副词	部分正确	59
副词	完全错误	41

（2）定义变量、输入变量。启动 SPSS 系统，在 Variable View 窗口中定义三个变量：词类、正误和成绩，且前两个变量是字符型的，最后一个是数值型的。然后将 Excel 表中整理好的数据拷贝到 SPSS 系统中的 Data View 表中。

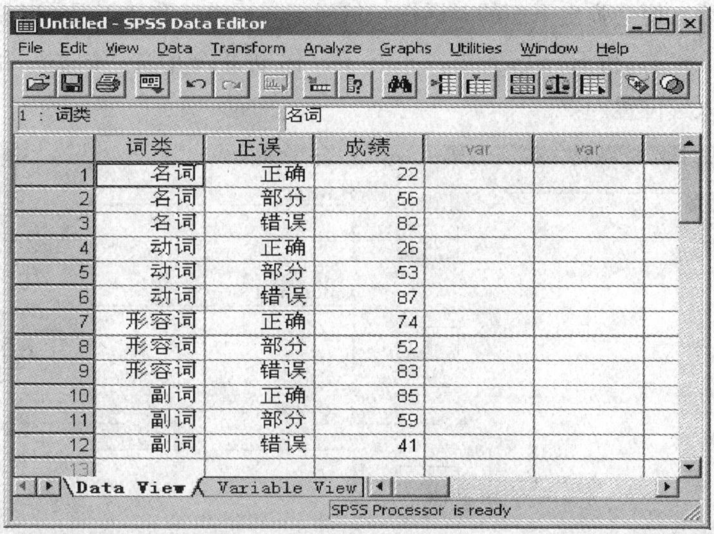

（3）加权数据。对数据中的成绩栏进行加权，做法与上述拟合度检验的加权方式相同。

（4）数据分析和检验。依次点击 Analyze、Descriptive Statistics、Crosstabs。

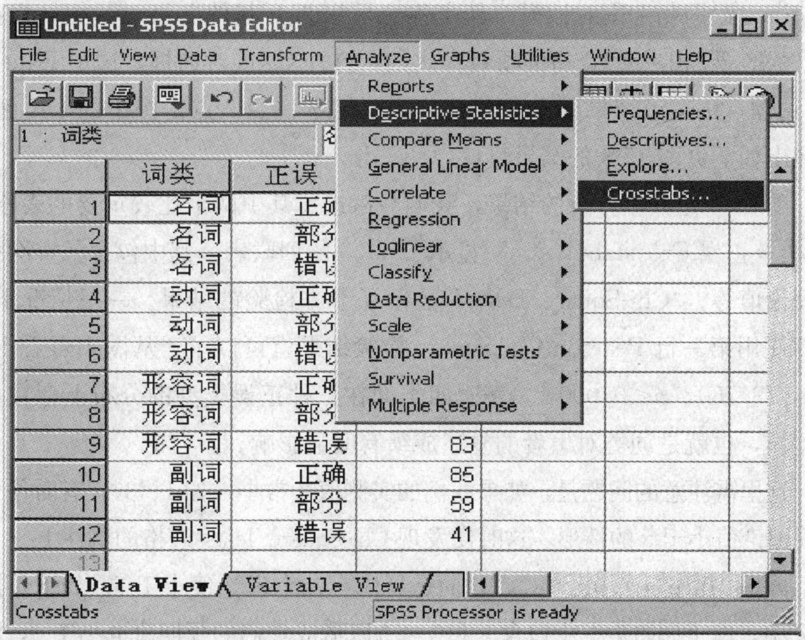

随后，便会弹出下面的对话框。然后把“词类”和“正误”分别选入到Column〔s〕和Row〔s〕中。当然了，你也可以互换“词类”和“正误”的入选位置。

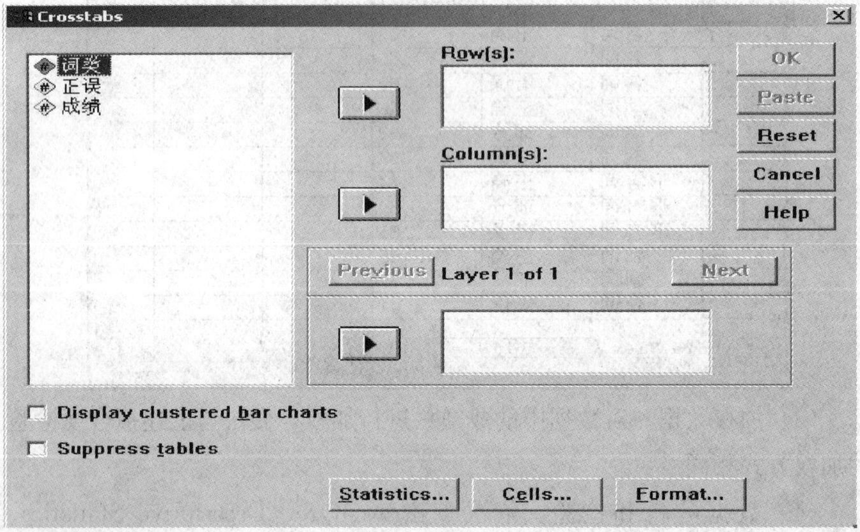

然后，打开二级Statistics对话框，选中Chi-Square选项，并点击Continue返回到上图对话框。其实你也可以打开其他二级对话框，根据自己的需要选中一些合适的项目。比如，打开Cells对话框，选中Expected选项，则表示结果要显示理论值。一切选完后，点击图中的OK钮，便弹出如下页图15-6的结果窗口。

图15-6是数据分析的结果，我们只截选了其中两个比较重要的表格。“词类 * 正误 Crosstabulation”显示了4×3的列联表，其中包含了实测值和理论值等。“Chi-Square Tests”显示了卡方检验的结果。一般情况下，我们使用第一行Pearson Chi-Square检验结果就可以了。从图中可看出，$\chi^2_{(6)}=73.750$，$p<0.0001$。表明四类词在三种正误类型的分布上存在显著差异，也就是词类对患者的复述成绩有明显影响。

这里需注意的问题是，如果我们的实测值非常小（如1、3)，有时便会出现理论值小于5的情形，这时便发现Chi-Square Tests表格的脚注b显示的不再是“0 cells（.0%）...”，而是具体有几个理论值小于5。如下页图15-7中，由于原始数据中包含1和4，所以造成它们的预期值也小于5，脚注 b 为“2 cells（50.0%）...”。在这种情况下，卡方检验的最终结果就不能直接采用皮尔逊检验的值，而是要用对其校正后的值，即表中的 Continuity Correction 一栏的数据，可表示为 $\chi^2_{(1)}=0.873$，$p=0.350>0.05$。简言之，如果有一个或多个预期值小于 5，检验的结果就应该用校正后的值。

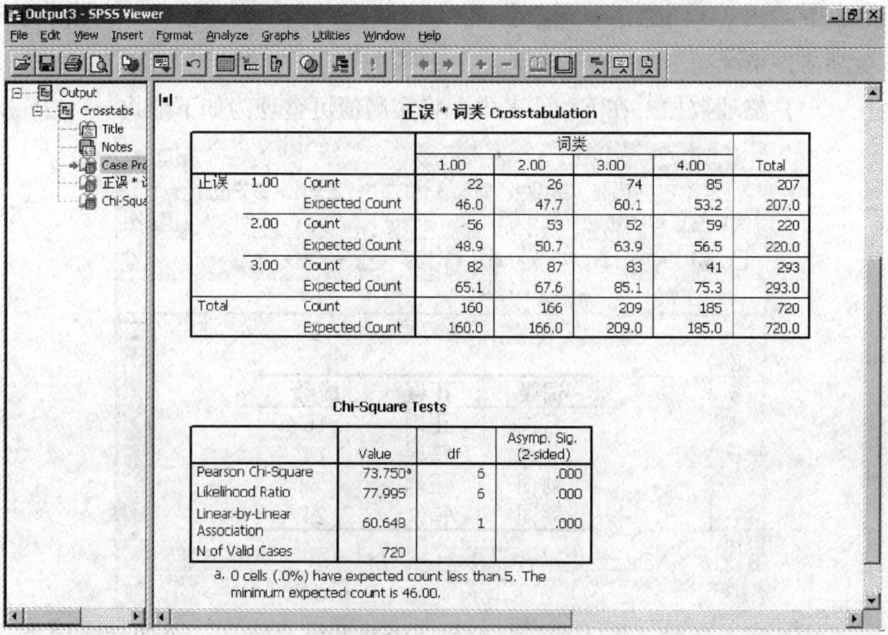

正误 * 词类 Crosstabulation

			词类				Total
			1.00	2.00	3.00	4.00	
正误	1.00	Count	22	26	74	85	207
		Expected Count	46.0	47.7	60.1	53.2	207.0
	2.00	Count	56	53	52	59	220
		Expected Count	48.9	50.7	63.9	56.5	220.0
	3.00	Count	82	87	83	41	293
		Expected Count	65.1	67.6	85.1	75.3	293.0
Total		Count	160	166	209	185	720
		Expected Count	160.0	166.0	209.0	185.0	720.0

Chi-Square Tests

	Value	df	Asymp. Sig. (2-sided)
Pearson Chi-Square	73.750[a]	6	.000
Likelihood Ratio	77.995	6	.000
Linear-by-Linear Association	60.648	1	.000
N of Valid Cases	720		

a. 0 cells (.0%) have expected count less than 5. The minimum expected count is 46.00.

图 15-6　实测值和理论值的列联表检验结果

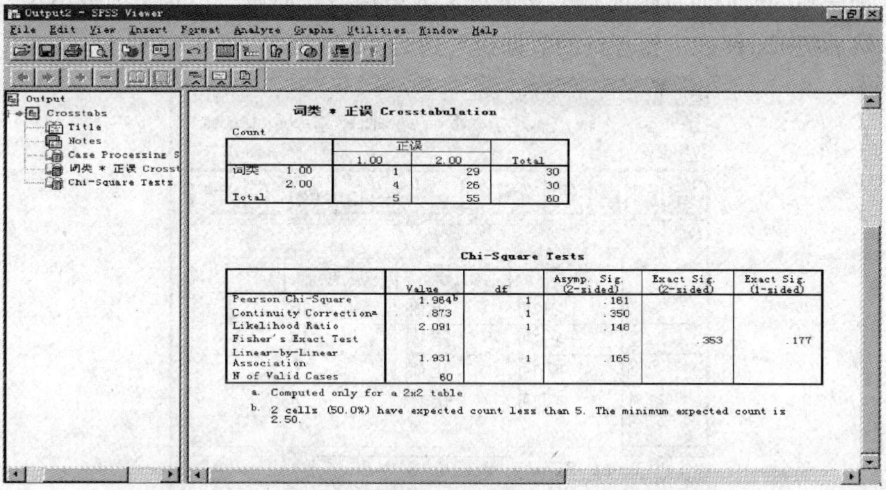

词类 * 正误 Crosstabulation

Count

		正误		Total
		1.00	2.00	
词类	1.00	1	29	30
	2.00	4	26	30
Total		5	55	60

Chi-Square Tests

	Value	df	Asymp. Sig. (2-sided)	Exact Sig. (2-sided)	Exact Sig. (1-sided)
Pearson Chi-Square	1.964[b]	1	.161		
Continuity Correction[a]	.873	1	.350		
Likelihood Ratio	2.091	1	.148		
Fisher's Exact Test				.353	.177
Linear-by-Linear Association	1.931	1	.165		
N of Valid Cases	60				

a. Computed only for a 2x2 table

b. 2 cells (50.0%) have expected count less than 5. The minimum expected count is 2.50.

图 15-7　卡方检验结果的校正

2. 四格表的检验

在 SPSS 软件系统中，四格表的检验步骤与列联表的检验步骤基本相同。

现在，我们再以 HW 患者为例来简单地说明如何进行四格表的检验。我们想看一看 HW 在图形命名中对不同词类词的命名的正确和错误是否有差异，用 2（词类：动词，名词）×2（正误：正确，错误）四格表检验显著性情况。

（1）整理数据。在 Excel 表中，将实测值可整理为如下形式。

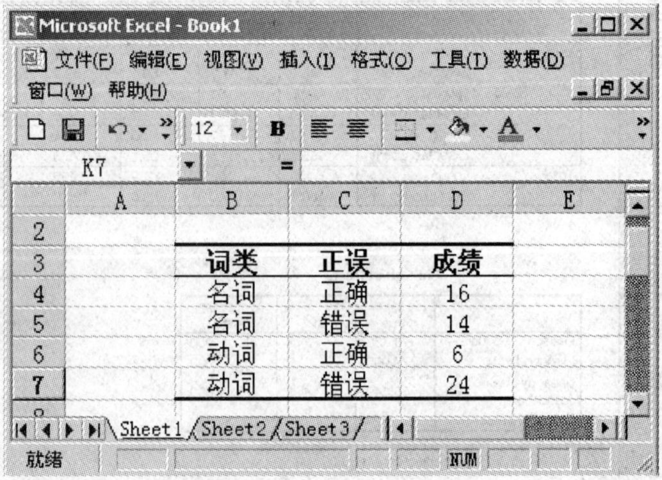

（2）定义变量、输入变量。启动 SPSS 系统，定义三个变量：词类、正误和成绩，而且把前两个变量定义为字符型，最后一个定义为数值型。然后把 Excel 表中整理好的数据拷贝到 SPSS 数据表中，形式如下。

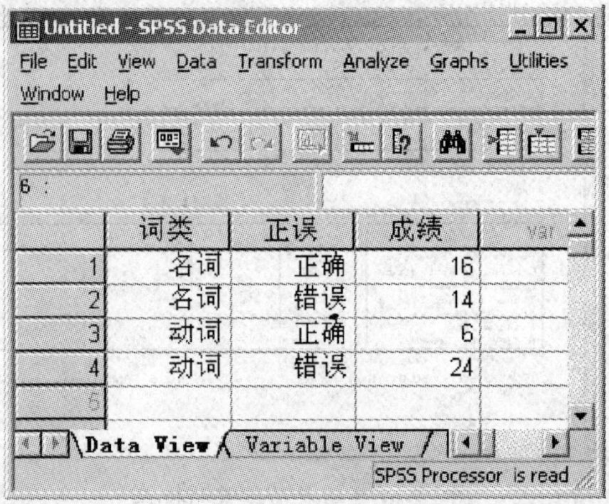

(3) 加权数据。加权成绩一栏的数据，具体做法参见拟合度检验数据加权。

(4) 数据分析和检验。依次点击 Analyze、Description Statistics、Crosstabs，便会弹出下面的对话框。然后把“正误”和“词类”分别选入到 Row〔s〕和 Column〔s〕中。并打开 Statistics 窗口选中 Chi-Square 选项。

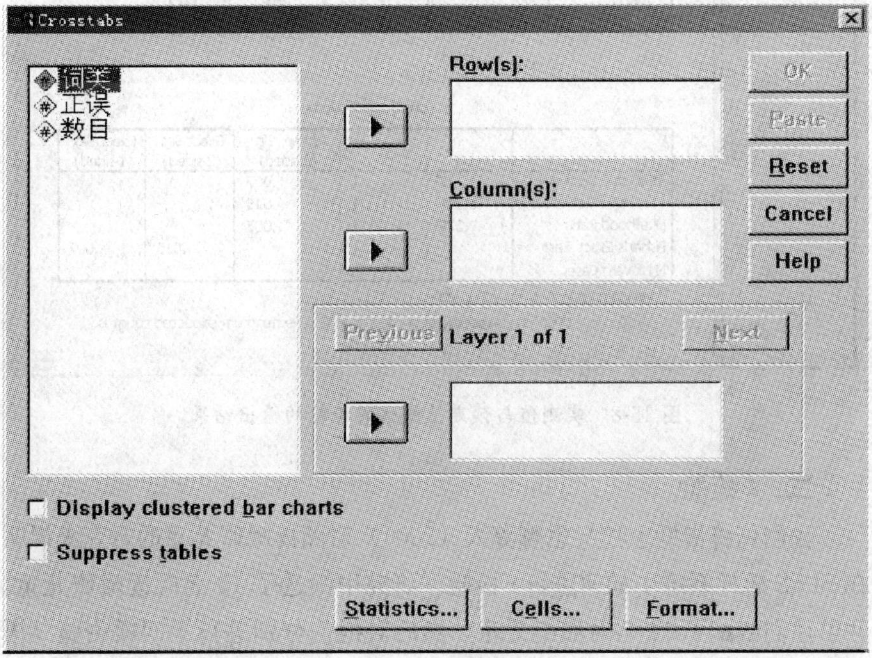

然后，点击图中的 OK 钮，检验的结果就会显示出来（见下页图 15-8）。从图中可以看出，$\chi^2=7.177$，$p=0.007<0.01$，表明 HW 对名词的命名正确率显著高于对动词的命名正确率。

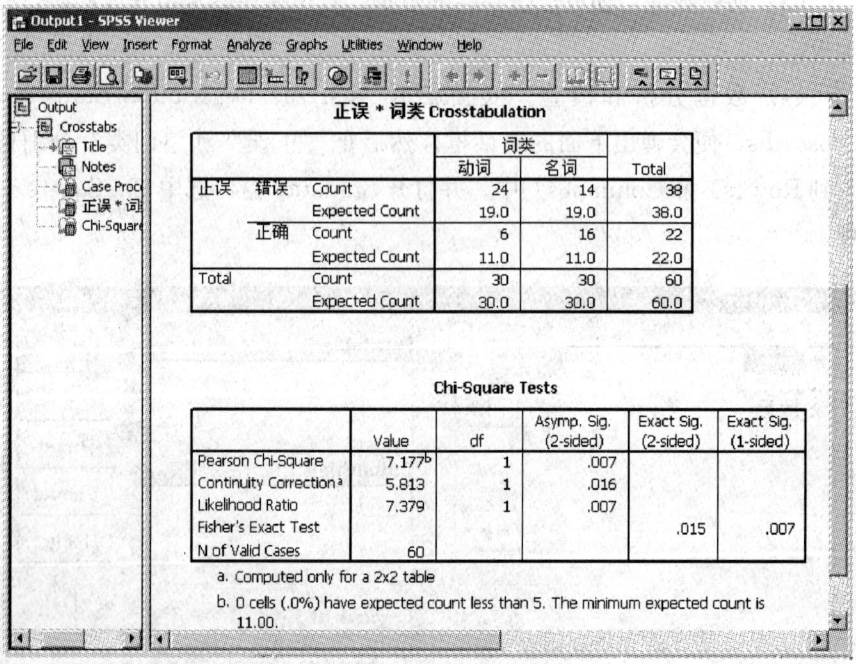

正误 * 词类 Crosstabulation

			词类 动词	词类 名词	Total
正误	错误	Count	24	14	38
		Expected Count	19.0	19.0	38.0
	正确	Count	6	16	22
		Expected Count	11.0	11.0	22.0
Total		Count	30	30	60
		Expected Count	30.0	30.0	60.0

Chi-Square Tests

	Value	df	Asymp. Sig. (2-sided)	Exact Sig. (2-sided)	Exact Sig. (1-sided)
Pearson Chi-Square	7.177[b]	1	.007		
Continuity Correction[a]	5.813	1	.016		
Likelihood Ratio	7.379	1	.007		
Fisher's Exact Test				.015	.007
N of Valid Cases	60				

a. Computed only for a 2x2 table

b. 0 cells (.0%) have expected count less than 5. The minimum expected count is 11.00.

图 15-8　实测值与预期值四格表检验的输出结果

二、t 检验

我们仍将借助上述吴思娜等人（2004）对阅读障碍儿童的研究来说明在 SPSS 软件系统中如何进行 t 检验。研究中筛选了 15 名阅读障碍儿童，并给他们匹配了 14 名对照组儿童，然后对他们分别进行了四项测验（语音测验、语素测验、同音判断、语义相关判断），测得的结果见表 15-14。

表 15-14　每名儿童在四项测验中测试结果的原始数据

障碍组						对照组					
被试	语素意识（正确率）	语音意识（正确率）	同音判断（毫秒）“Y”反应	同音判断（毫秒）“N”反应	语义相关判断(毫秒)	被试	语素意识（正确率）	语音意识（正确率）	同音判断（毫秒）“Y”反应	同音判断（毫秒）“N”反应	语义相关判断(毫秒)
1	0.28	0.89	1 736	2 404	1 187	1	0.7	0.97	762	761	1 119
2	0.47	0.69	582	740	908	2	0.81	0.97	540	631	924
3	0.58	0.78	798	795	936	3	0.78	0.81	698	978	914

续表

障碍组						对照组					
被试	语素意识（正确率）	语音意识（正确率）	同音判断（毫秒）“Y”反应	同音判断（毫秒）“N”反应	语义相关判断(毫秒)	被试	语素意识（正确率）	语音意识（正确率）	同音判断（毫秒）“Y”反应	同音判断（毫秒）“N”反应	语义相关判断(毫秒)
4	0.61	0.83	1 157	1 048	1 572	4	0.78	0.94	601	678	731
5	0.67	0.97	1 326	1 322	1 653	5	0.86	0.86	856	1 177	1 087
6	0.22	0.86	981	1 151	1 712	6	0.81	0.94	810	967	857
7	0.28	0.69	589	612	716	7	0.72	1.00	841	935	1 064
8	0.36	0.92	917	965	1 151	8	0.75	0.83	740	811	989
9	0.50	0.86	930	1 094	1 449	9	0.75	0.86	805	881	655
10	0.39	0.78	1 131	1 181	1 535	10	0.67	0.94	580	761	1 094
11	0.61	0.81	791	877	1 427	11	0.78	0.94	567	650	1 260
12	0.53	0.67	846	922	1 380	12	0.72	0.86	737	955	795
13	0.53	0.97	1 218	1 376	1 487	13	0.81	1.00	913	937	1 535
14	0.53	0.78	966	1 163	2 028	14	0.89	0.89	752	934	1 572
15	0.33	1.00	886	947	1 510						

如果我们现在想知道两组被试在语素意识测验上差异是否明显，那么就需要对以上实测值进行统计检验。在这种情况下，我们便可以采用 t 检验的方法，其操作步骤如下。

1. 整理数据

在 Excel 表中把原始数据可以整理为下面图 A 的形式，然后把它进一步整理为两列，一列为被试的正确率，另一列为两组被试的分类编号。我们可以把障碍组和对照组分别以“1”和“2”的编码代替，这样就可以整理为图 B 的形式。

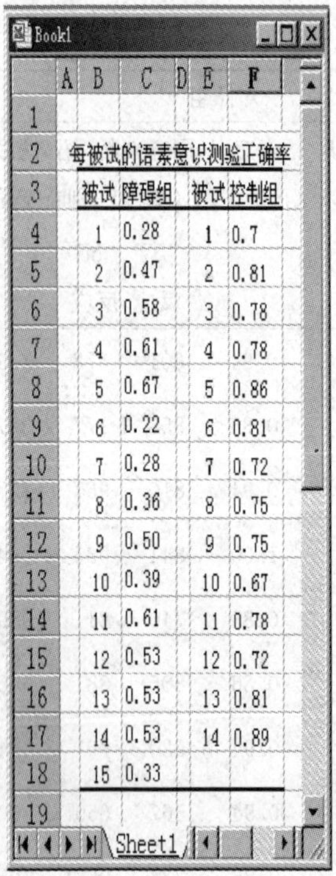

A

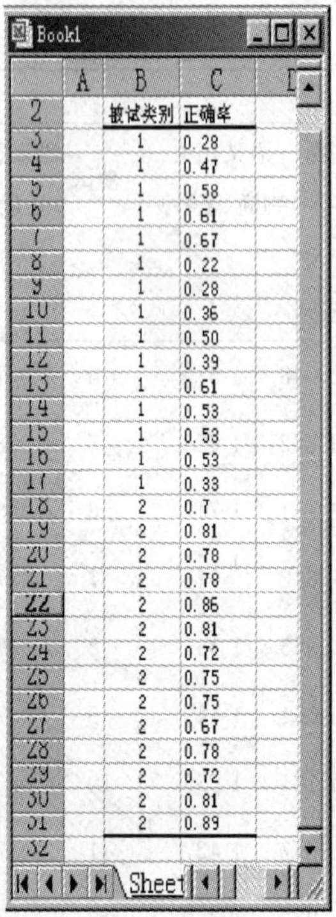

B

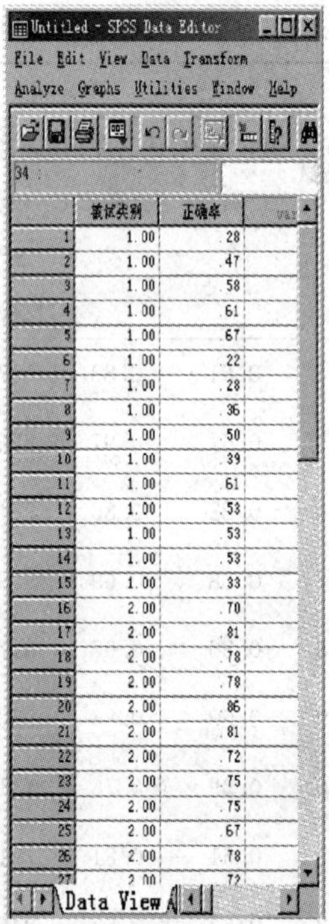

C

2. 定义变量、输入变量

启动 SPSS 软件系统，定义两个变量：被试类别，正确率。然后将 Excel 表中的数据拷贝到 SPSS 系统中的数据窗中，如上面的图 C 的形式。

3. 分析数据

依次点击 Analyze、Compare Means、Independent-Samples T Test。

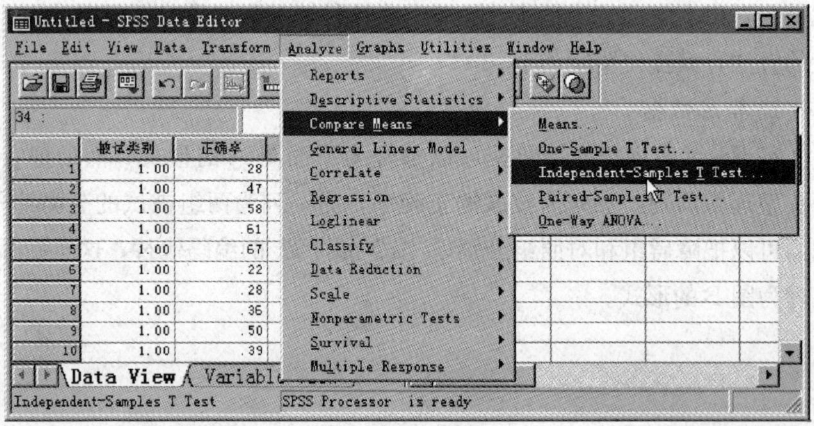

随后，便会弹出如下图的对话框。然后把“被试类别”和“正确率”分别选入到 Grouping Variable 和 Test Variable〔s〕中。这里需要注意的是，“被试类别”和“正确率”的入选位置不能互换。

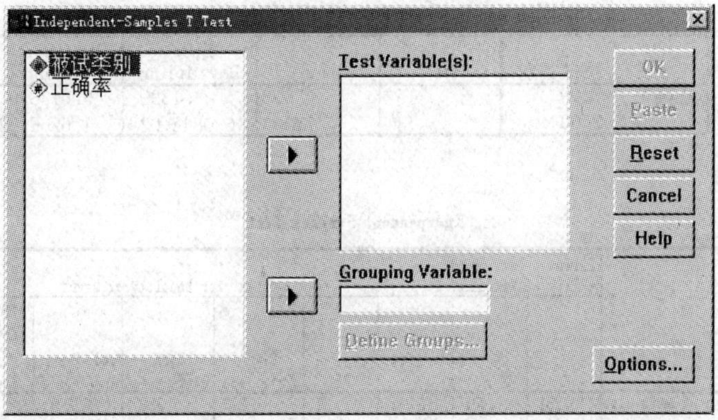

接下来，选中下图中的被试类别，并点击 Define Groups 按钮，便出现如下对话框。随之，选中 Use specified values 选项，在 Group1 和 Group2 中分别填入“1”和“2”。这里需要说明的是，所填的“1”和“2”是第一组和第二组的分类变量值，这要与数据窗口的分组变量值一致。另外，如果我们选择了 Cut point，则应该在后面的矩形框中输入一个分组变量的值，以该值为分界线，把大于该值和小于该值各归为一组。就本文数据来说，如果我们选择了 Cut point，则选择 1～2 之间的任何一个数值均可以（如 1.83），它也是把等于 1 和 2 的数据各归为一组。

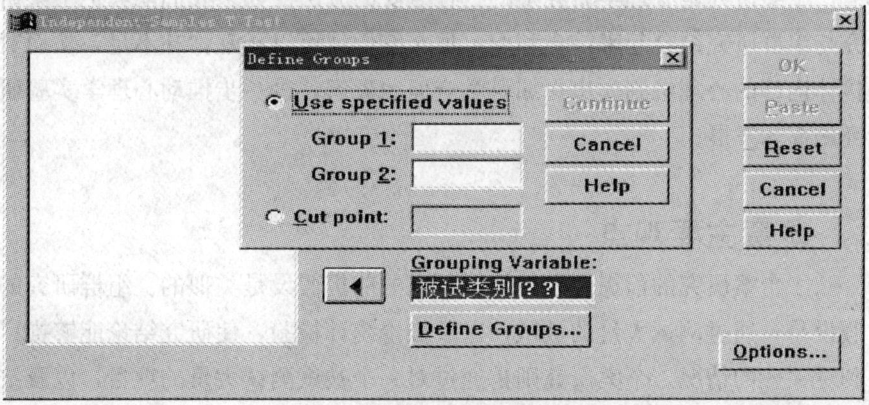

第十五章 个案研究

分别点击上图的 Continue 钮和 OK 钮，就会输出下面的结果（见表 15-15）。

表 15-15　t 检验的输出结果

Group Statistics

	被试类别	N	Mean	Std. Deviation	Std. Error Mean
正确率	1.00	15	.4593	.1399	3.613E-02
	2.00	14	.7736	6.084E-02	1.626E-02

Independent Samples Test

		Levene's Test for quality of Variance:		t-test for Equality of Means						
									95% Confidence Interval of the Difference	
		F	Sig.	t	df	Sig. (2-tailed)	Mean Difference	Std. Error Difference	Lower	Upper
正确率	Equal variances assu	13.251	.001	-7.741	27	.000	-.3142	4.060E-02	-.3975	-.2309
	Equal variances not assumed			-7.932	19.390	.000	-.3142	3.962E-02	-.3970	-.2314

从表中可看出，$t=-7.932$，$p<0.001$，表明障碍组与对照组在语素意识任务差异极显著，具体表现为障碍组的正确率（46％）明显低于对照组的正确率（77％）。

根据同样的方法，我们可以考察两组被试在其他几个测验（语音测验、同音判断和语义相关判断）上差异是否明显，并将检验的结果与表 15-13 相对照。从表 15-13 中可以看出，障碍组在几个测验上的成绩均显著差于对照组。

个案研究是心理学研究中的一种重要的方法。如果我们能够把个案研究与组群研究结合起来综合利用，那么它们就可以相互弥补不足，从而对机体内部的心理机制作出更加科学全面的理解，进一步推动心理学实验研究的蓬勃发展。

本章主要观点

・个案研究的前提假设与组群研究的前提假设是类似的。组群研究的假设是，通过测试大量的被试，以及推论统计检验，使研究结论能够推广到更一般的情况。个案研究则是通过对一个被试测试大量的项目，以及推论统计检验，使研究结论能够推广到更一般的情况。

·个案研究是组群研究的补充，它不仅对描述一些稀少事件、个体差异大的心理现象非常重要，而且也对建立理论模型发挥了积极作用。

·个案—对照组研究方法的基本方法是，为个案设立一个在年龄、性别、受教育程度等无关因素方面匹配的正常对照组。研究者可以通过个案和对照组被试在完成各种任务上的比较，揭示个案的异常的心理机制。

·分离和相关的方法是认知神经心理学中运用比较普遍的方法。两种方法主要借助患者自身在完成不同任务之间，或通过患者与患者完成任务的相互比较，来推知患者某种认知功能的损伤或保留情况。分离的方法有助于区分两个相对独立的认知加工环节；相关的方法有助于找出两个功能间共同的认知环节。

·个案研究的数据有明显不同于一般组群研究的数据的特点。已经发展出了多种检验个案研究结果的方法，其中最常用的是卡方检验和 t 检验。卡方检验是处理离散数据的一种检验方法，主要考察实测值和理论值的吻合程度，可分为拟合度检验和独立性检验。t 检验常用于个案（组）—对照组比较研究中。

思考题

1. 什么是个案研究？组群研究和个案研究的特点和适合于研究的问题有什么异同？

2. 个案研究的基本思想和假设是什么？

3. 什么是个案研究的分离方法？什么是单分离？什么是双分离？

4. 什么是个案研究的相关方法？

5. 什么是个案—对照组方法和障碍组—对照组方法？

6. 举例说明卡方检验在个案研究中的运用。

7. 举例说明 t 检验在个案研究中的运用。

参考文献

程书肖、李仲来编著:《教育统计方法》,辽宁大学出版社,1988。

冯伯麟著:《教育统计学》,人民教育出版社,2005。

郝德元编著:《教育与心理统计》,教育科学出版社,1982。

刘友谊:《获得年龄及其汉语视觉词汇加工中的作用机制》,北京师范大学博士论文,2006。

栾辉、舒华、黎程正家、林薇:《汉语发展性深层阅读障碍的个案研究》,载《心理学报》,2003(4),338～343页。

彭聃龄主编:《普通心理学》,北京师范大学出版社,2001。

舒华编著:《心理与教育研究中的多因素实验设计》,北京师范大学出版社,1994。

舒华、储齐人、孙燕、李翔:《移动窗口条件下阅读过程中字词识别特点的研究》,载《心理科学》,1996(2),79～83页。

舒华、张厚粲、程元善:《235个图形的命名一致性、熟悉性、表象性和视觉复杂性评定》,载《心理学报》,1989(4),389～396页。

舒华、张学民、韩在柱著:《实验心理学的理论、方法与技术》,人民教育出版社,2006。

孙汉银:《中文易懂性公式》,北京师范大学硕士论文,1985。

孙宏林、黄建平、孙德金、李德均、邢红兵:《"现代汉语研究语料库系统"概述》,见胡明扬主编《第五届世界汉语教学讨论会论文选》,北京大学出版社,1997。

武宁宁、舒华:《无语境条件下汉语词类歧义词的意义激活》,载《心理学报》,2001(4),305～311页。

吴思娜、舒华、王彧:《汉语发展性阅读障碍的异质性研究》,载《心理发展与教育》,2004(3),46～50页。

张厚粲、徐建平著:《现代心理与教育统计学》,北京师范大学出版社,2004。

张雷、雷雳、郭伯良著:《多层线性模型应用》,教育科学出版社,2002。

张亚旭、周晓林、闵保全、贾建平:《范畴特异性损伤与人脑中一般知识的组织》,载《心理科学》,2003(4),698～700页。

Brace, N., Kemp, R. & Snelgar, R. (2000), *SPSS for psychologists: A* guide to data analysis using SPSS for Windows*. Mahwah, NJ: Lawrence Erlbaum Associates, Inc.

Bridgman, P. W. (1927), *The logic of modern physics*. New York: Macmillan.

Caramazza, A., Chialant, D., Capasso, R. & Micelli, G. (2000). Separable processing of consonants and vowels. *Nature*, 403, 428-430.

Caramazza, A. & Hillis, A. E. (1991), Lexical organization of nouns and verbs in the brain. *Nature*, 349, 788-790.

Caramazza, A. &Shelton, J. R. (1998), Domain-specific knowledge systems in the brain: The animate-inanimate distinction. *Journal of Cognitive Neuroscience*, 10, 1-34.

Chen, L., Zhang, S. & Srinivasan, M. V. (2003), Global perception in small brains: Topological pattern recognition in honey bees. *Proceedings of the National Academy of Sciences of the United States of America*, 100, 6884-6889.

Eron, L. D., Huesman, L. R., Lefkowitz, M. M. & Walder, L. O. (1972), Does television violence cause aggression? *American Psychologist*, 27, 253-263.

Emde, R. N., Plomin, R., Robinson, J., et al. (1992), Temperament, emotion, and cognition at fourteen months: The MacArthur longitudinal twin study. *Child Development*, 63, 1437-1455.

Forster, K. I. & Forster, J. C. (2003), DMDX: A Windows display program with millisecond accuracy. *Behavior Research Methods, Instruments & Computers*, 35 (1), 116-124.

Gehring, W. J. & Willoughby, A. R. (2002), The medial frontal cortex and the rapid processing of monetary gains and losses. *Science*, 295, 2279-2282.

Gilligan, C. (1982), *In a different voice: Psychological theory and women's development*. Cambrige, MA: Harvard University Press.

Goodwin, C. J. (1995), *Research in psychology: Methods and design*. New York: John Wiley & Sons, Inc.

Goodwin, C. J. (1998), *Research in psychology: Methods and design*. New York: John Wiley & Sons, Inc.

Hays, W. L. (1988), *Statistics*. Holt, Rinehart and Winston, Inc.

Hillis, A. E. & Caramazza, A. (1995), Representation of grammatical categories of words in the brain. *Journal of Cognitive Neuroscience*, 7, 396-407.

Keenan, J. P., Nelson, A., O'Connor, M., et al. (2001), Self-recognition and the right hemisphere. *Nature*, 409, 305.

Kirk, R. E. (1982), *Experimental design: Procedures for the behavioral sciences*. Wadsworth Inc.

Klein, R. M. (1988), Inhibitory tagging system facilitates visual search. *Nature*, 334, 430-431.

Kohlberg, L. (1964), Development of moral character and moral behavior. In L. W. Hoffman & M. L. Hoffman (Eds.), *Review of child development research* (Vol. 1). New York: Sage Publications.

Koutstaal, W. & Rosenthal, R. (1994), Contrast analysis in behavioral research. In J. Brzezinski (Ed.), *Probability in theory-building: Experimental and non-experimental models of scientific research in behavioral sciences*. Amsterdam: Rodopi.

Lenneberg E. (1962), Understanding language without ability to speak: A case report. *Journal of Abnormal and Social Psychology*, 65, 419-425.

Levine, G. & Parkinson, S. (1994), *Experimental methods in psychology*. Hillsdale, New Jersey: Lawrence Erlbaum Associates, Inc.

Luck, S. J., Woodman, G. F. & Vogel, E. K. (2000), Event-related potential studies of attention. *Trends in Cognitive Sciences*, 4, 432-440.

May, C. P. & Hasher, L. (1998), Synchrony effects in inhibitory control over thought and action. *Journal of Experimental Psychology: Human Perception and Performance*, 24 (2), 363-379.

May, C. P., Hasher, L., & Stoltzfus, E. R. (1993), Optimal time of day and the magnitude of age differences in memory. *Psychological Science*, 4, 326-330.

Maylor, E. (1985), Facilitatory and inhibitory components of orienting in visual space. In M. I. Posner & O. S. M. Marin (Eds.), *Attention and performance XI*. Hillsdale, NJ: Erlbaum.

Miller, G. (2002), The good, the bad, and the anterior cingulate. *Science*, 295, 2193-2194.

Morris, R. G., Garrud, P., Rawlins, J. N. & O'Keefe, J. (1982), Place navigation impaired in rats with hippocampal lesions. *Nature*, 297, 681-683.

Petrinovich, L. & Hardyck, C. D. (1969). Error rates for multiple comparison methods: Some evidence concerning the frequency of erroneous conclusions. *Psychological Bulletin*, 71, 43-54.

Posner, M. I. & Cohen, Y. (1984), Components of visual orienting. In H. Bouma & D. Bouwhuis (Eds.), *Attention and performance X*. London: Erlbaum.

Posner, M. I. & Raichle, M. E. (1994), *Images of mind*. New York: Scientific American Library.

Poulton, E. C. (1982), Influential companions: Effects of one strategy on another in the within-subjects designs of cognitive psychology. *Psychological Bulletin*, 91, 673-690.

Rapp, B. & Caramazza, A. (2002), Selective difficulties in spoken nouns and written verbs: A single case study. *Journal of Neurolinguistics*, 15, 373-402.

Rosenthal, R. & Jacobson, L. (1968), *Pygmalion in the classroom*. New York: Holt, Rinehart & Winston.

Rosenthal, R. & Rosnow, R. L. (1991), *Essentials of behavioral research: Methods and data analysis*. McGraw-Hill, Inc.

Sears, D. O. (1986). College sophomores in the laboratory: Influences of a narrow data base on psychology's view of human nature. *Journal of Personality and Social Psychology*, 51, 515-530.

Shu, H., Anderson, R. & Wu, N. (2000), Phonetic awareness: Knowledge on orthography-phonology relationship in character acquisition of Chinese children. *Journal of Educational Psychology*, 92 (1), 56-62.

Snodgrass, J. G. & Vanderwart, M. (1980), A standardized set of 260 pictures: Norms of name agreement, image agreement, familiarity, and visual complexity. *Journal of Experimental Psychology: Human Learning and Memory*, 6, 174-215.

Stroop, J. R. (1935), Studies of interference in serial verbal reactions. *Journal of Experimental Psychology*, 18, 643-661.

Su, H, et al. (2003), The Great Wall of China: A physical barrier to gene flow? *Heredity*, 90, 212- 219.

Tanenhaus, M. K., Spivey-Knowlton, M. J., Eberhard, K. M. & Sedivy, J. C. (1995), Integration of visual and linguistic information in spoken language comprehension. *Science*, 268, 1632-1634.

Tang, S. & Guo, A. (2001), Choice behavior of Drosophila facing contradictory visual cues. *Science*, 294, 1543-1547.

Tremblay, R. E., Masse, B., Perron, D., LeBlanc, M., Schwartzman, A. E. & Ledingham, J. E. (1992), Early disruptive behavior, poor school achievement, delinquent behavior, and delinquent personality: Longitudinal analysis. *Journal of Consulting and Clinical Psychology*，60，64-72.

Tversky，A. & Kahneman，D. (1974)，Judgment under uncertainty：Heuristics and biases. *Science*，185，1124-1131.

Underwood，B. J. & Shaughnessy，J. J. (1975)，*Experimentation in psychology*. New York：Wiley.

Warrington，E. K. & Shallice，T. (1984)，Category specific semantic impairments. *Brain*，107，829-853.

Watson，J. B. & Rayner，R. (1920)，Conditional emotional reactions. *Journal of Experimental Psychology*，3，1-14.

Yerkes，R. M. & Dodson，J. D. (1908)，The relation of stimulus to rapidity of habit-formation. *Journal of Comparative and Neurological Psychology*，18，459-482.